"十三五"国家重点出版物出版规划项目
可靠性新技术丛书

网络可靠性及评估技术

Network Reliability and Its Evaluation Technology

黄 宁 著

国防工业出版社

·北京·

图书在版编目(CIP)数据

网络可靠性及评估技术 / 黄宁著. —北京:国防工业出版社,2020.5(2024.7重印)
(可靠性新技术丛书)
ISBN 978-7-118-12042-4

Ⅰ.①网… Ⅱ.①黄… Ⅲ.①计算机网络-可靠性-技术评估 Ⅳ.①TP393.021

中国版本图书馆 CIP 数据核字(2020)第 027993

※

国防工业出版社出版发行
(北京市海淀区紫竹院南路23号 邮政编码100048)
北京虎彩文化传播有限公司印刷
新华书店经售

*

开本 710×1000 1/16 印张 24 字数 412 千字
2024 年 7 月第 1 版第 3 次印刷 印数 3001—3500 册 定价 98.00 元

(本书如有印装错误,我社负责调换)

国防书店:(010)88540777 书店传真:(010)88540776
发行业务:(010)88540717 发行传真:(010)88540762

致 读 者

本书由中央军委装备发展部**国防科技图书出版基金**资助出版。

为了促进国防科技和武器装备发展，加强社会主义物质文明和精神文明建设，培养优秀科技人才，确保国防科技优秀图书的出版，原国防科工委于1988年初决定每年拨出专款，设立国防科技图书出版基金，成立评审委员会，扶持、审定出版国防科技优秀图书。这是一项具有深远意义的创举。

国防科技图书出版基金资助的对象是：

1. 在国防科学技术领域中，学术水平高，内容有创见，在学科上居领先地位的基础科学理论图书；在工程技术理论方面有突破的应用科学专著。

2. 学术思想新颖，内容具体、实用，对国防科技和武器装备发展具有较大推动作用的专著；密切结合国防现代化和武器装备现代化需要的高新技术内容的专著。

3. 有重要发展前景和有重大开拓使用价值，密切结合国防现代化和武器装备现代化需要的新工艺、新材料内容的专著。

4. 填补目前我国科技领域空白并具有军事应用前景的薄弱学科和边缘学科的科技图书。

国防科技图书出版基金评审委员会在中央军委装备发展部的领导下开展工作，负责掌握出版基金的使用方向，评审受理的图书选题，决定资助的图书选题和资助金额，以及决定中断或取消资助等。经评审给予资助的图书，由中央军委装备发展部国防工业出版社出版发行。

国防科技和武器装备发展已经取得了举世瞩目的成就，国防科技图书承担着记载和弘扬这些成就，积累和传播科技知识的使命。开展好评审工作，使有限的基金发挥出巨大的效能，需要不断摸索、认真总结和及时改进，更需要国防科技和武器装备建设战线广大科技工作者、专家、教授，以及社会各界朋友的热情支持。

让我们携起手来，为祖国昌盛、科技腾飞、出版繁荣而共同奋斗！

国防科技图书出版基金
评审委员会

国防科技图书出版基金
第七届评审委员会组成人员

主 任 委 员 柳荣普

副主任委员 吴有生　傅兴男　赵伯桥

秘 书 长 赵伯桥

副 秘 书 长 许西安　谢晓阳

委　　　员 （按姓氏笔画排序）

　　　　　　才鸿年　马伟明　王小谟　王群书　甘茂治
　　　　　　甘晓华　卢秉恒　巩水利　刘泽金　孙秀冬
　　　　　　芮筱亭　李言荣　李德仁　李德毅　杨　伟
　　　　　　肖志力　吴宏鑫　张文栋　张信威　陆　军
　　　　　　陈良惠　房建成　赵万生　赵凤起　郭云飞
　　　　　　唐志共　陶西平　韩祖南　傅惠民　魏炳波

可靠性新技术丛书
编审委员会

主 任 委 员：康　锐
副主任委员：周东华　左明健　王少萍　林　京
委　　　员（按姓氏笔画排序）：

　　　　李　想　李大庆　李建军　李彦夫

　　　　朱晓燕　任占勇　任立明　宋笔锋

　　　　苗　强　杨立兴　胡昌华　姜　潮

　　　　姬广振　陶春虎　翟国富　魏发远

丛书序

可靠性理论与技术发源于20世纪50年代,在西方工业化先进国家得到了学术界、工业界广泛持续的关注,在理论、技术和实践上均取得了显著的成就。20世纪60年代,我国开始在学术界和电子、航天等工业领域关注可靠性理论研究和技术应用,但是由于众所周知的原因,这一时期进展并不顺利。直到20世纪80年代,国内才开始系统化地研究和应用可靠性理论与技术,但在发展初期,主要以引进吸收国外的成熟理论与技术进行转化应用为主,原创性的研究成果不多,这一局面直到20世纪90年代才开始逐渐转变。1995年以来,在航空航天及国防工业领域开始设立可靠性技术的国家级专项研究计划,标志着国内可靠性理论与技术研究的起步;2005年,以国家863计划为代表,开始在非军工领域设立可靠性技术专项研究计划;2010年以来,在国家自然科学基金的资助项目中,各领域的可靠性基础研究项目数量也大幅增加。同时,进入21世纪以来,在国内若干单位先后建立了国家级、省部级的可靠性技术重点实验室。上述工作全方位地推动了国内可靠性理论与技术研究工作。当然,随着中国制造业的快速发展,特别是《中国制造2025》的颁布,中国正从制造大国向制造强国的目标迈进,在这一进程中,中国工业界对可靠性理论与技术的迫切需求也越来越强烈。工业界的需求与学术界的研究相互促进,使得国内可靠性理论与技术自主成果层出不穷,极大地丰富和充实了已有的可靠性理论与技术体系。

在上述背景下,我们组织撰写了这套可靠性新技术丛书,以集中展示近5年国内可靠性技术领域最新的原创性研究和应用成果。在组织撰写丛书过程中,坚持了以下几个原则:

一是**坚持原创**。丛书选题的征集,要求每一本图书反映的成果都要依托国家级科研项目或重大工程实践,确保图书内容反映理论、技术和应用创新成果,力求做到每一本图书达到专著或编著水平。

二是**体系科学**。丛书框架的设计,按照可靠性系统工程管理、可靠性设计与试验、故障诊断预测与维修决策、可靠性物理与失效分析4个板块组织丛书的选题,基本上反映了可靠性技术作为一门新兴交叉学科的主要内容,也能在一定时期内保证本套丛书的开放性。

三是**保证权威**。丛书作者的遴选,汇聚了一支由国内可靠性技术领域长江学者特聘教授、千人计划专家、国家杰出青年基金获得者、973项目首席科学家、国家级奖获得者、大型企业质量总师、首席可靠性专家等领衔的高水平作者队伍,这些高层次专家的加盟奠定了丛书的权威性地位。

四是**覆盖全面**。丛书选题内容不仅覆盖了航空航天、国防军工行业,还涉及了轨道交通、装备制造、通信网络等非军工行业。

本套丛书成功入选"十三五"国家重点出版物出版规划项目,主要著作同时获得国家科学技术学术著作出版基金、国防科技图书出版基金以及其他专项基金等的资助。为了保证本套丛书的出版质量,国防工业出版社专门成立了由总编辑挂帅的丛书出版工作领导小组和由可靠性领域权威专家组成的丛书编审委员会,从选题征集、大纲审定、初稿协调、终稿审查等若干环节设置评审点,依托领域专家逐一对入选丛书的创新性、实用性、协调性进行审查把关。

我们相信,本套丛书的出版将推动我国可靠性理论与技术的学术研究跃上一个新台阶,引领我国工业界可靠性技术应用的新方向,并最终为"中国制造2025"目标的实现做出积极的贡献。

康锐

2018年5月20日

前言

网络系统是现代产品的趋势所在,是信息技术和通信技术应用的典范。在利用先进技术提高了可靠性的同时,网络系统一旦故障则危害巨大。但由于该类产品具有软硬件紧密耦合、信息化、智能化和动态等特征,传统可靠性理论与方法难以适用,急需针对其特征扩展传统可靠性理论和方法,开展网络可靠性研究。

网络可靠性一词最初的关注点是网络系统是否连通,随着网络系统的应用普及和工业4.0等网络化发展趋势,人们开始关注网络系统能否高效而可靠地运行,甚至在设计之初就开始进行可靠性设计。"网络即服务"的意识开始被广为接受,但由于其复杂性,至今尚未形成系统的定义和成熟的理论方法。2008年,我们刚开始做网络可靠性研究时对此概念的质疑不少,更不用提针对不同领域的网络可靠性共性技术。数年后的今天,网络可靠性已经成为可靠性专业研究的新热点,对网络可靠性的科研和工程需求呈现井喷之势。

本书是项目组总结多年从事网络可靠性研究的系统论述。以实际企业在网络可靠性评估中所产生的困惑为先导,明确了网络系统以及网络可靠性的概念及内涵。在分析了各类网络故障后,总结出网络故障具有复杂性、动态性和耦合性3大特征,进而把网络故障分为构件功能故障、构件性能故障和过程性故障3类,并以每一类为核心提出了网络可靠性3层模型,从连通可靠性、性能可靠性和业务可靠性3个层面对网络系统进行评估,建立了网络可靠性参数体系。

以此3层模型为基础,本书系统、全面地阐述了各层面的评估模型和算法,尤其突出了作者所带团队在网络可靠性研究中对各种模型和算法的改进和完善工作。在连通可靠性方面,不但介绍了状态枚举法、容斥原理法、BDD方法、图变化法和蒙特卡罗仿真方法等经典算法,还介绍了项目组针对考虑容量、考虑无线移动特征及故障传播特点的连通可靠性扩展模型和算法。在性能可靠性方面,介绍了基于状态空间的方法,行程时间可靠性法,基于petri网、基于排队论及基于网络演算的模型和算法。在业务可靠性方面,分析了过程性故障的业务和流量两个主要因素对可靠性的影响以及当前的模型,提出了业务的随机型、定制型和程序化分类方法,并通过仿真研究了3类业务对网络可靠性的影响。最后介绍了网络可靠性试验和仿真方法,提出了针对网络特征的基于业务的剖面构建方法,并形成了一套针对网络特征的可靠性试验/仿真方法。

本书的完成离不开北京航空航天大学可靠性与系统工程学院的支持,离不开网络可靠性研究组康锐教授的鼎力帮助和李瑞莹副教授的倾心参与,离不开众多研究生的共同努力。参与本书涉及项目研究的学生有伍志韬、胡宁、陈卫卫、王学望、周剑、张荟、张越、白亚南、尹世刚、张朔、吕堂祺、陈佳希、郑晓燕、孙晓磊、侯东、江逸楠、孙利娜、仵伟强、李碧薇、郑小禄、胡波、王春霖、徐侃和李东蓬等。

由于书稿内容涉及众多交叉领域的专业知识,且作者水平和学识有限,书中难免有疏漏之处,敬请读者朋友批评指正。

黄宁

目录

第1章 网络可靠性发展历史及其特殊性 1
1.1 背景 1
1.2 网络可靠性评估案例及需求 2
1.3 网络的概念内涵 5
1.4 网络系统可靠性评估中的问题分析 8
1.5 网络可靠性发展历史及研究意义 10
1.6 更多需求 12
参考文献 13

第2章 网络故障 15
2.1 网络故障的概念内涵 15
2.2 网络故障研究现状 17
2.2.1 可靠性指导委员会(NRSC)故障报告分析 17
2.2.2 国内通信网络故障实例分析 22
2.2.3 其他网络故障的研究 26
2.2.4 机载网络故障实例分析 28
2.2.5 其他致因 30
2.2.6 小结 34
2.3 网络故障的特殊性 34
2.3.1 网络故障的复杂性 34
2.3.2 网络故障的动态性 35
2.3.3 网络故障的耦合性 37
2.4 网络故障致因分析 39
2.5 总结 41
参考文献 41

第3章 网络系统可靠性3层体系 45
3.1 网络可靠性概念及3层体系结构 45
3.1.1 网络可靠性概念 45
3.1.2 3层评估模型 46
3.2 网络可靠性相关概念辨析 52

3.3 网络可靠性参数体系 ·· 55
3.3.1 建立原则 ·· 55
3.3.2 体系结构 ·· 56
3.3.3 参数定义 ·· 57
3.4 案例分析——机载网络可靠性参数体系 ······················ 59
参考文献 ·· 63

第4章 经典连通可靠性评估模型及算法 ·························· 64
4.1 背景及基本概念 ·· 64
4.2 状态枚举法 ··· 68
4.2.1 理论方法介绍 ·· 68
4.2.2 算法流程 ·· 69
4.2.3 案例分析 ·· 69
4.3 容斥原理法 ··· 71
4.3.1 理论方法介绍 ·· 71
4.3.2 算法流程 ·· 73
4.3.3 案例分析 ·· 76
4.4 二元决策图法 ·· 77
4.4.1 理论方法介绍 ·· 77
4.4.2 算法流程 ·· 78
4.4.3 案例分析 ·· 80
4.5 考虑重要节点的图变化法 ···································· 84
4.5.1 简化算法及流程 ··· 84
4.5.2 重要节点识别的判断方法 ··································· 87
4.5.3 考虑重要度节点的算法 ······································ 89
4.5.4 案例分析 ·· 91
4.6 蒙特卡罗仿真方法 ·· 96
4.6.1 理论方法介绍 ·· 96
4.6.2 算法流程 ·· 99
4.6.3 案例分析 ·· 99
参考文献 ·· 103

第5章 考虑容量的连通可靠性模型与算法 ····················· 106
5.1 研究背景 ·· 106
5.2 流网络 ··· 108
5.2.1 网络流理论及相关概念 ······································ 109

5.2.2　网络最大流问题求解 …………………………………………… 111
　5.3　基于二态流网络的连通可靠性模型与算法 …………………………… 115
　5.4　基于随机流网络的连通可靠性模型与算法 …………………………… 119
　　　5.4.1　需求 d 下的随机流网络连通可靠性求解模型与算法 ……… 120
　　　5.4.2　时间与成本约束下随机流网络连通可靠性求解模型与
　　　　　　算法 ………………………………………………………………… 123
　　　5.4.3　案例分析 …………………………………………………………… 126
　参考文献 …………………………………………………………………………… 130

第6章　连通可靠性模型与算法的进一步扩展 …………………………………… 133
　6.1　无线与移动特征的相关模型 …………………………………………… 133
　　　6.1.1　移动模型 …………………………………………………………… 134
　　　6.1.2　时变网络模型 ……………………………………………………… 135
　6.2　耦合故障研究 …………………………………………………………… 141
　6.3　级联失效模型 …………………………………………………………… 143
　　　6.3.1　容量负载模型 ……………………………………………………… 143
　　　6.3.2　二值影响模型 ……………………………………………………… 145
　　　6.3.3　沙堆模型 …………………………………………………………… 147
　　　6.3.4　OPA模型 …………………………………………………………… 147
　　　6.3.5　其他模型 …………………………………………………………… 148
　6.4　改进的级联失效模型 …………………………………………………… 148
　　　6.4.1　非线性容量负载模型 ……………………………………………… 148
　　　6.4.2　考虑节点处理能力的级联失效模型 ……………………………… 154
　　　6.4.3　考虑节点耦合簇影响的级联失效模型 …………………………… 161
　6.5　考虑动态拓扑和故障耦合的模型与算法 ……………………………… 168
　　　6.5.1　相关模型 …………………………………………………………… 168
　　　6.5.2　覆盖连通可靠度算法 ……………………………………………… 171
　　　6.5.3　案例设计 …………………………………………………………… 173
　　　6.5.4　结果分析 …………………………………………………………… 174
　　　6.5.5　讨论 ………………………………………………………………… 179
　参考文献 …………………………………………………………………………… 179

第7章　性能可靠性评估模型及算法 ……………………………………………… 187
　7.1　基于状态空间的评估模型与算法 ……………………………………… 187
　　　7.1.1　理论基础与发展 …………………………………………………… 188
　　　7.1.2　马尔可夫奖励模型方法 …………………………………………… 191

7.1.3	案例分析	193
7.2	行程时间可靠性	194
7.2.1	理论基础与发展	195
7.2.2	模型与算法	195
7.2.3	案例分析	203
7.3	基于排队论的模型算法	204
7.3.1	理论基础	205
7.3.2	基于排队论的时间可靠度算法	207
7.3.3	案例分析	209
7.3.4	小结	212
7.4	基于网络演算的模型算法	212
7.4.1	理论基础	213
7.4.2	基于网络演算的时间可靠度算法	214
7.4.3	案例分析	215
7.4.4	小结	220
参考文献		220

第8章 业务可靠性 … 226

- 8.1 背景 … 226
- 8.2 流量相关研究及模型简介 … 227
  - 8.2.1 影响流量的用户行为分析 … 228
  - 8.2.2 网络流量模型 … 230
- 8.3 流量对可靠性的影响研究 … 232
  - 8.3.1 不确定型网络数据来源 … 233
  - 8.3.2 确定型网络数据来源 … 234
  - 8.3.3 流量行为分析 … 235
  - 8.3.4 小结 … 248
- 8.4 业务相关研究及模型简介 … 249
- 8.5 业务对可靠性的影响研究 … 255
  - 8.5.1 基于流程的业务分类方法 … 255
  - 8.5.2 基于流程分类的业务仿真算法 … 256
  - 8.5.3 基于流程分类业务的流量分布仿真实验设计 … 257
  - 8.5.4 仿真实验流量及关键节点的分布规律 … 260
  - 8.5.5 小结 … 265
- 8.6 业务可靠度案例分析 … 266

   8.6.1 案例 ·············· 267
   8.6.2 实例分析 ·············· 269
   8.6.3 结果分析 ·············· 277
 参考文献 ·············· 277

第9章 网络系统可靠性试验评估方法 ·············· 281
 9.1 网络可靠性试验方法 ·············· 281
   9.1.1 网络可靠性试验流程 ·············· 281
   9.1.2 确定试验对象 ·············· 282
   9.1.3 确定试验剖面 ·············· 282
   9.1.4 具体试验 ·············· 283
   9.1.5 数据收集 ·············· 284
   9.1.6 数据处理 ·············· 286
 9.2 网络可靠性试验剖面 ·············· 287
   9.2.1 剖面相关定义和内涵 ·············· 287
   9.2.2 剖面要素分析 ·············· 288
   9.2.3 剖面组成架构 ·············· 291
   9.2.4 构建方法 ·············· 292
 9.3 通信网络可靠性试验案例 ·············· 302
   9.3.1 连通可靠性试验方法 ·············· 302
   9.3.2 性能可靠性试验方法 ·············· 303
   9.3.3 业务可靠性试验方法 ·············· 309
 参考文献 ·············· 318

第10章 网络系统可靠性仿真评估方法 ·············· 320
 10.1 绪论 ·············· 320
   10.1.1 研究背景与意义 ·············· 320
   10.1.2 OPNet仿真平台介绍 ·············· 321
 10.2 网络可靠性仿真试验方法 ·············· 322
   10.2.1 网络可靠性仿真试验流程 ·············· 322
   10.2.2 确定仿真试验对象 ·············· 323
   10.2.3 故障建模与故障判据 ·············· 324
   10.2.4 确定仿真试验剖面 ·············· 328
   10.2.5 仿真试验设计与置信度分析 ·············· 337
   10.2.6 仿真数据收集和处理 ·············· 340
 10.3 通信网络可靠性仿真评估案例 ·············· 342

  10.3.1 案例设计 …………………………………………… 343
  10.3.2 确定仿真试验对象 …………………………………… 347
  10.3.3 确定仿真试验剖面 …………………………………… 347
  10.3.4 仿真数据收集和处理 ………………………………… 351
参考文献 ……………………………………………………………… 355

Contents

Chapter 1 History of network reliability and its special characteristics 1
  1.1 Background 1
  1.2 Cases of network reliability evaluation and the requirement analysis 2
  1.3 Definition of network systems 5
  1.4 Problem analysis of reliability evaluation for network systems 8
  1.5 History of network reliability and its significance 10
  1.6 More requirements in the future 12
  References 13

Chapter 2 Faults analysis for network systems 15
  2.1 Introduction 15
  2.2 Research status of network faults 17
    2.2.1 Fault reports from NRSC 17
    2.2.2 Fault cases of domestic communication networks 22
    2.2.3 Other research of network faults 26
    2.2.4 Fault cases of airborne network 28
    2.2.5 Causes of faults 30
    2.2.6 Conclusion 34
  2.3 Special characteristics of network faults 34
    2.3.1 Complexity 34
    2.3.2 Dynamics 35
    2.3.3 Coupling 37
  2.4 Analyzing the causes of network faults 39
  2.5 Summary 41
  References 41

Chapter 3 The three-layer model of network reliability 45
  3.1 Concepts of network reliability and the three-layer model 45
    3.1.1 Concept of network reliability 45

3.1.2　The three-layer model ………………………………………… 46
3.2　Some concepts concern with network reliability ………………… 52
3.3　Parameters of network reliability …………………………………… 55
　　3.3.1　Principles ……………………………………………………… 55
　　3.3.2　Architecture ………………………………………………… 56
　　3.3.3　Definitions …………………………………………………… 57
3.4　Case study: parameters for airborne networks …………………… 59
References …………………………………………………………………… 63

Chapter 4　Classical models and algorithms for connective reliability …………………………………………………… 64

4.1　Background ………………………………………………………… 64
4.2　Method of state enumeration ……………………………………… 68
　　4.2.1　Theory ………………………………………………………… 68
　　4.2.2　Algorithm …………………………………………………… 69
　　4.2.3　Case study …………………………………………………… 69
4.3　Method based on the principle of inclusion and exclusion ………… 71
　　4.3.1　Theory ………………………………………………………… 71
　　4.3.2　Algorithm …………………………………………………… 73
　　4.3.3　Case study …………………………………………………… 76
4.4　Method base on Binary Decision Diagram ………………………… 77
　　4.4.1　Theory ………………………………………………………… 77
　　4.4.2　Algorithm …………………………………………………… 78
　　4.4.3　Case study …………………………………………………… 80
4.5　Method of graph transformation considering important nodes ……… 84
　　4.5.1　Processes of graph transformation …………………………… 84
　　4.5.2　Method of recognizing the important nodes ………………… 87
　　4.5.3　Algorithm considering node degrees ………………………… 89
　　4.5.4　Case study …………………………………………………… 91
4.6　Method of Monte Carlo simulation ………………………………… 96
　　4.6.1　Theory ………………………………………………………… 96
　　4.6.2　Algorithm …………………………………………………… 99
　　4.6.3　Case study …………………………………………………… 99
References ………………………………………………………………… 103

Chapter 5 Models and algorithms considering capacity ········· 106
5.1 Background ·· 106
5.2 Flow network ··· 108
5.2.1 Theory and concepts ·· 109
5.2.2 The maximum flow of network ······································· 111
5.3 Method based on Binary State Flow Network ···························· 115
5.4 Method based on stochastic-flow network ·································· 119
5.4.1 Algorithm of upper boundary point for d ······················ 120
5.4.2 Algorithm with time and cost constrains ······················· 123
5.4.3 Case study ··· 126
References ·· 130
Chapter 6 Extended models and algorithms for connective reliability ··· 133
6.1 Models considering wireless and movement ······························· 133
6.1.1 Models of movement ·· 134
6.1.2 Models of time-varying networks ··································· 135
6.2 Research of coupling faults ·· 141
6.3 Models of cascading failure ··· 143
6.3.1 Capacity-load model ··· 143
6.3.2 Binary-decision model ·· 145
6.3.3 Sandpile model ··· 147
6.3.4 OPA ·· 147
6.3.5 Other models ·· 148
6.4 Improved cascading models ··· 148
6.4.1 A Non-linear capacity-load model ·································· 148
6.4.2 A cascading model considering handling capacity of nodes ······ 154
6.4.3 A cascading model considering nodes coupling cluster ········· 161
6.5 Models and algorithms considering dynamic topology and coupling fault ··· 168
6.5.1 Related models ··· 168
6.5.2 Algorithm for connective reliability ································ 171
6.5.3 Case study ··· 173
6.5.4 Result analysis ··· 174
6.5.5 Discussion ·· 179

References ··· 179
Chapter 7　Models and algorithms for performance reliability ·········· 187
　7.1　Methods based on states space ··· 187
　　7.1.1　Theoretical basis and development ································· 188
　　7.1.2　Markov reward model ·· 191
　　7.1.3　Case study ·· 193
　7.2　Travel time reliability ·· 194
　　7.2.1　Theoretical basis ·· 195
　　7.2.2　Algorithm ·· 195
　　7.2.3　Case study ·· 203
　7.3　Method base on queuing theory ··· 204
　　7.3.1　Theoretical basis ·· 205
　　7.3.2　Algorithm for Time reliability based on queuing theory ·········· 207
　　7.3.3　Case study ·· 209
　　7.3.4　Conclusion ··· 212
　7.4　Method based on network calculus ······································· 212
　　7.4.1　Theoretical basis ·· 213
　　7.4.2　Algorithm for time reliability based on network calculus ········· 214
　　7.4.3　Case study ·· 215
　　7.4.4　Conclusion ··· 220
　References ··· 220
Chapter 8　Application reliability ·· 226
　8.1　Background ·· 226
　8.2　Traffic models and related research ······································ 227
　　8.2.1　User behavior analysis ·· 228
　　8.2.2　Traffic models in networks ··· 230
　8.3　Traffic Effect on reliability ··· 232
　　8.3.1　Data from uncertain networks ······································ 233
　　8.3.2　Data from certain networks ··· 234
　　8.3.3　Traffic analysis ··· 235
　　8.3.4　Conclusion ··· 248
　8.4　Application models and related research ································· 249
　8.5　Application effect on reliability ··· 255
　　8.5.1　Application classification based on processes ····················· 255

	8.5.2 Algorithm of applications simulation	256
	8.5.3 Traffic distribution	257
	8.5.4 Analysis	260
	8.5.5 conclusion	265
8.6	Case study for application reliability	266
	8.6.1 A case	267
	8.6.2 Case analysis	269
	8.6.3 Result and discussion	277
References		277

Chapter 9　A Method of reliability test for network systems 281

9.1	Introduction of the method	281
	9.1.1 Processes of the method	281
	9.1.2 Clearing the objects	282
	9.1.3 Clearing the profiles	282
	9.1.4 Testing	283
	9.1.5 Data collection	284
	9.1.6 Data handing	286
9.2	Profiles for network reliability	287
	9.2.1 Concepts of profile	287
	9.2.2 Key factors in profiles	288
	9.2.3 Framework of profiles	291
	9.2.4 Constructing method	292
9.3	A case of communication networks	302
	9.3.1 Test for connective reliability	302
	9.3.2 Test for performance reliability	303
	9.3.3 Test for application reliability	309
References		318

Chapter 10　A method of reliability simulation test for network systems 320

10.1	Introduction	320
	10.1.1 Background and significance	320
	10.1.2 Introduction of OPNet	321
10.2	Simulation method for network reliability	322
	10.2.1 Processes of the method	322

    10.2.2　Clearing the simulation objects ……………………………… 323
    10.2.3　Fault modeling and failure criterion ………………………… 324
    10.2.4　Clearing simulation profiles …………………………………… 328
    10.2.5　Test project design and confidence level analysis …………… 337
    10.2.6　Data collection and handling …………………………………… 340
10.3　A case of communication networks ………………………………… 342
    10.3.1　Case design ……………………………………………………… 343
    10.3.2　Clearing the simulation objects ……………………………… 347
    10.3.3　Clearing simulation profiles …………………………………… 347
    10.3.4　Data collection and analysis …………………………………… 351
References ……………………………………………………………………… 355

第1章

网络可靠性发展历史及其特殊性

可靠性技术从20世纪50年代提出至今已经在工程应用中取得了重要成果,但网络系统的出现却带来了新的问题和需求。本章从作者参与的3个通信网络可靠性(对网络系统的可靠性研究本书简称为网络可靠性)评估案例入手,分析了企业对新产品可靠性评估的困惑,明确了共性网络系统的概念内涵,分析了网络系统的特点以及网络可靠性评估存在的问题,简介了网络可靠性发展的历史,指出在未来的网络化、信息化和智能化的趋势下,有必要扩展传统可靠性技术,针对网络产品新特点研究网络可靠性理论与方法。

1.1 背 景

可靠性研究源于20世纪50年代的美国军方,经过几十年的发展,逐渐形成了以故障为核心的可靠性工程技术,它在提高产品质量、保证其可靠性方面做出了极大贡献。近年来,产品的复杂化、网络化导致网络可靠性研究成为热点。其中涉及的网络包括通信网络、交通网络、电力网络等工程网络以及社交网络和经济网络,相关研究表明不同领域的网络具有可靠性共性技术。

网络可靠性这一词最早于1955年针对通信网络可靠性而提出,迄今为止,针对网络可靠性评估的相关研究不少,但网络可靠性概念的内涵到底是什么?传统可靠性模型和建模方法是否仍然能直接应用于网络可靠性的评估?网络对象是否有其特殊性需要新的可靠性评估技术?这些问题仍没有共识。

可靠性评估是可靠性技术的基础,本书认为,网络可靠性评估实质上是在考问以网络为基础的**复杂系统**其可靠性应该如何进行评估,而不是单纯地评估一堆硬件组成的最基本的网络基础设施。这样的系统不但存在着天然的物理与逻辑层次,还因为其内部具有复杂的相互影响和作用,最终导致了网络可靠性评估的困难。换句话说,如对通信网络这样的系统进行评估,不能简单地分为对硬件系统的评估以及对软件系统的评估,因为众所周知,一个通信网络绝不是所有硬件和软件都能正常工作就一定是可靠的。因此，本书的网络可靠性评估指的是对**网络形式的系统所进行的评估，其对象不仅包含了硬件所形成的可见网络，也包含了软件所形成的不可见网络，更包含了这些构件之间的相互关系及其对网络系统可靠性所产生的影响**。

本书从作者所接触的企业对网络可靠性的需求和困惑入手，首先分析了当前工业界在应用传统可靠性技术对网络系统进行评估时所产生的问题和需求，以及网络可靠性的发展历史和研究意义，进而在第 2 章分析网络故障的特殊性，指出有必要针对网络产品的分布特征、智能化、动态性和生长性等特征，研究新的建模和分析技术，扩展传统可靠性技术。第 3 章提出了一种针对当前网络可靠性评估问题的三层体系，通过连通可靠性、性能可靠性和业务可靠性逐层分解网络可靠性问题，在每一层集中针对当层的主要故障及影响因素进行建模，进而对网络可靠性进行评估，并在随后的章节中介绍了当前每个层次可用的建模技术和分析方法，以及本项目组的研究内容，最后给出了项目组针对网络可靠性试验和仿真评估的方法和案例。

本书所介绍的可靠性评估技术适用于工程领域的网络系统，包括交通网络、电力网络等，但本书的案例主要以通信网络为主。

1.2　网络可靠性评估案例及需求

工程实践中常常需要为保证产品质量而对产品进行可靠性评估。网络化产品出现的早期，人们主要关注从无到有的建设问题，较少关注其可靠与否，更遑论其性能和效率。随着网络化产品越来越多，和人们的生活、社会经济越来越密切，人们在采用传统可靠性方法进行评估时开始意识到问题。

案例 1：华为通信网络案例及分析

华为作为我国通信领域的领军企业，对自身产品的可靠性非常重视。其成立有专门的可靠性部门负责产品可靠性。多年以来无论是可靠性部门的职能还是人数一直在国内各企业中保持领先，这为华为以低价开创市场，以质量提升品牌提供了重要保障。

随着华为产品的多元化，几乎涵盖了通信领域的各种产品时，客户开始提出新的需求：能否由华为提供网络系统的整体解决方案，而不是仅仅提供给客户需求的设备。采用传统的可靠性理论与方法，华为能够信心十足地保证自己的单设备达到很高的可靠度。但对于网络系统的整体解决方案，华为可靠性部门在 2007 年左右开始发现传统可靠性方法并不能解决这个问题：

(1) 系统可靠性是指系统在规定时间和规定条件下完成规定功能的能力，

但网络系统完成的功能通常比较复杂,难以一一细化出明确的网络故障。

(2) 传统可靠性评估中常用构件的可靠性对系统可靠性进行建模评估,但网络系统的所有硬件设备可靠也难以等同于其系统可靠。

(3) 采用 OPNet[1](Optimized Network Engineering Tools)等通信网络分析软件对网络系统整体解决方案可以进行性能等分析,但无法说清楚可靠性问题。

(4) 可靠性评估中常用平均故障间隔时间 MTBF(Mean Time Between Failure)作为系统可靠性的量化指标,主要考虑的是硬件失效,网络系统整体解决方案用 MTBF 这样的指标难以描述复杂系统的可靠性。

(5) 应该采用什么参数标定网络系统整体解决方案的可靠性?

(6) 应该如何评估网络系统整体解决方案的可靠性?

当对这样的产品难以有效评估其可靠性时,企业会对这样的需求不敢接单。比如海外市场经常设有保证金制度,要求华为有相应资金放在银行,当华为产品发生质量问题时,企业会第一时间从银行保证金中得到补偿,然后才是华为对自己的产品进行维修。如果不能保证自己的产品高可靠,则难以保障企业利益。

这是网络可靠性研究组最早面对的企业需求案例之一。涉及了从评价指标到评价方法的系列问题。企业的需求直接表明网络各构件的可靠并不等于网络系统的可靠,但具体原因到底是什么?是否涉及新的理论与方法?

随着物联网、车联网以及各种家用电器网络的发展,可以预计未来的产品都要求能联网,能提供各种服务和业务,并保证这些服务和业务可靠地运行。换句话说,网络形式的产品对可靠性的需求是整个网络系统可靠地运行,而不是仅仅要求提供基础支持的网络构件正常运行。

案例 2:战术互联网案例及分析

某战术互联网产品在交付时要求完成可靠性鉴定试验,可靠性指标要求是 168h 内的任务可靠度。该单位为确保此网络产品的可靠性,完成了目前网络可靠性常用的端端连通可靠度分析和评估,完成了基于 OPNet 网络仿真平台的网络性能仿真分析,同时还完成了 168h 实验室环境的实物试验。但按照传统可靠性的要求,这样的工作并不能满足鉴定要求,所面临的问题包括:

(1) 能否综合所做的工作对网络系统的可靠性进行定性定量评估?如果能,依据是什么?如果不能,应该如何进行可靠性鉴定试验?

(2) 该网络产品的设备级 MTBF 已经远超 168h,仅仅 168h 的试验不能说是可靠性试验。但全实物试验的费用相当高,本次试验虽然仅仅 168h,但不包括实物设备的试验费用已经很惊人,如果完全按照可靠性鉴定试验对指标进行考核,则根本就是不可能承受的经费开销。

(3) 该网络系统是一个移动无线的网络,已经完成的 168h 试验仅给出了简单的环境,难以满足可靠性鉴定试验对环境剖面的要求。

(4) 今后的试验如何针对任务设定任务剖面?该任务剖面对网络流量有什么样的影响?依据是什么?168h 一个单元的流量重复多次试验有意义吗?

(5) 可靠性评估中涉及设备研制和生产单位、网络部署和使用单位以及任务下达单位,各方对可靠性的理解存在不一致的地方,那么可靠性参数指标到底应该如何设立和解读?

这也是网络可靠性研究组最早面对的网络可靠性企业需求案例之一。涉及具体的网络可靠性鉴定试验到底应该如何做?其中尤其提出了可靠性试验中应该如何考虑网络对象的特殊性,比如流量作为应力之一,比如剖面应该如何设计和构建?网络故障到底应该如何定义?故障判据如何给?考虑流量作为应力之一的试验时长应该如何处理等。

随着现代化战争向空天地一体化的赛博空间发展,如何在复杂的地形地貌、动态作战需求变动,以及各种异构节点和异构网络相互融合的复杂条件下保证整个网络有效运行,如何保证各种信息化的现代装备能充分有效地发挥作用,都成为国防领域所需要面对的新问题。

案例 3:机载网络案例及分析

现代飞机的航空电子综合集成走过了分离式、总线结构到网络结构的过程。现代综合集成技术的典型代表是 2005 年空客的 A380 所采用的航空电子全双工交换式以太网[2](Avionics Full Duplex Switched Ethernet,AFDX)机载网络,标志着集成平台已经完全跨入网络时代。由于战斗机也可以采用相同技术提升作战性能,国外对我国一直采取相关设备的禁运控制,直到我国于 2008 年正式发布了自主研发的同类产品。

设备的研发至少还有公开发布的标准可参考,但当这些交换机和端系统打算进军民用飞机时,遇到了适航性问题,其严格的安全考核标准需要设备生产商进行自证,尤其在适航性中提出了针对机载网络的要求,比如其中一项完整性指标主要考察机载网络数据传输的可靠性,A 级所要求的参数是 10^{-7} 每飞行小时。虽然我国自主研发了设备,但研发过程实际上是完全参照了 Arinc664 标准,对其中可靠性的设计、优化、评价则缺乏方法,虽然按照可靠性方法做了 FMEA 和 FTA 分析,也在实际应用中进行了多方测试,但仍存在诸多问题:

(1) 如何得出适航性要求的机载网络量化可靠性指标?目前的测试和分析能够从一定程度说明产品的可靠,但并没有一种方法或技术能评估得到具体的针对机载网络的量化指标。

(2) 机载网络数据传输过程涉及软硬件、多条虚链路的耦合,采用传统方法分析则必然进行了很多简化性的假设,这样的结果对一个可靠性要求不高的系统也许有意义,但对可靠性要求高的机载网络是否还有意义?

(3) 机载网络中网络的部署和配置等对高可靠和高实时影响较大,设计时如果有参考和借鉴还好,但如果从头自主设计如何进行可靠性设计?

(4) 机载网络属于控制型网络,又有很多资源限制条件(空间、时间和物质多方面),冗余设计必然能提高其可靠性,但如何平衡不至于出现过设计?

由于机载网络承担了综合集成的任务,要想通过枚举的方法测试出所有可能的组合状态来保障其传输可靠几乎不可能。而国外对于可靠性设计和集成测试技术的保密更甚于产品本身。比如,目前国外龙头企业,如美国罗克韦尔柯林斯(Rockwell Collins)公司等对机载网络等航空产品有着自己完整的评估测试技术和产品,对机载网络的测试设备甚至高达百万美元一台。而前面适航性中所提及的完整性要求公开的则仅有概念,查不到支持其测试评估的技术。为此,GE 公司对我国机载网络产品的评价为:虽然能对单个硬件产品进行 MTBF 等硬件可靠性分析,但缺乏对网络层次的系统级可靠性验证和保障。

该案例是我们在属于确定型的工业控制网络中进行研究的第一个案例,通常人们都认为这样的网络不存在除了设备失效外的故障,但通过我们对某型号飞机的机载网络集成测试阶段收集的故障,以及试飞阶段发现故障的分析表明,这类产品也仍然存在网络可靠性问题。与此类网络相似的网络还有舰载网络和车载网络等。

所选的 3 个案例表明:**网络不是因为其规模、移动等特征导致可靠性评估存在问题,而是从根本上与传统系统有着不同特点,才引发了进一步研究的需求。**

不可否认,国外网络系统可靠性的评估和分析技术远高于我国,但对所涉及的网络技术相关公司都高度保密,未尝有公开发表的资料。目前公开发表的学术资料对网络可靠性评估技术的研究主流仍局限在连通可靠性,即采用图论理论对传统可靠性评估方法进行扩展。20 世纪 90 年代开始,对网络性能的研究开始受到关注;2004 年,有学者针对电力网络系统特殊故障新提出级联故障模型;2008 年,波音公司和 Rockwell Collins 为提高机载网络的可靠性,在标准之上增加了新的 EDE(Error Detection Encoding)协议以进一步提高网络的可靠性……从这些相关资料中我们可以看到,即使是国外,目前对网络系统的可靠性研究也缺乏系统理论和方法。

1.3 网络的概念内涵

网络当然也是一种系统,但为什么传统可靠性评估和分析方法会出现问题呢？必然是因为网络对象具有一定的特殊性。网络天然具有层次性，不同层次具有不同特征、不同用户和不同需求，同时其边界也通常并不是那么清晰，造成人们对网络系统的认识远不像一般的产品那么明确。本书作者所在项目组通过对当前各种网络（包括通信网络、电力网络、交通网络、计算机网络等）存在的可靠性评估方法进行了调研，认为各类网络对象都具有一些典型特征，导致传统串并联分析的方法难以适用，是一类需要扩展传统可靠性评估方法进行支持的特殊对象，尤其是人们视为产品的工程类网络，今后将越来越需要保证其可靠性。为此，本书作者分析总结了网络系统的特征，给出其定义如下：

网络的定义：网络（工程网络）是这样的一类特殊系统，它提供互联互通的基础，完成传送传输的功能，拥有信息处理的辅助，具备对多任务的支持。

正因为网络系统具有以上特征，导致其网络故障具有特殊性，进而需要新可靠性评估方法支持这些新特点。

下面我们分析几种网络对象：

1. 通信网络

通信网络是指将各个孤立的设备进行物理连接，实现人与人、人与计算机、计算机与计算机之间进行信息交换的链路，从而达到资源共享和通信的目的。比如以我们所熟悉的中国通信网络为例，人们统称其为通信网络。但其实很多人，尤其是终端用户（比如使用手机的个人）对这个网络并没有清晰的认识。

这样的一个通信网络在构建的过程中有三方参与：网络设备生产商、网络运营商和网络服务商。设备生产商提供组建网络的设备，比如华为、诺基亚、三星；运营商使用这些设备构建出基础设施网络，提供通信最基础的支持和服务，比如中国电信、中国移动、中国联通；服务商即服务提供商（Service Provider，SP），就是移动互联网服务内容、应用服务的直接提供者，常指电信增值业务提供商，负责根据用户的要求开发和提供适合手机用户使用的服务。通常可以再进一步细分，ISP 指接入基础设施网络的服务提供商，而 ICP（Internet Content Provider）是互联网内容提供商，即向广大用户综合提供互联网信息业务和增值业务提供商。比如，国内 ISP 有中国电信、中国联通等互联网运营单位及其在各地的分支机构和下属的组建局域网的专线单位。ICP 有新浪、搜狐、163、21CN 等。终端用户则是有通信需求的企业或个体，比如学校或个人。当然有的公司会同时兼顾多种角色，比如中国电信和中国联通，通常既是网络运营商，同时又是服务提供商。

因此，虽然我们平时提到这样一个网络时都使用了"网络"这个词汇，它们的确也都是不同层次的网络，但事实上，不同使用人所指很可能有不同的含义。

这意味着我们在可靠性评估时需要首先确定网络对象的边界。

从这样的定义和案例中我们可以看出：

（1）通信网络是提供信息交流与传递的基础。这主要指其提供了硬件基础设施。

（2）能够完成信息传输的功能。这主要指其提供了软件支持。硬件的基础设施与软件提供的传输功能紧密耦合，使得通信网络通常可以看作复杂系统。由于网络主要是用以提供服务的，基本功能仅仅意味着具有了进一步提供服务的基础，但并不意味着网络系统就是可靠的。

（3）由于有计算机和交换机对信息进行处理，因此其拥有信息处理的能力。这一条表明了网络通常具有智能性，比如通信网络中的动态路由能根据当前网络状态选择更佳的路由来传递信息。这进一步造就了通信网络在可靠性评估时的复杂性。

（4）为不同用户提供各种不同的服务，谓之对多任务进行支持。这一条表明网络对象可具有动态性。比如中国通信网络的用户，根据工业和信息化部[3] 2010 年初发布的数据，全国移动电话用户累计达到 7.9 亿户，2014 年初则达到 12.86 亿户。同时，2014 年，2G 移动电话用户减少 1.24 亿户，是上年净减数的 2.4 倍，占移动电话用户的比重由上年的 67.3% 下降至 54.7%。4G 用户发展速度超过 3G 用户，新增 4G 和 3G 移动电话用户分别为 9728.4 万户和 8364.4 万户，这些数据表明网络对象处于变动和生长之中，比如本案例中网络节点（用户数）就扩展了很多，同时，网络所支持的任务也处于变动之中，比如本案例中 4G 用户和 3G 用户的变动。这更进一步加深了通信网络可靠性评估的复杂程度。

2. 交通网络

在特定的地域范围内，根据地区经济的发展和人们活动的需求，各种现代交通运输方式联合，各种交通运输线点交织，形成了不同形式和层次的交通运输网，简称交通网。其布局受到经济、社会、技术和自然的影响和制约。按交通运输方式分类，形成了铁路运输网、公路运输网、水路运输网、航空运输网和管道运输网。不同运输方式结合形成综合交通运输网。

以北京轨道交通网络为例[4]，网络的规划和建设，网络的运营，以及轨道交通的终端用户分属不同层次。规划和建设者负责规划设计基础设施网络的构建，运营者为终端用户提供诸如车辆调度、报站等服务，终端用户则根据自己的活动选择路线。

从定义和案例中我们可以看出：

（1）交通网络中的道路、交叉点等是满足人们活动需求的基础。

（2）能够支持人们完成从一地到另一地的移动。

（3）由于需要对道路进行维护、监控和管理，因此拥有信息处理的能力。北京轨道交通网络的案例还显示了网络对象今后的发展趋势是基础网络耦合通信网络的多异质网络耦合复杂系统。比如如今人们的出行更多会在出行前甚至在路途中就通过手机查阅路况信息，并据此设定甚至改变出行路线。这对网络运行具有很大的影响，可以看出交通网络具有任务动态变化的特点。

（4）可以为不同类型车辆(公交、私家车、有轨交通等)提供服务，谓之对多任务进行支持。

3. 电力网络

电力网络包括变电、输电、配电3个环节，它把分布在广阔地域内的发电厂和用电户连成一体，把集中生产的电能送到分散用电的千家万户。电力网络主要由电力线路、变电所和换流站(实现交流电和直流电相互变换的技术装置)组成，按功能可分为输电线路、区域电网、联络线和配电网络。联络线用于实现网络互联，可以合理调剂区域间的电能，提高供电可靠性和发电设备利用率，使电力系统运行的经济性、稳定性都得以改善。实现网络互联虽具有大的社会、经济效益，但它对电力系统的结构、控制措施、通信设施、运行调度等也提出了更高的要求。

从这样的定义我们可以看出：
（1）电力网络是提供电力的基础；
（2）能够支持电力传输；
（3）由于需要调剂、调度和管理，因此拥有信息处理的能力；
（4）可以为不同用户(企业、个人等)提供服务，谓之对多任务进行支持。

本节的网络对象定义及分析界定了网络对象的范围，展现出网络对象和传统可靠性评估对象的不同点。不同层次的网络包含不同的内容，形成不同的网络系统，而不同层次的网络对象又可以进一步形成更为复杂的网络系统。这些特征决定我们有必要扩展传统可靠性评估的理论与方法，以适应新的对象特征。

1.4　网络系统可靠性评估中的问题分析

可靠性评估通常有3类方法：试验、仿真和解析。

可靠性试验方法通常对实物根据可靠性试验的要求进行试验，得到可靠性相关数据并据此量化计算出可靠性参数。该方法通常在产品已经完成生产的后期使用，大型复杂系统则可以通过构件之间的关系以及构件的可靠性试验数据进行评估。构件的可靠性数据通常要经过可靠性试验，或者在使用时收集。

比如，设备厂家一般都会很注意收集产品在使用中的可靠性数据（比如MTBF），并提供给用户在产品选购时参考。这类方法直接对对象进行试验，因而数据较为可信，但无论是采用产品使用数据收集的方法还是进行可靠性试验，开销都比较大。

可靠性仿真方法则通过对产品进行计算机建模，进而在虚拟对象上完成可靠性试验。这类方法在计算机辅助技术发展到今天已经能够提供比较好的支持，可以在产品设计的初期就进行分析，因而把可靠性分析与评估提前到了设计阶段，有利于提高产品的可靠性。本类方法的关键点在于对产品对象的仿真是否真实可信，此外，开发针对评估对象的仿真程序也有不小的工作量，但好处是，一旦开发完成尽可以进行各种试验和分析，开发时代价大，但后期的代价小。

需要注意的是：本书的可靠性仿真方法是指对可靠性评估对象进行建模并仿真的方法，这与用蒙特卡罗法对可靠性数据进行随机仿真的方法有着本质的区别。前者在于尽可能对对象和行为进行建模，比如当前通信网络中普遍使用的 OPNet 或是 NS2 这样的软件，我们可以在这样的平台上进一步对故障进行建模（并不需要建立诸如可靠性框图 RBD 这样的可靠性模型），进而收集数据，再如同可靠性试验方法一样计算得到可靠性参数。后者则没有对对象和行为的建模，而是直接对问题进行建模，进而利用计算机的随机数生成获得概率数据，其实属于建模后的仿真计算。本质上我们把后者归为解析可靠性评估方法，因为类似蒙特卡罗法其实其核心是建立可靠性模型，仿真仅仅是为了利用计算机的计算能力，同时其仿真过程中所需的一些可靠性相关参数是通过实际试验获取到的。

可靠性解析方法则通过建立系统的可靠性数学模型，并对其中的故障提供数学模型进而可以计算出系统可靠性参数。比如我们对系统进行 RBD 的分析，进而转换为串并联的解析计算式，并根据构件故障的情况统计出数学模型（本质上是一种故障规律的数学模型，比如故障时间服从指数分布），最终计算系统的可靠性参数。这类方法适用于产品最初设计的阶段，评估时的代价最小，但此类方法不但要求对系统可靠性的影响因素及相关关系有深刻的理解，更要求对故障规律有合理的数学模型。可以说，对系统的可靠性分析和评估如果能做到这一步，则表明对系统的结构、构件间的相互影响和故障都有了深刻的理解，大大有助于提高产品的可靠性。因此，从可靠性专业研究的角度来说，我们都希望从试验、数据收集、分析、仿真、可靠性理论与方法研究最终走向解析评估。

为保证产品质量，各领域的网络系统都会考虑可靠性问题，都会借鉴可靠性理论与方法，尤其是对具有重要影响的网络系统。但由于网络系统属于新型产品，且此类产品建设相对容易且易见成效，因此人们前期工作主要集中在从无到有，尚未形成如传统可靠性一样的系统理论与方法。但随着网络系统重要性的提升，人们开始关注此类系统的可靠性问题，并发现其具有较大的特殊性。比如2008年的美加大停电案例，人们才认识到网络系统一个点的故障很容易扩散到全网，与传统可靠性评估中所假设的故障独立有很大不同，进而提出了级联失效模型，并引发了对网络故障传播特性的研究热潮。这样的故障特性是传统系统所不具备的，也是传统可靠性理论和方法所不能支持的。

虽然"网络可靠性"并非一个新名词，但近几年来随着网络系统的应用、网络故障所带来的深刻影响，以及人们对网络已经发展到从无到有，再到逐渐追求其可靠等原因开始受到重视。尽管如此，"网络可靠性"具体是什么并没有一个明确定义，其是否代表着可靠性研究领域需要新理论新方法的支持更是存在很多质疑，最为典型的有：

（1）各领域的网络并不相同，是否存在一个"网络系统"这样的对象需要人们针对其可靠性进行专门的研究？如果有，这个"网络系统"具有什么样的特征？本书在第1章对此进行了分析。

（2）可靠性的核心是故障，网络系统的故障有什么特殊性？本书在第2章对此进行了分析。

（3）网络可靠性的概念内涵到底是什么？与传统的可靠性理论与方法有什么联系？新的体系应该是怎样的？本书在第3章提出了网络可靠性3层评估模型，定义了网络可靠性概念和参数，建立了分层研究的方法。

（4）当前对网络可靠性的相关研究现状如何？可靠性评估方法有哪些模型和算法？本书在第4~8章对此进行了分析，不但介绍了当前我们可以用以进行解析评估的各种模型和算法，还介绍了我们针对网络对象的特殊性进行的扩展和改进。

（5）网络可靠性的试验与仿真应该怎样进行？本书在第9和第10两章分析了网络可靠性试验与仿真流程及其特殊之处，提出了基于业务的网络剖面构建方法，并分别介绍了试验与仿真两种评估方法的案例。

1.5 网络可靠性发展历史及研究意义

可靠性的概念[5]最早起源于第二次世界大战期间的航空领域，那时飞机已成为交通工具，但空中事故却不断增多，为此人们希望计算多发飞机一台发动机故障的概率以及一段飞行时间内不发生故障的概率，从而形成了可靠性的初始概念。20世纪50年代,由于美军的导弹及军用电子设备出现的严重可靠性问题,军方开始有计划、有组织地开展可靠性研究,美军1952年成立"军用电子设备可靠性咨询组(AGREE)"制订了可靠性研究与发展计划,第一次提出了可靠性定量指标要求,可靠性工程正式兴起,并成为了一门独立的学科。

网络可靠性概念最先于1955年由Lee[6]针对通信网络提出,其评估模型基于图论和设备物理失效,定义了以"能实现连通功能的概率"为度量的端可靠度,首次使用了以连通为规定功能的可靠性指标。随后,此模型得到广泛认可,针对各领域不同工程网络的可靠性研究蓬勃发展。早期研究基本上都基于此,研究点主要集中于通过各种算法的改进降低计算复杂度。

20世纪80年代起网络拥塞开始成为重要问题,尤其是针对通信网络的拥塞和时延相关的研究得到重视。20世纪90年代开始网络可靠性研究成为热点,提出了很多与可靠性相关的概念和定义,诸如连通可靠性、性能可靠性、抗毁性、活性、完成性等。同期,各领域针对不同类型网络研究了很多网络可靠性问题,尤以通信网络、交通网络和电力网络的研究成果最为突出。美国联邦通信委员会还于1992年专门成立了网络可靠性指导委员会[7],每年针对企业提交的网络故障分析网络可靠性。21世纪后,对无线移动网络可靠性的研究成为热点,同时,复杂网络科学对网络性质的一些研究方法和成果让人们看到更多解决复杂系统可靠性的新思路。

网络可靠性几十年的发展积累了非常多的研究成果,前期的相关专著或综述做了较好的梳理:1986年Spragins[8]综述了当前网络可靠性模型,并指出其中假设的不合理性或忽略了重要影响因素的问题;1992年Ball[9]等人在技术报告中把网络可靠性研究分为连通和性能两大类;2005年Clark[10]等人在认为交通网络可靠性可分五类:连通可靠性(Connectivity Reliability),行程时间可靠性(Travel Time Reliability),容量可靠性(Capacity Reliability),行为可靠性(Behavioural Reliability)和潜在可靠性(Potential Reliability);2011年Lehr[11]把宽带网络可靠性分为连通、性能和核心服务可靠性3类。国内学者从通信网络、可靠性评估方法、复杂网络等方面进行了研究[12~17]。这些研究很好地分析了当前网络可靠性进展,逐渐让人们认识到:网络可靠性是一个复杂的共性问题,其评估的模型、算法也属于共性技术;需要扩展传统可靠性理论与方法以支撑网络可靠性评估方法;影响因素众多,难以用一个指标对其进行评估,需要从多个不同方面对此进行分析。

当前的研究虽然取得了很大进展,但评估方法所展现出来的概念、模型和算法却相互交叠、混乱,不成系统[18]。究其原因是因为可靠性是产品的基本属性,可以从多种角度对其进行研究。比如单纯从图论角度对网络抽象后以连通度、坚韧度或核度等考察网络的连通性;复杂网络科学中以网络簇系数和熵等量化网络特性等,这些量化值也是对产品质量的一种量化表现,但其研究角度从网络本身的性质出发,与用户需求和故障无关,不同于以故障为核心的可靠性工程所定义的可靠性。

1.6 更多需求

现代科技的发展使产品呈现更多的网络化特征,这必将导致网络可靠性研究需求的井喷。最为典型的代表就是这两年火爆异常的词汇:"工业4.0"、信息物理系统、车联网、物联网、赛博网络等,无一不是和网络息息相关的特殊产品。其中最有影响的当属德国提出的"工业4.0"。这个概念的提出背景是现代工业随着物联网、移动互联、云计算、大数据等新一代信息技术广泛普及并推进了生产方式变革,随后各国纷纷提出各自数字化制造、工业互联网、能源互联网等制造业发展新理念,一些国家还提出了自己的工业战略,试图在新一轮工业革命中抢占先机。此概念最初是在2011年德国"Hannover Messe 2011"上提出的。在德国工程院、弗劳恩霍夫研究院、西门子公司等德国学术界和产业界的建议和推动下,"工业4.0"项目在2013年4月的汉诺威工业博览会上被正式推出。"工业4.0"以建立智能工厂为目标,其技术基础是赛博-物理系统(Cyber-physical system)和互联网,它的特征是自适应性、资源有效性和人机工效以及与客户和业务组件在业务和价值流中的整合。通过自优化、自重构、自诊断和对人的认知和智能支持,形成高度的柔性生产方式,从而实现高度的客户定制化,这也是未来社会对工业的需求。

"工业4.0"战略的要点可以概括为:"建设一个网络""研究两大主题""实现三项集成""实施八项计划"[5]:

"建立一个网络":信息物理系统(Cyber-Physical Systems,GPS)网络。信息物理系统就是将物理设备连接到互联网上,让物理设备具有计算、通信、精确控制、远程协调和自治等五大功能,从而实现虚拟网络世界与现实物理世界的融合。CPS可以将资源、信息、物体以及人紧密联系在一起,从而创造物联网及相关服务,并将生产工厂转变为一个智能环境。这是实现"工业4.0"的基础。

"研究两大主题":一是"智能工厂",重点研究智能化生产系统及过程,以及网络化分布式生产设施的实现;二是"智能生产",主要涉及整个企业的生产物流管理、人机互动以及3D技术在工业生产过程中的应用等,从而形成高度灵活、个性化、网络化的产业链。生产流程智能化是实现"工业4.0"的关键。

"实现三项集成":横向集成、纵向集成与端对端的集成。"工业4.0"将无处不在的传感器、嵌入式终端系统、智能控制系统、通信设施通过 CPS 形成一个智能网络,使人与人、人与机器、机器与机器以及服务与服务之间能够互联,从而实现横向、纵向和端对端的高度集成[5]。

"实施八项计划":"工业 4.0"得以实现的基本保障。一是标准化和参考架构,二是管理复杂系统,三是一套综合的工业宽带基础设施,四是安全和保障,五是工作的组织和设计,六是培训和持续的职业发展,七是监管框架,八是资源利用效率。可靠、全面、高品质的通信网络是"工业 4.0"的一个关键要求。

总地来看,"工业 4.0"战略的核心就是通过 CPS 网络实现人、设备与产品的实时连通、相互识别和有效交流,从而构建一个高度灵活的个性化和数字化的智能制造模式,这是以智能制造为主导的第四次工业革命,在计算(Computation)、通信(Communication)和控制(Control)技术的支持下产生多样化的功能。

美国政府与德国一样也提出了实现再工业化战略(Reindustrialization)的举措,其基本内涵是为了重新建立工业而进行国家资源组织的经济、社会和政治过程。为了发展先进制造业,美国推行"再工业化"战略,力图重振本土工业,寻找能够支撑未来经济增长的高端产业,通过产业升级化解高成本压力,实现经济的复苏。

而我国现在正处于信息化和工业化的融合阶段,中国今后的目标是实现信息化和工业化的深度融合。深度融合涉及整个工业部门的数字化、网络化、智能化,即信息技术与制造技术的结合,实现制造过程和产业模式变革,从而走出一条新型工业化的道路[3]。

无论是哪国所提的概念,我们都可以看到,未来科技发展的趋势必然更加依赖于网络系统,而且是综合化网络系统。随着这些网络系统逐步深入制造领域,其产品化特征以及对可靠性的需求就会更加突出,对能满足网络系统特征的新理论、新方法的需求会更加强烈和急迫。

参考文献

[1] 陈敏. OPNET 网络仿真[M]. 北京:清华大学出版社,2004.
[2] Arinc. ARINC-664,Aircraft Data Network-Part 7:Deterministic Networks[R]. (2003-10-1)[2017-2-4].
[3] 工业和信息化部. 移动电话用户达 12.86 亿 4G 用户发展迅速[EB/OL]. [2017-2-4]. http://www.ce.cn/cysc/tech/gd2012/201501/21/t20150121_4398744.shtml.
[4] 周楠森. 北京市轨道交通建设总结及规划调整建议[J]. 都市快轨交通,2011,24(2):9-13.
[5] 杨为民. 可靠性·维修性·保障性总论[M]. 北京:国防工业出版社,1995.
[6] LEE C Y. Analysis of Switching Networks[J]. Bell System Technical Journal,2014,34

[7] NRSC. Network reliability steering committee[EB/OL]. [2017-02-04]. http:// www.atis.org/nrsc/index.asp.

[8] SPRAGINS J, SINCLAIR J, KANG Y, et al. Current telecommunication network reliability models: a critical assessment[J]. IEEE Journal on Selected Areas in Communications, 1986,4(7):1168-1173.

[9] BALL M O, COLBOURN C J, PROVAN J S. Network reliability[J]. Handbooks in Operations Research & Management Science, 1992,7:673-762.

[10] CLARK S, WATLING D. Modelling network travel time reliability under stochastic demand [J]. Transportation Research Part B,2005,39(2):119-140.

[11] LEHR W, HEIKKINEN M, CLARK D D, et al. Assessing broadband reliability: measurement and policy challenges[C]//Research Conferenec on Communication, Inforomation and Internet polisy,2011.

[12] 梁雄健. 通信网可靠性管理[M]. 北京:北京邮电大学出版社,2004.

[13] 冯海林. 网络系统中可靠性问题的研究[D]. 西安:西安电子科技大学,2004.

[14] LI R Y. Research of network reliability evaluation methods[D]. Beijing: Beihang University,2008.

[15] ZHAO Path-based evaluation and analysis of communication network reliability[D]. Chongqing: Logistic Engineering University of PLA,2012.

[16] 吴俊,段东立,赵娟,等. 网络系统可靠性研究现状与展望[J]. 复杂系统与复杂性科学,2011,08(2):77-86.

[17] Huang N. A research of network reliability and its trend[EB/OL]. [2017-02-04] http:// netrel.buaa.edu.cn/NewsDetail.aspx? id=105.

[18] 黄宁,伍志韬. 网络可靠性评估模型与算法综述[J]. 系统工程与电子技术,2013,35 (12):2651-2660.

第 2 章

网 络 故 障

故障是可靠性专业技术的核心,可靠性评估是以故障为核心进行建模和分析,然后根据故障规律进行量化计算。传统可靠性评估中,主要考虑了构件功能故障,基于统计学根据构件在一定环境下随时间失效的统计规律,以故障间关系(主要是串并联关系)描述构件功能失效时的系统故障情况,并可量化计算系统可靠性。因此,要评估网络系统可靠性,首先要深刻理解网络故障。本章通过对美国通信网络协会成立的可靠性指导委员会十多年的网络故障报告、美国兰德公司的美国海军舰船网络可靠性技术报告、国内科来公司网络故障的调研报告和针对故障的相关学术研究,分析总结了网络故障具有复杂性、动态性和耦合性三大特殊性。

2.1 网络故障的概念内涵

GJB 451A[1]对故障的定义:产品不能执行规定功能的状态。这个定义通常指功能故障,因预防性维修或其他计划性活动或缺乏外部资源造成不能执行规定功能的情况除外。与故障紧密相关的一个概念是"失效"。GJB 451A 中对失效的定义:产品丧失完成规定功能的能力的事件。注意,实际应用中,特别是对硬件产品而言,故障与失效很难区分,故一般统称故障。

传统上一般不对故障和失效进行区分,可将系统故障的定义延伸为:系统不能执行规定功能的状态或事件(因预防性维修或其他计划性活动或缺乏外部资源造成不能执行规定功能的情况除外)。其中,"规定功能"是指产品规定了的必须具备的功能及其技术指标。具体来说,系统故障是指系统结构、组件、元器件等出现破损、断裂、击穿等,丧失了其所要完成的功能;或系统的一个或几个性能参数不能保持在要求的上下限之间。

IEC 61508 和 ISO 26262 对故障给予了更为精确的区分和定义:

(1) Fault:Abnormal condition that can cause an element or an item to fail.

Fault 可译为"故障",定义:可能导致系统功能失效的异常条件。

(2) Error: Discrepancy between a computed, observed or measured value or condition and the true, specified, or theoretically correct value or condition.

Error 可译为"错误",定义:计算、观察或测量值或条件,与真实、规定或理论上正确的值或条件之间的差异。

Error 是能够导致系统出现 Failure 的系统内部状态。

(3) Failure: Termination of the ability of an element or an item to perform a function as required.

Failure 可译为"失效",定义:系统不能执行所要求功能的终止状态。

根据这个更为精细的区分和定义,我们可以知道在对网络进行可靠性量化评估时,关心的是失效的情况,即网络不能执行规定功能的状态到底有多大可能。

为此需要明确网络对象及其规定功能。而在分析网络可靠性或在可靠性建模时,关心的是故障,即可能导致系统功能失效的异常条件有哪些,相互之间具有什么关系,比如故障树分析。在日常使用中,"故障"这一词的指代通常不精确,是很多含义的简化,这里我们对故障相关的几个名词做个界定:

故障致因:引发故障产生的异常条件或原因,类似疾病中的病因。

故障表象:故障发生时人们观察到的现象,类似疾病中的症状。

构件故障/局部故障:发生在系统某个构件上或系统局部区域的故障。

系统故障:整个系统表现出的故障。目前故障传播就是通过局部故障扩散至系统开展的研究。

故障机理:对故障发生的原因、发生机制、发展规律以及故障发生过程中系统的形态结构和故障表象变化等进行研究的故障基础科学。

故障分类:对故障进行分类,其依据可以是故障致因,也可以是故障表象,或者是综合。比如我们提到硬件故障,就是根据故障致因是硬件设备进行的分类;而性能故障则属于根据故障表象进行的分类。

不同于传统系统的是,网络功能往往很复杂,这导致在故障分析时首先要明确网络对象及其功能。因为网络通常面对不同类型的用户,其所要求的功能可能各不相同,再由于网络构建时通常也会面对不同层次的建设者,而不同层次的构建指标更是各不相同。此外,造成网络功能失效的异常条件也很复杂,决不能仅考虑构件功能失效这样单一的条件。

本书中,如果不需要明确区分,我们都统一使用"故障"一词。

以第 1 章所介绍的网络对象为例:

(1) 通信网络故障案例分析:从第 1 章的案例介绍中我们可以看出,网络不同层次所展现出来的故障具有很大差别。比如某个人用户的宽带上不了网或是上网速度太慢属于通信网络故障,而个人网速太慢这样的故障在互联网服务提供商(Internet Service Provider,ISP)那里,由于其所监测的各项网络指标不覆盖个人连接点,则可能均处于正常状态而无法察觉。即对于终端用户网络出现了故障,但对 ISP 所面对的网络,则无故障。反之,ISP 的某个通信设备出现故障,在 ISP 监测到错误状态而采取容错机制或替换维修的过程中,终端用户仍有可能不会察觉到有网络故障。换句话说,不同网络层次的故障是不相同的。因此,在可靠性分析中对网络故障进行分析时,首先要界定网络对象,即所评估的网络对象边界是哪里,外部用户是谁。

(2)交通网络故障案例分析:在第 1 章所介绍的北京市轨道交通网络案例中我们也可以看到网络故障的复杂性。比如北京地铁 6 号线出现故障,对于换乘中没有经过 6 号线的旅客,他/她们可能就不会发现网络故障;当首都体育馆举行大型比赛,4 号线可能出现拥堵,观众可能会认为轨道交通不顺畅,出现网络故障,但运营商则可能认为轨道交通各项指标正常,没有网络故障。因此,即使是同一层次的用户,对是否为网络故障还与其所使用的局部相关。

2.2 网络故障研究现状

传统可靠性分析中主要考虑了构件功能失效引发的故障,即把构件失效作为导致系统功能失效的主要异常条件。对于传统系统,这的确是主要矛盾所在。但前面已经分析了网络对象和网络故障都有一些新特点,这必然引发一个问题:在这种情况下,构件失效仍然是网络故障的主要条件吗?换句话说,仅考虑构件失效是否能正确而有效地对网络可靠性进行评估?

本节对一些网络故障相关的研究进行分析(主要是针对通信网络),指出对网络可靠性的评估不能仅仅考虑构件失效。

2.2.1 可靠性指导委员会(NRSC)故障报告分析

在网络故障的相关研究中,以美国网络可靠性指导委员会的故障分析报告最具代表性和权威性。

美国网络可靠性指导委员会是在一系列公共通信网络发生灾难后成立的:从 1988 年起,美国通信行业经历了一系列影响巨大的网络灾难,包括 1988 年发生的"欣斯代尔大火灾"、1991 年的信号传输点(Signaling Transfer Point,STP)故障等,这使政府意识到加强公共网络可靠性的重要性,并开始关注公共网络的可靠性。为了监测网络的可靠性,1991年11月美国联邦通信委员会(Federal Communications Commission,FCC)通过组织通信行业的领导者与通信行业的专家建立了网络可靠性委员会(Network Reliability Council,NRC)。1993年,应NRC组织的需求又在电信产业联盟(The Alliance for Telecommunications Industry Solutions,ATIS)的赞助下成立了网络可靠性指导委员会(Network Reliability Steering Committee,NRSC)。

该组织从1993年起,开始每年收集公共网络服务商的网络故障,分析统计并公开发布报告,本节选取该组织1999—2014年的报告[2]进行了分析。

1. 研究目的

自NRSC组织成立以来,它的任务被确定为:"为了帮助加强网络的可靠性,分析企业的网络故障报告来确定故障趋势,将结果反馈给产业,并且如果可能的话,参照产业论坛的相关材料进一步提出解决方案。"

NRSC组织每年对美国AT&T(American Telephone & Telegraph)等通信企业收集的数据进行分析,寻找网络故障发生的主要致因,总结网络故障的发展趋势,并且结合相关材料提供一些优化方案,为提高网络可靠性提供一些切实可行的方法。相关分析每年以报告的形式提交,并逐渐发布和公开。

2. 研究对象

通信技术的迅速变革,导致通信网络对象也发生了巨大的变化。1999—2004年的年度报告仅仅针对有线网络,以国家公共安全网络为研究对象,开展包括故障频率与故障趋势的研究,有线网络故障的主要类型为:电源致因导致的故障类、信号致因导致的故障类、过程性致因导致的故障类(Procedural Error Outages)。

2006年报告中总结了现实中通信网络的大变化,主要包括:

(1)技术变化。通信技术发生巨大变化,比如端端连通已经通过包交换的交换机实现;在线网络服务、视频流、即时消息、社会网络服务网站已经开始超过传统的电话服务,引起了宽带和无线网络的爆炸式发展,无线网络已经成为独立而成熟的网络实现方式,引发全国范围内网络向宽带与无线网络的转型趋势。

(2)需求变化。随着技术的变化,网络被广泛应用于生活工作中,使得用户对网络的需求大大提高,主要表现为:金融交易完全成为电子即时交易,商业的收入完全取决于他们的网络的存在。NRSC的成员发现这些金融、商业、教育等机构正常运行的前提是维持国家公共网络的可靠性。

(3)产业经济模式变化。技术的发展迫使企业使用新的经济模式,这样的转变给网络操作者与设备提供商带来很大的压力,要求他们不断更新技术平台,向更加复杂的商业模式转型。

针对这些实际中的变化,美国联邦通信委员会提出新规章,使得 NRSC 对主要研究内容进行了修改,拓宽了网络故障的研究对象,主要包括:有线网络、无线网络、卫星网络等。

2010—2014 年的故障报告总结了当前通信网络的发展方向以及故障类型,针对这几年的报告,发现这几年以 DS3(Digital Signal 3) 系统故障、无线网络的故障作为主要研究内容,分析了其故障致因,指导可靠性的研究。以 DS3 故障为例,NRSC 通过服务提供商给出的 2010 年 1 月到 2012 年 12 月的数据,分析了故障致因。2012 年发布的关于无线网络故障的报告中,对 2010 年 5 月到 2012 年 7 月收集的故障数据进行分析,得出结论:程序服务供应商和电缆损坏是无线网络故障增加的两个主要因素,无线网络故障的致因是硬件失效和电路板失效。纵观这几年发展,硬件故障没有呈现明显的增长。

2013 年,NRSC 对故障数据进行了新的分析。在 2013 年 ATIS 发布的报告中,对 DS3 故障的报告分析表明:自然灾害不是对大容量传输故障影响最大的致因。在该报告中重点强调了服务质量,对服务提供商与终端用户进行了分析,对服务提供商如何提高可靠性、减少故障给出了建议。

3. 数据来源

NRSC 组织所研究的网络故障的数据,主要来源于服务供应商提交给美国联邦通信委员会网络故障报告。

为了研究网络故障,1992 年 8 月,美国联邦通信委员会(FCC)要求 AT&T 等 25 家服务提供商为其提供网络故障报告,要求报告的对象应当为持续时间 30min 或者影响人数达 50000 人的故障,之后根据 NRC 组织的建议对要求做了进一步的修改,主要包括:故障影响人数降低至 30000 人;要求报告影响到 911 紧急事件呼叫中心,主要机场,核电站,主要军事机构,核心政府设施的故障;要求报告火灾相关的故障;要求最终报告包括分析根本致因与提出优化方法。

4. 分析与总结

1) 网络故障的致因具有多样性

总结 NRSC 组织的通信网络故障报告内容,可以得到通信网络故障致因主要有 8 类,如图 2.1 所示,分别是:

(1) 硬件:网络设备硬件出现的问题,比如设备破损,电缆中断;

(2) 软件:软件程序设计错误,软件出现 BUG;

(3) 人员:既有网络用户使用不当的因素,也有网络维护人员的操作失误;

(4) 环境:通信网络设备所处的自然环境造成的破坏,比如地震、台风,设

备所处的工作环境造成的影响,比如电磁干扰;
（5）网络配置:网络系统中使用的各种协议,比如路由协议;
（6）网络部署:网络设备部署的位置,比如服务器所处的位置;
（7）动力:网络设备的电力供应;
（8）政策:政府部门或其他行业对通信网络构建的影响。

图 2.1　通信网络故障致因

这些报告总结的 8 类故障致因完全覆盖了造成通信网络故障的各种致因,适用于各种通信网络。从这些致因中,我们可以看到传统可靠性技术中的评估方法基本上仅考虑了硬件和部分软件因素,对于其他诸如网络部署和网络配置等均无相应的研究支持。

2) 故障发生时对整网的影响

通过对故障报告中数据的统计与分析,在早期的故障报告(1999—2004年)中故障类型分为设备、本地交换机、公共信道信令、串联交换机、中心交换机电源、数字交叉连接系统 6 部分。

针对这些报告中每年的故障案例数,根据提交给 FCC 的故障数据,FCC 公布了如图 2.2 的故障类别发生频率分布图以及如图 2.3 的考虑聚合故障指数的历年故障数据图。通过这两张图分析几年来故障发生频率的变化趋势,其中每类故障的最右侧深色的列为 2004 年的数据,其他浅色的为 1993—2003 年的数据。

从图 2.2 和图 2.3 的历年故障数据中可以看到,虽然各类故障的数量呈现逐年下降的趋势,但是各类故障对整网造成的影响程度并没有逐年下降,反而某些年份还呈现上升的趋势。这说明随着通信网络技术的更新、设备的升级,网络故障发生的总体次数在减少,但是由于网络规模不断扩大,网络提供的服务内容逐渐增多,网络的结构变得越来越复杂,一旦出现故障对整网造成的影响会变得更加严重。在 NRSC 的网络故障报告中,聚合故障指数描述的内容也可以看作是网络故障之间相互关系的表征,正是由于网络系统中一个设备出现故障,从而引起其他设备也出现故障,造成对整网的影响变大,这也是网络故障耦合性的体现。

第 2 章 网络故障

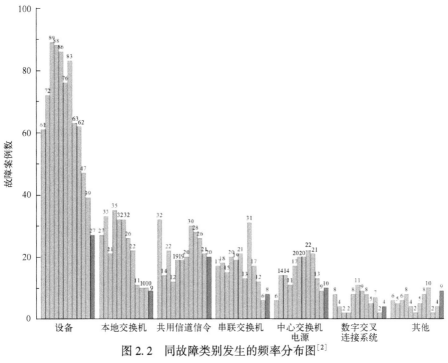

图 2.2 同故障类别发生的频率分布图[2]

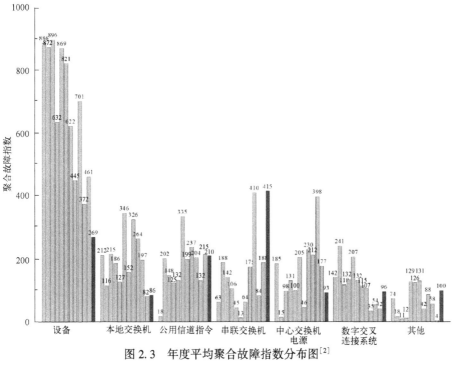

图 2.3 年度平均聚合故障指数分布图[2]

2.2.2　国内通信网络故障实例分析

项目组收集并分析了国内通信网络故障案例主要有:中国移动通信网络维护故障案例,科来公司所公布的 2011 年和 2012 年的故障案例集,《网络常见问题与故障 1000 例》一书[3],以及华为公司公布的网络故障分析排故的相关资料。这些故障案例记录的是我们使用的互联网出现的故障案例,每一条案例均记录了故障发生的网络环境、故障检测方法、故障致因以及故障解决措施。

一般通信网络故障处理包括故障现象观察、故障相关信息收集、故障分析、故障致因分析、故障解决措施指定等几个步骤。例如,华为公司的故障处理流程如图 2.4 所示。

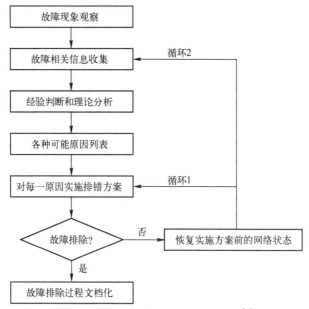

图 2.4　华为公司网络故障处理流程[4]

在现行的网络管理体制中,由于网络故障的多样性和复杂性,网络故障的分类方法也不尽相同。项目组分析已收集到的通信网络故障案例,并结合华为公司对网络故障划分的方法,将此类故障案例的分类与解决方法总结如下。

1. 按网络故障的性质划分

1) 物理故障

物理故障,是指设备或线路损坏、插头松动、线路受到严重电磁干扰等情况。比如,网络中某条线路突然中断,如已安装网络监控软件就能够从监控界面上发现该线路流量突然掉下来或系统弹出报警界面,更直接的反映就是处于该线路端口上的无线电管理信息系统无法使用。

解决方法:首先用 DOS 命令集中的 ping 命令检查线路与网络管理中心服务器端口是否连通,如果不连通,则检查端口插头是否松动,如果松动则插紧,再用 ping 命令检查,如果已连通则故障解决。也有可能是线路远离网络管理中心的那端插头松动,则需要检查终端设备的连接状况。如果插口没有问题,则可利用网线测试设备进行通路测试,发现问题应重新更换一条网线。

另一种常见的物理故障就是网络插头误接。这种情况经常是没有搞清网络插头规范或没有弄清网络拓扑结构而导致的。

解决方法:熟悉掌握网络插头规范,如 T568A 和 T568B,搞清网线中每根线的颜色和意义,做出符合规范的插头。还有一种情况,比如两个路由器直接连接,这时应该让一台路由器的出口连接另一台路由器的入口,而这台路由器的入口连接另一台路由器的出口才行,这时制作的网线就应该满足这一特性,否则也会导致网络误解。不过像这种网络连接故障显得很隐蔽,要诊断这种故障没有什么特别好的工具,只有依靠网络管理的经验进行解决。

2) 逻辑故障

逻辑故障中的一种常见情况就是配置错误,就是指因为网络设备的配置原因而导致的网络异常或故障。配置错误可能是路由器端口参数设定有误,或路由器路由配置错误导致路由循环或找不到远端地址,或者是网络掩码设置错误等。比如,同样是网络中某条线路故障,发现该线路没有流量,但又可以 ping 通线路两端的端口,这时很可能就是路由配置错误导致循环了。

解决方法:诊断该故障可以用 traceroute 工具。如果存在路由循环故障,则可更改远端路由器端口配置,把路由设置为正确配置,就能恢复线路了。

逻辑故障中另一类故障就是一些重要进程或端口关闭,以及系统的负载过高。比如,路由器的 SNMP 进程意外关闭,这时网络管理系统将不能从路由器中采集到任何数据,因此网络管理系统失去了对该路由器的控制。

解决方法:检查发现该端口处于 down 的状态,也就是说该端口已经给关闭了,因此导致了故障。这时只需重新启动该端口,就可以恢复线路的连通。此外,还有一种常见的情况是路由器的负载过高,表现为路由器 CPU 温度太高、CPU 利用率太高,以及内存余量太小等,虽然这种故障不能直接影响网络的连通,但却影响到网络提供服务的质量,而且也容易导致硬件设备的损坏。

2. 按网络故障的对象划分

1) 线路故障

线路故障最常见的情况就是线路不通,诊断这种故障可用 ping 检查线路远端的路由器端口是否还能响应,或检测该线路上的流量是否还存在。一旦发现远端路由器端口不通,或该线路没有流量,则该线路可能出现了故障。这时有几种处理方法。首先是 ping 检查线路两端路由器端口,确认其两端的端口是否关闭了。如果其中一端端口没有响应则可能是路由器端口故障;如果是近端端口关闭,则可检查端口插头是否松动,路由器端口是否处于 down 的状态;如果是远端端口关闭,则要通知线路对方进行检查。进行这些故障处理之后,线路往往就通畅了。

如果线路仍然不通,一种可能就是线路本身的问题,看是否线路中间被切断;另一种可能就是路由器配置出错,比如路由循环了,即远端端口路由又指向了线路的近端,这样线路远端连接的网络用户就不通了,这种故障可以用 traceroute 来诊断。解决路由循环的方法就是重新配置路由器端口的静态路由或动态路由。

2) 路由器故障

事实上,线路故障中很多情况都涉及到路由器,因此也可以把一些线路故障归结为路由器故障。但线路涉及到两端的路由器,因此在考虑线路故障时涉及多个路由器。有些路由器故障仅仅涉及到它本身,这些故障比较典型的就是路由器 CPU 温度过高、CPU 利用率过高和路由器内存余量太小。其中最危险的是路由器 CPU 温度过高,因为这可能导致路由器烧毁。而路由器 CPU 利用率过高和路由器内存余量太小都将直接影响到网络服务的质量,比如路由器上丢包率就会随内存余量的下降而上升。检测这种类型的故障,需要利用 MIB 变量浏览器这种工具,从路由器 MIB 变量中读出有关的数据,通常情况下网络管理系统有专门的管理进程不断地检测路由器的关键数据,并及时给出报警。而解决这种故障,只有对路由器进行升级、扩内存等,或者重新规划网络的拓扑结构。

另一种路由器故障就是自身的配置错误。比如,配置的协议类型不对、配置的端口不对等。这种故障比较少见,在使用初期配置好路由器该故障基本上就不会出现了。

3) 主机故障

主机故障常见的现象就是主机的配置不当。比如,主机配置的 IP 地址与其他主机冲突,或 IP 地址根本就不在子网范围内,这将导致该主机不能连通。如某网段范围是 172.17.14.1~172.17.14.253,故主机地址只有设置在此段区间内才有效。还有一些服务设置的故障。比如,E-Mail 服务器设置不当导致不能收发 E-Mail,或者域名服务器设置不当将导致不能解析域名。主机故障的另一种可能是主机安全故障。比如,主机没有控制其上的 finger、rpc、rlogin 等多余服务,而恶意攻击者可以通过这些多余进程的正常服务或 bug 攻击该主机,甚至得到该主机的超级用户权限等。

另外,主机还有一些其他故障,比如不当共享本机硬盘等,将导致恶意攻击者非法利用该主机的资源。发现主机故障是一件困难的事情,特别是别人恶意的攻击。一般可以通过监视主机的流量或扫描主机端口和服务来防止可能的漏洞。当发现主机受到攻击之后,应立即分析可能的漏洞,并加以预防,同时通知网络管理人员注意。现在,各市都安装了防火墙,如果防火墙地址权限设置不当,也会造成网络的连接故障,只要在设置使用防火墙时加以注意,这种故障就能解决。

科来公司发布的故障案例集中对于故障信息的记录和故障处理流程,与华为公司采用的方法一致,其故障案例集中的故障案例记录的信息包括:

(1) 故障模式描述:包括故障模式描述和网络基本环境描述。

(2) 故障分析:明确分析目标,确定需要进行故障分析的设备,根据已有的故障信息初步判断可能的故障致因。采用多种方法通过流量监控软件或者抓包软件对网络中的流量进行排查,发现流量异常点。

(3) 故障排除:根据故障分析的结果明确故障致因,确定故障排除措施,并确定分析结论。

科来公司发布的故障案例集也是以故障设备上出现的故障模式为第一信息,其案例集中的故障分类与华为公司的故障分类类似。此外,科来公司在其另一份网络故障资料:网络应用故障分析表中,对网络故障以故障致因进行了分类,分类结果如图 2.5 所示,但此方法缺少故障设备信息,不便于进行故障定位及故障分析。

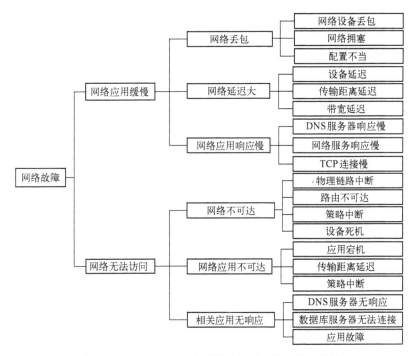

图 2.5　科来公司网络应用故障分析中的故障分类[5]

从国内这几份通信网络故障案例来看,这些公司主要关注的是基础设施网络,对于网络应用的故障并没有过多的关注。但即使这样,我们仍可从中看到,网络故障已经不仅仅是网络不能工作,而是包含了响应缓慢,网络故障的致因也不仅仅是设备不能工作,而是包含了诸如网络配置不当等因素。

2.2.3 其他网络故障的研究

项目组还调研了涉及网络故障的其他相关文献。Santoro[6]于2007年将通信故障分为处理器故障、链路故障和混合故障,在该文献中以传输的数据参数建立了三类基本故障模型来表征所有的处理器故障和链路故障。Kogeda[7]在2004年将网络故障分成永久性故障(Malfunctions)和暂时性中断(Outages),其中永久性故障包括了电缆,交换机等的组件损坏(Broken Components),基站(Base Station)和基站控制器(Based Station Control)设备可能产生的信号缺失、信道故障、误码超过阈值等的故障。而暂时性中断则分成可预计(Planned)故障和不可预计(Unplanned)故障。此文献对故障的分类进行了考虑,但各故障类别之间的内容互有交叉,且区别并不明显。

设计高可靠性的系统需要对故障特征有深入的了解,卡内基梅隆大学的Schroeder和Bianca[8]在2010年通过对LANL(Los Alamos National Laboratory)中的网络长达9年的故障数据进行统计,故障数据记录了在20多个不同系统上的23000次故障,主要是SMP和NUMA节点的大型集群系统,这些故障数据记录了故障的根本致因、平均无故障时间和平均修复时间,并以故障致因初步将故障分为硬件物理失效和软件功能失效。

Nakka[9] 2009年基于LANL的故障数据做了分析,通过实验分析了不同网络配置下对MTTF的影响,得到的结论是网络配置与故障之间有强相关性。Nakka[10]在2011年进一步分析了LANL的故障数据后,总结了网络故障致因为基础设施、硬件、人因、网络错误和软件,如表2.1所列。

表2.1 故障致因和子构件[10]

故障分类	致因及子构件
操作故障	Human Error
网络故障	Network
非确定性故障	Security, Unresolvable, Undetermined
基础设施故障	Environment, Chillers, Power Spike, UPS, Power Outage
软件	Compilers and libraries, Scratch Drive, Security Software, Vizscratch FS,…
硬件	WACS Logic, SSD Logic, Site Network Interface, KGPSA, SAN Fiber Cable,…

兰德公司[11]2010年为美国海军出具的网络可靠性报告中对故障致因进行了更细致的分类,该文献分析了NSWC Corona提供的舰船网络故障数据(NSWC Corona是美国海军唯一的独立分析和评估中心,该机构统计了设备的正常运行时间和停机时间),统计表明:网络故障致因众多,虽然硬件故障仍是主要影响因素,但其他致因不能忽略,统计结果如表2.2所列。

表2.2 各类故障致因引起的中断时间比例[11]

Cause	Outage Time/%	Outage Time/d
硬件	32	1,775
培训	20	1,126
设计	15	829
综合后勤保障	11	612
配置管理	8	446
环境	3	161
系统运行验证测试	4	243
软件	2	93
其他	4	215

该公司进一步对美国海军指挥、控制、通信、计算机和情报计划执行处(Program Executive Office for Command, Control, Communications, Computers and Intelligence, PEO C4I)在2008—2009年间167份舰船上记录的舰船网络故障报告进行了分析,目的是找到引起航空母舰上大多数系统故障的根本原因。根据这些故障数据,兰德公司总结其故障致因如图2.6所示,故障致因包括:硬件(Hardware)、培训(Training)、综合后勤保障(Integrated Logistics Support)、设计(Design)、配置管理(Configuration management)、环境(Settings)、软件(Software)、系统运行验证测试(System Operational Verification Testing)等。

报告中将培训、设计、系统运行验证测试、综合后勤保障这4类因素归结为人为影响因素,这部分占到了42%;将图中的软件、配置管理、环境这3类影响因素归为广义的"软件"因素,这一部分占到了17%。从图中我们可以看到,将近三分之二的影响因素是非硬件的因素,而人为因素成为导致网络故障的主要因素。

随着高性能计算系统(HPCS)的复杂性和规模增大,Yuan[12]2012年分析了10份公开的数据集,分析了其故障致因,比如:硬件、网络、操作系统和业务。Gainaru[13]2015年分析了大型复杂系统的故障,通过对故障的分析,以此提高计

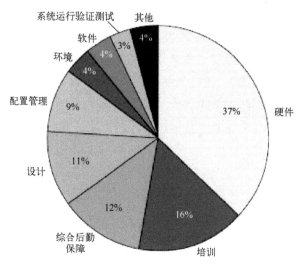

图 2.6　兰德公司报告中网络故障致因分类

算系统的服务质量,降低性能损失。

总结目前的研究,我们发现网络故障致因复杂且耦合,受多因素影响,很难像传统可靠性一样分析,仅考虑单个构件功能故障,而不考虑整个系统的配置、耦合等。

2.2.4　机载网络故障实例分析

当前收集到的机载网络故障均是某院某型飞机机载网络综合试验中出现的故障,在机载网络 C 型件(试验阶段)和 S 型件(验证阶段)综合试验过程中形成故障单 663 份,其中 C 型故障单 236 份,S 型 427 份。这些故障单均以纸质文件的形式存在,以两份文件组合而成。一是《试验故障报告表》,记录的信息有:故障设备信息,包括设备名称、型号、编号等;试验信息,包括试验起止时间,试验时间等;试验应力条件;故障模式描述;故障影响;分析与建议等内容。二是《故障分析纠正措施报告表》,记录的信息包括故障分析、故障纠正措施、排故验证等信息。对 663 份纸质故障单筛选后,除去备注为非故障的故障单后,有 613 份有效故障单。对 613 份故障单的关键字段进行确认,如故障分析、故障现象、故障纠正等信息,最终有 366 份故障单达到入库标准,并最终入库。

故障单电子化后,结合 NRSC 和科来公司的网络故障整理过程,各类故障致因造成的故障案例数据的柱状图如图 2.7 所示。

机载网络故障不仅仅是静态网络硬件拓扑所反映出的故障,更包含以航电业务为流程的逻辑关系所形成的动态关联故障,表现为其使用过程中由各种应用的逻辑关联性形成的动态故障行为。所分析的 613 份有效航电系统故障单

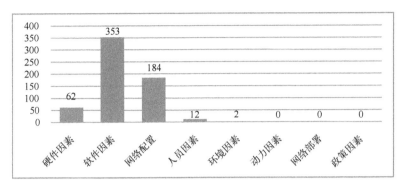

图 2.7 各类故障致因案例对比

中,集成测试故障记录 345 份。结合机载网络结构和试验流程,分析发现具有典型动态关联关系的故障案例记录 313 份。所调研案例库中动态关联故障占比达 47%。可见,机载网络故障间存在严重的动态关联故障。机载网络故障间的关联关系具有动态性,有 3 个层次的原因:一是机载网络故障间相互影响的方式是复杂多样的;二是这些影响方式中多数自身是动态变化的;三是这些动态变化的影响方式之间是动态组合在一起,共同发生作用的。这三点导致机载网络故障间的关联规律是动态变化的,涉及影响因素非常多,关联关系复杂。

所调研的故障案例记录反映出,受环境、业务、网络状态等各种因素的影响,动态关联故障往往难以稳定复现,排故非常困难。比如,当机载网络故障通过业务数据传输而相互影响并关联发生时,由于所加载业务是动态变化的,且同样业务对数据传输路径的选择也是动态变化的,从而导致故障间的关联关系也是动态变化的。

机载网络故障案例库中存在以下故障案例:开始试验项的测试试验后,在测试试验中出现的故障以故障单的形式进行记录,此案例中出现的故障分别记录如下:

(1) SY-GZD-C068:总线数据监控设备监控到 AFDX 交换机转发数据出现丢包;

(2) SY-GZD-C086:显示屏幕上无近地告警设备告警信号显示。

以上两个故障对应在业务路径上的表示如图 2.8 所示。

案例中的两个故障分别出现在 AFDX 交换机上与显示屏幕上,AFDX 交换机出现数据丢包,导致业务路径上的数据传输中断,显示设备接收不到有效的数据从而无法进行信息显示。这体现了机载网络故障之间的相互关联。另外,AFDX 交换机出现数据丢包的原因可能是交换机缓存区的设置过小导致数据丢失,也可能是近地告警设备发送的数据格式不符合配置要求,AFDX 交换机无法

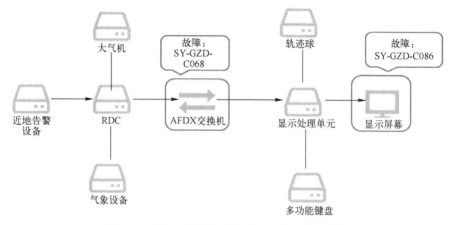

图 2.8　近地告警设备功能测试故障示意图[14]

检测到有效数据,进而不转发数据。这体现了机载网络故障与多个设备之间的关联性。所以一个机载网络故障的产生可能是多个设备的原因,同时一个故障的产生会随着数据在业务路径上的传输而影响其他的网络设备。这就是机载网络故障的关联性的体现。

2.2.5　其他致因

网络系统通常是一个复杂的、特殊的开放式系统,因此,相比于传统可靠性评估的系统对象,影响其网络可靠性的因素较多。除了以上调研的资料,项目组针对所涉及的无线和移动通信网络,以及一些针对传感器网络的相关研究总结了其他一些特殊因素。

1. 环境因素

Peng[15] 2014 年研究了电磁干扰的主要来源,分析了电磁干扰耦合的途径,研究了电磁干扰对网络节点的影响。Woo[16] 2010 年分析了电磁噪声干扰下对无线网络鲁棒性的影响,由于通信系统附件的电子和电子组件存在,对无线网络信道造成干扰,通过对这种噪声进行表征和建模,可以评估其对无线网络性能的影响。谭齐[17]在 2010 年构建通信网可靠性测试环境剖面时,主要考虑了自然环境中电磁环境,其中对电磁环境复杂度的定量描述主要采用如下参数:环境电平门限、频谱占用度、时间占用度、空间覆盖率、平均功率密度谱,并根据这些参数对电磁环境进行等级划分。尹星[18]在 2012 年详细讨论了复杂电磁环境下的移动通信网络的可靠性问题,分析了电磁环境的基本构成,提出了电子对抗环境的建模方法,通过仿真分析了典型的电磁对抗环境条件下的系统的可靠性变化情况,结果表明,电磁对抗条件会使得系统在针对性攻击的情况下更加脆弱。由于复杂通信电磁环境的构建对于通信和通信对抗装备试验、训练都有着十分重要的作用,吴东海[19]在 2012 分析了通信电磁环境构建目的、原则,对构建对象进行了分析,讨论并给出了具体的建模方法。陈默[20] 2012 年为了研究复杂电磁环境及组网方式对通信网作战能力的影响,构建了复杂电磁环境下通信装备作战能力二维云规则模型和通信网作战能力评估模型,利用 Netlogo 仿真平台实现了对复杂电磁环境下 2 组通信网组网方案作战能力的仿真和评估,结果表明,复杂电磁环境对通信网作战能力影响明显,通过调整组网方式可以提高通信网作战能力。

上述文献主要考虑了电磁因素对于网络系统可靠性的影响。此外,当无线移动网络用于军事用途时,其野战环境更加复杂和具有很强的不确定性,战场的地形、地貌对通信网络的信号传输会有很大的影响。李承剑等[21]认为野战环境复杂,具有很强的不确定性,无线通信方式不可避免地将受到地理环境的影响,例如,卫星通信受到气象因素的影响,超短波通信和微波通信受地形影响较大。不同的地表特征(如:森林、沙漠、水域)其地面传导、表面折射性质都有差别。同时,地球曲率又直接关系到远距离通信的通视路径。杨萃[22] 2008 年分析了在有地形遮挡的条件下,网络系统的可靠性变化情况。此外,一些学者还研究了地形地貌的建模仿真,比如:池建军[23]为了提高三维虚拟场景中三维地形真实感效果,提出了基于区域特征的距离加权的三维地形建模方法,与传统地形建模方法相比,该方法能够提高三维地形的真实感,同时地形绘制速度提高 20%;于虎[24]将地形生成技术概括为基于真实地形数据的地形生成技术、基于分形技术的地景仿真技术、基于数据拟合的地形仿真技术等 3 大类,较为系统地阐述了当前地形地貌因素的仿真分析方法。此外,由于战场所处的气象环境对网络设备以及通信网络的信道容量都会产生影响,也会影响到网络系统的可靠性,因此,一些学者也分析了气象环境的建模方法,比如:黄宁等[25]在 2015 年研究了大气环境建模与仿真的关键技术,主要包括大气环境建模技术、动态大气环境仿真技术、环境数据表示和交换技术、虚拟现实技术等;付延强[26]在 2012 年阐述了大气环境仿真模型的 3 种设计方法,即理想化模型、统计特征模型和数值模型,并着重以统计特征模型为例,提出了统计建模的具体步骤和方法。Radmer[27]考虑了外界环境因素影响模型,Wei[28]在 2014 年分析了风和雨对电网可靠性的不利影响,建立了考虑强降雨和风荷载的可靠性模型,并进行了仿真。

上述研究表明,电磁干扰、气象环境、地形环境等环境因素都对无线移动通信网络可靠性有重要影响。

2. 业务及流量

前面几节所介绍的网络故障相关研究中虽然有提及"网络的应用",但无论是在网络故障分析或是致因分析时都没有特别重视。笔者认为,当云计算的概念越来越深入人心时,基础设施网络无疑将越来越隐于后台,其上所提供的服务及其是否可靠才是今后网络可靠性关注的重点。尤其是组合服务、SOA(Service Oriented Architecture)等技术更是给予了良好的技术支持。近两年来兴起的软件定义网络,网络即服务等提法其实也印证了这个发展趋势。各种网络中大量出现"应用"、"业务"和"服务"等概念,为此,黄宁[29]在2013年明确了几个相关定义:服务(service)是基础设施网络对外提供的功能,业务(application)是对服务的组合。

近些年来,由于通信网络技术的发展,用户对网络服务质量的要求也逐渐增高,随之逐渐开始出现服务可靠性、业务可靠性等概念,并有很多研究专注于从技术方面提高网络的服务质量。在网络流量的监管方面,也逐渐出现了区分业务的网络流量分析[30,31];Hayashi等[32]明确不同业务需要不同的服务质量,并列举了三点,认为为此需要把流量和业务对应起来。黄宁等[33,34]提出了网络业务可靠性的相关概念和以业务可靠性为中心的通信网络可靠性模型。Chen[35]在2011年通过实验方法收集FTP业务数据,通过其在局域网中的流程,分析了具体FTP业务运行下其对网络可靠性水平的影响。可以看出,上述研究都是为了使网络能够支持不同业务的使用,能够满足不同业务的需求。对于通信网络而言,不同业务的使用会导致流量在网络中的运行,而业务使用对网络系统的影响最直接的表现就是其产生的流量对于网络运行的影响,比如,1986年10月所发生的Internet首次大面积的拥塞崩溃的事件,其根本致因是用户对网络业务的过度使用导致其流量超出网络的传输能力[36]。

20世纪90年代以来,以性能故障为核心的网络可靠性研究已经逐渐成为网络可靠性研究的主要内容[37],如:Spragins[38]在1986年首次综述了当前的网络可靠性模型,并指出其中假设的不合理性,其中网络流量问题以及性能考量的忽略是导致分析不合理的最主要的影响因素。这些研究表明,人们已经意识到流量是网络故障的重要致因。

当前对流量相关的网络故障又以拥塞故障研究得最为广泛,通常而言,网络的拥塞故障主要表现为网络性能参数的变化,如时延、丢包率、吞吐量等都在拥塞发生时发生明显的变化[39],因此,不少研究通过研究网络性能参数的变化,来分析流量对于网络可靠性的影响。比如,汪浩[40]在2009年结合流量的自相似特征,分析了不同流量下网络的时延、丢包率的性能参数的变化情况,给出了网络的性能指标随流量的变化曲线。Garetto[41]在2003年也进行了类似的研究,但是其仅分析了流量变化所带来的网络时延的变化情况;Koh[42]在2003年则是重点讨论了不同流量下的网络丢包率的变化情况。此外,伍志韬[43]则重点讨论了不同流量条件下所导致的网络传输的最大时延的变化情况。可以看出,上述的研究都是重点讨论了流量对于网络局部节点、链路的性能变化的影响,而 Arenas[44]讨论了不同流量条件下整网的性能变化情况。Amari[45] 2016 年在环形网络结构中推导了节点流量的到达曲线,并基于随机型网络演算的方法估计了节点在不同流量下的最坏时延,从最坏时延的角度出发描述了系统的拥塞的发生规律。Adleman[46]在 2002 年假设数据包到达时间服从泊松分布,以成功数据包的数量与成功数据包及丢失数据包的数量和之比作为网络性能度量指标,分析了数据包到达过程对整网性能的影响。赵娟[47]在 2011 年通过对网络节点上流量数据排队等待过程进行建模,进而仿真评估了流量对其网络性能的影响。Chen[48]等人在 2010 年通过 OPNet 对 4 种不同流量对网络性能可靠性的影响分别进行了分析,分析了不同流量对网络性能可靠性的影响。

业务和流量密切相关:用户对业务的大量使用通常会产生大流量,同时,业务的分布情况也会导致流量在网络中形成不同的分布。当我们分析的网络是包含业务的大系统时,业务是网络对象的组成部分,流量是对其使用产生的;当我们分析的网络是基础设施网络时,业务则成为外部因素,充当了对网络的使用角色。但无论是大系统网络还是基础设施网络,无论是内因还是外因,我们都可以从前面的研究文献中看到,业务和流量是网络可靠性的重要影响因素。

3. 节点移动

项目组所涉及的网络研究对象中,无线移动网络除了以上特殊性,还有典型的移动特征是影响网络可靠性的重要因素,尤其是类似战术互联网这样的军事应用网络,如:完成特殊任务过程中就会涉及改变对象的使用情况,这种特点最直接的表现为作战网络在承担不同的任务时,其作战单位也会表现出不同的移动方式,而这种移动又会导致作战网络对象自身结构的动态变化,进而影响到其网络的可靠性。因为网络节点的移动必然会导致节点间距离的变化,而节点距离就会影响到网络中数据的传输,此外,节点移动导致网络拓扑的快速变化也会影响到网络数据传输路径以及传输质量,进而对网络的可靠性造成巨大影响。因此,国内外一些研究都开始分析移动模式对于网络系统的可靠性影响,比如,戴晖[49]在 2007 年分析常用的随机路点模型(Random Waypoint Mobility Model)、随机方向模型(Random Direction Mobility Model)等情景下网络的性能差异,可以看到不同的网络节点移动直接影响着网络可靠性水平。同样,Pahlavan[50]在 2003 年针对军事通信网络中常见的不同节点移动方式,对其网络的可靠性水平进行了分析和比较,指出不同战术移动模型对网络可靠性的影响比较大。王学望[51]在 2009 年讨论分析了节点移动过程中其移动距离对网络可靠性的影响。

2.2.6 小结

通过分析多年的实际网络故障,我们可以看到,一开始对网络故障的研究主要还关注在构件故障上,随着研究的深入,人们开始关注引发网络故障的更多因素。虽然所给故障案例及分析主要针对通信网络,但相同的特点却仍在交通网络、电力网络等工程网上展现:

(1) 网络构件出故障的概率趋势越来越小,网络技术的发展使得如今网络系统较容易利用构件搭建而成,构件的可靠性持续提高且较容易更换。

(2) 网络故障较多地表现为性能下降,服务能力不好,严重失效的情况有较大幅度降低,但一旦出现则影响和损失巨大。

(3) 网络故障的影响因素众多,其中尤其突出的是有很多因素是传统可靠性分析中不考虑的,比如网络的配置情况、负载情况等。

2.3 网络故障的特殊性

本节分析了网络故障相对于传统系统故障的特殊性。正是因为这些特点,出于对网络可靠性的评估有必要对网络故障进行深入研究,才能完成针对故障的建模、分析与量化计算。通过项目组多年对学术资料以及实际网络故障的调研和分析,笔者总结网络故障的特殊性表现在 3 个方面:复杂性、动态性和耦合性。下面分别进行论述。

2.3.1 网络故障的复杂性

网络故障的复杂性表现在 3 个方面:

(1) 故障现象与业务紧密相关,即同一个故障不同用户或业务所看到所展现的故障现象会不同。

(2) 故障致因多种多样且隐秘。

(3) 性能密切相关。

1. 故障现象与业务紧密相关

比如在计算机网络中,如果 DNS 服务器出现宕机故障,则网页浏览业务不能正常进行,用户浏览网页时输入的 URL 地址不能通过 DNS 服务器进行解析,因而无法浏览到目的服务器上的网页信息,与此同时,邮件服务器由于也依赖于 DNS 服务器对目标主机的地址进行解析,因此需要收发邮件的用户也不能正常地进行邮件收发业务。在这个案例中,故障的本质是相同的——DNS 服务器宕机,然而不同的用户或业务——浏览网页用户和邮件收发用户,所看到的故障现象是不同的:浏览网页用户不能正常浏览网页,邮件收发用户不能正常收发邮件。

此外,故障现象与业务和用户密切相关还有很多表现。比如,铁路交通网络中常出现根据业务发展进行调图的情况,即调整列车运行线路。刚调整的一段时间通常会出现各种故障,最常出现的就是多趟列车停运或晚点。例如,2008年齐鲁晚报以《调图首日列车扎堆晚点》为题报道了济南铁路局在调图后出现的大范围晚点事件;2016年5月15日调图后广州铁路T8345/6列车连续几天的晚点引发网友热议。

2014年7月1日零时的调图是我国铁路网络自2007年以来最大幅度的一次调图。继1993年全国铁路调图后,历经4年,才于1997年重新调整。此后,随着铁路不断提速,铁路运行图也随之调整。新业务的出现和铁路网络的新增长,比如高铁里程越来越长,动车数量也越来越多,运行图调整也越来越频繁。自有高铁后,中国铁路运行图一般一年一调,从2014年开始一年两调。由此可见因调图而出现的故障也成为重要的关注点。

2. 故障致因多种多样且隐秘

网络故障通常会有多种故障致因,如前面故障分析章节所展示的各种网络故障相关研究,网络故障往往是在其内外因共同作用下形成的,涉及网络的硬件、软件、结构、运行机制、环境条件和使用模式等。例如,某一通信网络用户的家庭宽带出现访问速度慢的故障,其致因可能是用户访问的服务器速度太慢,也可能是多用户分享带宽由于一时访问流量大引发,还有可能是ISP提供商的网络出现问题。这种故障致因的多样性和多种组合可能,往往导致要想一一枚举出所有可能致因及其组合会出现组合爆炸,不但会导致排故困难,也会导致可靠性评估的困难。

3. 性能密切相关

如前面网络故障分析中指出,网络的性能故障是目前人们普遍关注的重点。但与功能故障通常假设构件仅有正常工作和不能工作两个状态不同,性能的下降首先面对的是多态,这不但大大增加了计算复杂度,更是因为影响性能的因素众多,比如,通信网络中流量的加大会导致性能下降,交通网络中某个车道发生交通事故时会影响车速,通信网络中交换机缓冲队列设置太小会造成数据包丢失,交通网络中红绿灯设置不合理等,导致针对性能故障的可能致因分析通常不可能一一列举。

2.3.2 网络故障的动态性

网络故障的动态性表现在两个方面:①故障间的关联关系与业务使用的时

间和范围密切相关。比如,某个构件失效时是否对某一业务产生影响以及如何影响,由该业务的使用时间和使用范围决定。②故障具有突发性:很多性能故障甚至功能失效的故障并不遵循传统可靠性中浴盆曲线的规律。

1. 故障间关联关系与业务密切相关

项目组在做机载网络故障间关联关系研究时发现,故障间关联关系往往是基于网络数据传输,而数据传输其实是业务加载到网络后的信息体现。类似的复杂网络系统在实际应用中,所加载的业务是复杂多样且动态变化的:同一个业务,在不同场景中所选择的数据传输路径是动态变化的;多个业务间动态组合体现为传输数据的变化和传输路径的变化。这导致了故障间关联关系与业务密切相关。

比如,在机载网络中存在如下故障案例,图 2.9 所示为某研究所实际故障案例中,某测试业务的数据流经远程数据集中器(Remote Data Concentrator, RDC)、数据处理单元(Data Processing Unit, DPU)和模拟数字转换器(Analog-to-Digital Converter, ADC)等设备,该测试业务可通过两条路径实现,路径 1:ADC1→DPU1,路径 2:ADC1→RDC1→DPU1。试验发现,ADC1 同样加电和数据发送,测试业务通过路径 1 时,DPU1 会发生视频信号抖动失准的故障,而通过路径 2 时,经过 RDC1 后,DPU1 并未发生此故障。

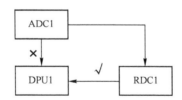

图 2.9 基于业务路径的故障动态性示意图[14]

显然,同样试验应力条件,某些故障只有通过特定业务路径才会呈现出来。以上案例说明了网络故障与业务路径密切相关且具有动态性特征。

2. 故障的突发性

传统系统的构件的故障统计规律一般呈现为浴盆曲线,如图 2.10 所示。第一阶段是早期失效期(Infant Mortality):表明产品在开始使用时,失效率很高,但随着产品工作时间的增加,失效率迅速降低,这一阶段失效的致因大多是由于设计、原材料和制造过程中的缺陷造成的;第二阶段是偶然失效阶段,也称随机失效期(Random Failures):这一阶段的特点是失效率较低,且较稳定,往往可近似看作常数,产品可靠性指标所描述的就是这个时期,这一时期是产品的良好使用阶段,偶然失效的主要致因是质量缺陷、材料弱点、环境和使用不当等因素引起;第三阶段是耗损失效期(Wearout):该阶段的失效率随时间的延长而急速增加,主要由磨损、疲劳、老化和耗损等致因造成。

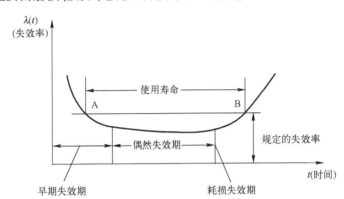

图 2.10 故障失效率浴盆曲线[52]

而网络故障具有典型的突发性特征,在前面的案例分析中,可以总结出网络故障的影响因素众多,而且多因素复杂耦合,动态时变,很难像传统可靠性一样分析,仅考虑单个构件功能故障,而不考虑整个系统的配置、耦合、流量等。比如,2007 年 10 月,北京奥运门票系统一经启用就陷入瘫痪,其致因就是业务请求的剧增而导致服务器宕机,使其不得不改变售票方式;2014 年春节期间,微信推出抢红包业务,该业务一经发布便由于业务请求的突增产生巨大流量,而导致服务器因为拥塞而宕机,中断用户的业务服务。

这些案例表明,网络故障具有突发性特征,很难像传统可靠性分析一样,遵循典型浴盆曲线。

2.3.3 网络故障的耦合性

网络系统各构件相互连接,导致网络故障彼此间具有耦合关系。目前最简单且关注得较多的耦合关系是通过物理连接形成的功能依赖耦合关系,例如 A 节点通过且仅通过一条链路连接到 B 节点从而连入网络系统,当 B 节点故障时,A 节点会因此无法连入网络而故障。当然,网络故障间的耦合关系并不局限于此,不同的耦合关系也会导致不同的影响。近年来,很多学者对具有耦合关系的网络故障进行了研究,如不同业务关系形成的业务耦合,因为资源竞争形成的耦合,或是具有小团体特征的耦合簇等。其中最典型的是针对网络故障耦合关系开展的级联失效建模与分析。级联失效是网络中一个或少数几个节点或边失效后。由于节点之间的耦合关系引发其他节点也失效,进而导致相当一部分节点失效甚至整个网络崩溃的现象。此类故障往往会造成重大损失,因而备受关注。

例如:2013年的美加大停电,停电范围约240万平方公里,6000万人受到影响,每天损失高达300亿美元。据调查,事故最早出现于俄亥俄州北部克利夫兰地区的一条34.5万V的超高压输电线路。8月14日下午3时许,由于未知致因,这条输电线路突然出现过载现象。这本来不是什么大问题,按照设计,过载电流可以由附近其他线路"吃进",但大量电流回流,导致输电线路温度急剧升高,并随高压电线急剧扩散,最终烧断。26min后,"吃进"过载电流的第二条34.5万V超高压输电线路因温度过高,导致线路软化,落在树枝上,短路停电。两条输电线路相继"罢工",导致克利夫兰地区剩余3条超高压输电线路工作负荷急剧增加,最终"不堪重负",分别在3:41、3:46和4:06时断电。此后5min内,从美国东部到加拿大五大湖区,巨大的电流无路可走,在迂回数千公里的输电线和变压站之间乱窜。俄亥俄州的几座主要发电厂出于保护电机设备的需要,过载保护应急系统自动启动,率先关闭发电机组。此后,密歇根州、纽约及加拿大安大略省的发电机组也相继自动关闭。14日下午4时11分,美加中东部近5000万人陷入一片黑暗之中。美加大停电传播示意图如图2.11所示。

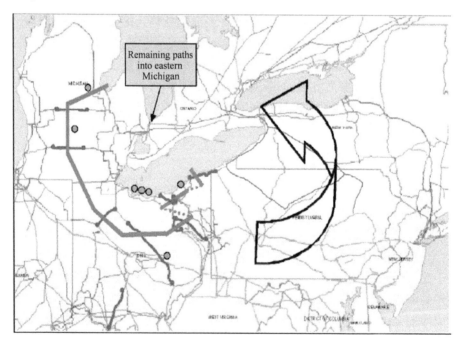

图2.11 美加大停电传播示意图

从案例可以看出,产生停电事故的致因不易发现,初始诱因是一条超高压输电线路不明致因过载,然而就是这个诱因导致了过载电流的回流,进而导致超高压输电线路不堪重负,激发过载保护机制而断电。在故障传播的过程中,主要致因是巨大电流在数千公里输电线和变压站之间迂回,导致的结果是输电线路温度过高、短路,同时这些结果又是产生其他故障的诱因。如果没有第一条超高压输电线路过载,则不会引起后来的线路高温短路,同样的,如果线路过载而没有引起高温短路,则过载保护机制也不会自动激活,因而单独的每一个致因都不能造成网络的故障,而这些致因综合在一起,则形成多米诺骨牌,把一个不起眼的局部故障扩大到了整个网络系统。

综上所述分析表明,网络故障相比于传统可靠性研究得较为深入的硬件功能故障具有复杂性、动态性和耦合性的特征,呈现出更加复杂的故障机理,相关研究并未建立起系统的故障分类、故障致因、故障模式以及相互的映射关系。

2.4 网络故障致因分析

总结前面的分析,我们可以看到网络故障致因复杂,很难像传统可靠性分析一样,仅考虑构件的功能失效、系统结构和使用。

当前对这些因素的分类很琐碎,我们把这些因素归纳为内部和外部两大类,见图2.12。内部为网络对象(这里指包含了对外提供服务和业务的网络对象)自身因素,外部即对象外部因素。在内部因素中,我们再进一步把网络对象分解为:拓扑/物理部分,规则/配置部分和业务/服务部分。

拓扑/物理部分的因素主要是物理上的,包括网络的节点、连接、拓扑结构。节点和连接统称为网络的构件,这不仅包含其硬件能力还包括其软件能力。这些影响因素的故障包括:构件的功能和性能故障,拓扑结构故障等。比如,构件的功能故障指构件不能完成规定功能;构件性能故障指构件不能达到规定的性能指标;拓扑结构故障指网络的拓扑结构设计不合理从而引发网络故障的条件。拓扑结构故障像北京交通网络设计为环环相套的大饼形状,事实证明如此设计对于大规模城市较容易出现拥堵。

规则/配置部分的因素主要指网络的配置,包括对网络构件设定的参数以及运行时的规则。这些影响因素的故障包括各种配置故障和规则故障。对于通信网络来说,规则故障有协议选择和设计不当,路由算法设计不合理等;配置故障有交换机缓冲区大小设置不合理等。交通网络中的规则故障有单行线路规划不合理等;配置故障有红绿灯时长设计不合理,带转弯区设计不合理等。

服务/业务部分影响因素的故障包括服务故障和业务故障。比如,对于通信网络来说,不能提供服务功能或是服务能力的下降属于服务故障;业务不能提供相应功能或是业务所提供的能力下降属于业务故障,此外,业务还会出现业

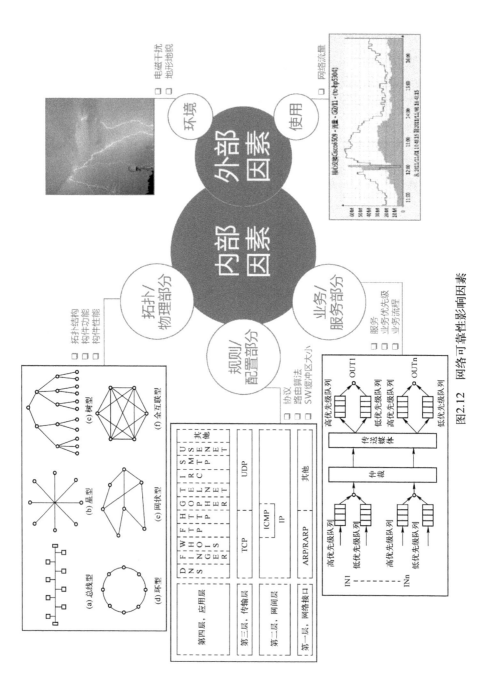

图2.12 网络可靠性影响因素

务部署故障、业务设计故障,以及业务使用规则故障等。在交通网络中也有类似的概念,比如高速公路上某个服务点维修不能提供服务;A 地到 B 地的 X 路公交线故障称为 X 路公交业务故障。比如,在北京市交通网络中,在某一地域设计大规模的住宅区或是集中了几个大规模的批发市场,相当于部署了不合理业务,在上下班高峰时段必然很容易出现拥堵。某条公交线路设计的流程过长,则很容易因为途中有很多拥堵点而造成该线路的车常常间隔太长。

外部因素中环境条件比较容易理解。对于移动网络而言,则有一些特殊环境需要考虑,比如电磁干扰和地形地貌。在前面的网络故障分析中,我们看到网络使用的培训、网络的负载(相当于使用频度)等也是影响网络可靠性的重要因素。在传统可靠性中,一般分析的假设是使用方式没有太大区别,因而忽略这项影响。但网络不同,比如一个计算机局域网络,如果仅仅是共享打印机则较难出现网络拥塞这样的故障,而如果经常用来开视频会议,则同样的网络就可能出现故障。再比如交通网络,如果如前面所说在某一地设计了大规模住宅,但如果该住宅区的住户通常上班时间不一样,是错峰出行的话,则拥塞就可能不会出现,反之大家的上班时间如果比较集中则容易出现问题。

2.5 总　　结

故障是可靠性专业技术的核心,也是可靠性评估的基础。本章首先明确了网络故障的概念内涵,随后详细分析了项目组多年来调研的网络故障案例,进而总结了网络故障具有复杂性、动态性和耦合性三个特殊性,也正因为这三个特殊性,导致网络可靠性评估需要新的理论和方法对此进行支持。最后从内部外部两大部分因素总结了网络故障的影响因素,并进一步把内部因素分为:物理/拓扑部分、规则/配置部分和业务/服务部分;同时在外部因素中强调了使用模式对网络可靠性的影响。

参考文献

[1] 可靠性维修性保障性术语:GJB 451A—2005[S].
[2] Network reliability steering committee annual report 1999-2014[R]. Alliance for Felccommunication Indndtiy Solutions, Washington, DC, 2000-2015.
[3] 刘晓辉,王春海. 网络常见问题与故障 1000 例[M]. 北京:清华大学出版社,2005.
[4] 华为技术有限公司. 华为故障排除概述[R/OL][2012-04-06][2015-01-01]. http://wenku.com/view/a08bbec740-28915f804dc2b2.html.
[5] 科来网络应用故障分析表[EB/OL][2015-01-01]. http://www.colasoft.com.cn/download/troubleshooting.php.

[6] SANTORO N,WIDMAYER P. Agreement in synchronous networks with ubiquitous faults [J]. Theoretical Computer Science,2007,384(2-3):232-249.

[7] KOGEDA P,AGBINYA J,OMLIN C. Faults and Service Modelling for Cellular Networks [C]. South African Felecommunication Networks and Applications Confereoce(SATNAC). 2004:369-370.

[8] SCHROEDER, BIANCA, GIBSON, et al. A large-scale study of failures in high-performance computing systems[J]. IEEE Transactions on Dependable and Secure Computing,2010,7(4):337-350.

[9] NAKKA N,CHOUDHARY A. Failure data-driven selective node-level duplication to improve MTTF in high performance computing systems [M]. Berlin Heidelberg: Springer,2010.

[10] NAKKA N,CHOUDHARY A,GRIDER G,et al. Achieving target MTTF by duplicating reliability-critical components in high performance computing systems[C]. 2011:IEEE International Symposium on Parallel and Distributed Processing Workshops and Phd Forum. IEEE,2011:1507-1576.

[11] PORCHE I I R,COMANOR K,WILSON B,et al. Navy network dependability:models, metrics,and tools[R]. Romd national defence Research inst santa monica CA,2010.

[12] YUAN Y,WU Y,WANG Q,et al. Job failures in high performance computing systems:A large-scale empirical study[J]. Computers & Mathematics with Applications,2012,63(2):365-377.

[13] GAINARU A,CAPPELLO F. Errors and faults[M]. Springer cham,2015:89-144.

[14] 胡波,黄宁,仵伟强. 基于业务路径和频度矩阵的关联规则挖掘算法[J]. 计算机科学,2016,43(12):146-152.

[15] PENG N,WEI B,LI Z,et al. Research on electromagnetic compatibility performance of new energy bus CAN network. Proceedings of the 2014 IEEE Confereneε and EXPO,Transportation Electrification Asia-Pacific,F,IEEE 2014[C]:1-3.

[16] WOO L,FERENS K,KINSNER W. Reliability of ZigBee networks under broadband electromagnetic noise interference. Proceedings of the 2010 23rd Canadian Confereneε on. In: Electrical and Computer Engineering,IEEE,2010:1-4.

[17] 谭齐,姜永广,莫娴. 军用通信网可靠性测试任务剖面研究[J]. 信息安全与通信保密,2010(4):53-55.

[18] 尹星. 面向任务的网络系统可靠性仿真试验剖面设计研究[D]. 长沙:国防科学技术大学,2012.

[19] 吴东海. 军用通信网系统可靠性评估及其仿真方法研究[D]. 成都:电子科技大学,2012.

[20] 陈默. 战术通信网可靠性仿真试验验证评价方法研究[D]. 长沙:国防科学技术大学,2012.

[21] 李承剑,李伟华,李琳琳,等. 复杂电磁环境下机动通信网络抗毁性评估[J]. 电子设

计工程,2012,20(5):85-89.

[22] 杨萃. 复杂通信电磁环境构建方法初探[J]. 通信对抗,2008,29(2):49-52.

[23] 池建军,罗小明,郭钰,等. 复杂电磁环境下通信网作战能力仿真评估研究[J]. 装备学院学报,2012,23(6):86-91.

[24] 于虎,黄建民,高大鹏,等. 基于战场环境的战术互联网仿真[J]. 火力与指挥控制,2013,38(9):83-86.

[25] 孙晓磊,黄宁,张朔,等. 基于多因素的 Ad Hoc 网络连通可靠性仿真方法[J]. 通信技术,2015,48(10):1139-1146.

[26] 付延强,韩慧健. 基于区域特征距离加权的三维地形建模方法[J]. 计算机应用,2012,32(12):3377-3380.

[27] RADMER D T, KUNTZ P A, CHRISTIE R D, et al. Predicting vegetation related failure rates for overhead distribution feeders[J]. IEEE Power Engineering Review, 2007, 22(9):64.

[28] WEI Y, YANG Q, XIONG X, et al. Short-term reliability evaluation of transmission system under strong wind and rain[J]. Journal of Power & Energy Engineering, 2014, 2(4):665-672.

[29] 黄宁,伍志韬. 网络可靠性评估模型与算法综述[J]. 系统工程与电子技术,2013,35(12):2651-2660.

[30] SHENKER S, PARTRIDGE C, GUERIN R. Specification of guaranteed quality of service [R/OL]. (1997-9-1)[2015-01-01]. http://www.rfc-editor/rfc/pdfrfc/rfc2012.txt.pdf.

[31] NICHOLS K, BLAKE S, al fbe: BAKER. F, et al. Definition of the differentiated services field (DS field in the IPv4 and IPv6 Headers[R/OL](1998-12-01)[2015-01-01]. http://www.rfc-editor.org/pdfrfc/rfc:474.txt.pdf.1998.

[32] HAYASHI M, ABE T. Evaluating reliability of telecommunications networks using traffic path information[J]. IEEE Transactions on Reliability, 2008, 57(2):283-294.

[33] HUANG N, CHEN W, LI R, et al. The layered index method for network reliability analysis [C]:proceedings of the International Conference on Reliability, Maintainability and Safety, IEEE,2009:1155-1159.

[34] 黄宁,李瑞莹,陈卫卫,等. 以业务为中心的通信网络可靠性模型[J]. 可靠性工程,2010,9(3):109-114.

[35] CHEN Y, HUANG N, KANG R, et al. Reliability testing and evaluation technology for LAN FTP applications[J]. Journal of Beijing University of Aeronautics & Astronautics, 2011, 37(1):91-94.

[36] UDUPA D K. Network management systems essentials[M]. New York: McGraw-Hill, Inc., 1995.

[37] LEE S H. Performance indexes of a telecommunication network[J]. IEEE Transactions on Reliability, 1988, 37(1):57-64.

[38] SPRAGINS J,SINCLAIR J,KANG Y,et al. Current telecommunication network reliability models:a critical assessment[J]. IEEE Journal on Selected Areas in Communications, 1986,4(7):1168-1173.

[39] RUSHDI A M. Indexes of a telecommunication network[J]. IEEE Transactions on Reliability,1988,37(1):57-64.

[40] 汪浩,严伟,黄明和,等. 基于扩充的 GI~X/M/1/N 排队系统的主动队列管理算法性能评价模型[J]. 计算机科学,2009,36(10):153-159.

[41] GARETTO M,TOWSLEY D. Modeling, simulation and measurements of queuing delay under long-tail internet traffic.[J]. Acm Sigmetrics Performance Evaluation Review, 2003,31(1):47-57.

[42] KOH Y,KIM K. Loss probability behavior of Pareto/M/1/K queue[J]. IEEE Communications Letters,2003,7(1):39-41.

[43] 伍志韬,黄宁,王学望,等. 基于随机型网络演算的 AFDX 端端时延分析方法[J]. 系统工程与电子技术,2013,35(1):168-172.

[44] ARENAS A, DIAZ-GUILERAA, GUIMERA R. Communication in networks with hierarchical branching[J]. Phys Rev Lett.,2000,86(14):3196-3199.

[45] AMARI A,MIFDAOUI A,FRANCES F,et al. Worst-case timing Analysis in FIFO ring-based networks using network calculus[J]. 2016.

[46] ADLEMAN L,CHENG Q,GOEL A,et al. Combinatorial optimization problems in self-assembly[A].Proceedings of the ACM Symposium on Theory of Computing,ACM2002:23-32.

[47] 赵娟,郭平,邓宏钟,等. 基于信息流动力学的通信网络性能可靠性建模与分析[J]. 通信学报,2011,32(8):159-164.

[48] CHEN W W,HUANG N,et al. Analysis and verification of network profile[J]. Journal of Systems Engineering and electronics,2010,21(5):784-790.

[49] 戴晖,于全,汪李峰. 战术移动 Ad hoc 网络仿真中移动模型研究[J]. 系统仿真学报, 2007,19(5):1165-1169.

[50] PAHLAVAN K,KRISHNAMURTHY P. Principles of Wireless Networks - A Unified Approach[M]. Prentice Hall,PTR,2011-2001.

[51] 王学望,康锐,黄宁,等. 战术互联网的覆盖可靠度计算模型及算法[J]. 系统工程与电子技术,2013,35(7):1571-1575.

[52] 曾声奎. 系统可靠性设计分析教程[M]. 北京:北京航空航天大学出版社,2004.

第 3 章

网络系统可靠性 3 层体系

针对第 1 章分析的网络系统特殊性及网络可靠性评估存在的问题,笔者提出了网络系统可靠性 3 层体系,分别以构件功能故障、构件性能故障和过程性故障为核心建立了连通可靠性、性能可靠性和业务可靠性的 3 层次评估体系,对应网络不同层面的建设和需求,一方面承接了早期传统可靠性方法加图论的研究,另一方面扩展了针对网络故障特殊性的研究。在本章的最后则介绍了项目组以此为基础,针对多个企业网络案例研究建立的网络可靠性参数体系。

3.1 网络可靠性概念及 3 层体系结构

3.1.1 网络可靠性概念

网络可靠性的当前研究反映出人们开始关注除硬件设备物理失效之外的故障,并认识到其远比传统可靠性要复杂,但尚未以故障为核心深入形成系统理论与方法。不同领域网络虽然在数据获取技术,乃至具体数值和单位等方面均不相同,但在其评估的概念、模型和算法等方面具有共同点,典型的如通信网络、交通网络和电力网络,都有针对两端连通的概念,所采用的模型和算法都很类似,好比传统可靠性对不同系统的分析方法都相近。因此,从可靠性工程的角度出发,网络可靠性研究属于共性问题。

在这里,我们提出了网络可靠性的定义:

定义 1　网络可靠性:网络系统在规定时间和规定条件下完成规定功能的能力。

定义 2　构件:组成网络的组分,不仅包含物理的硬构件,也包含了以软件实现功能的软构件。

我们认为,网络仍然是一种系统,传统可靠性的定义仍适用于网络可靠性。

从前面的网络对象分析以及网络故障分析中,我们可以看出其"规定条件"和"规定功能"的复杂。故障影响因素众多,如果直接考虑所有影响因素进行评估,则意味着需要针对网络上并行的各项任务以及内部和外部的影响因素建立模型,并把外部因素和使用情况通过故障规律体现出来,然后进行分析并量化计算,这样的情况几乎是原有理论和方法难以支持的。而如果简化为如传统系统一样的假设条件和考虑,仅考虑网络构件功能失效,并通过其使用条件得到故障规律计算其量化值,则在实际情况中往往没有太大实际意义,因为网络构件的趋势是越来越可靠,但构件可靠并不意味网络可靠。

随着网络越加复杂,异质耦合网络(比如交通网络和通信网络耦合,电力网络和通信网络耦合,物流网络和交通网络、通信网络耦合)也会在今后更加常见,这意味着网络故障因素会出现各种组合,基本上不可能穷举出每一种组合影响而进行分析。另一方面,网络虽然越来越可靠,网络故障并不多,但一旦故障,影响不可小觑。当前的情势是:网络在设计时人们对各种组合因素所产生的可靠性影响并非很清楚,更多依靠经验以获取网络设计的较优效果。网络投入运行后,网络的易扩展性导致无论其硬件的基础设施还是其所支持的各种应用都很容易动态变化,外加很多不确定因素都可能引发设计时未曾考虑到的故障,从而造成重大损失。

可靠性评估是可靠性研究的基础,针对网络对象所展现的特征和问题,我们提出了网络可靠性3层评估模型[1],通过3个层次分别考察每层的主要故障,既能针对网络构建过程中不同层次的客户和需求,也简化了各层次的主要矛盾,进而形成支持各层进行建模和分析评估的理论与方法。

3.1.2　3层评估模型

针对网络具有的天然层次特征,以及不同层次所面对的用户群不同、主要故障类型不同,甚至面向的网络生命周期的阶段也不同的特点,我们提出了网络可靠性3层评估模型,见图3.1,以不同层次解决该层次的主要矛盾,使原来复杂的、对象和功能模糊的网络可靠性评估能够进行。

这里的网络对象包含了业务的大网络或大系统,3个层次分别对应了网络在设计、建造和使用中的不同层次。

基本构件层指网络建设时所面对的网络对象。此时主要考虑的是网络构件是否能正常工作,网络对外的功能主要是能否连通,更为关心此层次的是网络建设者。因此,此层的网络主要功能为连通,其网络故障是不能连通,影响因素主要为构件功能失效。本层以连通可靠性作为考察指标。

基础网络层是指网络运营商所面对的网络对象,此时主要考虑的是网络性

第 3 章 网络系统可靠性 3 层体系

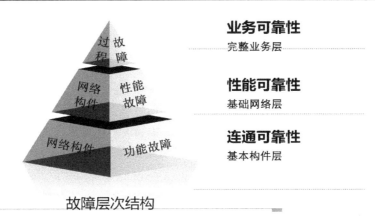

图 3.1 网络可靠性 3 层评估模型

能,网络对外的主要功能是性能能否满足用户需求,更为关心此层的是网络运营商。此时,此层的网络主要功能是提供满足用户性能需求的传输,其网络故障是网络性能参数不能满足用户需求,影响因素主要为构件性能下降,比如构件某些配置参数的不合理。性能参数在各类网络中不相同,比如在通信网络中有带宽、传速速率、误码率等性能参数。在交通网络中有平均时速、拥堵路段数目等性能参数。本层以性能可靠性作为考察指标。

完整业务层是指网络服务商所面对的网络对象,此时主要考虑的是网络各项业务,网络对外的主要功能是业务功能是否满足用户需求,更为关心此层的是网络服务商。网络服务商可以是多个,所提供的服务可能各不相同,因此,此层的网络功能复杂。比如通信网络中,业务功能可以是宽带业务、有线和无线电话业务、邮件服务、视频下载服务等。交通网络可以是高速通行业务、公交专线业务、加油站服务、休息区服务等。其故障是所提供的这些功能无法满足用户需求,影响因素则主要考虑过程性故障,即故障不是出现在某一具体构件上,比如在通信网络中,路由协议设计不合理;某个业务的流程规划不合理;交通网络中交通规则设计不合理,服务站点规划不合理,或公交线路规划不合理等。本层以业务可靠性作为考察指标。

3 个层次可靠性有不同侧重点,关注的用户不同,具有工程评估中的易操作性。从 3 者的相关关系来说,连通可靠性是基础,每一个上层的可靠性都可以受到下层的影响,甚至同一层次中的不同方面也会相互影响和制约。不同于简单系统,网络在固定开销时不可能达到所有方面的最优,因此,不需要综合出一个对整网可靠性的量化值。这也正是网络需要从多个层面考核其可靠性的意义。3 类故障原因对可靠性的影响:虽然不同方面的故障也会影响不同层次的可靠性,但分层的优点能让每一层考察的重点和故障原因都很明确,从而避免把过多的、不同类型的故障影响一锅烩的复杂性,让网络可靠性的分析与计算可进行下去。

3.1.2.1 连通可靠性

定义 3 **网络构件的功能故障**:在规定时间和规定条件下网络构件的硬件物理失效或软件功能失效。

定义 4 **连通可靠性**:以构件功能故障为核心的网络保持连通的能力。

这一层从网络构件功能故障出发,考察网络对连通的支持能力。连通可靠性的特点如下:

(1) 更为关心此层可靠性的人员:网络构件的建设或制造者,比如通信网络中的设备制造商、交通网络中的道路或服务站建设者。

(2) 故障表现:网络构件不能正常工作。

(3) 故障原因:网络构件发生功能故障,进一步可以细分为硬件的物理失效和软件的功能故障两类。需要指出的是:虽然在网络这一层两者都体现为网络构件发生功能故障,但这两种故障具有不同的故障机理和故障规律。

(4) 故障影响:影响网络的基本连通功能,同时不可避免地也会影响网络的性能和服务质量。但正如网络可靠性指导委员会的报告指出:设备的功能故障曾经是网络可靠性的主要影响因素,但随着技术的进步,网络构件的可靠性提高得很快,其发生故障的概率已大大缩小。因此,在这一层中,主要通过连通性考察其影响,而忽略其对性能和服务质量的影响。

连通性对比连通可靠性:连通性是网络特性之一,其考察的出发点可不以故障为基础,比如当前以图论为基础对连通度的计算:连通度、坚韧度、完整度、粘连度、离散数、核度、膨胀系数和自然连通度等。从复杂网络和统计物理对连通性的计算有网络最大连通子图、网络效率等。这些概念的计算可以单纯从图论的角度出发,不需要故障相关信息。

连通性和连通可靠性有一定关系,但前者的概念更广,而后者是一个以故障为核心和计算基础的概念。当前者把故障规律放到计算中时,通常意义上的连通性可以转变为连通可靠性,因此,连通可靠性当然可以借鉴连通性相关的模型和算法,但需要转换为以故障为核心的考核。

3.1.2.2 性能可靠性

定义 5 **网络构件性能故障**:网络构件功能能支持其工作,但由于网络使用条件影响导致其性能下降而不能满足用户性能需求的故障。

定义 6 **性能可靠性**:以构件性能故障为核心的网络支持能力。

这一层从构件的性能故障出发,考察构件对网络性能的支持能力。性能可靠性的特点分析如下:

(1) 更为关心此层可靠性的人员:网络基础平台构建商。

(2) 故障表现:单个链路或节点的处理能力不能满足需求,比如通信网络某节点的吞吐量、纠错能力、缓冲队列大小等不能应付当前流量,从而造成丢包或处理时间过长。与拓扑/物理层不同,这些能力的不足并不导致链路或节点的功能失效,而是网络构件处理能力的下降,从而可能影响整个网络。

(3) 故障原因:网络构件处理能力不足。具体来说有两类:①自身性能不足以处理要求的功能,比如通信网络中交换机吞吐量不足以应付要求的流量,交通网络中道路不够宽敞、车道不足;②构件配置不合理导致的性能下降,比如通信网络中交换机缓冲队列设置太小,交通网络中某个路口的大流量方向红灯等候时间过长。

(4) 故障影响:网络性能包含多个层面,比如及时、完整和正确等,同一网络构件性能故障对不同方面的影响可以不同,比如传输出错导致的误码可能不会影响及时性,而处理时间过长的故障对正确性可能也没有影响。

性能是网络尤其是通信网络所关注的重点,性能可靠性和性能密切相关,但又有明显的不同:性能是网络特性之一,其考察的出发点可不以故障为基础,比如当前以排队论、轨迹法对网络时延的计算,以实验或仿真对网络性能的测量等。其常用的量化参数为:端端时延、最大时延、误码率、吞吐量和丢包率等。

性能可靠性是以故障为基础的考量,比如性能所计算出的最大时延是否故障,需要以网络需求作为依据才能进一步计算性能可靠性。当前的研究对此尚无共识,被接受的较为典型参数如"行程时间可靠性"就是交通网络中的典型代表。

因此,性能和性能可靠性有一定关系,前者主要关注网络特性,后者是一个以故障为核心和计算基础的概念。当前者把故障规律放到计算中时,通常意义上的性能可以转变为性能可靠性。

3.1.2.3 业务可靠性

定义7 任务[2](task,mission):任务是指在某种领域中为了达到某种目的而进行的一系列动作执行。

从概念上不可能定义任务的充要条件,但能够描述什么样的活动和行为可以被视为任务,并采用合适的方法论对其建立模型。任务一般具有以下特点:

(1) 一个任务有确切的起始与结束;
(2) 任务是可以跟踪其执行时间的;
(3) 当任务有多种方式可执行时,需要进行限定;
(4) 任务必须是可衡量的,是否成功地完成其执行。

定义8 服务(service)[2]:网络具有的某种能力,能对外提供使用。

定义9　业务(application)[2]：通过对服务的组合而达到对外提供使用的某种综合能力。业务具有层次性，可以逐步分解为子业务。

业务具有如下特点：

(1) 具有明确的功能；

(2) 是对服务的有序组合，因此具有流程；

(3) 调用网络中同样功能但位置不同的服务会对业务的能力产生影响，因此具有位置敏感性；

(4) 使用时具有对其进行限定的规则或规定：比如通信网络的服务商会推出优惠套餐，限定其使用条件。

服务和业务是我们为描述网络对象的特殊性，并为能更准确地考察网络可靠性而专门提出的名词。同时，这样的名词不仅仅表达了网络可靠性评估时的特殊性，更为重要的是，它们表达了要提高网络可靠性不仅仅是靠保证网络构件的可靠性达到，更有必要关注网络的重点在于提供服务/业务这一不同于传统产品的特征。

网络的构件、任务、业务、服务和功能等名词具有比较密切的相关性，这里做个分析。

(1) 构件、服务和功能：网络的构件指一种具体的存在，该存在具有一定的功能，同时，某些功能成为对外提供的服务。

(2) 服务和业务：服务和业务都属于网络对外提供的某种能力，但服务一般比较单一，不涉及流程和组合。因此，可以把服务看作是一类特殊的业务，本章后续所提及的业务在没有特殊解释的情况下均包含了服务这类特殊业务。

(3) 业务和任务：任务是用户为完成某些目的时对服务或业务的具体使用，因此，任务面向评估对象之外的用户，而业务则针对评估对象(网络系统)。用计算机术语比喻，服务和业务类似于面向对象编程中"类"的定义，任务则是一个具体化的"实例对象"。

比如在通信网络中，某个网络站点为用户提供访问服务，而电信公司为用户提供电话业务(电话往往涉及多点访问及流程)，如图3.2所示[3]。当某人要完成一项约请同学聚会的任务时，可能会多次调用电话业务来完成本次约请。更复杂一点，在现今的通信网络中，某人的这个约请任务可以描述为：

(1) 调用微信业务组建微信群，并发送请求；

(2) 给不使用微信的同学打电话，即调用电话业务；

(3) 访问搜索引擎查询一个合适的聚会地点，即调用网络提供的搜索业务；

(4) 从搜索引擎获得的网址访问考虑的地点网站，即调用网络提供的站点

信息服务;

(5) 多次调用网络业务进行协商;

(6) 多次调用网络业务完成通知。

从本案例中可以明显看到服务、业务和任务的区别。任务对其成功与否有衡量的指标,该指标直接面对终端用户。业务也有衡量指标,但该指标与终端用户的使用体验没有直接关系,属于 ISP 或 ICP 的考量。因此在使用网络时常常听用户抱怨说我家的宽带速度太慢,但 ISP 或 ICP 却说我的各项指标正常。

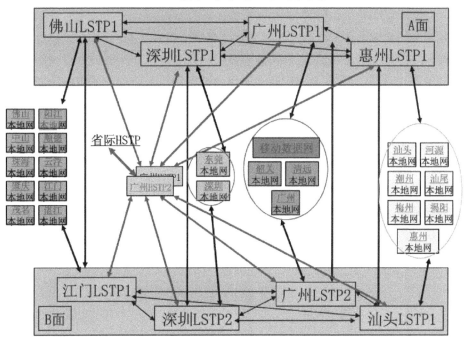

图 3.2 电话业务的支持示意图

定义 10 过程性故障:网络服务部署、业务配置、使用策略或使用方式等不合理造成的,不能落实在某个具体对象上的故障。

定义 11 业务可靠性:以过程性故障为核心的网络支持能力。

在基础设施网络(本书把不包含服务和业务的网络统称为基础设施网络)不变的情况下,服务部署的位置,业务流程的安排和终端用户使用习惯的不同等可使最终得到的网络支持能力有很大不同。因此,这一层从过程性故障考察网络对终端用户的支持能力。

(1) 更为关心此层可靠性的人员:网络服务提供商。

(2) 考察的重点:网络服务质量。

(3) 故障表现:服务质量达不到网络服务商的要求。

(4) 故障原因:服务部署地点的不同、使用策略等因素能在基础设施网络保持不变的情况下对整网形成影响,导致网络服务质量下降,达不到合理的服务质量要求。比如通信网络中服务的部署位置远离终端用户造成中转过多,并在网络中形成过大流量;比如业务流程设计不合理,导致某些节点流量过高形成瓶颈等。

(5) 故障影响:这类故障并不能通过调整单节点或链路的服务能力而消除,需要通过调整服务部署或使用策略等进行消除。

从以上介绍我们可以看到,传统可靠性中的任务可靠性和本书的业务可靠性具有很大的相关性。从前面的业务和任务的概念定义和分析中,我们可以明确两者所面对的对象不同:业务可靠性是网络服务提供商评判所构建的网络服务质量的,而任务可靠性是提供给终端用户评判网络最终使用质量的。网络的复杂性决定了网络任务可以多个并行,同时这些任务都是通过调用服务和业务得以完成的。因此,业务可靠性对任务可靠性具有重要的作用和影响。

总结来说,从底层的连通可靠性到性能可靠性、业务可靠性,最后到任务可靠性,上层的可靠性都受下层的很大影响,而本层又具有影响自身可靠性的调控因素。如同高楼建设,要保证整个高楼可靠,较为简单易行的方案是从底层开始保证每一层的可靠。三层体系结构的划分明确了网络对象中可靠性影响因素的分类,有助于在后期的研究中有针对性地研究其影响规律,并以此进行更好的可靠性评估和可靠性设计优化。

3.2 网络可靠性相关概念辨析

由于可靠性尚未形成一个犹如传统可靠性共识的评估方法与评估参数,因此存在很多与网络可靠性相关的概念和评价参数,比如抗毁性、弹性、连通性、可用性等。本节对这些概念的相关性与区别进行分析。

1. 抗毁性(Invulnerability)和脆弱性(Vulnerability)

网络抗毁性研究最初始于军事通信网,由于信息战的兴起与普及,军事通信网已经成为作战双方实施"电子斩首"原则的首要破坏对象。与此同时,民用网络的抗毁性也逐渐受到重视,标志性的事件是 Albert[4] 等在 *Nature* 发表的论文中首次提出了在随机攻击和选择性攻击情况下拓扑结构对网络抗毁性的影响,这在很大程度上带动了网络抗毁性的研究。

关于网络抗毁性的定义,主要有以下几种:

(1) 系统可持续稳定提供可靠服务的能力[4]。

(2) 网络遭受到敌方强大火力攻击使一部分链路或节点失效后,仍能顽强地为用户提供一定程度的网络功能。

(3) 网络在受到敌方物理破坏或火力攻击环境下,在规定时间内,完成规定功能的能力[5]。

(4) 在网络元素的软硬件承受故障或入侵行为时,网络提供者提交高质量、连续业务的能力。

从上述定义中可以看出,网络抗毁性研究所针对的是敌方攻击条件下网络的能力。其中定义1是狭义的,只考虑到了拓扑层上的网络连通能力,且考虑攻击者具有网络拓扑结构的资料,采取的是确定的破坏策略,即采用选择性攻击模式,其理论基础为图论;定义2、3、4类似,是广义的抗毁性定义,不仅考虑了全部的网络能力,而且没有限定攻击模式,其理论基础包括图论和概率论。

与网络抗毁性相对的,有网络脆弱性,其研究主要集中在计算机网络领域,目前,对系统脆弱性还没有一个精确的、统一的定义,下面是较为认可的几个定义。

(1) 脆弱性是指系统中存在的漏洞:各种潜在威胁通过对这些漏洞的利用而给系统造成损失。

(2) 系统脆弱性,也叫系统安全漏洞,是计算机系统在硬件、软件、协议的设计与实现过程中或系统安全策略上存在的缺陷和不足;非法用户可利用系统安全漏洞获得计算机系统的额外权限,在未经授权的情况下访问或提高其访问权限,破坏系统,危害计算机安全。

(3) 计算机系统是由一系列描述构成计算机系统实体的当前配置的状态组成,系统通过应用状态变换(即改变系统状态)实现计算。脆弱状态是指能够用已授权的状态变换到达未授权状态的已授权状态。脆弱性是指脆弱状态区别于非脆弱状态的特征。广义地讲,脆弱性可以是很多脆弱状态的特征;狭义地讲,脆弱性可以只是一个脆弱状态的特征[6]。

从上述定义可以看出,脆弱性实际就是专门针对于网络安全漏洞的,是对于网络抗毁性的反面描述。脆弱性研究主要是对网络存在安全漏洞的数量及大小的分析,其根本目的还是要尽可能消灭安全漏洞,使得网络抗毁性更强。

2. 生存性(Survivability)、容错性(fault tolerance)和鲁棒性(Robustness)

生存性的研究最早可以追溯到海军的战船在遭遇持续的损害时,如何阻止其沉没;而当轮船下沉时,如何挽救船员的性命。关于网络生存性的定义,目前尚无统一的结论,代表性的定义主要有以下几种:

(1) 网络在出现故障时保持服务连贯性的能力,要求能从网络故障中迅速恢复,而且要保持当前服务所要求的服务质量(Quality of Service,QoS)[7]。

(2) 系统一部分无法工作时,软件系统能够无故障地执行和支持关键功能的能力。

(3) 指在遭受攻击、故障或意外事故时,系统能够及时地完成其关键任务的能力。

从上述定义可以看出,网络生存性的中心思想是即使在入侵成功后,甚至系统的重要部分遭到损害或摧毁时,系统依然能够完成任务,并能及时修复被损坏的服务。生存性强调可生存的是任务、服务,而不是系统中某些具体的关键部分。网络生存性主要突出系统必须具有4个关键特性:抵抗能力、识别能力、恢复能力以及自适应能力。

然而令人遗憾的是,2004年年初,通过 V. R. Westmark 对在 IEEE、ACM 和 SEI 上发表的有关生存性论文进行的统计,发现绝大多数论文仅仅是认识到生存性的重要性,停留在表面研究阶段,对于生存性,还缺乏统一的定义、认识和标准。论文中提及的生存性实现都是基于非正式的应用,还没有经过实际应用的检验。国内外对于生存性的研究还处于初级阶段。

与生存性概念类似的还有容错性和鲁棒性。容错性是指系统不顾所发生的故障而继续运行的能力。鲁棒性(也称"健壮性")是指在异常情况下,软件能够正常运行的能力。从本质上讲,这两个概念与生存性相当,因此这里不再赘述。

3. 完成性(Perfomability)

网络完成性(有的称为可用性,内涵一致,因与可靠性中的"可用性"概念不同,因此本书采用"完成性"这一名词)是区别于网络连通性的概念,主要体现网络性能的可靠性水平,这一概念最早是通过计算与分析故障容错计算机性能在不同性能级别上的概率分布,用于评价故障容错计算机、通信网络系统、分布式网络应用系统、实时系统在性能下降时的可靠性问题。

网络完成性的相关定义主要如下:

(1) 系统初始网络性能概率一定的情况下,在规定的任务剖面内的任一随机时刻,系统正常运行或降级完成服务要求的能力。

(2) 网络在给定的时间间隔内,处于阈值以上工作参数的能力。

(3) 网络部件失效的条件下满足业务性能要求的程度。

从上述完成性定义可以看出,网络完成性与网络连通性相对,是专门关注于网络性能可靠程度的一种度量。

总的来说,抗毁性的"规定条件"为人为破坏,目前研究的仅仅是拓扑结构的抗毁性。但实质上可以延伸到业务层面。比如如何抗"敌方"大流量攻击等问题。抗毁性与可靠性的区别在于其规定条件有所不同。生存性的"规定条件"为系统一部分无法工作,其研究的状态特征仅是可靠性研究中的一部分。完成性研究的是节点故障状态下,网络传输性能能否得到满足,是网络性能可靠性的一种体现。

4. 弹性(Resilience)

弹性是最近比较热的一个词,虽然尚未有严格的定义,但主要用以描述网络在遭受破坏或攻击时的恢复能力。

文献[8]综述了关于弹性的研究。其中:Allenby 和 Fink 定义弹性为:一个系统面对内在和外在的变化时能保持其基本结构和功能,并在必要的时候适当降级的能力。Pregenzer 定义弹性为:衡量一个系统承受连续不可预测的变化时保持其重要功能的能力。Haimes 认为弹性是:系统在可接受的降级参数内承受重大破坏,并在合适的时间以合理的成本和风险恢复正常的能力。基础设施安全合作伙伴给灾难弹性下的定义是:灾难弹性具有阻止各类明显威胁事件发生的能力,如恐怖袭击,并以对公共安全和健康最小的破坏来恢复和重建关键基础设施服务的能力。Vugrin 等人定义弹性为:假设一个或一组特定的事件发生了,则一个系统的弹性具有有效降低大幅度持续偏离目标系统的性能水平。

从以上定义可以看出,弹性和前面的生存性、容错性和鲁棒性有很大的相关性,但又各有侧重,前面 3 个概念有比较明显的被动性,而弹性则突出了网络自我恢复的主动性。

3.3 网络可靠性参数体系

网络可靠性要进行评估首先要有一个明确的参数体系。从项目组承担的项目和工程实践中,我们以 3 层网络可靠性评估模型为基础建立了网络可靠性参数体系。

3.3.1 建立原则

网络可靠性度量参数体系的建立,应至少满足以下原则。

1. 系统性

网络可靠性参数体系要综合全面地反映网络可靠性的各个方面,参数体系内的各类参数相互联系,形成一个完整的参数体系统。

2. 科学性

网络可靠性参数体系要建立在科学、客观的基础上,参数必须概念清晰、明确,具有具体的科学内涵,物理意义必须明确,测算方法标准,统计计算方法规范。

3. 必要性

网络可靠性参数体系中的参数具有代表性,应该是必不可少的,不能出现冗余,且参数的内容简单明了与准确。

4. 完备性

网络可靠性参数体系覆盖面要广,能全面并综合地反映体现影响网络可靠性的所有因素。

5. 可行性

网络可靠性参数体系中的参数必须简单实用,易于获取,即在度量技术、投资和时间上是可行的,可用准确可信的方法和合适的仪器进行监测。

6. 协调性

参数间可能存在相关性,网络可靠性参数体系中的参数应当协调一致。

3.3.2 体系结构

这里首先给出网络可靠性参数体系图,如图 3.3 所示。关于图内参数在以下章节进行详细解释。

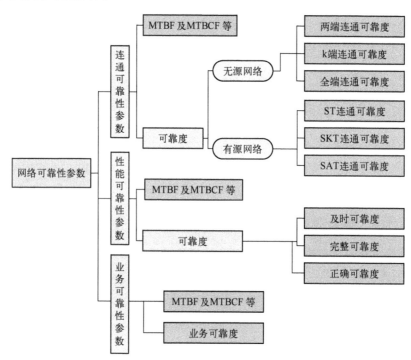

图 3.3 网络可靠性参数体系图

其中,MTBF 及 MTBCF 等参数为传统系统可靠性的参数,内涵一样,但由于各层关注的网络功能不同,所界定的"故障"不同,因此,即使是一样的参数,却表征了不同的含义。比如连通可靠性参数中的 MTBF 所统计的是网络系统不连通的故障,而性能可靠性参数中的 MTBF 则统计的是网络系统整体性能不满足要求的故障。

3.3.3 参数定义

3.3.3.1 连通可靠性参数

MTBF(Mean Time Between Failures)[9]:平均故障间隔时间,可修复产品的一种基本可靠性参数。其度量方法为:在规定的条件下和规定的期间内,产品寿命单位总数与连通故障总次数之比。具体计算方法如下:一个可修产品在使用过程中发生了 N_0 次故障,每次故障修复后又重新投入使用,测得其每次工作持续时间为 $t_1, t_2 \cdots, t_i \cdots, t_{N_0}$。其平均故障间隔时间为

$$T_{BF} = \frac{1}{N_0} \sum_{i=1}^{N_0} t_i = \frac{T}{N_0} \tag{3.1}$$

式中:T 为产品总的工作时间。

MTBCF(Mean Time Between Critical Failures)[9]:平均严重故障间隔时间。其度量方法为:在规定的一系列任务剖面中,产品任务总时间与严重连通故障总数之比。原称致命性故障间的任务时间。

连通可靠度:连通可靠性的概率度量,如图 3.4 所示。此概念最早来源于 Lee[10] 对电信交换网络的研究,首次定义了以"能实现连通功能的概率"为度量的可靠度指标,被后续的研究者进一步完善为连通可靠度,成为网络可靠性评估中最早也是最被广为接受的度量指标。连通可靠性参数可以分两类[11]。一类是无源网络可靠性参数,即没有指定的源点,其参数主要包括:**两端连通可靠度(2-terminal reliability)**:网络中两个端点之间保持连通的能力,即网络中两个端点至少存在一条路径的概率;

k 端连通可靠度(k-terminal reliability):网络中 k 个端点之间保持连通的概率,即网络中给定的端点子集 K 中各个端点之间都至少存在一条路径的概率;

全端连通可靠度(all-terminal reliability):整个网络的所有端点保持连通的能力,即网络所有端点集 V 中各个端点之间都至少存在一条路径的概率。另一类则是有源网络可靠性参数,即源点固定,这是在无源网络可靠性参数的基础上发展而来的,参数主要包括:**ST 可靠度(source-to-terminal reliability)**:指网络的源点 s 和终点 t 保持连通的概率;**SKT 可靠度(source-to-K-terminal reliability)**,指网络的源点 s 与特定的端点集 K($K \subset V$)保持连通的概率;**SAT 可靠度**

(source-to-all-terminal reliability),指网络的源点 s 与网络中所有其他端点保持连通的概率。

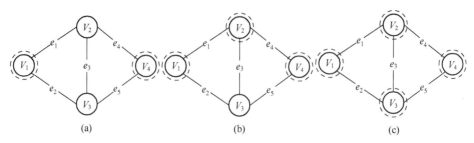

图 3.4 连通可靠性参数示意图
(a) 两端连通可靠度;(b) k 端连通可靠度;(c) 全端连通可靠度。

同时,在采用基于图论的方法对连通可靠度进行计算时,构件失效的参数主要考虑的是构件的功能失效,即构件需求功能的失效。

3.3.3.2 性能可靠性参数

MTBF[9]:平均故障间隔时间。其度量方法为:在规定的条件下和规定的期间内,产品寿命单位总数与性能故障总次数之比。

MTBCF[9]:平均严重故障间隔时间,与任务有关的一种可靠性参数。其度量方法为:在规定的一系列任务剖面中,产品任务总时间与严重性能故障总数之比。原称致命性故障间的任务时间。

及时可靠度:网络在规定条件下和规定时间内,物质/信息/能量的传输时间不大于给定传输时间阈值的能力的概率度量。

完整可靠度:网络在规定条件下和规定时间内,物质/信息/能量传输过程中丢失率不大于给定阈值的能力的概率度量。

正确可靠度:网络在规定条件下和规定时间内,物质/信息/能量传输过程中错误率不大于给定阈值的能力的概率度量。

3.3.3.3 业务可靠性参数

MTBF[9]:平均故障间隔时间。其度量方法为:在规定的条件下和规定的期间内,产品寿命单位总数与业务故障总次数之比。

MTBCF[9]:平均严重故障间隔时间,与任务有关的一种可靠性参数。其度量方法为:在规定的一系列任务剖面中,产品任务总时间与严重业务故障总数之比。原称致命性故障间的任务时间。

业务可靠度(application reliability):网络在规定条件下和规定时间内,完成规定业务功能的能力的概率度量。业务功能除了具体的业务功能要求外还通常以执行业务功能时的性能参数作为故障判据。

任务可靠度(mission reliability):网络在规定条件下和规定时间内,完成规定任务功能的能力的概率度量。

由于构件功能失效的问题已经在连通可靠性中进行了分析,而构件性能失效的问题也已经在性能可靠性中进行了分析,因此,业务可靠度在计算时主要考虑的是过程性故障引发的问题。

业务可靠度和任务可靠度的区别和联系:首先,业务和任务有较大的相关性,但业务可靠度偏向从网络对象的角度进行考察,而任务可靠度偏向从用户的角度进行考察(参见3.1.2.3 业务可靠性的分析)。可以说,业务越可靠则任务越可靠。在评估方法上,由于两者都是以过程性故障为核心的,因此评估方法可通用,但具体建模时的参数会有不同。

3.4 案例分析——机载网络可靠性参数体系

前面所介绍的是从通用角度建立的网络可靠性参数体系。在具体使用中,一些参数的名称会有所调整,侧重点也会有所调整。本节介绍了项目组针对航空机载网络建立的可靠性参数体系。

航空机载网络是提供航空电子系统支持的基础网络,尤其是现代化先进的统一航空电子互联网络,比如航空电子全双工交换式以太网(Avionics Full Duplex Switched Ethernet,AFDX),其包含硬件设备、连接和系统软件,但不包含航空电子系统。航空机载网络规模有限,拓扑固定且结构相对简单,但对网络的服务质量要求很高,包括传输实时性等。因此,本案例的参数体系在构建中强调和突出了性能可靠性参数,这个指标和航空领域适航性标准中对机载网络的完整性要求有较高的契合度。

航空机载网络可靠性参数分为连通可靠性参数、性能可靠性参数、业务可靠性参数3大类,其中连通可靠性参数覆盖断路故障,性能可靠性参数覆盖与网络数据传输有关的数据传输错误、传输延迟、传输次序错误和传输端口错误,业务可靠性覆盖与指定业务传输有关的数据传输错误、传输延迟、传输次序错误和传输端口错误,参数体系如图3.5所示。其中,"XX可靠性"表明其底层还有具体参数,"XX可靠度"表示可以量化表达的具体指标。如果计算不需要详细的最底层参数,则可以选取图3.5中间层作为量化评估的参数。比如,性能可靠性之下,我们可以直接量化计算数据可靠性参数、时间可靠性参数、次序可靠性参数和源可靠性参数,而忽略针对虚链路和端口的更为具体的参数。

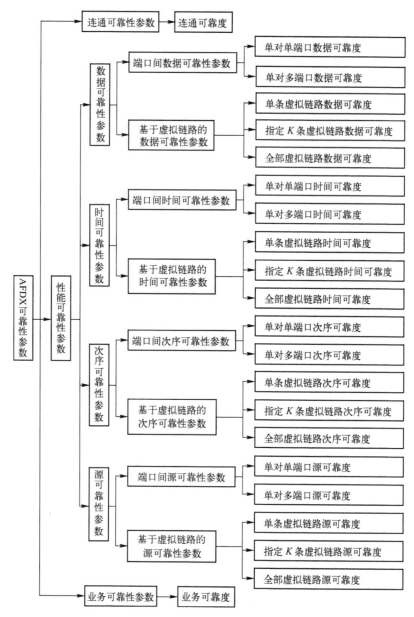

图 3.5 航空机载网络可靠性参数体系图

1. 连通可靠度

连通可靠度是网络基础设施层的可靠性参数,可以利用数值分析或仿真实验进行量化评估。连通可靠度的计算公式如下。

$$R_C(t) = P\{\xi > t\} = \frac{N_C(t)}{N_{CM}} \qquad (3.2)$$

式中：ξ 为网络发生连通故障前的工作时间；$N_C(t)$ 为仿真到 t 时刻仍保持连通状态的次数；N_{CM} 为仿真试验总次数。

连通可靠度适用于考察航空机载网络指定节点间的连通概率，典型考察范围如网络中所有节点、指定的若干关键节点、指定的两个节点；也适用于考察航空机载网络的单播、组播和广播这 3 种通信模式的连通概率。

2. 数据可靠度

数据可靠度是与数据传输有关的一种性能可靠性参数。数据可靠度与误码有关，其计算公式为

$$R_D = P\{Y' = Y\} = \frac{N_Y}{N_{YM}} \qquad (3.3)$$

式中：Y 为发送的数据帧的信息；Y' 为接收到的数据帧的信息；N_Y 为无错误传输的数据帧个数；N_{YM} 为传输的数据帧总个数。

数据可靠度适用于考察航空机载网络指定节点间的数据传输正确概率，典型考察范围如网络中所有节点、指定的若干关键节点、指定的两个节点；也适用于考察航空机载网络的单播、组播和广播这 3 种通信模式的数据传输正确概率。

3. 时间可靠度

时间可靠度是与数据传输有关的一种性能可靠性参数。时间可靠度与性能参数时延直接相关，在实际测量中，测量航空机载网络中每个数据帧的时延 D_T，再通过与故障判据中所确定的时延阈值 D'_T 进行比较，从而实现故障识别，并计算出时间可靠度。时间可靠度计算公式为

$$R_T = P\{D_T \leq D'_T\} = \frac{N_D}{N_{DM}} \qquad (3.4)$$

式中：D_T 为数据帧的传输时延；D'_T 为用户所允许的最大端口间传输时延；N_D 为传输时延小于给定阈值的数据帧个数；N_{DM} 为传输的数据帧总个数。

时间可靠度适用于考察航空机载网络指定节点间的数据传输时间在允许范围内的概率，典型考察范围如网络中所有节点、指定的若干关键节点、指定的两个节点；也适用于考察航空机载网络的单播、组播和广播这 3 种通信模式的数据传输时间在允许范围内的概率。

4. 次序可靠度

次序可靠度是与数据传输有关的一种性能可靠性参数。次序可靠度可以对应多个网络性能参数，丢包是造成航空机载网络中数据帧传输次序错误的原

因之一。在实际测量中,可以通过比对测量结果中的数据帧所包含的序列号信息得出次序发生错误的数据帧个数,并除以总的数据帧数,从而得出次序可靠度。次序可靠度的计算公式为

$$R_O = P\{O' = O\} = \frac{N_O}{N_{OM}} \tag{3.5}$$

式中:O 为发送的数据帧顺序;O' 为接收的数据帧顺序;N_O 为次序发生错误的数据帧个数;N_{OM} 为传输的数据帧总个数。

次序可靠度适用于考察航空机载网络指定节点间的数据帧按最初发送次序传输的概率,典型考察范围如网络中所有节点、指定的若干关键节点、指定的两个节点;也适用于考察航空机载网络的单播、组播和广播这3种通信模式的数据按照最初发送次序传输正确的概率。

5. 源可靠度

源可靠度是与数据传输有关的一种性能可靠性参数,计算公式为

$$R_s = P\{S' = S\} = \frac{N_S}{N_{SM}} \tag{3.6}$$

式中:S 为实际发送的源端口;S' 为预期的发送端口;N_S 为数据由正确源端口发送的数据帧个数;N_{SM} 为传输的数据帧总个数。

源可靠度的确定,可以通过直接测量目的接收端接收到的数据帧与期望的源端口一致的数据帧个数而获得。源可靠度适用于考察航空机载网络指定节点间的数据帧被正确的源端口接收的概率,典型考察范围如网络中所有节点、指定的若干关键节点、指定的两个节点;也适用于考察航空机载网络的单播、组播和广播这3种通信模式的数据帧被正确的源端口发送的概率。

6. 业务可靠度

业务可靠度是一种度量业务传输能力的可靠性参数。业务可靠度的计算公式为

$$R_A = P\{Y' = Y, D_T \leq D'_T, O' = O, S' = S\} = \frac{N_A}{N_{SM}} \tag{3.7}$$

式中涵盖了包括数据传输错误故障、传输延迟故障、传输次序错误故障、传输端口错误故障4类故障模式,N_A 为网络中数据帧满足上述的传输数据正确性、传输及时性、传输有序性、传输端口正确性4种要求的数据帧个数,N_{SM} 为传输的数据帧总个数。业务可靠度适用于航空机载网络的单业务或整网的多业务可靠度,其涉及的节点范围包括单个业务或多个业务涉及的所有节点,同时业务可靠度以连通可靠度和性能可靠度为基础。

参考文献

[1] 黄宁,伍志韬. 网络可靠性评估模型与算法综述[J]. 系统工程与电子技术,2013,35(12):2651-2660.

[2] DUURSMA C,OLSSON O,SUNDIN U. Task model definition and task analysis process[J]. 早稻田法学,Technical Report KADS-Ⅱ/VUB/TR/004/2.0 Esprit project p5428,Free university Brussels cmd Swedish Institute of complete science. 1994.

[3] 移动通信及业务[EB/OL]. [2017-02-06]. https://wenku.baidu.com/view/48f7e82f1ed9ad51f11df20e.html.

[4] R,JEONG H,BARABASI A L. Error and attack tolerance of complex networks[J]. Nature,2000,406(6794):378.

[5] 李德毅,于全,江光杰. C~3I系统可靠性、抗毁性和抗干扰的统一评测[J]. 系统工程理论与实践,1997,17(3):24-28.

[6] BISHOP M,BAILEY D. A critical analysis of vulnerability taxonomies[R]. California University of california,1996.

[7] AWDUCHE D,CHIU A,ELWALID A,et al. Overview and principles of internet traffic engineering[J]. Heise Zeitschriften Verlag,2002,121(6):239-242.

[8] HOSSEINI S,BARKER K,RAMIREZ-MARQUEZ J E. A review of definitions and measures of system resilience[J]. Reliability Engineering & System Safety,2016,145:47-61.

[9] 可靠性维修性保障性术语:GJB 451A—2005[S].

[10] LEE C Y. Analysis of switching networks[J]. Bell System Technical Journal,2014,34(6):1287-1315.

[11] 李瑞莹. 网络可靠性评价方法研究[D]. 北京:北京航空航天大学,2008.

第4章

经典连通可靠性评估模型及算法

本章介绍了连通可靠性的经典评估模型与算法，包括状态枚举法、容斥原理法、BDD方法、图变化法和蒙特卡罗仿真方法。这些方法与基于图论的网络连通可靠性评估方法的核心都是针对网络构件的故障，且故障都是二态的，故障模型则比较简单，采用的是传统的可靠度或可靠度函数。由于网络构件实际上是硬件与软件的紧耦合，所以，用可靠度进行建模的故障模型实际上是一种极端简化；而以可靠度函数(故障分布函数)进行建模的故障模型则假设了网络构件的故障规律等同于传统设备的故障规律。同时，本章所介绍的算法都假设了故障相互独立。

虽然这些算法的假设都有很大程度的简化，但其模型与算法相对简单，对评估网络的连通可靠性仍具有重要意义，可用于对网络系统连通可靠性的评估。

4.1 背景及基本概念

连通可靠性是以构件功能故障为核心，考察网络保持连通的能力。网络连通可靠性主要是在考虑网络的拓扑结构基础上，考虑构件的故障信息，采用图论和概率论相结合的办法来进行研究。目前多数网络可靠性研究中没有特别声明的网络对象，均指的是拓扑结构固定的网络。网络连通可靠性研究中将网络抽象为由节点集合与边集合构成的图，且做如下假设：

(1) 网络构件只有故障、正常两种状态；
(2) 网络构件的故障概率统计相互独立；
(3) 网络节点和边的传输没有上限限制。

基于图论对网络连通可靠性算法分为精确算法和近似算法两类。

1. 精确算法

(1) 状态枚举法：假设网络构件只存在正常和故障两种状态，通过枚举出网络正常的所有元件状态而计算相应的可靠度。

（2）容斥原理法：将网络可靠度表述为全部最小路集的并,然后采用容斥原理去掉相容事件相交的部分,计算相应的可靠度。

（3）不交积和法：将网络可靠度表述为全部最小路集的并,然后利用不交积和定理将这个并化为不相交项的和,进而计算相应的可靠度。

（4）因子分解法：选择网络中的一个元件,按照其可靠与不可靠逐步进行分解,从而迭代获得网络可靠度。

（5）图形拓扑方法：主要指简化图形的精确算法。最早针对串并联网络,以"将串联链路的可靠度相乘、并联链路的可靠度相加"为原则简化图形。后来针对非串并联网络,结合因子分解法,以"链路正常则压缩链路两端为一个节点、链路故障则删除该链路"为原则简化图形。

（6）不交积和改进算法：利用矩阵产生节点集,通过节点集形成链路最小割集,然后将该最小割集作为基于不交积和方法的多变量转置输入,来获得不可靠度的表达式的算法,该算法不仅适用于两端可靠性问题,还可以无冗余地枚举 k 端或全端网络割集。

（7）基于二元决策图的算法：利用二元决策图法求解网络可靠度时,首先写出网络的最小路集函数,然后对最小路集函数进行 0-1 分解构建网络的 BDD 图,最后根据 BDD 图写出不交化的最小路集。该算法也是对网络最小路集进行不交化处理的一种方法,且该方法的指数因子只依赖于部分节点的数量,大大减少了计算拥有上百个节点的网络可靠性的时间。后续重点在于研究如何快速的构建 BDD,主要集中在对变量排序的探索、冗余处理等方面。

2. 近似算法

（1）图变化法：其主要思想是按照某种规则简化网络,使原问题的可靠性变大或变小而得到可靠性指标的上界或下界,是一种通过牺牲精度而降低计算难度的算法。

（2）定界法：其主要思想是通过分析网络的组合结构,利用数学方法给出可靠性指标的绝对上界或下界。

（3）蒙特卡罗法：其主要思想是通过对实际问题的分析构造随机事件,将该随机事件某种概率统计量作为问题的解,对该随机事件进行抽样并计算出问题的结果,这是一种应用随机抽样获得数学或物理问题解的概率统计方法。

（4）响应曲面方法：该算法能产生复杂网络的近似网络可靠性函数,而不用提前知道所有的最小路集和最小割集。在运行时间和结果准确度方面,该算法都优于同样能产生近似网络可靠度函数的最好算法——线性平方近似法及蒙特卡罗仿真-响应曲面方法。

(5) 神经网络法:神经网络法是将网络拓扑结构和网络部件的可靠度作为神经网络的输入,利用它的自适应机制和学习能力,不断逼近可靠性与网络结构等参数之间复杂的映射关系,进而对网络可靠性做出近似估计。神经元网络法受网络结构复杂度和样本精确度的影响较大,而确定网络结构和精确的样本存在困难,需要大量的训练样本才能保证得到好的结果。

(6) Petri 网法:Petri 网法是一种能够描述系统动态行为的一种图形工具,在网络可靠性分析和建模方面有很大的潜力。武小悦[1]提出了一种用于分析网络可靠性的面向对象的 Petri 网模型 GOOPN,并给出了进行可靠性建模分析的工具。该模型可处理网络的连通可靠性问题,也能较好地适应网络部件的变化。对于复杂的网络系统,Petri 网的描述能力有限,容易造成状态组合爆炸的现象。

图论是连通可靠性评估的基础,是组合数学最活跃的分支之一,也是离散数学的重要组成部分。它起源于 1736 年欧拉发表的图论首篇论文《哥尼斯堡七桥问题无解》[2];1936 年,匈牙利数学家柯尼希(Konig)出版的图论第一部专著《有限图与无限图理论》[3]标志着图论正式成为一门独立的学科。经过多年的发展,图论已经衍生出许多分支,如拓扑图论、代数图论、随机图论、拟阵理论、模糊图论、超图论等,这些分支在 20 世纪中期都有了很大的发展。原因有两个:一是随着计算机的高速发展,使得现实生活中许多大型计算问题的求解成为可能;二是网络理论的建立,图论与线性规划、动态规划等学科分支的互相渗透,丰富了图论研究的内容,促进了图论的广泛应用。在网络技术与信息科学迅猛发展的今天,图论由于其强大的逻辑、直观的图形,越来越受到广大学者的青睐。图论中图的连通性是图的一个重要性质,相关研究先后提出了连通度、坚韧度、完整度和粘连度等指标用以量化判断图的连通情况。网络的连通可靠性通常也把网络抽象为图进行计算,但需要注意两者有很大的区别,图的连通性是图单纯的特性,与故障无关。

为帮助读者更好地理解连通可靠性算法,这里简要介绍与连通可靠性相关的图论概念和定义[4-9]。

图的定义:图 G 是一个三元组,记作 $G=\{V(G),E(G),\varphi(G)\}$,其中 $V(G)=\{v_1,v_2,\cdots,v_n\}$,$V(G)\neq\phi$,称为图 G 的节点集合;$E(G)=\{e_1,e_2,\cdots,e_m\}$ 为 G 的边集合,其中 e_i 为 (V_j,V_t) 或 $<V_j,V_t>$。若 e_i 为 (V_j,V_t),称 e_i 为以 V_j 和 V_t 为节点的无向边;若 e_i 为 $<V_j,V_t>$,称 e_i 为以 V_j 为起点,V_t 为终点的有向边;$\varphi(G):E\rightarrow V\times V$ 称为关联函数;即将节点与边的关系表述成一组 $\varphi(G)$。如:节点 V_1 和 V_2 之间由边 e_1 相连,则表示为 $\varphi(e_1)=V_1V_2$。

若把图中的边看作两个节点的关联关系,可将图的定义简化为二元组

$\{V(G), E(G)\}$，通常将图 G 表示为 $G=G(V,E)$。其中，V 为节点的有穷非空集合，E 为 V 中节点边的有穷集。由此，网络的拓扑结构可由 $G=G(V,E)$ 进行描述。

度 $d(v)$：在图 $G(V,E)$ 中，与一个节点 v 相关联的边的条数称为这个节点的度。

连通图：如果图中任意两个节点之间都是连通的，那么此图称作连通图。

割点：对于连通图 $G(V,E)$，v 为其中一个节点，若去掉这个节点后原来的图变为非连通图，则这个节点就称为连通图的一个割点。

点割集：对于连通图 $G(V,E)$，V 为节点集 $V=\{v_1, v_2, \cdots, v_n\}$ 的一个非空子集，若去掉这个非空子集原图变成非连通图，则称 V 为连通图的一个点割集。且若 V 中含有的节点个数为 K，又称 V 为连通图的 K 顶点割。

点连通度：对于连通图 $G(V,E)$，其最小顶点割的节点数为 $G(V,E)$ 的点连通度。若不存在点割集，则称 $n-1$ 为其点连通度。

图 4.1 是两种简单的连通图，对于图 G_1 来说，其点割集有 $\{V_3\}$、$\{V_3, V_5\}$、$\{V_4, V_5\}$、$\{V_3, V_4, V_5\}$ 等，其点连通度为 1。对于图 G_2 来说没有点割集，则其点连通度为 $n-1=3$。

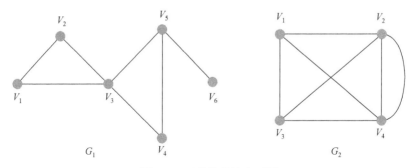

图 4.1　两种简单的连通图

割边：对于连通图 $G(V,E)$，e 为其中一条边，若去掉这条边后原来的图变成非连通图，则这条边就称为连通图的一条割边。

边割集：对于连通图 $G(V,E)$，E 为链路集 $E=\{e_1, e_2, \cdots, e_m\}$ 的一个非空子集，若去掉这个非空子集原图变成非连通图，则称 E 为连通图的一个边割集。

边连通度：对于连通图 $G(V,E)$，其最小边割集中所包含边的条数称为 $G(V,E)$ 的边连通度。若图为非连通图，则其边连通度为 0。例如图 4.1 中，对于图 G_1 其边连通度为 1，对于图 G_2 其边连通度为 3。

路集：一些单元的集合，这些单元的正常运行能保证系统的正常运行。

最小路集：当且仅当集合内的所有单元都正常时，系统才可以正常行使功能,即去除任何一个单元剩下的集合都无法构成路集。

图 4.2 为一个简单系统结构框图,其中,{1,4}、{1,3,4}、{1,2,3,4}、{2,3,5}、{2,3,4,5}等都是路集,而最小路集只有{1,4}、{2,5}、{1,3,5}、{2,3,4}。

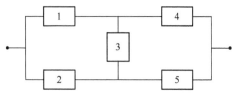

图 4.2 简单系统结构框图

割集:也是一些单元的集合,这些单元全部故障将会导致系统的故障。

最小割集:当且仅当集合内所有的单元都发生故障才能导致系统故障,即去除任何一个单元剩下的集合都无法构成割集。如图 4.2 所示,其中{1,2,3}、{1,2,3,4}、{1,3,5}、{1,2}、{3,4,5}等都是割集,而最小割集只有{1,2}、{4,5}、{1,3,5}、{2,3,4}。

4.2 状态枚举法

4.2.1 理论方法介绍

状态枚举法,该方法最早于 1956 年由 Moore 和 Shannon[10]提出。其主要思想是假设网络中每个部件有"正常"与"故障"两种状态,通过枚举出网络正常工作的所有状态而计算相应的可靠度。对于 n 个部件的网络,则该网络共有 2^n 种状态,该方法需要遍历网络的所有状态,逐一分析是否满足网络连通需求,其计算复杂度是 $O(2^n)$。对于中大型网络,随着网络构件数目的增加,网络状态数目以指数形式增加。因此,通过枚举所有网络状态来求解网络可靠度是很困难的[11]。

状态枚举法计算思路:若网络 $G(V,E)$ 含 n 个构件,由于前提假设每个构件只有两种状态,则该网络共有 2^n 种状态,根据构件的可靠度,可以算得处于每种状态的概率。根据网络连通可靠性的需求,每种状态对应的网络故障判据,就能判别网络的状态为"正常"或"故障"。累加所有使网络处于"正常"状态的概率,即得到网络可靠度 R。

$$R = \sum_{E \in 路集} \prod_{e \in E} p_e \prod_{e \notin E} q_e \qquad (4.1)$$

式中:p_e为构件正常的概率;q_e为构件故障的概率;$p_e+q_e=1$。

4.2.2 算法流程

假设网络中的节点都绝对可靠,边只有"故障"和"正常"两种状态。求解网络中两个节点 V_s 和 V_d 之间的两端连通可靠性。计算流程如下。

(1) 利用邻接矩阵,建立网络拓扑结构图 $G(V,E)$。用 V_i 表示网络中的节点,e_i 表示网络中的边。

(2) 输入网络中每条边所对应的可靠度值 R_i,输入选择计算两端可靠度的节点 V_s 和 V_d。

(3) 由于每条边只有"故障"和"正常"两种状态,用 0 表示边故障,1 表示边正常,枚举出图中 n 条边所有状态序列 $S_K = e_1 e_2 \cdots e_i \cdots e_n$,其中 e_i 取值为 0 或 1,且 $1 \leq k \leq 2^n$。

(4) 利用深度优先遍历算法,求得图 $G(V,E)$ 中节点 V_s 和 V_d 之间的所有路集 $\{T_i\}$。

(5) 逐一判断 2^n 种状态序列所对应的网络状态是否包含于路集 $\{T_i\}$,包含则属于满足条件的网络状态。

(6) 得到所有满足条件的网络状态,根据每条边的可靠度,求出每种状态对应的概率 P_i;

(7) 累加 P_i,即为所求的两端可靠度。

4.2.3 案例分析

以图 4.3 两端可靠度、k 端可靠度和全端可靠度计算为例,图中均为无源网络,假设该网络中各个节点 V_1,V_2,V_3,V_4 绝对可靠,链路 e_1,e_2,e_3,e_4,e_5 的可靠度均为 $P_1=P_2=P_3=P_4=P_5=0.95$,用 $\overline{e_i}$ 表示链路 e_i 故障,e_i 表示链路正常。分别求:

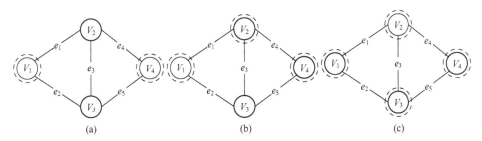

图 4.3 两端可靠度、k 端可靠度和全端可靠度计算
(a) 两端可靠度;(b) k 端可靠度;(c) 全端可靠度。

(1) 图 4.3(a)中 V_1 和 V_4 之间连通的两端可靠度。
(2) 图 4.3(b)中 V_1,V_2,V_4 之间连通的 k 端可靠度。
(3) 图 4.3(c)中的 V_1,V_2,V_3,V_4 之间连通的全端可靠度。
具有求解步骤如下：

(1) 图中一共有 5 条链路, e_1,e_2,e_3,e_4,e_5 每条链路只有"正常"或"故障"状态, 则网络共有 $2^5 = 32$ 种状态, 列举出网络的 32 种状态。

$\{e_1,e_2,e_3,e_4,e_5\}, \{\overline{e_1},e_2,e_3,e_4,e_5\}, \{e_1,\overline{e_2},e_3,e_4,e_5\}, \{e_1,e_2,\overline{e_3},e_4,e_5\}$
$\{e_1,e_2,e_3,\overline{e_4},e_5\}, \{e_1,e_2,e_3,e_4,\overline{e_5}\}, \{\overline{e_1},\overline{e_2},e_3,e_4,e_5\}, \{\overline{e_1},e_2,\overline{e_3},e_4,e_5\}$
$\{\overline{e_1},e_2,e_3,\overline{e_4},e_5\}, \{\overline{e_1},e_2,e_3,e_4,\overline{e_5}\}, \{e_1,\overline{e_2},\overline{e_3},e_4,e_5\}, \{e_1,\overline{e_2},e_3,\overline{e_4},e_5\}$
$\{e_1,\overline{e_2},e_3,e_4,\overline{e_5}\}, \{e_1,e_2,\overline{e_3},\overline{e_4},e_5\}, \{e_1,e_2,\overline{e_3},e_4,\overline{e_5}\}, \{e_1,e_2,e_3,\overline{e_4},\overline{e_5}\}$
$\{\overline{e_1},\overline{e_2},\overline{e_3},e_4,e_5\}, \{\overline{e_1},\overline{e_2},e_3,\overline{e_4},e_5\}, \{\overline{e_1},\overline{e_2},e_3,e_4,\overline{e_5}\}, \{\overline{e_1},e_2,\overline{e_3},\overline{e_4},e_5\}$
$\{\overline{e_1},e_2,\overline{e_3},e_4,\overline{e_5}\}, \{\overline{e_1},e_2,e_3,\overline{e_4},\overline{e_5}\}, \{e_1,\overline{e_2},\overline{e_3},\overline{e_4},e_5\}, \{e_1,\overline{e_2},\overline{e_3},e_4,\overline{e_5}\}$
$\{e_1,\overline{e_2},e_3,\overline{e_4},\overline{e_5}\}, \{e_1,e_2,\overline{e_3},\overline{e_4},\overline{e_5}\}, \{\overline{e_1},\overline{e_2},\overline{e_3},\overline{e_4},e_5\}, \{\overline{e_1},\overline{e_2},\overline{e_3},e_4,\overline{e_5}\}$
$\{\overline{e_1},\overline{e_2},e_3,\overline{e_4},\overline{e_5}\}, \{\overline{e_1},e_2,\overline{e_3},\overline{e_4},\overline{e_5}\}, \{e_1,\overline{e_2},\overline{e_3},\overline{e_4},\overline{e_5}\}, \{\overline{e_1},\overline{e_2},\overline{e_3},\overline{e_4},\overline{e_5}\}$

(2) 逐一判断上面 32 种状态是否满足网络连通的条件。

对于图 4.3(a), 根据 V_1 和 V_4 两端可靠度的连通条件, 满足的状态共 16 种：

$\{e_1,e_2,e_3,e_4,e_5\}, \{\overline{e_1},e_2,e_3,e_4,e_5\}, \{e_1,\overline{e_2},e_3,e_4,e_5\}, \{e_1,e_2,\overline{e_3},e_4,e_5\}$
$\{e_1,e_2,e_3,\overline{e_4},e_5\}, \{e_1,e_2,e_3,e_4,\overline{e_5}\}, \{\overline{e_1},\overline{e_2},e_3,e_4,e_5\}, \{\overline{e_1},e_2,\overline{e_3},e_4,e_5\}$
$\{\overline{e_1},e_2,e_3,\overline{e_4},e_5\}, \{e_1,\overline{e_2},\overline{e_3},e_4,e_5\}, \{e_1,\overline{e_2},e_3,e_4,\overline{e_5}\}, \{e_1,e_2,\overline{e_3},e_4,\overline{e_5}\}$
$\{e_1,\overline{e_2},\overline{e_3},e_4,\overline{e_5}\}, \{e_1,e_2,\overline{e_3},\overline{e_4},\overline{e_5}\}, \{\overline{e_1},e_2,\overline{e_3},\overline{e_4},e_5\}, \{\overline{e_1},\overline{e_2},e_3,\overline{e_4},e_5\}$

对于图 4.3(b), 根据 V_1,V_2,V_4 端点之间相互连通的条件, 满足的状态共 15 种：

$\{e_1,e_2,e_3,e_4,e_5\}, \{\overline{e_1},e_2,e_3,e_4,e_5\}, \{e_1,\overline{e_2},e_3,e_4,e_5\}, \{e_1,e_2,\overline{e_3},e_4,e_5\}$
$\{e_1,e_2,e_3,\overline{e_4},e_5\}, \{e_1,e_2,e_3,e_4,\overline{e_5}\}, \{\overline{e_1},\overline{e_2},e_3,e_4,e_5\}, \{\overline{e_1},e_2,\overline{e_3},e_4,e_5\}$
$\{\overline{e_1},e_2,e_3,e_4,\overline{e_5}\}, \{e_1,\overline{e_2},\overline{e_3},e_4,e_5\}, \{e_1,\overline{e_2},e_3,e_4,\overline{e_5}\}, \{e_1,e_2,\overline{e_3},e_4,\overline{e_5}\}$
$\{e_1,e_2,\overline{e_3},\overline{e_4},e_5\}, \{e_1,e_2,\overline{e_3},e_4,\overline{e_5}\}, \{e_1,\overline{e_2},\overline{e_3},e_4,\overline{e_5}\}$

对于 4.3(c), 根据 V_1,V_2,V_3,V_4 之间相互连通的条件, 满足的状态共 14 种：

$\{e_1,e_2,e_3,e_4,e_5\}, \{\overline{e_1},e_2,e_3,e_4,e_5\}, \{e_1,\overline{e_2},e_3,e_4,e_5\}, \{e_1,e_2,\overline{e_3},e_4,e_5\}$
$\{e_1,e_2,e_3,\overline{e_4},e_5\}, \{e_1,e_2,e_3,e_4,\overline{e_5}\}, \{\overline{e_1},\overline{e_2},e_3,e_4,e_5\}, \{\overline{e_1},e_2,e_3,\overline{e_4},e_5\}$
$\{\overline{e_1},e_2,e_3,e_4,\overline{e_5}\}, \{e_1,\overline{e_2},\overline{e_3},e_4,e_5\}, \{e_1,\overline{e_2},e_3,\overline{e_4},e_5\}, \{e_1,\overline{e_2},e_3,e_4,\overline{e_5}\}$
$\{e_1,e_2,\overline{e_3},\overline{e_4},e_5\}, \{e_1,e_2,\overline{e_3},e_4,\overline{e_5}\}$

(3) 累加所有满足条件状态对应的概率值。

对于图 4.3(a),V_1 和 V_4 之间的两端可靠度计算如下:

$$\begin{aligned}R_1 = & p_1p_2p_3p_4p_5 + q_1p_2p_3p_4p_5 + p_1q_2p_3p_4p_5 + p_1p_2q_3p_4p_5 + p_1p_2p_3q_4p_5 + \\ & p_1p_2p_3p_4q_5 + q_1q_2p_3p_4p_5 + q_1p_2q_3p_4p_5 + q_1p_2p_3q_4p_5 + q_1p_2p_3p_4q_5 + \\ & p_1q_2p_3q_4p_5 + p_1q_2p_3p_4q_5 + p_1p_2q_3q_4p_5 + p_1p_2q_3p_4q_5 + p_1p_2p_3q_4q_5\end{aligned} \quad (4.2)$$

式中:p_i 为链路 e_i 的可靠度;q_i 为链路 e_i 的不可靠度,其 $q_i = 1 - p_i$。

将 $P_1 = P_2 = P_3 = P_4 = P_5 = 0.95$ 代入式(4.2),得

$$R_1 = 0.9947$$

则 V_1 和 V_4 之间连通的两端可靠度为 0.9947。

对于图 4.3(b),V_1, V_2, V_4 之间连通的 k 端可靠度计算如下:

$$\begin{aligned}R_2 = & p_1p_2p_3p_4p_5 + q_1p_2p_3p_4p_5 + p_1q_2p_3p_4p_5 + p_1p_2q_3p_4p_5 + p_1p_2p_3q_4p_5 + \\ & p_1p_2p_3p_4q_5 + q_1p_2q_3p_4p_5 + q_1p_2p_3q_4p_5 + q_1p_2p_3p_4q_5 + p_1q_2p_3q_4p_5 + \\ & p_1q_2p_3p_4q_5 + p_1p_2q_3q_4p_5 + p_1p_2q_3p_4q_5 + p_1p_2p_3q_4q_5 + q_1p_2q_3q_4p_5\end{aligned} \quad (4.3)$$

将 $P_1 = P_2 = P_3 = P_4 = P_5 = 0.95$ 代入式(4.3),得

$$R_2 = 0.9945$$

则 V_1, V_2, V_4 之间连通的 k 端可靠度为 0.9945。

对于图 4.3(c),V_1, V_2, V_3, V_4 之间连通的全端可靠度计算如下:

$$\begin{aligned}R_3 = & p_1p_2p_3p_4p_5 + q_1p_2p_3p_4p_5 + p_1q_2p_3p_4p_5 + p_1p_2q_3p_4p_5 + \\ & p_1p_2p_3q_4p_5 + p_1p_2p_3p_4q_5 + q_1p_2q_3p_4p_5 + q_1p_2p_3q_4p_5 + q_1p_2p_3p_4q_5 + \\ & p_1q_2p_3q_4p_5 + p_1q_2p_3p_4q_5 + p_1p_2q_3q_4p_5 + p_1p_2q_3p_4q_5 + p_1p_2p_3q_4q_5\end{aligned} \quad (4.4)$$

将 $P_1 = P_2 = P_3 = P_4 = P_5 = 0.95$ 代入式(4.4),得

$$R_3 = 0.9944$$

则 V_1, V_2, V_3, V_4 之间连通的全端可靠度为 0.9944。

综上所述,图 4.3(a)中 V_1 和 V_4 之间的两端可靠度为 0.9947;图 4.3(b)中 V_1, V_2, V_4 之间连通的 k 端可靠度为 0.9945;图 4.3(c)中 V_1, V_2, V_3, V_4 之间连通的全端可靠度为 0.9944。

4.3 容斥原理法

4.3.1 理论方法介绍

容斥原理法(Inclusion-Exclusion,IE)、不交积和法(Sum-of-Disjoint-Products,SDP)以及二元决策图法(Binary-Decision-Diagram,BDD)都是基于最小路集的网络可靠性分析方法。其中容斥原理法是发展最早的最小路集算法,在 20 世纪 80 年代就已取得突破性进展。

容斥原理法主要思想是将网络可靠度表述为全部最小路集的并(或将网络不可靠度表示为全部最小割集的并),然后采用容斥原理去掉相容事件相交的部分,从而计算相应的可靠度。

假设源点和汇点之间存在 n 个最小路集,分别表示为 $A_1,A_2,A_3,\cdots,A_n$。对于两端可靠度而言,在源点和汇点之间至少存在一条最小路集,网络就是连通的。所以由容斥原理得出网络的可靠度函数为

$$P(G) = P(\bigcup_{i=1}^{n} A_i) = \sum_{i=1}^{n} P(A_i) - \sum_{i,j;i<j} P(A_i \cap A_j) + \sum_{i,j,k;i<j<k} P(A_i \cap A_j \cap A_k) - \cdots + (-1)^{n-1} P(\bigcap_{i=1}^{n} A_i) \quad (4.5)$$

式中:$\sum_{i=1}^{n} P(A_i)$ 为所有最小路集的可靠度之和;$-\sum_{i,j;i<j} P(A_i \cap A_j)$ 为两两最小路集的交集所对应的可靠度之和,符号为负;$\sum_{i,j,k;i<j<k} P(A_i \cap A_j \cap A_k)$ 为 3 个最小路集的交集所对应的可靠度之和,符号为正;$(-1)^{n-1} P(\bigcap_{i=1}^{n} A_i)$ 为所有最小路集交集对应的可靠度,符号由最小路集的个数决定。

利用式(4.5)计算网络两端可靠度时会出现 $2^n - 1$ 项,项数和最小路集个数 n 呈现指数关系。当网络规模较大时,就会发生严重的组合爆炸问题,利用容斥原理公式求解网络两端可靠度就变得非常繁琐。针对这个问题,很多学者进行了相应的研究,研究的焦点集中在如何消除公式中的冗余,降低计算复杂度上。其中 Lin 等人[12]在容斥原理公式的基础上提出了一个新的拓扑公式,改进了直接使用容斥原理公式求网络可靠度。Satyanarayana 等人[13]提出了有圈子图(Cyclic Subgraphs)和无圈子图(Acyclic Subgraphs)的概念,证明了上述容斥原理公式中的不相消项恰好和网络中的 P 无圈子图一一对应,并提出了一个可以直接得到容斥原理公式中不相消的算法。随后,Satyanarayana 等人[14,15]将上述思想进一步推广到网络 k 端可靠度和全端可靠度的计算上,使该方法的应用领域得到了进一步拓展。而孙艳蕊等人[16]从割集的角度出发,根据容斥原理中存在相消项的性质,提出了一个基于最小割集的容斥原理法来求解网络可靠度,有效地降低了计算复杂度。Lin[17]在求出网络容量状态的下界点后,将容斥原理法扩展到计算多态网络的可靠度,进一步扩展了该算法的应用范围。

采用容斥原理算法计算网络可靠度原理简单,易编程实现,在研究早期受到重视,然而当网络规模很大时,发生严重的组合爆炸问题,算法效率急剧下降。

4.3.2 算法流程

1. 容斥原理算法流程

(1) 建立网络拓扑结构 $G(V,E)$,包括网络节点与边。

(2) 输入所求节点 V_s 和 V_d,利用联络矩阵法或网络遍历法求出节点 V_s 和 V_d 之间连通的所有最小路集 $A_1,A_2,\cdots,A_n$。

(3) 根据最小路集中包括的节点与边的可靠度,利用容斥原理公式,求出节点 V_s 和 V_d 之间的两端连通可靠度。

$$R_S = P(S) = P(\bigcup_{i=1}^{n} A_i) = \sum_{i=1}^{n} P(A_i) - \sum_{i,j;i<j} P(A_i \cap A_j) + \sum_{i,j,k;i<j<k} P(A_i \cap A_j \cap A_k) - \cdots + (-1)^{n-1} P(\bigcap_{i=1}^{n} A_i)$$

(4.6)

2. 最小路集的求解算法

容斥原理法的关键在于如何求解输入节点到输出节点之间的所有最小路集。求解网络所有最小路集的主要方法有:联络矩阵法和网络遍历法。其中联络矩阵法需要进行多次矩阵运算,不适合大中型网络最小路集的计算。网络遍历法需采用计算机辅助实现,这种方法已成为求解大中型网络最小路集的主要手段。以下重点介绍联络矩阵法的使用,网络遍历法可以参考文献[4]。

联络矩阵法是通过联络矩阵来描述各节点和边的邻接关系,因此包括了网络全面的拓扑关系[18]。联络矩阵法流程如图4.4所示。

给定一个任意类型的网络系统,有 n 个节点,节点编号为 $1,2,\cdots,n$。定义联络矩阵为

$$\boldsymbol{C} = [C_{ij}]$$

式中:C_{ij} 为矩阵元素,其定义如下:

$$C_{ij} = \begin{cases} x, & \text{节点 } i \text{ 到 } j \text{ 有链路 } x \text{ 直接相连} \\ 0, & \text{节点 } i \text{ 到 } j \text{ 无链路 } x \text{ 直接相连} \end{cases}$$

图4.5所示为一个有源网络,输入节点为1,输出节点为2。

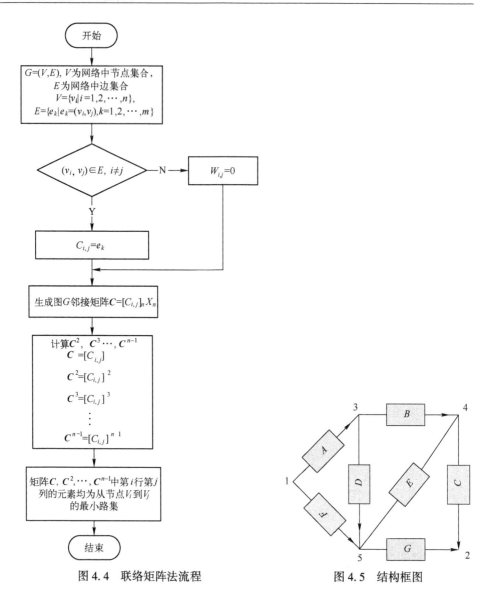

图 4.4 联络矩阵法流程　　图 4.5 结构框图

按照上述定义，图 4.5 的联络矩阵 C 为

$$C = \begin{array}{c} \\ 1 \\ 2 \\ 3 \\ 4 \\ 5 \end{array} \begin{array}{ccccc} 1 & 2 & 3 & 4 & 5 \\ \left[\begin{array}{ccccc} 0 & 0 & A & 0 & F \\ 0 & 0 & 0 & 0 & 0 \\ 0 & 0 & 0 & B & D \\ 0 & C & 0 & 0 & E \\ 0 & G & 0 & E & 0 \end{array}\right] \end{array}$$

其中，1、2、3、4、5 均表示节点，链路为矩阵中具体值。则 C_{ij} 反应了节点 i 与节点 j 之间有无长度为 1 的链路。

作 $C^2 = (C_{ij}^{(2)})_{n*n}$，其中 $C_{ij}^{(2)} = \bigcup_{k=1}^{n} C_{ik} \cap C_{kj}$，$i \neq j$，则 $C_{ij}^{(2)}$ 的含义为：从节点 i 到所有可能的节点 k，再从节点 k 到节点 j 的所有最小路集。反映了 V_i 和 V_j 之间有无长度为 2 的链路。

还可以继续定义：$C^r = CC^{r-1} = (c_{ij}^{(r)})_{n \times n}$，表示从节点 i 到节点 j 路长为 r 的所有最小路集。反映了 i 和 j 之间有无长度为 r 的链路。此时要注意去掉 $c_{ij}^{(r)}$ 中长度小于 r 的路。对于节点为 n 的图，最长路径 $\leqslant n-1$。因此，对于 $r \geqslant n$，必有 $C_r = [0]$。

于是只要做多次矩阵乘法得到 $C, C^2, C^3, \cdots, C^{n-1}$，就可以求出任意两个节点 i 和 j 之间的全部最小路集。当具体研究某个网络的连通可靠性时，我们往往只关心输入节点 i 到输出节点 j 之间的所有最小路集。这时只需要求出 C，$C^2, C^3, \cdots, C^{n-1}$ 中的第 j 列元素即可，记为 $[C]_j^2, [C]_j^3, \cdots, [C]_j^{n-1}$。

3. 利用联络矩阵法求最小路集案例[19]

以图 4.5 所示结构框图为例，利用联络矩阵法求输入节点 1 到输出节点 2 之间的所有最小路集。

网络的联络矩阵 C 为

$$C = \begin{matrix} & \begin{matrix} 1 & 2 & 3 & 4 & 5 \end{matrix} \\ \begin{matrix} 1 \\ 2 \\ 3 \\ 4 \\ 5 \end{matrix} & \begin{bmatrix} 0 & 0 & A & 0 & F \\ 0 & 0 & 0 & 0 & 0 \\ 0 & 0 & 0 & B & D \\ 0 & C & 0 & 0 & E \\ 0 & G & 0 & E & 0 \end{bmatrix} \end{matrix}$$

由于只需要求得输入节点 1 到输出节点 2 之间的所有最小路集，节点数为 $n=5$，我们只需要求出矩阵 $C, C^2, C^3, \cdots, C^{n-1}$ 中的第 2 列即可，即 $[C]_2^2, [C]_2^3$，$[C]_2^4$，其中 $[C]_2^4$ 只需要求出第一行的元素：

$$[C]_2^2 = \begin{bmatrix} F \cap G \\ 0 \\ (B \cap C) \cup (D \cap G) \\ E \cap G \\ E \cap C \end{bmatrix}$$

$$[C]_2^3 = \begin{bmatrix} (A\cap B\cap C)\cup(A\cap D\cap G)\cup(F\cap E\cap C) \\ 0 \\ (B\cap E\cap G)\cup(D\cap E\cap C) \\ 0 \\ 0 \end{bmatrix}$$

$[C]_2^4$ 只需要求出第 2 列中的第 1 行元素：

$$[C]_2^4 = \begin{bmatrix} (A\cap B\cap E\cap G)\cup(A\cap D\cap E\cap C) \\ * \\ * \\ * \\ * \end{bmatrix}$$

由于只需求解输入节点 1 到输出节点 2 之间的所有最小路集，则汇总矩阵 C,C^2,C^3,C^4 中的第 2 列第 1 行的元素：$\{F,G\}$、$\{A,B,C\}$、$\{A,D,G\}$、$\{F,E,C\}$、$\{A,B,E,G\}$、$\{A,D,E,C\}$。

所以输入节点 1 到输出节点 2 之间的所有最小路集有 $\{F,G\}$、$\{A,B,C\}$、$\{A,D,G\}$、$\{F,E,C\}$、$\{A,B,E,G\}$、$\{A,D,E,C\}$。

4.3.3 案例分析

案例：以多级级联的 AFDX(Avionics Full Duplex Switched Ethernet) 网络结构为例，应用容斥原理法求解两端连通可靠度。多级级联的 AFDX 网络结构如图 4.6 所示。已知，ES 的可靠度均为 0.995，交换机 Switch 的可靠度均为 0.998，每条链路可靠度均为 0.999，计算 ES1 与 ES3 间的两端连通可靠度。

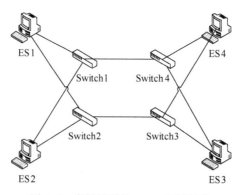

图 4.6　多级级联的 AFDX 网络结构

（1）将案例的网络结构抽象为由相关节点与链路组成的网络连通拓扑图，如图 4.7 所示。

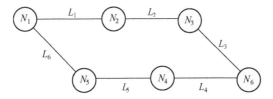

图 4.7 案例 AFDX 网络连通拓扑图

其中,节点 N_1,N_2,N_3,N_4,N_5,N_6 分别对应实际网络中的 ES1,Switch 1,Switch 4,Switch 3,Switch 2,ES3,即将求解 ES1 与 ES3 间的两端连通可靠度转化成求解节点 N_1 和 N_6 之间的两端连通可靠度。

(2) 以节点 N_1 为初始节点,N_6 为输出节点,应用网络遍历法,求得最小路集为 $\{N_1,N_2,N_3,N_6,L_1,L_2,L_3\}$,$\{N_1,N_4,N_5,N_6,L_4,L_5,L_6\}$,则最小路集矩阵为

$$\begin{matrix} N_1 & N_2 & N_3 & N_4 & N_5 & N_6 & L_1 & L_2 & L_3 & L_4 & L_5 & L_6 \\ \begin{pmatrix} 1 & 1 & 1 & 0 & 0 & 1 & 1 & 1 & 1 & 0 & 0 & 0 \\ 1 & 0 & 0 & 1 & 1 & 1 & 0 & 0 & 0 & 1 & 1 & 1 \end{pmatrix} \end{matrix}$$

(3) 根据容斥原理式(4.5),该网络中节点 ES1 到 ES3 的连通可靠度应为

$R = R_{N_1} \times R_{N_2} \times R_{N_3} \times R_{N_6} \times R_{L_1} \times R_{L_2} \times R_{L_3} + R_{N_1} \times R_{N_4} \times R_{N_5} \times R_{N_6} \times R_{L_4} \times R_{L_5} \times R_{L_6} -$
$R_{N_1} \times R_{N_2} \times R_{N_3} \times R_{N_4} \times R_{N_5} \times R_{N_6} \times R_{L_1} \times R_{L_2} \times R_{L_3} \times R_{L_4} \times R_{L_5} \times R_{L_6}$

= 0.995×0.998×0.998×0.995×0.999×0.999×0.999+0.995×0.998×0.998×
0.995×0.999×0.999×0.999−0.995×0.998×0.998×0.998×0.998×0.995×
0.999×0.999×0.999×0.999×0.999×0.999

= 0.990

因此,ES1 与 ES2 间的两端连通可靠度为 0.990。

4.4 二元决策图法

4.4.1 理论方法介绍

二元决策图(Binary Decision Diagram,BDD),或译为二元判定图,该方法最早于 1978 年由 Akers[20]提出,文中详细介绍了把几种典型功能函数进行 BDD 图解的过程。Singh 等[21]首次介绍了 BDD 法在端对网络可靠度计算中的具体实现,文中 BDD 是布尔函数表示的一种图形方式,主要是通过生成二叉树求解不交化最小路集的概率和,计算过程较为直观,为 BDD 在网络可靠性计算中的应用奠定了基础。之后大量的研究都集中在如何快速地构建 BDD 图,降低计算复杂度的问题上。武小悦[22]和孙艳蕊[23]分别采用道路排序和优先变量分

解策略构建网络的有序二叉决策图(Ordered Binary Decision Diagrams,OBDD),首先对最小路集进行升序排列,然后选取最短路集中出现频率最高的变量进行 0-1 分解。这种方法在一定程度上有效地加快了 OBDD 的构建过程,使 BDD 较快达到叶节点。史玉芳等人[24]在构建 BDD 时,首先对长度为 $n-1$ 的最小路集进行不交化运算,其他最小路集采用 BDD 方法进行不交化,改进了原来的不交化算法,简化了 BDD 的规模和不交化运算量。杨意等人[25]首先选择对最小路集函数中出现次数最少的那一个变量进行展开,然后采用多变量代替"与""或"逻辑中的单变量进行 0-1 分支,在一定程度上降低了 BDD 的规模。随后,李东魁[26]在此基础上进一步进行了改进,引入并联简化和串联简化的概念,使 BDD 的叶节点不局限于 0 和 1,还可以是一些表示并联和串联的布尔函数,进一步降低了 BDD 的规模。

以上这些算法所做出的改进有限,大多是针对小规模网络两端可靠度的计算。Kuo[27]提出 EED-BFS 算法(Algorithm Based on Edge Expansion Diagram-Breadth-First-Search Ordering),该算法选择宽度优先搜索 BFS(Breadth-First-Search)策略进行变量排序,在利用边扩张构建网络 OBDD 的过程中,能有效识别同构子图并去除冗余节点,消除了大量的冗余运算,为大型网络可靠度的计算奠定了基础。然而当网络规模很大时,OBDD 节点的数目增多,内存消耗急剧增加,算法效率下降,且遍历 OBDD 计算网络的可靠度时,计算过程较复杂。针对这一问题,Herrmann[28]提出了一种改进方法,在 OBDD 的每个节点存储概率信息,每个 OBDD 节点只处理一次,之后可以释放,这使得算法只保存不多于两层的 OBDD 节点信息,有效节省了内存。最重要的是,这种方法可以直接计算出网络的可靠度和失效率,降低了算法复杂度,提高了计算效率,是目前比较有效的计算网络可靠度的方法。随着研究的深入,二元决策图法在网络分析中将发挥越来越重要的作用。

4.4.2 算法流程

文献[22]提出对路集进行升序排列,然后选取最短路集中出现频率最高的变量进行 0-1 分解。这在一定程度上加快了 OBDD 的构建过程,使 BDD 较快达到叶节点。以下采用此方法构建 BDD。

二元决策图算法基于 Shannon Expansion 公式:
$$f = X \cdot f|_{X=1} + \overline{X} \cdot f|_{X=0}$$
式中:f 为基于 $X=\{X_1,X_2,\cdots,X_n\}$ 的一个布尔函数,其中 X 全都是布尔变量。即任意布尔函数表达为其中任何一个变量乘以一个子函数加上这个变量的反变量乘以另一个子函数。

4.4.2.1 BDD 原理

BDD 是 BDP(Binary Decision Program)的图形化表示。BDD 采用二叉树形式表示一个布尔函数。

定义 1:BDD 是有向的,节点具有标号的二叉树(V,N)。其中,V 为节点集,N 为标号集。V 中包含两类节点:

(1) 具有节点值 $\text{value}(v) \in \{0,1\}$ 的叶节点;

(2) 具有标号 $\text{index}(v) \in N$ 的节点,这类节点具有两个子节点 $\text{low}(v)$,$\text{high}(v) \in V$,规定左子节点为 $\text{high}(v)$,右子节点为 $\text{low}(v)$。

定义 2:一个 BDD 中以节点 V 为根的子树表示的布尔逻辑函数 $f_v(x_1, x_2, \cdots, x_n)$ 为

(1) 当 V 是叶节点时,$f_v = \text{value}(v)$;

(2) 当 V 是具有标号 $\text{index}(v) = i$ 的节点时,$f_v(x_1, x_2, \cdots, x_n) = \overline{x_i} f_{\text{low}(v)}(x_1, x_2, \cdots, x_n) + x_i f_{\text{high}(v)}(x_1, x_2, \cdots, x_n)$。

由上述定义可看出,BDD 是一个有根节点的有序二叉树,每个分枝代表节点变量的一次赋值(左枝取 1,右枝取 0)。从根节点出发到叶节点的每条路都表示布尔函数中各变量的一次赋值(即取对应叶节点的值)。因此,从根节点至叶节点的过程就是由变量输入值获得输出值的过程。

定义 3:**不交化函数**,是基于布尔代数的等幂律和相补律,对所有项的割集对进行吸收运算而建立的函数[29]。

某系统的逻辑结构函数为 $f = AC + BC$,则其 BDD 为如图 4.8 所示的基本形式。

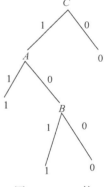

图 4.8 BDD 的基本形式

由图 4.8 BDD 的基本形式可以得到其 f 的不交化函数为

$$f = CA + C\overline{A}B$$

4.4.2.2 用 BDD 算法计算网络系统可靠度

用 BDD 方法进行系统可靠性分析,一般应首先设法将系统的逻辑结构函数表示为 BDD。对于网络系统,我们提出采用先求系统的最小路集,再由最小路集求网络的 BDD 表示的方法。

(1) 建立网络拓扑结构,利用联络矩阵法求出节点 V_s 和 V_d 之间的所有最小路集 L_i,一共 m 条,则得到网络系统的逻辑结构函数的积之和形式:$f = \sum_{i=1}^{m} L_i$。其中,L_i 为第 i 条最小路集,且 L_i 为各边的乘积形式。

(2) 将函数 f 用 BDD 表示。生成 BDD 的关键在于其生成顺序,因为顺序

将直接影响 BDD 的规模。一个好的生成顺序,可以较快地到达叶节点,从而减少 BDD 的子树数目。在此提出采用如下方法进行处理:

① 定义 f 中各变量 x_i 的长度 $L(x_i)$ 为布尔函数式中包含该变量的积项的最小长度。例如,$f=AB+AED+CED+CD$ 中 $L(A)=2,L(B)=2,L(C)=2,L(D)=2,L(E)=3$。

② 任取 $L(x_i)$ 最小的变量进行 BDD 的 1-0 分枝(即对该变量赋值)。当有多个 $L(x_i)$ 相等时,取在函数 f 的项中出现次数最多的变量 x_i 进行 BDD 分枝。若出现次数也相等,则任取一变量进行分枝。

(3) 在 BDD 上搜索从根节点到叶节点为 1 的路径,则可得 f 的不交化最小路集 $\{NL_1,NL_2,\cdots,NL_d\}$。

(4) 网络系统的两端可靠性可用下面的概率和公式直接进行计算:

$$R_S = \mathrm{Prob}(f=1) = \sum_{i=1}^{t} \mathrm{Prob}(NL_i)$$

4.4.3 案例分析

为了更好地说明以上算法的具体计算过程,我们参考了文献[22],并给出了下面的具体案例进行介绍。

图 4.9 为一个桥联系统的结构框图,其中构件的可靠度如表 4.1 所列,用 BDD 法求解系统两端的连通可靠度。

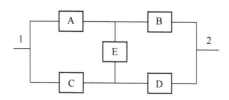

图 4.9 桥联系统的结构框图

表 4.1 系统各部件的可靠度

部件 可靠度	A	B	C	D	E
R	0.995	0.999	0.995	0.998	0.995

以下为针对该案例的 BDD 求解过程:

(1) 求解系统的最小路集,利用联络矩阵法可以求得系统的最小路集为 AB、AED、CEB 和 CD。因此得到系统的布尔函数为 $f=AB+AED+CEB+CD$。

(2) 计算布尔函数 f 中各变量 x_i 的长度 $L(x_i)$,$L(x_i)$ 为在布尔函数中包含该变量的积项的最小长度。$L(A)=2,L(B)=2,L(C)=2,L(D)=2,L(E)=3$。

(3) 由于变量 A、B、C、D 的长度都相等,都为 2,再比较 A、B、C、D 在布尔函数中出现的次数。其中,A、B、C、D 均出现了两次,则任选择一个进行 BDD 分枝。这里选择 A,则有

$A=1$ 时, $f_1 = B+ED+CED+CD$

$A=0$ 时, $f_0 = CEB+CD$

① 此时开始构建 BDD 图如图 4.10 所示。

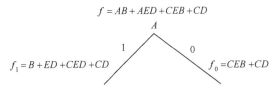

图 4.10 案例 BDD 图的第一层

② 把 f_1 和 f_0 分别看作是下一层的布尔函数,对 f_1 和 f_0 进行 BDD 分枝。f_1 中长度最短的是变量 B,即对 B 进行分枝:

$B=1$ 时, $f_{11} = 1+ED+CED+CD \geqslant 1$

$B=0$ 时, $f_{10} = ED+CED+CD$

f_0 中变量 C 和 D 的长度都为 2,C 出现次数是 2,这里取 C 进行分枝:

$C=1$ 时, $f_{01} = EB+D$

$C=0$ 时, $f_{00} = 0$

此时的 BDD 图如图 4.11 所示。

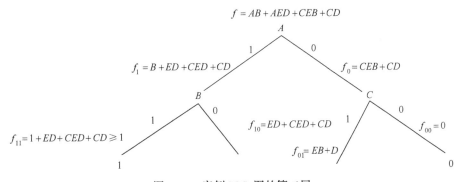

图 4.11 案例 BDD 图的第二层

③ 由于 $f_{11} \geqslant 1$,$f_{00}=0$,此时这两个分枝就到叶节点,且分别记为 1 和 0。第二层对剩下 f_{10},f_{01} 进行分枝。

f_{10} 中 C、D、E 的长度均为 2,但 D 出现次数最多,所以对 D 进行分枝:

$D=1$ 时， $f_{101}=E+CE+C$

$D=0$ 时， $f_{100}=0$

f_{01} 中 D 的长度为1最小，对 D 进行分枝：

$D=1$ 时， $f_{011}=EB+1 \geqslant 1$

$D=0$ 时， $f_{010}=EB$

此时的 BDD 图如图 4.12 所示。

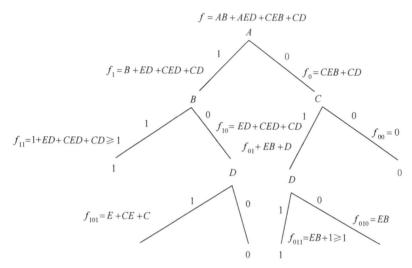

图 4.12 案例 BDD 图的第三层

同样的方法继续对 f_{101}, f_{010} 进行分枝，直至布尔函数 f 到达叶节点，即布尔函数 f 能取到确定值 1 或 0 为止。最终案例的 BDD 图如图 4.13 所示。

为方便观察，我们将图 4.13 表述为图 4.14。

（4）在 BDD 上搜索从根节点到叶节点为 1 的路径，则可得 f 的不交化最小路集，如图 4.14 可以得到不交化函数为

$$f=AB+A\bar{B}DE+A\bar{B}D\bar{E}C+\bar{A}CD+\bar{A}C\bar{D}EB \tag{4.7}$$

（5）由于函数 f 已经是不交化形式，故可用系统构件的可靠度值直接代入计算，即可以得到系统可靠度值 R。

将 $R_A=0.995$, $R_B=0.999$, $R_C=0.995$, $R_D=0.998$, $R_E=0.995$ 代入式(4.7)，得

$$R=R_A \times R_B+R_A \times (1-R_B) \times R_D \times R_E+R_A \times (1-R_B) \times R_D \times (1-R_E) \times R_C+$$
$$(1-R_A) \times R_C \times R_D+(1-R_A) \times R_C \times (1-R_D) \times R_E \times R_B$$
$$=0.995$$

即得到系统的可靠度值为 $R=0.995$。

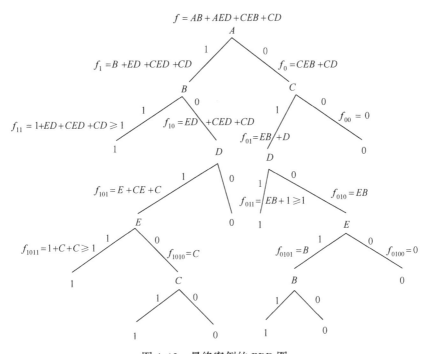

图 4.13 最终案例的 BDD 图

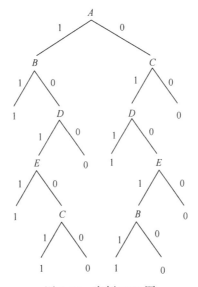

图 4.14 案例 BDD 图

4.5　考虑重要节点的图变化法

状态枚举法、容斥原理法、二元决策图法等都属于计算网络可靠度的精确算法，是网络可靠性分析计算的重要理论依据。但由于网络规模的增大、结构的复杂化等因素，精确算法都具有指数复杂性，是 NP-hard 问题。因此研究者对高效率的近似算法进行了大量的研究，主要包括图变换法、定界法、仿真方法（包括蒙特卡罗法）等。本节介绍了项目组张荟[30]针对通信可靠性试验对重要节点参与试验的需求，提出的增加节点重要度约束并保持连通可靠性的图变化方法。

4.5.1　简化算法及流程

图变化法其主要思想是按照某种规则简化网络，使原问题的可靠性变大或变小而得到可靠性指标的上界或下界，是一种通过牺牲精度而降低计算难度的算法。典型的图变换法有 Rosenthal 和 Fisque[31]提出的 Δ-Y（Delta-Y）型简化法，并将其应用于通信网络两端可靠度的计算。Rosenthal[32]在 1981 年又提出串并联简化法。Satyanarayana 等人[33]针对 7 种不能进行串并联简化的多边形于 1985 年提出多边形→链（Polygon-to-chain）简化法。随后 Agrawal 和 Satyanarayana[34,35]把多边形→链简化扩展到有向图中进行可靠度计算。而 Shooman[36]将多边形→链（Polygon-to-chain）简化和 Δ-Y（Delta-Y）型简化法扩展运用到节点也可能失效的通信网络 K 端可靠度计算中，并给出了相互转换的关系式。Hsu 等人[37]在 1998 年提出三角形简化法等。上述这些图变化的方法在串并联网络中可以解决网络的可靠性计算问题，并对一般的非串并联的网络起到简化作用。

4.5.1.1　基本方法

Truemper 证明所有的平面网络可以通过重复 △-Y、Y-△、串联、并联等变换，缩减为一条边[38]，得到近似的可靠性界。如果知道网络对象明确的网络结构，可以有效地应用简化方法，在保持网络的连通可靠度基础上，将网络针对每个节点、每条边进行缩减到预定的规模。

这里简化对象为无向图网络，可靠度指标是全端连通可靠度。并且假设网络中节点相同且完全可靠，每条边存在故障的可靠性，其可靠度为 $p(e)$。网络简化的约束条件是保持网络连通可靠度不变。因此，在网络缩减后得到可靠度缩减因子 λ，是缩减前后网络连通可靠度的比例系数，即

$$R = \lambda \times R_S \tag{4.8}$$

式中：R 为原网络的连通可靠度；R_S 为缩减后网络的连通可靠度。根据式(4.8)，可以利用简化后网络的连通可靠度快速估算原网络的连通可靠度。

基于概率论原理，研究人员陆续提出了各种可靠度不变缩减原则，面向不同的连通可靠度指标，简化过程中的边可靠度计算方法也略有所不同。下面介绍几种适用性广的简化方法，分别为度一简化、度二简化、并联简化和度三简化。这些方法适用范围广，能在网络简化过程中，保持节点在一个拓扑中，而不需如边因子分解法等将网络拆分成几个部分，这有利于简化后的网络用于更高层次的可靠性分析与试验。

1. 度一简化

度一简化指删除网络中度为一的节点以达到缩减网络规模的目的。

度一简化的示意图如图4.15所示，节点 v_1 的度数为1，节点 v_2 的度数为4。节点 $v(1)$ 是一个度一节点，仅通过一条边 $e(a)$ 与网络其余部分相连，且边 $e(a)$ 的可靠度为 $p(a)$。显然，度一简化不会对网络中其他节点的拓扑产生影响。

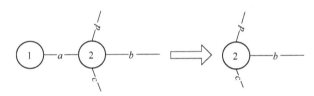

图 4.15　度一简化的示意图

删除节点 v_1 和相应的边 $e(a)$。此时，网络总节点数减少1，节点 v_2 的度数也减少1。为了保持整个网络的全端连通可靠度，缩减因子为

$$\lambda = p(a) \tag{4.9}$$

2. 度二简化

度二简化指删除网络中度为二的节点以达到缩减网络规模的目的。

度二简化的示意图如图4.16所示，节点 v_2 的度数为二，两条边分别为 $e(b)$ 和 $e(d)$，节点 v_1 和 v_3 的度数为三。

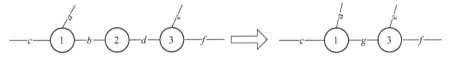

图 4.16　度二简化的示意图

根据度二简化的定义，用边 $e(g)$ 替换节点 v_2 及边 $e(b)$ 和 $e(d)$。这就是上节介绍的串联简化方法。

简化后,边 $e(g)$ 的可靠度为

$$p(g) = \frac{p(b) \times p(d)}{p(b) + p(d) - p(b) \times p(d)} \tag{4.10}$$

且缩减因子为

$$\lambda = p(b) + p(d) - p(b) \times p(d) \tag{4.11}$$

显然,度二简化不会对网络中其他节点的拓扑产生影响。

3. 并联简化

并联简化是消除网络中的平行边以达到缩减网络规模的目的。

并联简化的示意图如图 4.17 所示。节点 v_1 和节点 v_2 间存在两条边 $e(a)$ 和 $e(b)$,$e(a)$ 和 $e(b)$ 是平行边。一般网络图中不允许平行边的存在,但是在简化过程中,例如度二简化或者下面介绍的度三简化可能会使网络中产生平行边。

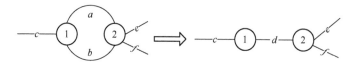

图 4.17 并联简化的示意图

根据并联简化的定义,利用一条边 $e(d)$ 替换原来的两条边 $e(a)$ 和 $e(b)$。边 $e(d)$ 的可靠度为

$$p(d) = 1 - [1 - p(a)] \times [1 - p(b)] \tag{4.12}$$

且缩减因子为

$$\lambda = 1 \tag{4.13}$$

值得注意的是并联简化不能缩小网络规模,但能有效地降低网络中节点的度数。

4. 度三简化

度三简化就是 Y-△ 变化方法,是一种常用的近似网络图变化法,用此简化方法可以将"Y"型结构转换为"△"结构[30]。但由于这里考虑的是网络的全端可靠度计算,与前面介绍的考虑 k 端可靠度的 Y-△ 近似转换关系式有一点区别。

度三简化的示意图如图 4.18 所示,节点 v_1,v_2,v_3 和 v_4 构成"Y"型结构,且节点 v_1 为中心节点,4 个节点之间的边分别为 $e(a),e(b)$ 和 $e(c)$。删除节点 v_1 及边 $e(a),e(b)$ 和 $e(c)$,然后将节点 v_2,v_3 和 v_4 用边 $e(r),e(s)$ 和 $e(t)$ 连接,形成"△"结构。网络中其他节点和边不变。

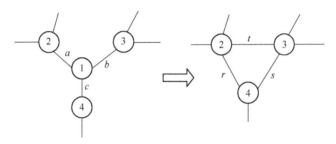

图 4.18 度三简化的示意图

其中转换的关系如下：

边 $e(r)$ 的可靠度：

$$p(r)=\frac{p(a)}{p(a)+p(c)-p(a)\times p(c)} \tag{4.14}$$

边 $e(s)$ 的可靠度：

$$p(s)=\frac{p(b)}{p(b)+p(c)-p(b)\times p(c)} \tag{4.15}$$

边 $e(t)$ 的可靠度：

$$p(t)=\frac{p(a)\times p(b)}{(p(a)+p(c)-p(a)\times p(c))\times(p(b)+p(c)-p(b)\times p(c))} \tag{4.16}$$

根据上述关系式可以求得边 $e(r)$, $e(s)$ 和 $e(t)$ 的可靠度表达式，且缩减因子为

$$\lambda=(p(a)+p(c)-p(a)\times p(c))\times(p(b)+p(c)-p(b)\times p(c)) \tag{4.17}$$

度三简化不会影响相邻节点的度，虽是近似简化，但可以大大提高网络简化程度。

4.5.2 重要节点识别的判断方法

在通信网络中，网络节点有不同的层次，节点重要度也不同。面对实际工程网络，可以直接确定主干线节点的重要度高于底层用户节点的重要度。当可靠性试验的对象网络节点众多时，如何有效地从网络图中选择最重要的几个节点，留作试验对象，需要依据网络关键节点识别算法。

一种最简单的方法是用节点的度数来衡量节点重要度，与节点连接的边数越多，节点越重要。但在通信网络中，连接在同一节点上的链路的带宽不同，权值也不相同。此时仅用度数评价重要度有一定的片面性，尤其在度数分布比较均匀的地域通信网络中，依靠节点度数不能有效区分不同层次节点的不同重要度。

本节中网络以网络图的形式呈现，以节点为中心进行网络拓扑分析，只考虑节点性能,不限制链路容量,因此选用文献[39]中方法,以一种连通度量(connectivity measure)来判断重要节点,此方法常用于野战通信网的关键节点识别[40,41]。此度量虽然是连通度量,但不考虑故障因素,仅仅计算节点在网络连接中的重要度,为了与本书的连通可靠度区分,将此度量定义为连通关键度。为了简化节点连通关键度的计算过程,首先引入网络跳面的概念[40],节点 i 的连通关键度是 i 到各个跳面的连通关键度之和。

跳面定义:网络中任意一对节点之间都存在一定的跳数,将距节点 i 具有同样跳数 m 的节点看作一个平面,称为节点 i 具有 m 跳数的跳面。

假设第 m 跳面上有 n_m 个节点,第 $(m+1)$ 跳面上有 n_{m+1} 个节点。两跳面间链路数为 l_m,则第 $(m+1)$ 跳面上节点数与除去节点 i 外其余节点数目 $(N-1)$ 的比值为 $n_{m+1}/(N-1)$,两跳面间实际的链路数 l_m 与两跳面间可以有的最大链路数 $n_m \cdot n_{m+1}$ 的比值为 $l_m/(n_m \cdot n_{m+1})$,按下式定义归一化因子:

$$\mu_m = \frac{n_{m+1}}{N-1} \cdot \frac{l_m}{n_m \cdot n_{m+1}} = \frac{l_m}{n_m(N-1)} \quad (4.18)$$

节点 i 的**连通关键度**按下式计算:

$$S_i = \sum_{m=1}^{t} \frac{1}{m} \mu_{(m-1)} = \frac{1}{(N-1)} \sum_{m=1}^{t} \frac{l_{m-1}}{m \cdot n_{m-1}} \quad (4.19)$$

$$(i = 1, 2, \cdots, N)$$

式中:N 为网络中节点数;m 为跳面数;t 为跳数;l_{m-1} 为第 $m-1$ 跳面与 m 跳面之间链路数;n_{m-1} 为第 $m-1$ 跳面上节点数目。

按照上述方法,由网络拓扑计算所有节点的连通关键度,节点连通关键度越大,节点越重要。用 Matlab 编程实现识别网络关键节点的程序,函数程序流程图如图 4.19 所示,形成自定义函数 $Import = Find\_import\_S(\boldsymbol{H}, n\_im)$,具体步骤如下:

步骤 1:输入网络拓扑的邻接矩阵 $\boldsymbol{H}$ 和需要的关键节点数 n_im;

步骤 2:遍历 $\boldsymbol{H}$,计算节点 i 与所有节点之间的跳数,分出节点 i 的所有跳面,存入矩阵 $\boldsymbol{T\_Mian}$;

步骤 3:基于 $\boldsymbol{H}$ 和 $\boldsymbol{T\_Mian}$ 统计各跳面间的链路数,计算各跳面的归一化因子 μ;

步骤 4:计算节点 i 的连通关键度 $S(i)$;

步骤 5:对网络中每一个节点重复步骤 2~4,直到求得所有节点连通关键度;

步骤 6:将节点连通关键度排序,选出前 n_im 个重要节点,输出节点序号。

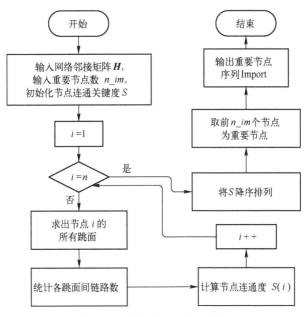

图 4.19 关键节点识别流程图

4.5.3 考虑重要度节点的算法

为使网络简化更符合通信网络的结构特点,在已有的 4 种网络图变化方法的基础上,本章加入了重要节点约束进行改进,设计了一个考虑节点重要度的保持连通可靠性整网缩减算法,网络缩减流程如图 4.20 所示。此算法只需输入网络拓扑有关参数,可以自主确定重要节点,然后由简到繁依次进行度一、度二、并联和度三简化。具体算法流程说明如下。

步骤 1:输入原网络邻接矩阵 $H(G)$ 和可靠度矩阵 Net_Link。

步骤 2:输入预计保留的重要节点数 n_im,基于节点连通关键度,确定网络中的关键节点,记录节点编号。

步骤 3:初始化新的网络邻接矩阵 GR_Net 和可靠度缩减因子 lamda。

步骤 4:判断网络是否可以缩减,即确定网络中是否存在度≤3 的节点。如果可以简化,程序继续,如果不可以简化,跳到步骤 14。

步骤 5:由邻接矩阵 GR_Net 找出网络中所有度一节点进行标记。依次判定是否为关键节点,如果不是,则进行度一简化,删除该节点,更新 GR_Net,Net_Link 和 lamda。

步骤 6:由于度一简化后,可能出现新的度一节点,因此重复步骤 5 直至网络中不再存在度为一的非关键节点。

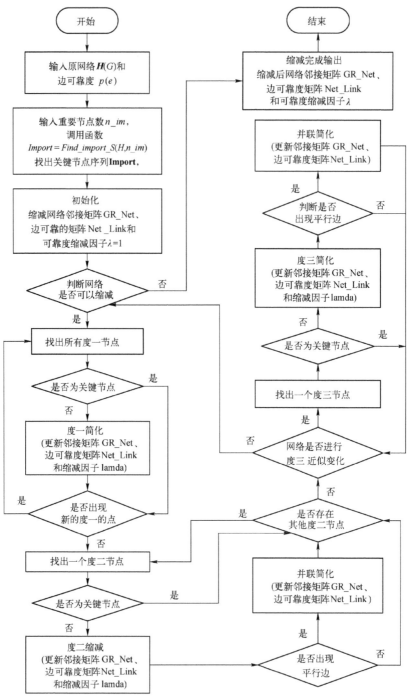

图 4.20 考虑重要度节点的网络缩减流程图

步骤7:由 GR_Net 找出一个度二节点,判定是否为关键节点。如果不是,则进行度二简化,删除节点和两条边,增加一条新边连接与该点相连的两个节点,更新 GR_Net,Net_Link 和 lamda,然后判定是否出现平行边。

步骤8:如果有平行边,进行并联简化,更新 GR_Net、Net_Link;如果无,跳过此步骤。

步骤9:重复步骤7和8,直至网络中不再存在度为二的非关键节点。

步骤10:选择是否进行度三近似简化,如果是,找出一个度为三的非关键节点。删除 Y 型结构,加入三角形的三条边,更新 GR_Net,Net_Link 和 lamda,然后判定是否出现平行边。如果不进行简化,跳到步骤14。

步骤11:如果有平行边,进行并联简化,更新 GR_Net、Net_Link;如果无,跳过此步骤。

步骤12:重复步骤10和11,直至网络中不再存在度为三的非关键节点。

步骤13:转到步骤4,判定网络是否出现新的可缩减的节点。

步骤14:缩减完成,输出缩减后的网络邻接矩阵 GR_Net、边可靠度矩阵 Net_Link 和可靠度缩减因子 lamda。

4.5.4 案例分析

在介绍案例之前,首次介绍一下案例中使用到的求解全端连通可靠度的方法。

网络全端连通性计算,一般的方法需要遍历网络全部节点,复杂度较高。这里使用一种将特征值的快速判定法与蒙特卡罗仿真结合的评估方法[42],复杂度较低。定义网络的 Laplacian 矩阵如下:

$$L(G) = D(G) - H(G) \tag{4.20}$$

式中:$H(G) = [h_{ij}]$ 为网络的邻接矩阵,$h_{ij} = 1$ 表示节点 v_i 与 v_j 相连;$D(G)$ 为网络节点度数矩阵,对角线元素分别为节点 v_i 的度数 d_i,其余元素为0。

判定网络全连通的充要条件为:矩阵 $L(G)$ 的最小特征值 $\lambda_{\min} = 0$ 有且只有一个。通过求 $L(G)$ 的特征值可以快速判断网络是否全连通。结合蒙特卡罗仿真原理,可以评估网络全端可靠度。

案例

一个具有10个节点的网络拓扑结构如图4.21所示,度一节点1个,度二节点3个,度三节点3个,度四节点3个。假设网络中节点完全可靠,各条边的可靠度相同,即 $p(e) = 0.9$。取重要节点数为4,求缩减因子以及原网络与简化后网络的可靠度值(不要求度三近似简化)。具体简化顺序如图4.22所示。

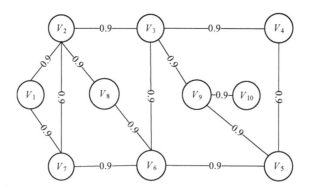

图 4.21 案例的网络拓扑图

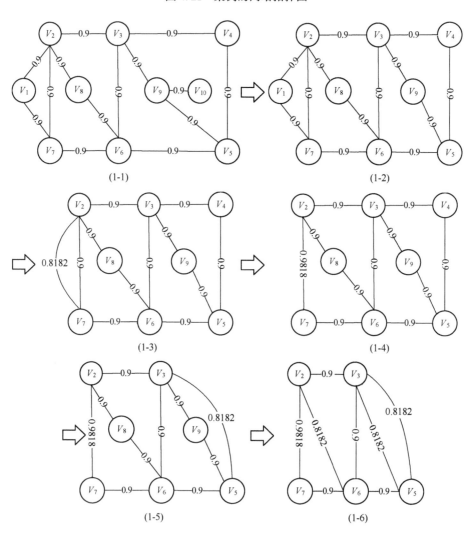

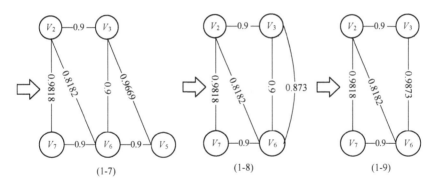

图 4.22 具体简化顺序

（1）根据式（4.18）和式（4.19）求出所有节点的连通关键度，求得结果如表 4.2 所列。

表 4.2 所有节点的连通关键度

节点 i	连通关键度	节点 i	连通关键度
1	0.3519	6	0.5648
2	0.5633	7	0.4892
3	0.5694	8	0.4398
4	0.4352	9	0.4877
5	0.4815	10	0.3611

根据表 4.2 中所有节点的连通关键度，求得重要节点为节点 v_2, v_3, v_6, v_7。

（2）执行步骤 2，节点 v_{10} 是度一节点，使用度一简化方法，如图 4.22 中 (1-1)→(1-2)，删除节点 v_{10}。根据式（4.9）得到缩减因子为

$$\lambda_1 = p((v_9, v_{10})) = 0.9$$

此时网络中不存在非重要度一节点，度二节点 4 个，度三节点 2 个，度四节点 3 个。转至步骤 3。

步骤 3：节点 v_1 是非重要度二节点，删去节点 v_1，如图 4.22 中 (1-2)→(1-3)。新增的边的可靠度根据式（4.10）得

$$\frac{0.9 \times 0.9}{0.9 + 0.9 - 0.9 \times 0.9} = 0.8182$$

且根据式（4.11），缩减因子为

$$\lambda_2 = \lambda_1 \times [p((v_1, v_7)) + p((v_1, v_2)) - p((v_1, v_7)) \times p((v_1, v_2))]$$
$$= 0.9 \times 0.99 = 0.891$$

步骤4:此时节点v_2和v_7之间存在平行边,使用并联简化,如图4.22中(1-3)→(1-4)。新边的可靠度根据式(4.12)得

$$1-(1-0.9)\times(1-0.8182)=0.9818$$

且根据式(4.13),缩减因子为

$$\lambda_3=\lambda_2\times 1=0.9\times 0.99=0.891$$

步骤5:节点v_4为非重要度二节点,进行度二简化,如图4.22中(1-4)→(1-5)。新增的边的可靠度根据式(4.10)得

$$\frac{0.9\times 0.9}{0.9+0.9-0.9\times 0.9}=0.8182$$

且根据式(4.11),缩减因子为

$$\lambda_4=\lambda_3\times[p((v_3,v_4))+p((v_4,v_5))-p((v_3,v_4))\times p((v_4,v_5))]$$
$$=0.891\times 0.99=0.882$$

步骤6:节点v_8和v_9为非重要度二节点,进行度二简化,如图4.22中(1-5)→(1-6)。新增的两条边的可靠度根据式(4.10)可得

$$\frac{0.9\times 0.9}{0.9+0.9-0.9\times 0.9}=0.8182$$

且根据式(4.11),缩减因子为

$$\lambda_5=\lambda_4\times[p((v_2,v_8))+p((v_8,v_6))-p((v_2,v_8))\times p((v_8,v_6))]\times$$
$$[p((v_3,v_9))+p((v_9,v_5))-p((v_3,v_9))\times p((v_9,v_5))]$$
$$=0.882\times 0.99\times 0.99=0.8644$$

步骤7:节点v_5和v_3有平行边,进行并联简化,如图4.22中(1-6)→(1-7)。新增的边的可靠度根据式(4.12)得

$$1-(1-0.8182)\times(1-0.8182)=0.9669$$

且根据式(4.13),缩减因子为

$$\lambda_6=\lambda_5\times 1=0.8644$$

步骤8:节点v_5为非重要度二节点,进行度二简化,如图4.22中(1-7)→(1-8)。新增的两条边的可靠度根据式(4.10)可得

$$\frac{0.9669\times 0.9}{0.9669+0.9-0.9669\times 0.9}=0.873$$

且根据式(4.11),缩减因子为

$$\lambda_7=\lambda_6\times[p((v_3,v_5))+p((v_6,v_5))-p((v_3,v_5))\times p((v_6,v_5))]$$
$$=0.8644\times 0.9967=0.8615$$

步骤9：节点 v_3 和 v_6 有平行边，进行并联简化，如图4.22中(1-8)→(1-9)。新增的边的可靠度根据式(4.12)得

$$1-(1-0.9)(1-0.873)=0.9873$$

且根据式(4.13)，缩减因子为

$$\lambda_8=\lambda_7\times 1=0.8615$$

网络简化过程结束，则最终的缩减因子为

$$\lambda_s=\lambda_8=0.8615$$

利用将特征值的快速判定法与蒙特卡罗仿真结合的评估方法分别计算原网络的连通可靠度和简化后网络的连通可靠度，其中仿真样本量取 10^5 个，仿真次数为50次，结果如图4.23所示。简化前后网络的连通可靠度的平均值如表4.3所列。

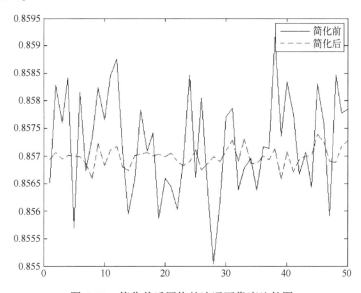

图4.23 简化前后网络的连通可靠度比较图

表4.3 简化前后网络的连通可靠度的平均值

类　　型	连通可靠度的平均值
简化前	0.8572
简化后	0.8570

分析：度一简化、度二简化和并联简化是精确简化，从求得的简化前后的连通可靠度也可以看出，两值的误差只有0.0002，几乎可以忽略。

4.6　蒙特卡罗仿真方法

4.6.1　理论方法介绍

蒙特卡罗方法也称随机模拟方法,有时也称作随机抽样技术或统计试验方法。其用于网络可靠性评估的主要思想是通过借助随机抽样技术对网络系统故障进行模拟,进而得到系统失效的概率。

利用蒙特卡罗方法对网络进行可靠度评估首先要生成系统中各构件故障所服从的各种分布的随机变量抽样值。不同抽样方式对网络可靠性的估计精度有很大的影响,因此,设计有利于方差缩减的抽样方法成为了蒙特卡罗模拟方法研究中的一个重要内容。其中典型的包括Fishman[43,44]提出的重要性抽样方法和分层抽样方法。Easton 和 Wong[45]提出了序贯破坏法(Sequential Destruction,SD),该抽样方法不需要事先对网络进行拓扑结构分析,能大幅度降低方差。Kumamoto 和 Tanaka[46]等提出了匕首抽样法(dagger-sampling),该方法由于产生负相关样本从而减少了蒙特卡罗估计量的方差。利用蒙特卡罗仿真方法进行网络可靠性研究时,以往的研究模型及算法大多只考虑了节点或链路发生故障的情况,而在实际网络中,节点和链路都可能发生故障。Shpungin[47]将原始蒙特卡罗(Crude Monte Carlo,CMC)方法应用到网络可靠性分析中,同时考虑了节点和链路的故障。王芳[48]同样将网络k端连通可靠度的概念推广到节点、链路都存在失效的网络模型上,并提出了计算该可靠度的蒙特卡罗方法。项目组江逸楠等[49]考虑了节点与链路均不可靠,且在考虑了两种维修策略的情况下对网络的可靠性与可用性进行了蒙特卡罗仿真。

蒙特卡罗方法以其几乎不受系统规模或复杂程度的影响、适合解决多维度问题、易于编程实现的特点,得到了广泛应用。

4.6.1.1　抽样方法

随机变量抽样依据随机变量分布的情况,可分为连续型和离散型,对应的抽样方法有很大的不同。下面分别介绍连续型随机变量的抽样方法和离散型随机变量的抽样方法。

1. 连续型随机变量的抽样方法

在网络可靠性仿真的研究中,对节点与链路的故障时间常拟定为服从指数分布与正态分布,下面分别介绍针对这两种分布的抽样方法。

1) 指数分布的直接抽样方法

使用反函数法对服从指数分布的部件寿命 ξ 进行抽样。假设部件寿命的

失效密度函数为 $f(t) = \lambda e^{-\lambda t}$，其中 λ 为指数分布的参数。其分布函数(即失效分布函数)为 $F(t) = \int_0^t f(t) dt = \int_0^t \lambda e^{-\lambda t} dt$。根据分布函数定义，有 $Z = F(\xi) = \int_0^t \lambda e^{-\lambda t} dt = 1 - e^{-\lambda t}$，其中 Z 为 $[0,1]$ 上均匀分布的随机变量。

由此可得 ξ 的抽样公式为

$$\xi = F^{-1}(Z) = -\frac{1}{\lambda}\ln(1-Z)$$

故部件寿命 ξ 的随机抽样值 $t_{F(\xi)}$ 计算公式为

$$t_{F(\xi)} = F^{-1}(\eta) = -\frac{1}{\lambda}\ln(1-\eta) \tag{4.21}$$

注意到 η 为随机数，它在 $[0,1]$ 上取值，故 $\eta' = 1-\eta$ 也为 $[0,1]$ 上的随机数，则式(4.21)可改写为

$$t_{F(\xi)} = F^{-1}(\eta) = -\frac{1}{\lambda}\ln(\eta')$$

即为通过 $[0,1]$ 分布的随机数转换得到服从指数分布的构件寿命样本的公式。

2) 正态分布的近似抽样方法

根据林德伯格-莱维定理(独立同分布的中心极限定理)，若有 n 个相互独立、服从同一分布，且具有数学期望及方差的随机变量，其和服从渐进正态分布。

根据这一原理，可以用均匀分布的随机数来产生服从正态分布的随机数。因为生成理想的均匀分布随机数，在计算机中已经有许多现成的方法。

设 $U_i \sim U(0,1)$ $(i=1,2,3,\cdots,n)$ 且它们相互独立。由于数学期望 $E(U_i) = 1/2$，方差 $D(U_i) = 1/12$，由中心极限定理知，当 n 充分大时，由 n 个在 $[0,1]$ 区间上均匀分布随机数的和所构成的随机变量 $\sum_{i=1}^n U_i$ 的标准化变量 Z 近似地有

$$Z = \frac{\sum_{i=1}^n U_i - E(\sum_{i=1}^n U_i)}{\sqrt{D(\sum_{i=1}^n U_i)}} = \frac{\sum_{i=1}^n U_i - n/2}{\sqrt{n/12}}$$

上式中，Z 为渐进正态分布 $N(0,1)$ 的随机变量。因此当 n 足够大时，便可以用 Z 代替标准正态分布的随机变量。在实际应用中，取 $n = 4 \sim 12$ 即能得到满意结果，常取 $n=12$，此时有

$$Z = \sum_{i=1}^{12} U_i - 6 \sim N(0,1)$$

就是说,只需要独立地产生12个均匀分布随机数$U_1,U_2,\cdots,U_{12}$,将它们相加起来,再减去6,就能近似地得到标准正态变量的样本值。

又若$X \sim N(\mu,\sigma^2)$,将上面得到的标准正态分布的随机变量Z做线性变换:

$$X = \mu + \sigma Z$$

就能得到一般的正态随机变量X。

2. 离散型随机变量的抽样方法

离散型随机变量分布的一般形式为

$$F(x) = \sum_{x_i < x} P_i$$

式中:x_i为随机变量的取值;P_i为取对应值的概率,其直接抽样时可依据下面所列公式的概率,确定随机变量X_F取离散值x_n:

$$X_F = x_n, \quad \sum_{i=1}^{n-1} P_i < \xi \leqslant \sum_{i=1}^{n} P_i \tag{4.22}$$

对于离散型随机变量,一般采取直接抽样的办法,下面以二项分布为例介绍抽样方法。

二项分布的概率函数为

$$P(x=n) = P_n = C_N^n P^n (1-P)^{N-n}$$

式中:$0<P<1$。抽样时可依据下面所列公式的概率,确定随机变量X_F取离散值x_n:

$$X_F = x_n, \quad \sum_{i=1}^{n-1} P_i < \xi \leqslant \sum_{i=1}^{n} P_i \tag{4.23}$$

4.6.1.2 仿真次数和误差分析

根据中心极限定理,如果$g(x_1),\cdots,g(x_N)$独立同分布,且具有有限个非零方差,则对于任意非负的x均有

$$\lim_{N \to \infty} P\left(\frac{\sqrt{N}}{\sigma} |G_N - G| < x\right) \approx \frac{1}{\sqrt{2\pi}} \int_{-x}^{\infty} e^{-\frac{t^2}{2}} dt$$

式中:σ为随机变量$g(x_1)$的均方差。因此,当N足够大时,就可以简化为

$$P\left(\frac{\sqrt{N}}{\sigma} |G_N - G| < x\right) \approx \frac{1}{\sqrt{2\pi}} \int_{-x}^{\infty} e^{-\frac{t^2}{2}} dt = 1 - \alpha$$

式中:α为置信度,$1-\alpha$为置信水平。

根据以上结果,我们可以根据问题的需求,确定置信水平,然后按照正态积分表确定x,那么,近似值和真实值之间的误差,就可以由下式得到。

$$|G_N - G| < \frac{x\sigma}{\sqrt{N}}$$

一般地,当x取$0.6745,1.96$或3时,相应的置信水平依次为$0.5,0.95$和

0.997。此时 N 可以根据误差需求确定。

4.6.1.3 计算公式

1. 系统可靠度 $R(t)$

$$R(t) = \frac{N_s - r(t)}{N_s}$$

式中：N_s 为仿真运行的总次数，即所记录故障时间的个数，例如，仿真运行 1000 次，则 $N_s = 1000$；$r(t)$ 为在 0 到 t 时刻的工作时间内，网络发生故障的累计次数，即所记录的在 $[0,t]$ 之间故障时间的总数，例如 $t=500$ 时，1000 次中有 200 次发生故障，则 $r(500)=200$。

2. 平均故障前时间 MTTF

$$\text{MTTF} = \frac{1}{N_s} \sum_{i=1}^{N_s} t_i$$

式中：t_i 为第 i 次仿真得到的网络故障时间。

4.6.2 算法流程

这里针对的网络可靠度参数为：k/N 可靠度，即考虑在网络中指定的 N 个节点中 k 个节点的连通度。

具体流程如下：

步骤 1：根据上节的抽样方法，对网络中各构件的故障时间按照其服从的分布进行随机抽样，得到 $\text{TTF}_1, \text{TTF}_2, \cdots, \text{TTF}_n$。

步骤 2：抽样后对 TTF_i 进行大小排序：$\text{TTF}_1 < \text{TTF}_2 < \cdots < \text{TTF}_n$，此时注意每一个 TTF_i 所对应的网络中的构件。

步骤 3：按抽样得到的时间由小到大的顺序令对应构件发生故障，并判断此时网络是否故障（判断网络是否满足 k/N 的连通条件）。若网络正常，则取下一次故障时间；否则，记录此时间为该次仿真的网络故障时间，该次仿真结束。

步骤 4：完成 N_s 次仿真后，通过记录的数据进行可靠性分析。

算法流程如图 4.24 所示。

4.6.3 案例分析

本案例以中国教育和科研计算机网骨干网为研究对象，具体结构如图 4.25 所示。文献[50]对 CERNET 骨干网中各链路和节点的故障数据进行了调研，并假设所有网络构件的故障均服从指数分布，且各节点的故障分布函数相同，故障数据如表 4.4 所列。利用蒙特卡罗仿真方法，对该网络 $k=4, k=6, k=8$ 时 k/N 可靠度进行蒙特卡罗仿真，并计算此时的 MTTF 值。

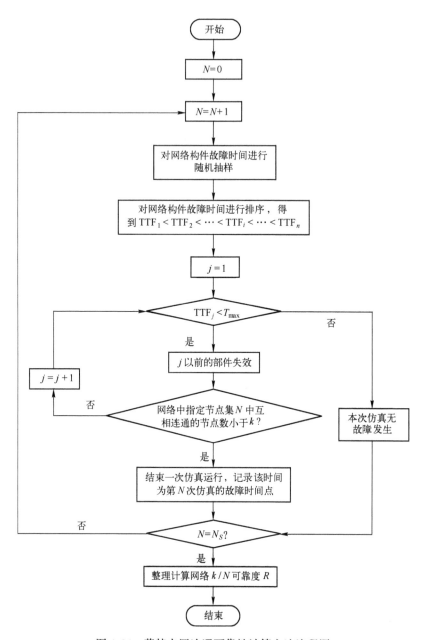

图 4.24 蒙特卡罗连通可靠性计算方法流程图

第4章 经典连通可靠性评估模型及算法

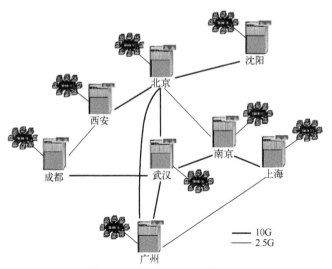

图 4.25 CERNET 骨干网结构

表 4.4 CERNET 骨干网中网络构件的故障率

网 络 构 件	故障率/h	网 络 构 件	故障率/h
节点(1-8)	0.0000133	西安—成都(3,4)	0.0002588
沈阳—北京(1,2)	0.0002596	成都—武汉(4,5)	0.0004188
北京—西安(2,3)	0.0004136	武汉—南京(5,6)	0.0003044
北京—武汉(2,5)	0.0004532	武汉—广州(5,7)	0.0003492
北京—南京(2,6)	0.0003924	南京—上海(6,8)	0.0001204
北京—广州(2,7)	0.0007868	广州—上海(7,8)	0.0005232

将图 4.25 所示的 CERNET 骨干网抽象成由节点和链路构成的网络拓扑结构图,如图 4.26 所示。

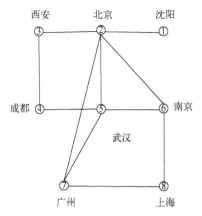

图 4.26 CERNET 骨干网的拓扑结构图

101

下面,我们利用上面的数据,进行可靠性仿真。利用 EXCEL 和 VBA 编程结合的方法,设计应用蒙特卡罗仿真方法计算网络连通可靠度的软件工具,如图 4.27 所示。

图 4.27　蒙特卡罗连通可靠度计算方法软件界面

将 CERNET 骨干网中的 8 个节点全部作为终端节点,即 $N=8$;再分别取 $k=8$、$k=6$、$k=4$,在不考虑维修性情况下,进行 3 次可靠性仿真(每次重复运行 1000 次,即 $N_S=1000$),根据仿真结果获得的 $R(t)$ 曲线如图 4.28 所示。

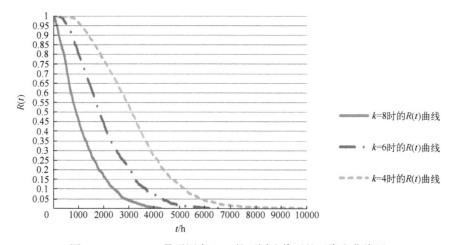

图 4.28　CERNET 骨干网在 k/N 的不同取值下的可靠度曲线图

计算 3 次的 MTTF 值,分别为

$k=8$ 时,MTTF = 1137.45h

$k=6$ 时,MTTF=2049.26h

$k=4$ 时,MTTF=3234.62h

参考文献

[1] 武小悦,张维明,沙基昌. 通信网络可靠性分析的 GOOPN 模型[J]. 系统工程与电子技术,2000,22(3):84-86.

[2] EULER L. Solutio Problematis ad geometriam situs pertinentis [J]. Commetarii Academiae Scientiarum Imperialis Petropolitanae,1736,8(8):128-140.

[3] KOENIG D. Theorie der endlichen und unendlichen Graphen [M]. Leipzig: Akademischer Verlagsgesellschaft mbh:1936.

[4] 殷剑宏,吴开亚. 图论及其算法[M]. 合肥:中国科学技术大学出版社,2003.

[5] 曾声奎,冯强. 可靠性设计与分析[M]. 北京:国防工业出版社,2011.

[6] 宁万涛. 图中的度、边和圈[D]. 兰州:兰州大学,2011.

[7] TUTTE W T. Graph theory [M]. Cambridge: Cambridge University Press,2001.

[8] BONDY J A,MURTY USR. Graph theory with applications [M]. London: Macmillan,1976.

[9] 王晓丽. 图和有向图的边连通性[D]. 太原:山西大学,2008.

[10] MOORE E F,SHANNON C E. Reliable circuits using less reliable relays [J]. Journal of the Franklin Institute,1956,262(3):191-208.

[11] BULKA D,DUGAN J B. Network s-t reliability bounds using a 2-dimensional reliability polynomial [J]. IEEE Transactions on Reliability,1994,43(1):39-45.

[12] LIN P M,LEON B J,HUANG T C. A New Algorithm for Symbolic System Reliability Analysis [J]. IEEE Transactions on Reliability,1976,R-25(1):2-15.

[13] SATYANARAYANA A,PRABHAKAR A. New topological formula and rapid algorithm for reliability analysis of complex networks [J]. Microelectronics Reliability,1978,18(4):309.

[14] SATYANARAYANA A,HAGSTROM J N. A new algorithm for the reliability analysis of multi-terminal networks [J]. IEEE Transactions on Reliability,1981,R-30(4):325-334.

[15] SATYANARAYANA A. A unified formula for analysis of some network reliability problems [J]. IEEE Transactions on Reliability,1982,R-31(1):23-32.

[16] 孙艳蕊,赵连昌,张祥德. 计算网络可靠度的容斥原理算法[J]. 小型微型计算机系统,2007,28(5):830-833.

[17] LIN Y K. Spare routing reliability for a stochastic flow network through two minimal paths under budget constraint [J]. IEEE Transactions on Reliability,2010,59(1):2-10.

[18] 何大韧. 复杂系统与复杂网络[M]. 北京:高等教育出版社,2009.

[19] 曾声奎,赵廷弟,等. 系统可靠性设计分析教程[M]. 北京:北京航空航天大学出版社,2001.

[20] AKERS S B. Binary decision diagrams [J]. IEEE Transactions on Computers,1978,100(5):509-516.

[21] SINGH H, VAITHILINGAM S, ANNE R K, et al. Terminal reliability using binary decision diagrams [J]. Microelectronics Reliability, 1996, 36(36): 363-365.

[22] 武小悦, 沙基昌. 网络系统可靠度的 BDD 算法 [J]. 系统工程与电子技术, 1999, 21(7): 72-73.

[23] 孙艳蕊, 张祥德. 利用二分决策图计算网络可靠度的一个有效算法 [J]. 东北大学学报(自然科学版), 1998, 19(1): 543-546.

[24] 史玉芳, 陆宁, 李慧民. 基于改进的不交化最小路集的网络系统可靠性算法 [J]. 计算机工程与科学, 2011, 33(1): 31-35.

[25] 杨意, 潘中良. 一种用二元判决图求网络可靠度的方法 [J]. 华南师范大学学报(自然科学版), 2004, 5(3): 53-57.

[26] 李东魁. 网络系统可靠度的 BDD 算法 [J]. 通信技术, 2009, 21(7): 149-151.

[27] KUO S Y, LU S K, YEH F M. Determining terminal-pair reliability based on edge expansion diagrams using OBDD [J]. IEEE Transactions on Reliability, 2002, 48(3): 234-246.

[28] HERRMANN J U, SOH S. A memory efficient algorithm for network reliability; proceedings of the Asia-Pacific Conference on Communications, F, 2009 [C].

[29] 罗航. 故障树分析的若干关键问题研究 [D]. 成都: 电子科技大学, 2011.

[30] ZHANG H, HUANG N, LIU H. Network performance reliability evaluation based on network reduction; Processings of the reliability and maintainability Symposium, F, 2014 [C].

[31] ROSENTHAL A, FRISQUE D. Transformations for simplifying network reliability calculations [J]. Networks, 1977, 7(2): 97-111.

[32] ROSENTHAL A. Series-parallel reduction for difficult measures of network reliability [J]. Networks, 1981, 11(4): 323-334.

[33] SATYANARAYANA A, WOOD R K. A linear-time algorithm for computing K-terminal reliability in series-parallel networks [J]. SIAM Journal on computing, 1985, 14(4): 818-832.

[34] AGRAWAL A, SATYANARAYANA A. An O($|E|$) Time algorithm for computing the reliability of a class of directed networks [J]. Operations Research, 1984, 32(3): 493-515.

[35] AGRAWAL A, SATYANARAYANA A. Network reliability analysis using 2-connected digraph reductions [J]. Networks, 1985, 15(2): 239-256.

[36] SHOOMAN A M. Algorithms for network reliability and connection availability analysis; proceedings of the Proceedings of Electro/International 1995, F, 1995 [C].

[37] HSU S J, YUANG M C. Efficient computation of terminal-pair reliability using triangle reduction in network management; proceedings of the IEEE International Conference on Communications, 1998 ICC 98 Conference Record, F, 1998 [C].

[38] TRUEMPER K. On the delta-wye reduction for planar graphs [J]. Journal of Graph Theory, 1989, 13(2): 141-148.

[39] KANG H, BUTLER C, YANG Q, et al. A new survivability measure for military communica-

tion networks[C]//Military Communications Conference,1998. MILCOM 98. IEEE,1998,1: 71-75.

[40] 朱静,杨晓静. 一种新的地域通信网关键节点识别方法[J]. 电子信息对抗技术,2009,24(5):33-36.

[41] 魏福林,韩中庚,田园,等. 野战地域通信网拓扑结构生存性的一种评价方法[J]. 信息工程大学学报,2006,7(1):96-98.

[42] 李森,王洁,席博闻. 结合网络可靠度不变缩减的蒙特卡洛仿真[J]. 计算机工程,2011,37(8):61-63.

[43] FISHMAN G S. A comparison of four monte carlo methods for estimating the probability of s-t connectedness [J]. Reliability IEEE Transactions on,1986,35(2):145-155.

[44] FISHMAN G S. Estimating the s-t reliability function using importance and stratified sampling [J]. Operations Research,1989,37(3):462-473.

[45] EASTON M C,WONG C K. Sequential destruction method for monte carlo evaluation of system reliability [J]. Reliability IEEE Transactions on,1980,R-29(1):27-32.

[46] KUMAMOTO H,TANAKA K,INOUE K,et al. Dagger-sampling monte carlo for system unavailability evaluation [J]. IEEE Transactions on Reliability,2009,R-29(2):122-125.

[47] SHPUNGIN Y. Combinatorial approach to reliability evaluation of network with unreliable nodes and unreliable edges[J]. International Journal of Computer Science,2006,1(3):177-183.

[48] 王芳,侯朝桢. 一种估计网络可靠性的蒙特卡洛方法 [J]. 计算机工程,2004,30(18):13-155.

[49] JIANG Y-N,LI R-Y,KANG R,et al. The method of network reliability and availabilty simulation based on monte carlo;proceedings of the International Conference on Quality,Reliability,Risk,Maintenance,and Safety Engineering,F,2012[C].

[50] 李瑞莹. 网络可靠性评价方法研究 [D]. 北京:北京航空航天大学,2008.

第5章

考虑容量的连通可靠性模型与算法

经典连通可靠性算法假设网络的边和节点的传输能力是没有限制的,但实际情况常是有限的,即传输能力有上限,且其上限的大小被证明是影响网络能否满足用户需求的重要因素。本章介绍了考虑容量限制的连通可靠性模型与算法。这类算法的主要思想仍属于考虑构件的功能故障,但增加了更多网络信息,并逐渐发展成为"随机流网络"(Stochastic Flow Network)模型,且出现了一个使用较为广泛的网络可靠性参数名词"容量可靠性"。由于这类算法和模型都仍把网络是否连通作为是否故障的判据,因此我们把这类模型归类于连通可靠性模型,属于更为符合实际情况的连通可靠性模型。

5.1 研究背景

经典连通可靠性研究中,假设网络的构件只有正常与失效两种状态,此时并不考虑网络的传输能力,即构件正常就意味着构件的容量可以满足一切流量的需求。然而现实生活中常见的网络如通信网络、电力网络、交通网络等均存在传输能力的限制。为此 Harris 等[1]在 1955 年研究铁路最大通量时首先提出在一个给定的网络上寻求两点间最大运输量的问题,Ford[2]在 1956 年针对上述问题建立了基于图论的网络流理论,并且提出求解最大流问题的标号法(增广路算法)。结合上述理论与方法,Lee[3]于 1980 年提出基于字典序列和标号法求解流网络(网络中的边有传输容量限制)可靠性的方法。Aggarwal[4,5]于 1982 年提出一种更加简化的方法(矩阵法)来分析考虑容量的网络可靠性。在原有对网络容量的考虑以及对可靠性分析的基础上,Aggarwal[6]又提出了网络加权可靠度的概念来评估网络的性能。

20 世纪 80 年代以后,这些工作逐步形成了二态流网络(Binary State Flow Network)的研究。将一个网络是否故障定义为其能否成功地在源节点和目的节点间传输要求的流量,并以"定量信息通过网络的概率"作为网络的可靠性参数,计算的假设条件是在连通可靠性的基础之上加入了链路容量上限限制,这些工作逐步形成了广为接受的容量可靠性概念。容量可靠性在通信网络中定义为考虑网络构件的容量,网络能够传输一定需求流量的概率[6]。

目前已有的计算二态流网络可靠性的方法,大部分都需要求解网络的最小路集或最小割集,再利用不交积和、容斥原理、复合路径等方法求解。在利用复合路径的方法计算容量可靠性时,算法[4,7]很难准确全面地计算出复合路径的容量,并且可能会给出错误的结果。尽管有算法[8]对其进行了改进,但是在高阶复合路径的每次迭代都会产生很大的冗余。为此 Lee 和 Park[9]于 2001 年提出了一种基于可加性(Additivity)和合格性(Eligibility)的 LP-EM 列举算法,它减少了之前的复合路径算法的冗余,从而减小了计算复杂度。进一步,Lee[10]针对复合算法中计算每个子网容量会造成大量重复计算的问题,于 2004 年提出了一种基于带符号(符号表示流量方向)的最小路集和单向连接的新方法,减少了重复计算。由于真实网络中割集的数量远小于路集的数量,Soh[11]于 2005 年提出了一种有效的割集方法——子集切割技术,通过枚举所有无冗余的子割集来计算一个有异构链路容量的通信网络的可靠性。

以上基于二态流网络的算法虽然考虑了网络的容量,但都是针对网络容量只有 0 与最大容量两种情况(二态)的流网络,而现实中网络受到多种不确定因素(如网络构件的降级运行、网络阻塞等)的影响,可能会导致网络拓扑结构、链路容量发生变化,从而表现出网络容量的随机性[12]和多态性[13]。所以,使用二态流网络理论已经不足以解决随机环境下的网络可靠性问题。为解决上述问题,学者在交通运输领域内提出了随机流网络模型[14],在网络可靠性研究领域内提出了多态系统[15],这些模型的基本思想都是将二态流模型放宽为多态(随机流)模型,即链路容量不再是只有 0 与最大容量两种状态,而是服从一定的分布。Sharma 等[16]在 1990 年将 Aggarwal[4]的二态流网络可靠性的组合路算法推广到随机流网络中,这个算法的基本思想依然是二态流网络中的矩阵法,只在矩阵元素中体现了多态的概念,对复杂的网络会遗漏有效组。1993 年,Patra 和 MISra[17]利用最大流最小割定理找出流量从源节点传输到目的节点时满足网络需求的所有可能状态,再采用枚举法得到所有的有效组,从而精确计算出随机流网络的可靠性。这个算法的缺点是枚举的状态多,计算比较复杂。近几年提出的计算随机流网络可靠度方法都是解析算法,它们大多基于 d-最小路(或 Lower Boundary Point for d[18])或者 d-最小割(或 Upper Boundary Point for d[19])。随机流网络可靠度的计算是 NP-难问题,当网络的规模增大或者网络构件的状态数增多时,上述方法难以实现。针对可靠性计算复杂的问题,Chen[20]于 2002 年提出基于双层规划模型并采用蒙特卡罗仿真求解的算法,基于网络流量与链路随机容量之间的相互博弈,将行程时间可靠性融合进了连通可靠性计算中。

在这一系列的模型和算法中,考虑容量的连通可靠性常被人们称为容量可靠性[21]。但本质上我们认为其考察的仍然是网络系统是否连通,其核心仍然是构件功能故障,只不过在模型中考虑了更切合实际的容量限制,因此,我们把"容量可靠度"归类为考虑容量的连通可靠性参数,不单独列出。

定义 5.1 容量:网络中链路的传输限制,亦即链路上能传输的最大流量。

5.2 流 网 络

流网络定义如下:

定义 5.2 流网络:流网络 G 是指一个连通无环且满足下列条件的有向图 $G=(V,E)$:

(1) 有一个顶点子集 S,其每个顶点的入度都是 0;

(2) 有一个与 S 不相交的顶点子集 T,其每个顶点的出度都为 0;

(3) 每条边都有一个非负的权值,称为边的容量。

上述流网络 G 可以记作 $G=(V,E,C)$,其中,V 为网络的节点集,$E=\{e_1, e_2,\cdots,e_n\}$ 为网络的边集,且 $S\subseteq V$,S 为网络的源点集,$T\subseteq V$,T 为网络的汇点集,网络中的除源点和汇点之外的节点称为中转点 Q,即 $V=(S,T,Q)$。$C=\{c_1,c_2,\cdots,c_n\}$ 为网络的容量函数,容量函数是定义在边集 E 上的非负函数。在实际网络中,$c_i(1\leqslant i\leqslant n)$ 对应于相应链路 $e_i(1\leqslant i\leqslant n)$ 上的最大通行能力,如计算机网络的带宽等。如果流网络每条边 $e_i(1\leqslant i\leqslant n)$ 的容量只能为 0 与 c_i 时,此时流网络为二态流网络;如果每条边 $e_i(1\leqslant i\leqslant n)$ 的容量可以是 0 与 c_i 之间的某个数时,此时流网络为随机流网络。如无特殊说明,本章中所提网络都指流网络。

实际应用中有很多需要考虑边和节点都有容量限制的网络。例如,在某些网络中,需要考虑节点的缓存大小,此时节点的转发能力会受到限制。节点能力的限制并不能直接在图上体现出来,对于这样的情况,可以做一个转换,其方法为:将中转能力受限的节点分裂为两个节点,并且在这两个节点之间加入一条边,这样就可以利用这条新加入的边来表示节点的转发能力受限。

流网络相比之前的网络模型,考虑了网络中边的容量限制,那么对于整个网络而言,其能够传输的流量也是有限制的。对于一个流网络来说,其能传输的最大流量是有限的。那么对于流网络,一个很重要的问题是:传输的最大流量是多少?这就是流网络中经典的网络流理论所研究的问题。由于网络的设计是用来支持传输的,因此,网络的最大传输流量通常也作为衡量网络优劣的指标。通常来说,在一定的需求条件下,传输的流量越大,网络也越可靠。

5.2.1 网络流理论及相关概念

网络流理论是流网络中的一类最优化问题。1955年,Harris[1]在研究铁路最大通量时首先提出在一个给定的网络上寻求两点间最大运输量的问题。1956年,Ford[2]等人给出了解决这类问题的标号法,从而建立了网络流理论。网络流理论发展至今,其主要研究网络中各种流的问题,如网络中最大流问题,其在生活中应用十分广泛。下面介绍网络流理论中经常用到的一些概念。

1. 可行流

在网络流理论中,各种流问题是其中的关键,包括最大流、最小费用流等。要研究网络流理论,首先需要明确什么是可行流。可行流的定义为:

网络 $G=(V,E,C)$ 的一个可行流是指定义在 E 上的一个整值函数 f,使得

(1) 对任意 $e \in E, 0 \leqslant f(e) \leqslant c(e)$(容量约束);

(2) 对任意 $v \notin \{S,T\}$, $\sum_u f(u,v) = \sum_u f(v,u)$(流量守恒)。

其中:$c(e)$ 表示边 e 的容量;$\sum_u f(u,v)$ 表示节点 v 处入边上的流量之和,即流入 v 的流量之和;$\sum_u f(v,u)$ 表示节点 v 处出边上的流量之和,即从 v 流出的流量之和。

也就是说,可行流必须满足两个条件:一是容量约束,即可行流在某一边上的流量小于该边的容量;二是流量守恒,即流入某一中转点的流量等于流出该点的流量。

需要强调的是,可行流总是存在的,如果 $f(e)=0$,这个流称为零值流。

对于网络 G 中任意可行流 f 和任意顶点子集 X,从 X 中流出的流量记为 $f+(X)$,它表示从 X 中顶点指向 X 外顶点的边上的流量之和;流入 X 的流量记为 $f-(X)$,表示从 X 外顶点指向 X 中顶点的边上流量之和。

对于可行流 f 来说,流量是一个重要指标,它的定义为:设 f 是网络 $G=(V,E,C)$ 中的一个可行流,则必有 $f+(S)=f-(T)$。$f+(S)$(或 $f-(T)$)称为流 f 的流量,记为 Val f。

对于网络 G 的一个可行流 f,对 G 中任一条边 a:

若 $f(a)=0$,则称 a 是 f 零的;

若 $f(a)>0$,则称 a 是 f 正的;

若 $f(a)=c(a)$,则称 a 是 f 饱和的;

若 $f(a)<c(a)$,则称 a 是 f 非饱和的。

流是网络中的重要概念,在实际网络问题中,经常需要求解与流相关的问题,例如网络的最大流等。

2. 最大流与最小割

最大流是指网络 G 中最大的可行流。网络的最大流对于实际应用具有重要意义,例如,公路网络中获得最大的运输量、计算机网络中获得最大的转发增益等。为了得到网络的最大流,Ford 和 Fulkerson[2] 在 1956 年提出了著名的最大流最小割定理,巧妙地将流与割对应起来,将最大流问题转化为最小割问题。

设 $G=(V,E,C)$ 是一个单源单汇网络。假设网络中的某些节点组成集合 N,$N \subseteq V$,$\overline{N}=V-N$。我们用 $(N,\overline{N})$ 表示尾在 N 中而头在 $\overline{N}$ 中的所有边的集合(即从 N 中的顶点指向 N 之外顶点的所有边的集合)。如果 $S \in N$,而 $T \in \overline{N}$,则根据割集的定义,边集 $(N,\overline{N})$ 为网络 G 的一个割。

一个割 $(N,\overline{N})$ 的容量是指 $(N,\overline{N})$ 中各条边的容量之和,记为 $\text{Cap}(N,\overline{N})$。

网络 G 可能存在多个割,各个割的容量并不一定相等,其中容量最小的一个割称为网络 G 的最小割。即如果网络 G 不存在割 K' 使得 $\text{Cap } K' < \text{Cap } K$,则割 K 称为网络 G 的最小割。

3. 最大流最小割定理

在上文中,我们对网络的流与割分别进行了介绍。下面我们将介绍最大流最小割定理。

最大流最小割定理是 Ford 和 Fulkerson 在 1956 年提出的。它巧妙地把流和割联系到了一起,为网络流理论做出了杰出贡献。

最大流最小割定理的基本内容为:任一网络 $G=(V,E,C)$ 中,最大流的流量等于最小割的容量。

实际上,割就是一些边的集合,如果去掉这些边,就可以把网络"分割"成分别包含了源点和汇点的两部分。由于从源点到汇点必须要经过这些边,因此,如果能求出最小的割集,就能得到网络的最大流。

最大流最小割定理对于求解最大流问题具有非常重要的指导意义,关于怎样求解网络的最大流,我们将在下一节介绍。

4. 增广链

定义 5.3 前向边和后向边:设 u,v 是网络 $G=(V,E,C)$ 中任意两点,P 是 G 中的一条连接 u 与 v 的路,若规定路 P 的走向为从 u 到 v,则称规定了走向的路 P 为网络 G 中一条从 u 到 v 的路,简称 u-v 路。设 $P=uv_1v_2\cdots v_kv$ 是网络 $G=(V,E,C)$ 中一条 u-v 路,若边 $\langle v_i,v_{i+1}\rangle \in E$,则称此边为 u-v 路 P 的一条前向边,用 u^+ 表示;若边 $\langle v_{i+1},v_i\rangle \in E$,则称此边为 u-v 路 P 的一条后向边,用 u^- 表示。

定义5.4　增广链：设 f 是一个可行流，u 是从 v_s 到 v_t 的一条链，若 u 满足下面条件，则称之为关于可行流 f 的一条增广链：

(1) 在边 $(v_i,v_j) \in u^+$ 上，$0 \le f_{ij} < c_{ij}$，即前向边都是非饱和边；

(2) 在边 $(v_i,v_j) \in u^-$ 上，$0 < f_{ij} \le c_{ij}$，即后向边都是非零流边。

对于网络 G 中任一条可行流 f 的增广链 L 和 L 上任意一条边 a，令

$$\theta(a) = \begin{cases} c(a)-f(a), & \text{若 } a \text{ 是 } L \text{ 的前向弧} \\ f(a), & \text{若 } a \text{ 是 } L \text{ 的后向弧} \end{cases}$$

则增广链 L 可增加的流量为 $\theta(L) = \min_{a \in L} \theta(a)$，该值称为可行流 f 的增广链 L 上流的可增量。

网络最大流的状态是当且仅当不存在 v_s 到 v_t 的增广链的状态。

5.2.2　网络最大流问题求解

通常连通可靠性的量化值是一个概率值，但在考虑网络容量时，网络能够通过的最大流越大，那么定量信息能够成功地在网络中传输的概率越大，因此也有学者认为可以用网络能够通过的最大流的值反映网络可靠的程度。本节介绍的方法就是采用网络最大流量的方式表征网络的可靠度，即当网络设计确定后，网络所能承载的流量越大，网络越可靠。

Ford 和 Fulkerson 提出最大流问题，并给出一个快速解法——标号法。该算法是一种迭代方法，在每次迭代中，可通过寻找一条增广链来增加流的大小，反复进行这一过程，直至所有增广链都被找出为止。基于最大流最小割定理，当算法停止的时候就得到最大流。对于该算法，计算得到最大流为 M 时，算法的时间复杂度为 $O(M \cdot K)$，其中 K 为网络的边的数量。为此，Dinits[22]，Edmonds 和 karp[23]等提出改进的 Ford-Fulkerson 算法：每次都沿最短增广链进行增广，但是计算时要在剩余网络的基础上进行计算，步骤较为繁琐。近年来，很多学者在 Ford-Fulkerson 算法的基础上对最大流算法进行改进[24]，并提出组合算法[25]。下面对经典的标号法[26]求解网络最大流的算法进行介绍。

1. 标号法算法流程

对于一个流网络 G，最大流问题就是求一个最大可通行流量 $v(f)$，满足以下条件：

(1) $0 \le f_{ij} \le c_{ij}$；

(2) $\sum f_{ij} - \sum f_{ji} = v(f)$，$v_i = v_s$；

(3) $\sum f_{ij} - \sum f_{ij} = 0$，$v_i \ne v_s, v_t$；

(4) $\sum f_{ij} - \sum f_{ij} = -v(f)$，$v_i = v_t$。

条件(1)为可行流的容量限制条件,其中f_{ij}为边(v_i,v_j)上的流量,c_{ij}为边(v_i,v_j)的容量;条件(2)为网络源节点v_s流出的流量;条件(3)为中转点的可行流的流量守恒限制,即流出中转点的流量等于流入中转点的流量;条件(4)为网络汇节点v_t流入的流量。

最大流算法流程

用标号法搜索网络中的最大流过程包括两个步骤:标号过程和调整过程。标号法的基本思路是先找一个可行流,对可行流经过标号过程得到一条从源点v_s到终点v_t的增广链;经过调整过程沿增广链增加可行流的流量,得到新的可行流;重复这一过程,直到可行流无增广链,此时的可行流便为最大流。具体过程如下:

步骤1:根据网络拓扑图,输入网络的邻接矩阵。

步骤2:取节点v_s,v_t为网络的源点和终点。

步骤3:给源点v_s标上$(0,+\infty)$,这时v_s是标号而未检查的点,其余的点都是未标号点。每个节点v_j的标号包括两部分,即$(\pm v_i,l(v_j))$,第一个标号表明v_j的标号是从哪一点得到的,其中"+"表示v_j的标号是通过前向边(v_i,v_j)所得,"−"表示v_j的标号是通过后向边(v_i,v_j)所得,以便于找出增广链;第二个标号是用来确定增广链的调整量θ。

步骤4:取一个标号而未检查的点v_i,对一切未标号的点v_j,按以下规则处理:

(1) 若边$(v_i,v_j) \in E$,v_j未标号,且有饱和边,即$f_{ij} \leq c_{ij}$,则给v_j标号$(+v_i,l(v_j))$,其中$l(v_j) = \min\{l(v_i),(c_{ij}-f_{ij})\}$;

(2) 若边$(v_i,v_j) \in E$,v_j未标号,且有非零边,即$f_{ij}>0$,则给v_j标号$(-v_i,l(v_j))$,其中$l(v_j) = \min\{l(v_i),(c_{ij}-f_{ij})\}$。

这时v_j成为标号而未检查的点,而v_i成为标号并已检查的点。

步骤5:重复步骤1。一旦v_t被标号,即表示得到了一条从v_s到v_t的增广链u,转入步骤6。若所有标号都已检查过了,v_t不能得到标号,而且不存在其他可标号的顶点时,转到步骤9。

步骤6:按v_t及其他点的第一个标号,利用"反向追踪"的办法,找到增广链u。如设v_t的第一个标号为v_k,则边(v_k,v_t)是u上的边,接下来检查v_k的第一个标号,若为v_i,则找出(v_i,v_k),再检查v_i的第一个标号,依此类推,直到v_s为止。这时被找出的链即为增广链。

步骤7:调整增广链u上的流量,令调整量$\theta=l(v_t)$,即v_t的第二个标号:

(1) 当$(v_i,v_j) \in u^+$时,$f_{ij}^* = f_{ij}+\theta$;

(2) 当$(v_i,v_j) \in u^-$时,$f_{ij}^* = f_{ij}-\theta$;

(3) 当$(v_i,v_j) \notin u^+$时,$f_{ij}^* = f_{ij}$。

这样就得到一个新的流f_{ij}^*。

步骤8:去掉所有标号,对新的可行流重新进行标号。转到步骤4。
步骤9:算法终止,这时的可行流就是最大流。

最大流算法对应的流程图如图5.1所示。

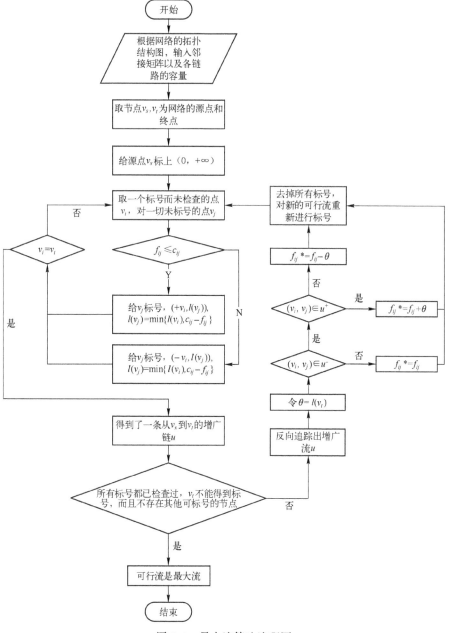

图5.1 最大流算法流程图

2. 标号法求解最大网络流量案例

案例介绍

案例拓扑结构如图 5.2 所示[26],流量从 v_s 到 v_t,经过 v_1 到 v_5 等各节点与节点间的边,其中,边上的括号第一项为其容量值,第二项为其上已经存在的流量值。通过标号法求解 v_s 到 v_t 的最大可行流量,即最大流。

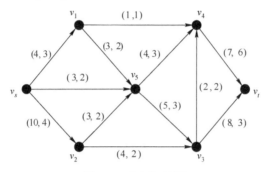

图 5.2 案例拓扑图

算法步骤

1) 标号过程

首先给 v_s 标上 $(0,+\infty)$,这时 v_s 是标号而未检查的点。

步骤 1:对于边 (v_s,v_1),因 v_s 与 v_1 之间的流量 $f_{s1}=3$,容量 $c_{s1}=4$,则 $f_{s1}<c_{s1}$,故给 v_1 标号 $(v_s,l(v_1))$,其中 $l(v_1)=\min\{l(v_s),(c_{s1}-f_{s1})\}=\min\{+\infty,4-3\}=1$;

步骤 2:检查边 (v_1,v_4),流量 $f_{14}=1$,容量 $c_{14}=1$,不满足标号条件,不对 v_4 标号;

步骤 3:检查边 (v_1,v_5),流量 $f_{15}=2$,容量 $c_{15}=3$,则 $f_{15}<c_{15}$,故给 v_5 标号 $(v_1,l(v_5))$,其中 $l(v_5)=\min\{l(v_1),(c_{15}-f_{15})\}=\min\{1,3-2\}=1$;

步骤 4:对于边 (v_5,v_4),流量 $f_{54}=3$,容量 $c_{54}=4$,则 $f_{54}<c_{54}$,故给 v_4 标号 $(v_5,l(v_4))$,其中 $l(v_4)=\min\{l(v_5),(c_{54}-f_{54})\}=\min\{1,4-3\}=1$;

步骤 5:对于边 (v_4,v_t),流量 $f_{4t}=6$,容量 $c_{4t}=7$,则 $f_{4t}<c_{4t}$,故给 v_t 标号 $(v_4,l(v_t))$,其中 $l(v_t)=\min\{l(v_4),(c_{45}-f_{4t})\}=\min\{1,7-6\}=1$,故调整量 $\theta=l(v_t)=1$。

2) 调整过程

由节点的第一个标号找到一条增广链,其通过的节点分别为 $(s,1,5,4,t)$,按 $\theta=1$ 进行调整,即对该条增广链路上所有边的流量+1。

重复上述标号与调整过程,最终所有节点均无法再进行标号后算法结束。网络中所有可行的增广链全部调整后如图 5.3 所示,最终求得网络的源点 v_s 与终点 v_t 之间可以通行的最大流量为 $f_{4t}+f_{3t}=7+5=12$。

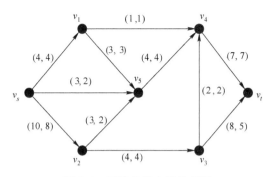

图 5.3 网络的最大流分布图

5.3 基于二态流网络的连通可靠性模型与算法

20 世纪 80 年代,通信网络规模迅速扩张,人们开始不满足于连通可靠性评估中对传输能力无限制的假设,更多的实际情况是:只有当某一特定数量的流可以从输入节点传递到输出节点,该网络才能够完成规定的功能,才是可靠的,从而在经典连通可靠性模型中引入了容量的考虑。为避免 Lee[3]算法在计算考虑构件容量的网络可靠性时的烦琐、复杂,且不适用于有向图的局限,Aggarwal[4]提出了一种通用且简单的方法——矩阵法,来求解考虑容量的网络连通可靠性。

1. 模型

令 $G=\{V,E,C\}$ 表示一个二态流网络,其中 $V=\{v_1,v_2,\cdots,v_n\}$ 表示系统的节点集,$E=\{e_1,e_2,\cdots,e_k\}$ 表示系统的边的集合。取 $v_s,v_t \in V$ 分别为源点(source node)和终点(sink node),C_{e_i} 表示网络中边 e_i 的容量,R_i 表示网络中边 e_i 正常工作的概率,P_i 表示网络中第 i 个最小路集,C_{P_i} 表示第 i 条最小路集的容量,C_s 代表系统要求通行的流量。模型假设:

(1) 网络中节点无容量限制且完全可靠;
(2) 网络中边有容量限制,传输时仅能通过不超出该容量的流量;
(3) 链路只有故障、正常两种状态,故障时流量无法通过;
(4) 网络中边故障的概率是统计独立的。

考虑容量的连通可靠性的故障判据为:网络中规定节点间不存在满足一定流量(物质、能量、信息)需求的连通路径,即二态流网络的连通可靠度 R_c 定义为网络中规定节点间存在满足一定流量需求 C_s 的连通路径的概率,即

$$R_c = P(\bigcup_{i=1}^{n} P_i)$$

式中：$P_1, P_2, \cdots, P_n$ 为满足流量需求 C_s 的最小路集。

2. 算法

矩阵法的基本思路是首先确定网络中从输入节点到输出节点的最小路集，在所有最小路集中找到能传输需求容量的有效路组，再将有效路组转换成不交的集合，最后计算符合要求的路集的概率，即得该网络的连通可靠性。

基于矩阵法求解考虑容量的连通可靠性的算法过程具体如下：

步骤1：根据网络拓扑图，输入网络的邻接矩阵。

步骤2：取节点 v_s, v_t 为网络的源点和终点。

步骤3：根据邻接矩阵，利用联络矩阵的方法找出从源点到终点的所有最小路集。

步骤4：基于最小路集生成一个路径矩阵 $M1$。$M1$ 的行表示最小路集，列表示最小路集所对应的链路，即路径矩阵中的每个元素取值为

$$M1_{i,j} = \begin{cases} c_j, & \text{具有容量 } c_j \text{ 的链路 } e_j \text{ 在路径 } Pi \text{ 上} \\ 0, & \text{链路 } e_j \text{ 不在路径 } Pi \text{ 上} \end{cases}$$

步骤5：基于路径矩阵生成一个路径容量列矩阵 $CM1$，即对路径矩阵 $M1$ 每一行元素取最小值，得到一个路径容量列矩阵 $CM1$。

$$CM1_i \equiv \min_j \{M1_{i,j}\}$$

步骤6：如果对任意的 i，有 $CM1_i \geq C_s$，则矩阵 $CM1$ 中的第 i 行的边集为一个有效的路组。将 $M1$ 中的第 i 行的非零元素转成1，并将其作为矩阵 $M4$ 的行之一，且 $CM1_i$ 作为 $CM4$ 的一个元素对应于 $M4$ 的增加行。另一个矩阵 $M2$ 则由将 $M1$ 中所有非零元素变为1生成（不包括已经转换到 $M4$ 中的行），列矩阵也相应地做修改，且命名为 $CM2$。

步骤7：初始化，$M3 = M2, CM3 = CM2$。

步骤8：(1) $m=1$；(2) $n=1$。

步骤9：组合 $M2$ 中的第 m 行和 $M3$ 中的第 n 行。如果这两条路径没有公共边，则两条路径组合后的容量就是两条路径的容量之和，即 $C = CM2_m + CM3_n$；如果这两条路径有公共边，则两条路径组合后的容量 C 为两条路径之和与公共边容量的最小值，即 $C = \min\{CM2_m + CM3_n, c_i\}$，$e_i$ 为公共边。如果组合后的容量大于或等于需求容量 C_s，则组合后的路径补充到 $M4$ 中，否则补充到 $M3$ 中。该路径对应的容量补充到相应的容量矩阵（$CM3$ 或 $CM4$）中。

步骤10：$n++$，返回到步骤9，直到 $M3$ 中的现有的行遍历完。

步骤11：$m++$，返回到步骤8中的(1)，直到遍历完 $M2$ 中的行。如果 $M3$ 为空，则程序终止。此时 $M4$ 中的路径即为有效路径。

步骤12 根据容斥原理计算所有路径存在的概率，即得到系统的可靠性。

考虑容量的连通可靠性算法流程如图 5.4 所示。

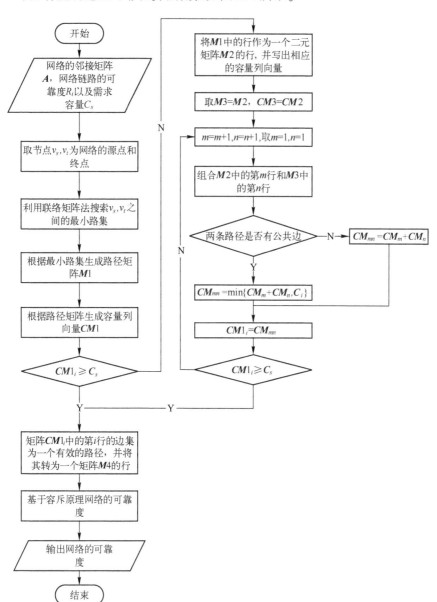

图 5.4 考虑容量的连通可靠性算法流程图

3. 案例

一个网络拓扑如图 5.5 所示[4]，各链路的容量如图中边上所标注的数字：$e_1=3, e_2=4, e_3=2, e_4=2, e_5=4$。节点完全可靠，各链路的可靠度为 $R_1=0.91$，

$R_2=0.95, R_3=0.91, R_4=0.85, R_5=0.97$。求能将 3 单位流量从 S 点传输到 T 点的可靠度。

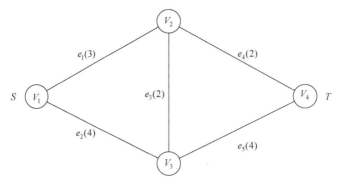

图 5.5 网络拓扑图

步骤 1~3：根据算法找出网络中所有的最小路径：$\{e_1, e_4\}$，$\{e_2, e_5\}$，$\{e_1, e_3, e_5\}$，$\{e_2, e_3, e_4\}$。

步骤 4：基于路集生成一个路集矩阵 $M1$：$M1 = \begin{bmatrix} 3 & 0 & 0 & 2 & 0 \\ 0 & 4 & 0 & 0 & 4 \\ 3 & 0 & 2 & 0 & 4 \\ 0 & 4 & 2 & 2 & 0 \end{bmatrix}$，其中，$M1$ 的行表示最小路径，列表示最小路径所对应的链路。

步骤 5：由路集矩阵 $M1$ 得到一个容量列矩阵 $CM1$：$CM1 = \begin{pmatrix} 2 \\ 4 \\ 2 \\ 2 \end{pmatrix}$。

步骤 6：搜索满足条件的单个最小路径。判断是否 $CM1_i \geq 3$，只有 $CM1_2 \geq 3$，则将 $M1$ 中第 2 行的非零元素改为 1，得到 $M4$：$M4 = (0\ 1\ 0\ 0\ 1)$。将矩阵 $M1$ 的第 1、3 和 4 行组成新的布尔矩阵 $M2$：$M2 = \begin{bmatrix} 1 & 0 & 0 & 1 & 0 \\ 1 & 0 & 1 & 0 & 1 \\ 0 & 1 & 1 & 1 & 0 \end{bmatrix}$。写成矩阵 $M2$ 的容量列矩阵 $CM2$：$CM2 = \begin{pmatrix} 2 \\ 2 \\ 2 \end{pmatrix}$。

步骤 7：搜索满足条件的组合路径。$M3 = M2 = \begin{bmatrix} 1 & 0 & 0 & 1 & 0 \\ 1 & 0 & 1 & 0 & 1 \\ 0 & 1 & 1 & 1 & 0 \end{bmatrix}$，

$$CM3 = CM2 = \begin{pmatrix} 2 \\ 2 \\ 2 \end{pmatrix}$$,当 $m=1$,$n=2$ 时路径 $\{e_1,e_4\}$ 和 $\{e_1,e_3,e_5\}$ 组合后的容量 $CM_{12} = 3 \geqslant 3$ 满足条件,$M4 = \begin{bmatrix} 0 & 1 & 0 & 0 & 1 \\ 1 & 0 & 1 & 1 & 1 \end{bmatrix}$。当 $m=1$,$n=3$ 时,路径 $\{e_1,e_4\}$ 和 $\{e_2,e_3,e_4\}$ 组合后的容量 $CM_{13} = 2$ 不满足条件,则 $M3 = \begin{bmatrix} 1 & 0 & 0 & 1 & 0 \\ 1 & 0 & 1 & 0 & 1 \\ 0 & 1 & 1 & 1 & 0 \\ 1 & 1 & 1 & 1 & 0 \end{bmatrix}$,

$$CM3 = \begin{pmatrix} 2 \\ 2 \\ 2 \\ 2 \end{pmatrix}$$。以此方式遍历所有的矩阵组合找出组合路径的容量满足要求的路径组合。当所得的组合包含所有路径且不满足条件时,不再补充到矩阵 $M3$ 中。最终得到 $M4 = \begin{bmatrix} 0 & 1 & 0 & 0 & 1 \\ 1 & 0 & 1 & 1 & 1 \end{bmatrix}$,即有效路径为 $\{e_2,e_5\}$,$\{e_1,e_3,e_4,e_5\}$。

步骤 8:根据容斥原理计算所有路径发生的概率,即系统的可靠性:

$$R_{st} = R_2R_5 + R_1R_3R_4R_5 - R_1R_2R_3R_4R_5 = 0.9168$$

5.4 基于随机流网络的连通可靠性模型与算法

在二态流网络模型中,借助于最小路集[27]和最小割集[28]来研究网络的连通可靠性时,仍然只是考虑了网络具有最大容量和完全失效两种状态。然而许多真实的网络由于整体失效、部分失效以及维修等因素,构件的容量并不是固定的值,即网络中的构件都具有多种容量或者状态,这种网络被称为随机流网络。例如,对于交通网络,其经常面临各种随机因素,如道路养护、自然灾害、停车以及交通事故等随机因素,这些均会影响道路的通行能力,导致道路状态的随机变化,因此对于交通网络其可以看成是一个随机流网络。

相比于二态流网络,随机流网络考虑边或节点具有多种容量状态,且在网络运行时网络中边和节点的状态由于失效、性能降级或者维修等原因,其容量状态是动态变化的,即考虑了网络动态变化的特征,更能描述网络的真实情况。比如在交通网络中,当某一路段发生了交通事故,该路段的通行能力会变小,且随着车流的积压,该路段的通行能力会越来越小,而当事故处理完成之后,路段的通行能力又会逐渐的恢复,可见由于交通事故这一随机因素的影响,交通网络中路段的状态也呈现出动态变化的特征。

由于随机流网络考虑了网络中节点和边都有多种状态且其状态是动态变化的,因此其能通过的最大流不是一个定值,也是动态变化的,所以在随机流网络中不能使用网络的最大传输流量作为衡量网络优劣的指标,我们更加关注网络中的最大流量不小于某一给定值的概率,即网络对于定量信息通过网络传输的支持能力,并以其作为衡量网络优劣的指标。

基于随机流网络模型,学者们提出了不同的算法来计算容量可靠性。比如Evans[29]提出由一个最小割集生成的 K-格栅(K-lattices)来计算随机流网络容量可靠性。Clancy 等[30]则提出了结合状态空间分解和蒙特卡罗仿真的方法。由于最小路集和最小割集是解决网络可靠性问题的重要方法,因此后续提出的方法和模型[27,28,31]多是基于最小割集和最小路集,并成为当前的主流方法。因此,在本节后续部分介绍的算法都是基于 d-最小路算法求解网络可靠性。

5.4.1 需求 d 下的随机流网络连通可靠性求解模型与算法

前面说过在随机流网络中将网络对定量信息通过网络传输的支持能力作为衡量网络优劣的指标,那么对于一个随机流网络 G,已知网络中每个构件的多种状态及其概率,要评价其性能的优劣需要求出在给定的源汇节点 v_s, v_t 之间能够成功传输 d 单位流量的概率,即在需求 d 下该随机流网络的连通可靠性。

1. 模型

令 $G=(A,N,C)$ 表示一个随机流网络,其中网络的节点或边均为网络构件,用 a_i 表示。$A=\{a_i | 1 \leq i \leq n\}$ 为边集,$N=\{a_i | n+1 \leq i \leq n+p\}$ 表示节点集,$C=\{C^1, C^2, \cdots, C^{n+p}\}$,$C^i$ 为网络构件 a_i 的最大容量值($i=1,2,\cdots,n+p$)。随机流网络 G 通常满足下列假设:

(1) 每个网络构件 a_i 的容量值取值范围是 $0 \sim C^i$ 之间的整数值,服从某已知分布。

(2) 随机流网络中的流量满足流量守恒定律(Flow-conservation law)。

(3) 不同构件的容量是统计独立的。

给定源汇节点之间的流量需求值 d,随机流网络的连通可靠度 R_d 就是网络最大允许容量不小于流量需求的概率,即

$$R_d = \Pr\{V(X) \geq d\}$$

式中:X 为网络构件的容量向量;$V(X)$ 为网络最大允许容量。

在流量需求 d 情形下,假设存在 q 个容量下界 $X^1, X^2, \cdots, X^q$。则

$$R_d = \Pr\{X \geq X^i\} = \Pr\{X \geq X^1\} \cup \Pr\{X \geq X^2\} \cup \cdots \cup \Pr\{X \geq X^q\}$$

2. 算法

最小路集[32]：在一个由节点(N)与边(A)构成的网络中，源节点 v_s 到目的节点 v_t 之间的最小路集是由节点与边构成的一个路径序列。该路径序列满足：①路径中不包含环；②任一节点或边从路径中删除，则该路径将不再连通。

令 $mp_1, mp_2, \cdots, mp_m$ 表示从 v_s 到 v_t 的所有最小路集。随机流网络由下列两个向量进行表征：容量向量 $X = (x_1, x_2, \cdots, x_{n+p})$ 和流量向量 $F = (f_1, f_2, \cdots, f_m)$。其中 x_i 表示构件 a_i 的即时容量，由于随机流网络考虑了构件状态的动态变化，因此构件每一时刻的容量都有多种取值的可能，其取值范围是 $0 \sim C^i$ 之间的整数值，f_j 表示最小路集 mp_j 中的即时流量。令 L_j 表示最小路集 mp_j 的最大可通行容量，则 $L_j = \min\{C^i \mid a_i \in mp_j\}$，即最小路集 mp_j 的最大可通行容量为 mp_j 包含的所有构件中的最小容量。

如果 F 满足如下限制条件，则 F 为可行流量：

$$\sum_{j=1}^{m}\{f_j \mid a_i \in mp_j\} \leq C^i, \quad \forall i = 1, 2, \cdots, n+p \tag{5.1}$$

即对于任意一个构件 a_i，其可能包含在多个最小路集中，所有通过它的最小路集流量之和不超过该构件的最大容量。

容量集合 $\{X \mid V(X) \geq d\}$ 中，任一最小容量向量就是满足流量需求 d 的容量下界。即满足以下两个条件时，X 为需求 d 的容量下界：①$V(X) \geq d$；②当 $Y < X$ 时，$V(Y) < d$。

当网络的需求为 d 时，流量向量 F 满足式(5.1)与如下公式：

$$\sum_{j=1}^{m} f_j = d \tag{5.2}$$

令 $\mathbf{F} = \{F\}$，X 为需求流量 d 情形下的容量向量下界，存在 $F \in \mathbf{F}$ 满足如下条件：

$$x_i = \sum_{j=1}^{m}\{f_j \mid a_i \in mp_j\}, \quad \forall i = 1, 2, \cdots, n+p \tag{5.3}$$

对于任一 $F \in \mathbf{F}$，通过式(5.3)生成容量向量 $X_F = (x_1, x_2, \cdots, x_{n+p})$。令 $\Omega = \{X_F \mid F \in \mathbf{F}\}$，则 $\Omega_{\min}$ 是流量需求 d 时所有容量向量下界的集合。

假设已知网络中所有的构件的多种状态及其概率，需求流量 d，通过下列步骤可以求得所有的容量向量下界：

步骤1：建立随机流网络 G，输入需求流量 d 和各个构件的多态容量及相应的概率。

步骤2：输入随机流网络 G 中计算两端可靠度的两顶点 v_s 及 v_t。

步骤3：基于联络矩阵方法遍历网络 G 得到两顶点 v_s 及 v_t 间的最小路集

$MP_s = \{mp_1, mp_2, \cdots, mp_m\}$。

步骤4:穷举所有可行流量集合 $F = \{f_1, f_2, \cdots, f_m\}$,满足:

$$\sum_{j=1}^{m} \{f_j | a_i \in mp_j\} \leq M^i, \quad \forall i = 1, 2, \cdots, n+p$$

$$\sum_{j=1}^{m} f_j = d$$

式中: f_j 为路径 mp_j 的流量; a_i 为网络中第 i 个构件(n 条边和 p 个节点)的流量; C^i 为第 i 个构件的最大容量。

步骤5:对于每一个流量向量 F 计算其容量向量 $X = (x_1, x_2, \cdots, x_{n+p})$,其中

$$x_i = \sum_{j=1}^{m} \{f_j | a_i \in mp_j\}, \quad \forall i = 1, 2, \cdots, n+p$$

步骤6:假设步骤5中生成结果是: $X^1, X^2, \cdots, X^q$,基于如下算法移除那些在集合 $\{X^1, X^2, \cdots, X^q\}$ 中非最小的容量向量:

(1) 令 $I = \phi$;

(2) 当 $i = 1, 2, \cdots, q$,且 $i \notin I$;

(3) 当 $j = i+1$ to q,且 $i \notin I$;

(4) 如果 $X^j < X^i$,则 X^i 不是容量下界,令 $I = I \cup \{i\}$,转到 g;如果 $X^j \geq X^i$,则 X^j 不是容量下界, $I = I \cup \{j\}$,转到 g;

(5) $j = j+1$;

(6) X^i 是容量下界;

(7) $i = i+1$;

(8) 结束。

注:向量 $X^j \leq X^i$,当且仅当 $X_m^j \leq X_m^i$, X_m 代表向量 X 的第 m 个元素。 $X^j < X^i$,当且仅当 $X^j \leq X^i$ 且至少存在一个元素使得 $X_m^j < X_m^i$。

步骤7:利用容斥原理法计算系统的可靠性。

$$R_d = \Pr\{X \geq X^i\} = \Pr\{X \geq X^1\} \cup \Pr\{X \geq X^2\} \cup \cdots \cup \Pr\{X \geq X^q\}$$

基于 d-最小路算法计算随机流网络连通可靠性的算法流程图如图 5.6 所示。

在需求 d 下的容量下限求解算法只是最基本的考虑了一定需求情况下随机流网络的可靠性,相对来说比较简单,后来在以上算法的基础上,一些学者进行了扩展,有的加入了对时间以及成本的考虑[33-35],有的加入了对在有备份路由策略下随机流网络的可靠度的计算[36,37]。下面介绍一种在考虑时间以及成本约束的条件下随机流网络的可靠性计算算法[35]。

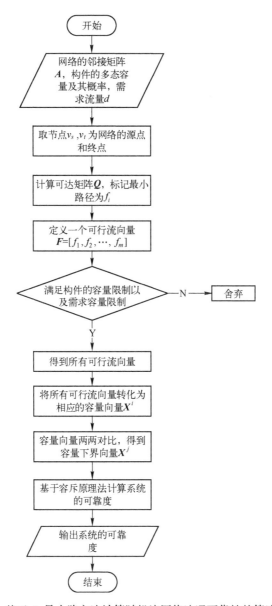

图 5.6　基于 d-最小路方法计算随机流网络连通可靠性的算法流程图

5.4.2　时间与成本约束下随机流网络连通可靠性求解模型与算法

当流量通过网络传输时,最理想的状态是通过花费最小[38]、容量最大以及时间最短[21]或者多种准则组合的路径来传输。这些都是最短路径问题的变形。从质量管理和决策制定的角度来说,减少数据通过网络的传输时间是一项重要的任务。因此 Chen 和 Chin[39]在最短路径问题的基础上提出了最快路径问题,在这个问题上网络中每条边有容量和自由行程时间的属性,自由行程时间是通过网络中边或者最小路集传输任意数量数据时所必须的时间,其与边的长度有关。然而由于没有考虑网络构件容量的动态变化特征,在该问题中,网络中边的容量和定量数据通过该边传输所需的时间都是确定的值。在该问题基础上结合随机流网络的动态特征,Lin[40]提出了时间与成本约束下随机流网络连通可靠性,由于考虑了网络边容量的动态特征,因此定量信息在边上的传输时间也是动态变化的。文献[35]提出了通过两条相交路径传输流量时在时间与成本约束下随机流网络连通可靠性的计算模型和算法。

1. 模型

令 $G \equiv (A, N, L, C, b)$ 表示一个随机流网络,其具有一对源、汇节点,网络的节点或边均为网络构件,用 a_i 表示。其中:$A = \{a_i \mid 1 \leq i \leq n\}$ 为边集;$N = \{a_i \mid n+1 \leq i \leq n+p\}$ 为节点的集合;$L = (l_1, l_2, \cdots, l_n)$ 为边上自由行程时间的集合,其中 l_i 表示边 a_i 的自由行程时间(流过一条边时间,与边的长度有关);$C = (C_1, C_2, \cdots, C_n)$ 为边最大容量的集合,其中 C_i 表示边 a_i 的最大容量;$b = (b_1, b_2, \cdots, b_n)$ 为成本集合,其中 b_i 表示每单位流量通过边 a_i 的成本。

随机流网络中流量向量为 $X = (x_1, x_2, \cdots, x_n)$,其中 x_i 为边 a_i 的实际容量,其取值范围是 $0 \leq x_i \leq C_i$,而且是一个整数。网络传输的成本预算为 B,传输时间限制为 T。则随机流网络 G 满足以下假设:

(1) 节点是完全可靠而且没有容量限制;
(2) 每条边的容量是随机的且服从某一给定的分布;
(3) 不同边的容量是相互独立的;
(4) 数据同时通过两条路径传输。

此时随机流网络 G 的连通可靠性定义为:在时间 T 和成本预算 B 的限制下,能够通过一对最短路径 Q_j 成功传输 d 个单位流量的概率,即

$$R_{d,T,B} = P_r\{X \mid T(d, X, B, Q_j) \leq T\}$$

其中,(d, X, B, Q_j) 表示在成本预算 B 的限制下,能够通过一对最短路径 Q_j 成功传输 d 个单位流量所需的时间。

2. 算法

假设网络 G 有 m 个最小路集 $P_1, P_2, \cdots, P_m$,如果 d_1 个单位的流量要通过路径 $P_r = \{a_{r1}, a_{r2}, \cdots, a_{rm}\}$,那么总成本为

$$Z(d_1, P_r) = \sum_{k=1}^{n_a} (d \cdot b_{r_k}) \qquad (5.4)$$

其中，$d \cdot b_{r_k}$ 为流量通过边 $a_{r_k}(k=1,2,\cdots,r_a)$ 的成本。在书文中选取一对路径 Q_j 来传输流量，Q_j 包含两条路径 P_{j1} 和 P_{j2}，且分配给两条路径传输的流量分别为 d_{j1} 和 d_{j2}，那么通过 P_{j1} 和 P_{j2} 传输的总成本不能超过预算成本 B，即

$$Z(d_{j1}, P_{j1}) + Z(d_{j2}, P_{j2}) \leq B \qquad (5.5)$$

两条路径中通过的实际流量分别为 f_1 和 f_2，且要满足：

$$\sum_{j=1}^{m} \{f_j | a_j \in m_{pj}\} \leq M_j, \quad j = 1, 2, \cdots \qquad (5.6)$$

在流量向量 X 下路径 P_r 的容量为 $\min_{1 \leq k \leq n_r}(x_{r_k})$ $(r=1,2,\cdots,m)$，因此，在 X 下通过路径 P_r 传输 d 个单位流量的时间 $T(d, X, P_a)$ 为

$$L_{P_a} + \left\lceil \frac{d}{C_{P_a}} \right\rceil = \sum_{k=1}^{n_r} l_{n_k} + \left\lceil \frac{d}{\min_{1 \leq k \leq n_r}(x_{r_k})} \right\rceil \qquad (5.7)$$

其中符号 $[x]$ 是不小于 x 的最小的整数。由式(5.6)我们可以得出结论：如果 Y 也是一个流量向量，且 $Y > X$，则有 $T(d, X, P_a) \geq T(d, Y, P_a)$。

在流量向量 X 和预算限制 B 下，传输 d_{j1} 和 d_{j2} 个单位流量的最小时间为

$$T(d_{j1}, d_{j2}, X, B) = \max\{T(d_{j1}, X, P_{j1}), T(d_{j2}, X, P_{j2})\}$$

在流量向量 X 和预算限制 B 下，Q_j 传输 d 个单位流量的最小时间为

$$T(d, X, B, Q_j) = \min\{T(d_{j1}, d_{j2}, X, B)\}$$

使 Φ_j 是满足条件的流量向量 X 的集合，而且 $\Phi_{j,\min} \equiv \{X | X = \min \phi\}$ $(j=1, 2,\cdots,g)$。$X \in \Phi_{j,\min}$ 称为 (d, X, B, Q_j) 的下界点，即如果 X 是 (d, X, B, Q_j) 的下界点，当且仅当①$T(d, X, B, Q_j) \leq T$；②对于任意流量向量 $Y, Y < X$，则有 $T(d, Y, B, Q_j) > T$。因此，如果 X 是 (d, X, B, Q_j) 的下界点，那么对于任意 $Y \in \phi_j$，有 $Y > X$。

假设已知网络中所有构件的多种状态及其概率，需求流量 d，时间以及成本约束 B 和 T，$\varphi = \phi, I = \phi, J = \phi, h = 0$。通过下列步骤可以求得 (d, X, B, Q_j) 的下界点：

步骤 1：求出能够满足 $\sum_{k=1}^{q} l_k + \left\lceil \frac{\overline{d_{j1}}}{\min_{1 \leq k \leq n_r}(x_{r_k})} \right\rceil \leq T$，$\sum_{k=q+1}^{q+r} l_k + \left\lceil \frac{\overline{d_{j2}}}{\min_{q+1 \leq k \leq q+n_r}(x_{r_k})} \right\rceil \leq T$ 的最大的 $\overline{d_{j1}}$ 和 $\overline{d_{j2}}$。

步骤 2：根据 $d_{j1} + d_{j2} = d$，$d_{j1} \leq \overline{d_{j1}}$ 以及 $d_{j2} \leq \overline{d_{j2}}$，求出 d_{j1}, d_{j2} 的所有非负整数解。

步骤 3：对每一组 (d_{j1}, d_{j2}) 执行以下步骤：

(1) 计算 $Z(d_{j1},P_{j1})=\sum_{k=1}^{q}(d_{j1}\cdot b_k)$ 和 $Z(d_{j2},P_{j1})=\sum_{k=1}^{q}(d_{j2}\cdot b_k)$ 并判断，如果 $Z(d_{j1},P_{j1})+Z(d_{j2},P_{j2})>B$，则换下一组 (d_{j1},d_{j2})。

(2) 通过 $\sum_{k=1}^{q}l_k+\left[\dfrac{d_{j1}}{f_1}\right]\leqslant T$ 和 $\sum_{k=1}^{q}l_k+\left[\dfrac{d_{j2}}{f_2}\right]\leqslant T$ 计算每条最小路径上的流量 f_1 和 f_2。且看是否符合式(5.6)，如果不符合则删除，计算下一组 (d_{j1},d_{j2})。

(3) $h=h+1$，$F_h=(f_{j1},f_{j2})$。对于 k 等于 $1\sim h-1$，并且 $k\notin I\cup J$。如果 $F_h\geqslant F_k$，那么 $I=I\cup\{h\}$，则换下一组 (d_{j1},d_{j2})；如果 $F_h<F_k$，那么 $I=I\cup\{k\}$。

(4) 得到 $X_h=(x_1,x_2,\cdots,x_k)$，其中 x_i 由下式计算得到：

$$x_i=\begin{cases}\sum_{a_i\in mp_j}f_j,&a_i\in mp_j\\0,&\text{其他}\end{cases}$$

(5) 对于 k 等于 $1\sim h-1$，而且 $k\notin I\cup J$。如果 $X_h\geqslant X_k$，那么 $J=J\cup\{h\}$ 并换下一组 (d_{j1},d_{j2})；如果 $X_h<X_k$，那么 $J=J\cup\{k\}$。

(6) $\phi=\phi\cup\{X_h\}$。

(7) 下一组 (d_{j1},d_{j2})。

步骤4：如果对所有 (d_{j1},d_{j2}) 完成步骤(3)，则结束。

得到的每一个 $X_h\in\phi$ 都是 (d,T,B,Q_j) 的下界点。

假设 $X_1,X_2,\cdots,X_h$ 都是 (d,X,B,Q_j) 的下界点，$S_k=\{X\mid X\geqslant X_k\}$，那么可以得到随机流网络 G 的可靠度为 $R_{d,T,B}=P_r\{X\mid T(d,X,B,Q_j)\leqslant T\}=P_r\{X\mid X\geqslant X_k\}$ $(k=1,2,\cdots,h)$。因此网络的可靠度可以表示为

$$R_{d,T,B}=P_r\left\{\bigcup_{k=1}^{h}S_k\right\} \tag{5.8}$$

可通过容斥原理法、不交积和法等方法来求 $P_r\left\{\bigcup_{k=1}^{h}S_k\right\}$。

时间和成本约束下计算随机流网络连通可靠性的算法流程图如图5.7所示。

5.4.3 案例分析

案例介绍

网络拓扑图如图5.8所示[35]，边的数据如表5.1所列，假如数据通过两条路径 $P_1=(a_4,a_5,a_6)$ 和 $P_2=(a_6,a_7,a_8)$ 传输，如果200单位的数据要在时间为13预算为2000的条件下由源节点传输到目的节点，求解该情况下网络的可靠度。

第 5 章　考虑容量的连通可靠性模型与算法

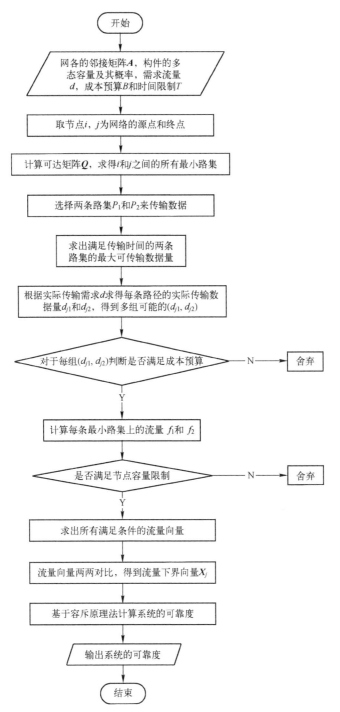

图 5.7　时间和成本约束下计算随机流网络连通可靠性的算法流程图

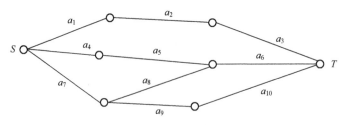

图 5.8 网络拓扑图

表 5.1 网络边信息表

边	容量	概率	l_i	c_i	边	容量	概率	l_i	c_i
a_1	50	0.85	3	2	a_6	40	0.80	2	2
	30	0.05				20	0.10		
	10	0.05				10	0.05		
	0	0.05				0	0.05		
a_2	50	0.80	4	3	a_7	50	0.85	3	1
	30	0.10				30	0.05		
	10	0.05				10	0.05		
	0	0.05				0	0.05		
a_3	40	0.85	3	2	a_8	20	0.95	2	2
	20	0.05				0	0.05		
	10	0.05			a_9	60	0.80	2	2
	0	0.05				40	0.05		
a_4	50	0.85	3	3		20	0.05		
	30	0.05				10	0.05		
	10	0.05				0	0.05		
	0	0.05			a_{10}	60	0.75	3	1
a_5	40	0.85	4	1		40	0.10		
	20	0.05				20	0.05		
	10	0.05				10	0.05		
	0	0.05				0	0.05		

可靠度计算

按照 5.4.2 节中给出的算法步骤我们可以得到：

步骤 1：求出最大需求 $\overline{d_1}$，满足 $(3+4+2)+\left\lceil\dfrac{\overline{d_1}}{\min(50,40,40)}\right\rceil \leqslant 13$，求得 $\overline{d_1} =$

160，同理由 $(2+3+2)+\left[\dfrac{\overline{d_2}}{\min(40,50,20)}\right]\leq 13$，求得 $\overline{d_2}=120$。

步骤 2：得到服从 $d_1\leq 160, d_2\leq 120$ 且 $d_1+d_2=200$ 的 d_1 和 d_2 非负整数解，结果如表 5.2 所列。

步骤 3：$\varphi=\phi, I=\phi, J=\phi, h=0$。对于 $(d_1,d_2)=(80,120)$ 有

(1) $Z(80,P_1)=80\times(c_4+c_5+c_6)=80\times(2+2+2)=480$；
$Z(120,P_2)=120(c_6+c_7+c_8)=120\times(2+1+2)=600$；
$Z(80,P_1)+Z(120,P_2)=480+600=1080<2000$。

(2) P_1 的自由行程时间为 $l_4+l_5+l_6=3+4+2=9$，通过 $9+\left[\dfrac{80}{f_1}\right]\leq 13$，求得 f_1 的最小整数值为 20，同理，$l_6+l_7+l_8=2+3+2=7$，通过 $7+\left[\dfrac{120}{f_2}\right]\leq 13$，求得 f_2 的最小整数值为 20。

(3) $f=1, F_1=(f_1,f_2)=(20,20)$。

(4) 下一组 (d_1,d_2)。

对于 $(d_1,d_2)=(90,110)$ 有

(1) $Z(90,P_1)=90\times(c_4+c_5+c_6)=90\times(2+2+2)=540$；
$Z(110,P_2)=110(c_6+c_7+c_8)=110\times(2+1+2)=550$；
$Z(90,P_1)+Z(110,P_2)=540+550=1090<2000$。

(2) P_1 的自由行程时间为 $l_4+l_5+l_6=3+4+2=9$，通过 $9+\left[\dfrac{90}{f_1}\right]\leq 13$，求得 f_1 的最小整数值为 30，同理，$l_6+l_7+l_8=2+3+2=7$，通过 $7+\left[\dfrac{110}{f_2}\right]\leq 13$，求得 f_2 的最小整数值为 20。

(3) $f=2, F_2=(f_1,f_2)=(30,20), I=\{2\}, F_2>F_1$。

(4) 下一组 (d_1,d_2)。

步骤 4：对所有 (d_{j1},d_{j2}) 完成步骤 3，最后结果如表 5.2 所列。

表 5.2 案例结果

(d_1,d_2)	$Z(d_1,P_1)$	$Z(d_2,P_2)$	总成本	$F_h=(f_1,f_2)$	备注
(80,120)	480	600	1080	$F_1=(20,20)$	
(90,110)	540	550	1090	$F_2=(30,20)$	$F_2>F_1$
(100,100)	600	500	1100	$F_3=(30,20)$	$F_3>F_1$
(110,90)	660	450	1110	$F_4=(30,20)$	$F_4>F_1$

(续)

(d_1,d_2)	$Z(d_1,P_1)$	$Z(d_2,P_2)$	总成本	$F_h=(f_1,f_2)$	备注
(120,80)	720	400	1120	$F_5=(30,20)$	$F_5>F_1$
(130,70)	780	350	1130	$F_6=(40,20)$	$F_6>F_1$
(140,60)	840	300	1140	$F_7=(40,10)$	
(150,50)	900	250	1150	$F_8=(40,10)$	$F_8>F_7$
(160,40)	960	200	1160	$F_9=(40,10)$	$F_9>F_7$

最后得到 $F_1=(20,20)$ 和 $F_7=(40,10)$，分别验证 F_1 和 F_7 是否符合式(5.6)。验证后 F_1 符合条件，F_7 不符合，则可以得到：

$$X=(0,0,0,0,0,0,0,20,20,40,20,0,0,20,0,0,0,0,0,0,0)$$

则在满足限制条件下网络的可靠度为

$$R_{d,T,B}=P_r\{X\geqslant X_1\}=P(x_4\geqslant 20)\times P(x_5\geqslant 20)\times P(x_6\geqslant 40)\times P(x_7\geqslant 20)\times P(x_8\geqslant 20)$$
$$=0.9\times 0.9\times 0.8\times 0.9\times 0.95$$
$$=0.55404$$

参考文献

[1] HARRIS T E,ROSS F S. Fundamentals of a method for evaluating rail net capacities[R]. SANTA MONICA:RAND corporation,1955.

[2] FORD L R,FULKERSON D R. Maximal flow through a network[J]. Canadian Journal of Mathematics,1956,8(3):399-404.

[3] LEE S. Reliability evaluation of a flow network[J]. IEEE Transactions on Reliability,1980, 29(1):24-26.

[4] AGGARWAL K,CHOPRA Y,BAJWA J. Capacity consideration in reliability analysis of communication systems[J]. IEEE Transactions on Reliability,1982,31(2):177-181.

[5] AGGARWAL K,CHOPRA Y,BAJWA J. Modification of cutsets for reliability evaluation of communication systems[J]. Microelectronics Reliability,1982,22(3):337-340.

[6] AGGARWAL K. Integration of reliability and capacity in performance measure of a telecommunication network[J]. IEEE Transactions on Reliability,1985,34(2):184-186.

[7] AGGARWAL K. A fast algorithm for the performance index of a telecommunication network [J]. IEEE Transactions on reliability,1988,37(1):65-69.

[8] RAI S,SOH S. A computer approach for reliability evaluation of telecommunication networks with heterogeneous link-capacities[J]. IEEE Transactions on reliability,1991,40(4):441 -451.

[9] LEE S M,PARK D H. An efficient method for evaluating network-reliability with variable link-capacities[J]. IEEE Transactions on Reliability,2001,50(4):374-379.

[10] LEE S M,LEE C H,PARK D H. Sequential capacity determination of subnetworks in network performance analysis[J]. IEEE Transactions on Reliability,2004,53(4):481-486.

[11] SOH S,RAI S. An efficient cutset approach for evaluating communication-network reliability with heterogeneous link-capacities[J]. IEEE Transactions on Reliability,2005,54(1):133-144.

[12] DOULLIEZ P,JAMOULLE E. Transportation networks with random arc capacities[J]. Revue française dáutomatique,informatique,recherche opérationnelle Recherche opérationnelle,1972,6(V3):45-59.

[13] JANAN X. On multistate system analysis[J]. IEEE Transactions on Reliability,1985,34(4):329-337.

[14] RUEGER W. Reliability analysis of networks with capacity-constraints and failures at branches & nodes[J]. IEEE Transactions on Reliability,1986,35(5):523-528.

[15] MURCHLAND J. Fundamental concepts and relations for reliability analysis of multi-state systems[M]. Philadelphia:Sociaty for Industral and Appliad Math-matics.

[16] SHARMA U,PANIGRAHI S,MISRA R. Reliability evaluation of a communication system considering a multistate model[J]. Microelectronics Reliability,1990,30(4):701-704.

[17] PATRA S,MISRA R. Reliability evaluation of flow networks considering multistate modelling of network elements[J]. Microelectronics Reliability,1993,33(14):2161-2164.

[18] LIN J S,JANE C C,YUAN J. On reliability evaluation of a capacitated-flow network in terms of minimal pathsets[J]. Networks,1995,25(3):131-138.

[19] JANE C C,LIN J S,YUAN J. Reliability evaluation of a limited-flow network in terms of minimal cutsets[J]. IEEE Transactions on Reliability,1993,42(3):354-361.

[20] CHEN A,YANG H,LO H K,et al. Capacity reliability of a road network:an assessment methodology and numerical results[J]. Transportation Research Part B:Methodological,2002,36(3):225-252.

[21] LI D P,HUANG N,LIU 2,Capacity reliability algorithm in communication network based on the shortest delay; 2014 4th IEEE International Conference on Network Infrastructure and Digital Content,IEEE,2014:430-434.

[22] DINITS E. Algorithms for solution of a problem of maximum flow in a network with power estimation[J]. Soviet Math Cokl,1970,11(5):1277-1280.

[23] EDMONDS J,KARP R M. Theoretical improvements in algorithmic efficiency for network flow problems[J]. Journal of the ACM (JACM),1972,19(2):248-264.

[24] GALIL Z. An O (V 5/3 E 2/3) algorithm for the maximal flow problem[J]. Acta Informatica,1980,14(3):221-242.

[25] 张宪超,陈国良,万颖瑜. 网络最大流问题研究进展[J]. 计算机研究与发展,2003,40(9):1281-1292.

[26] 孙泽宇. 基于标号法求解网络最大流算法的研究[J]. 甘肃联合大学学报:自然科学版,2009,23(4):64-66.

[27] LIN Y K. A simple algorithm for reliability evaluation of a stochastic-flow network with node failure[J]. Computers & Operations Research,2001,28(13):1277-1285.

[28] LIN Y K. On reliability evaluation of a stochastic-flow network in terms of minimal cuts [J]. Journal of the Chinese institute of industrial engineers,2001,18(3):49-54.

[29] EVANS J. Maximum flow in probabilistic graphs-the discrete case[J]. Networks,1976,6(2):161-183.

[30] CLANCY D P,GROSS G,WU F F. Probabilitic flows for reliability evaluation of multiarea power system interconnections[J]. International Journal of Electrical Power & Energy Systems,1983,5(2):101-114.

[31] LIN Y K. Reliability of a stochastic-flow network with unreliable branches & nodes,under budget constraints[J]. IEEE Transactions on Reliability,2004,53(3):381-387.

[32] LIN Y K. Two-commodity reliability evaluation for a stochastic-flow network with node failure[J]. Computers & Operations Research,2002,29(13):1927-1939.

[33] YEH W C. A new approach to evaluate reliability of multistate networks under the cost constraint[J]. Omega,2005,33(3):203-209.

[34] LIN Y K. Optimal pair of minimal paths under both time and budget constraints[J]. IEEE Transactions on Systems, Man, and Cybernetics-Part A: Systems and Humans,2009,39(3):619-625.

[35] Yin S,Huang N,Bai Y. A Transmission Reliability Assessment Algorithm of Stochastic-flow Networks with Intersecting Paths[C]. International Conference on Reliability,Maintainability and Safety. IEEE,2016.

[36] LIN Y K. Spare routing problem with p minimal paths for time-based stochastic flow networks[J]. Applied Mathematical Modelling,2011,35(3):1427-1438.

[37] LIN Y K. System reliability assessment through p minimal paths in stochastic case with backup-routing[J]. Communications in Statistics-Theory and Methods,2014,43(3):455-469.

[38] WANG J F,LI R Y,LI X X,et al. Optimal capacity reliability design of networks based on genetic algorithm[J]. Vibroengineering PROCEDIA,2014,4:265-270.

[39] CHEN Y,CHIN Y. The quickest path problem[J]. Computers & Operations Research,1990,17(2):153-161.

[40] LIN Y K. System reliability of a stochastic-flow network through two minimal paths under time threshold[J]. International journal of production economics,2010,124(2):382-387.

第 6 章

连通可靠性模型与算法的进一步扩展

传统可靠性评估中系统的结构通常是固定的,并假设故障相互独立,但实际网络中故障间的耦合关系无法忽略,同时网络的拓扑结构也是动态变化的。例如,移动通信网络的典型特征之一就是拓扑结构的动态变化,即使是交通网络和电力网络等也具有较大的动态生长性。在无线通信网络可靠性的研究中,项目组针对无线网络的故障耦合和动态拓扑对连通可靠性模型与算法进行了扩展研究,其中耦合故障的研究主要基于复杂网络的级联失效模型,动态拓扑则主要针对战术互联网中队形变化所带来的拓扑结构变化,并对相关因素的可靠性影响进行了分析。

6.1 无线与移动特征的相关模型

从 20 世纪 50 年代研究至今,固定拓扑结构的网络连通可靠性研究已经比较成熟。随着无线通信的快速发展,移动自组网技术近年来开始得到广泛应用,其连通可靠性的问题逐渐得到关注。由固定拓扑网络的连通可靠性分析可知,构件故障及拓扑结构是网络连通可靠性的主要影响要素[1,2]。相比移动自组织网络的节点移动、无线传输、多跳通信、层次结构复杂等特性,其连通可靠性的影响要素较之更多。因此,移动自组织网络与传统固定拓扑网络的连通可靠性分析有着显著不同:一方面,在固定拓扑网络的连通可靠性研究中,研究对象为给定的固定的拓扑结构。而在移动自组织网络中,其节点是移动的,即使节点和链路均正常工作,其动态的拓扑结构也会导致连通可靠性的变化。另一方面,在固定拓扑网络连通可靠性的研究中,网络的节点和链路均为硬件设备,为简化模型及算法,通常假设构件的故障概率为已知的固定常数。而在移动自组织网络中,无线链路的故障与很多要素紧密相关,如发送功率、节点间相对距离、地形地貌、大气环境、电磁干扰等[3]。

围绕考虑节点移动导致的动态拓扑及构件故障变化的影响,学者们开展了一些相关模型和算法的研究。

6.1.1 移动模型

当前对移动模型的研究主要集中在节点位置、速率以及与节点之间的相关性,因为这些因素决定了节点间链路的建立与断开,直接影响网络的拓扑结构从而影响网络性能[4],包括网络连通性、网络容量、概率广播、协议开销、路由寿命期望、数据包交付率、平均端到端延迟、平均跳数等[5]。而且在不同的网络应用场合下,节点的移动特性相差迥异。因此,网络可靠性研究需要针对不同应用场合,建立起符合真实环境下节点移动特征的移动模型。

移动自组织网络是这类网络的典型代表,其节点的自主移动一般具有以下特点:时间相关性、空间相关性和地理环境相关性。较早的移动模型代表是随机移动模型(随机行走模型[6]、随机路点移动模型[7]、随机方向模型[8]等)。尽管这些模型与实际环境中节点的真实移动特征存在差距,但原理简单,易于实现和理论分析,因而得到了广泛应用。在随机移动模型中,节点的速度和方向经常出现骤变,不符合真实环境中节点移动的时间相关性,为此研究者们又进一步提出了平滑移动模型,如曼哈顿移动模型、高斯马尔可夫模型[9]、平滑随机移动模型[10]等。

随机路点移动模型[7]由于其相对合理和简单,被内嵌到了多种主流网络仿真工具中。但其不具备时间和空间相关性,也不受地理地形的约束,不能准确反映节点在真实环境中的移动特点。基于地形限制的真实环境移动模型[11]则解决了这个问题,如障碍物移动模型、基于图的移动模型[12]、基于区域图的移动模型[13]等,可以兼容各种随机移动模型,能够产生更多的仿真场景,建模较为细致,更能充分反映节点在真实环境中的移动特点。文献[14]提出了基于蚁群算法的踪迹移动模型,但该模型中节点的运动无阻碍,其速度大小和方向的改变存在突变。文献[15]结合牛顿第一定律和移动自组网的实际环境因素,首先对基本粒子群算法的速度和位移更新公式进行改进,然后通过环境因子引进环境变化对节点移动的影响,建立基于改进粒子群算法的移动模型。在新模型中设置了障碍物,使其速度的大小和方向通过加速度连续改变。

在上述移动模型中,节点的移动均相互独立,相互之间没有关联性,因而统称实体移动模型。为了满足节点移动的空间相关性,人们提出了基于群组的移动模型,包括追逐移动模型、游牧团体移动模型、热区移动模型、参考点模型[16,17]等。

网络业务是影响网络拓扑结构发生变化的重要影响因素。比如在协同作战的战术部队中,部队按照作战目的分成若干个小分队,遵循其相应首长的命令成群的行动,战场环境中移动节点一个显著的特征是"群组"移动,因而相对实体移动模型来说,群组移动模型更符合实际的战术通信网络。参照点移动模型作为基于群组移动的模型之一,相对于其他群组移动模型显得更为通用,因此在以往的战术互联网的研究中[18,19]都选用了参照点移动模型来模拟战场环境下节点的移动模式。

针对军事巡逻或搜救活动等场景,王伟等人[20]提出了一种基于圆周运动的移动模型。根据部队行军过程中一个单位各个节点通常分布在一个相对狭长的地带的特点,文献[21]建立了狭长组移动模型。考虑到战术互联网的分层结构,文献[22]对移动模型进行了分层处理。在战场环境中,节点不可能做到完全精确地执行移动意图,文献[23]利用云模型度量上层移动意图往往带有不同程度的模糊性以及移动单位本身的随机性。

6.1.2 时变网络模型

战术互联网是一种具有典型无线和移动特征的网络,本节通过对战术互联网的研究提出了一种时变网络模型[24]。

6.1.2.1 空间结构动态特性分析

作为战术互联网任务剖面的重要要素之一,移动模式是网络协议优化、性能预测等的基础。与一般移动自组网节点的随机移动不同,战术互联网中节点运动与作战任务存在密切相关性,从网络结构的空间动态性方面可以归纳出战术移动模式的4种典型特性。

(1) 任务驱动性:表现为大规模节点的运动轨迹和行动区域是由任务目标驱动的。节点位置的动态特性依赖于节点的运动轨迹,具体表现为节点在移动期间其轨线覆盖移动区域的状况。节点按照事先规划的策略有目的地进行移动[25],如无人机群在特定区域进行航空扫描或搜索目标等[26]。另外,作战任务相同节点的运动都是围绕着自己的战术目的展开,夺取一个要点目标或者歼灭一处敌据点。在这种情况下,节点可能从各个方向一直向这个目标聚集,由于敌情和地形的影响,各个节点的运动速度和时机就会有所不同。

(2) 动态群组性:表现为群组节点在任务过程中相互之间的动态交互等。如指挥官带领战术部队以群组方式移动到战区,根据不同任务分裂成几个群组,然后又重新合并去完成共同任务[27,28],或大规模无人机群执行区域搜索、侦察、编队汇合任务[29]等分散和展开过程。

(3) 编队特性:表现为战术节点根据任务环境形成队形的过程。如部队各节点通常分布在相对狭长或以参考点为中心的矩形区域内,组成锥形、线形等队形,表现为分散的大规模节点形成有规律的队形过程。战场环境下作战或行军过程中,部队内部各节点通常分布在一个相对狭长的地带或以参考点为中心的矩形区域内,组成锥形、线形行军队形等[22]。并且为了共同战术目的,某个节点的运动变化可能会影响其他节点运动的方向和速度。

(4) 不确定性:表现为大规模节点具有随机(或模糊)相关联的时间和空间动态特性。战场环境中,节点的运动会受到地形和战术手段的影响。上层移动意图往往具有不同程度的模糊性,由于电磁干扰、障碍物的存在及移动单位自身能力限制等因素,下层移动方式也具有一定的随机性,难以完全精确的执行上层移动意图[23]。

上述特性在不同作战任务及环境中呈现出不同的移动模式,战术互联网典型战术移动模式如表6.1所列。

表6.1 典型的战术移动模式

移动模式	描述	图形
随机移动	节点初始均匀分布在整个区域,各节点随机选择一个点作为目的地,并在速度区间内随机选择速度向目的地移动,到达目的地后驻留一段时间,然后再次选择新的目的地	
抛物线队列	战术节点在行军、追逐打击等过程中逐渐排列成抛物线分兵队形的移动模式	
冲锋队列	战术节点在侦察、打击、搜索等过程中排列成倒"V"字形的移动模式	
聚集队列	在任务过程中分散展开的战术节点因新任务向目标点聚拢会合的移动模式	
线型队列	因作战区域限制,战术节点在行军、追逐打击中逐渐排成长方形的移动模式	

6.1.2.2 时间结构动态特性分析

战术互联网的拓扑结构主要由节点及链路组成,通常包含节点的个数以及节点间的关系。作为无线自组织移动网络在军事领域的特殊应用,战术互联网的拓扑结构在空间和时间上均是动态变化的。在战场环境下,影响战术互联网时间结构动态变化的因素主要包括下面一些内容。

1. 网络规模的动态变化

在战场环境下,战术互联网的节点很可能遭遇敌方的蓄意攻击或随机失效,若没有及时的维修保障策略,故障节点会随时间动态而退出网络。另外,由于节点间的相对移动、随时的开机和关机、无线通信的阴影衰落等,使得战术互联网的某些节点暂时超出其他节点的覆盖范围,处于孤立状态而不能与其他节点进行通信。随着节点的移动,孤立节点很可能会恢复到其他节点的覆盖范围内,导致战术互联网的网络规模随时间动态变化。

2. 链路动态增加或消失

战术互联网的移动节点根据作战目的以某种战术模式移动,节点的移动将导致节点之间的相对位置发生变化,又因地形地貌对无线通信的信号干扰、随时开闭的电台等综合因素的影响,导致无线链路动态的增加或消失。

3. 链路带宽动态变化

无线移动组织网络的隐藏终端、暴露终端、节点运动造成的节点间距变化、电磁环境、天气原因或者地形地貌等物理障碍等问题,导致无线传输的信号强度变化,因此战术互联网链路的带宽随时间动态变化,与传统有线网络中固定不变的链路带宽大不相同。另外,由于背景流量的竞争也会造成无线链路带宽的变化,链路带宽变化必然造成瓶颈带宽的变化,进而造成可用带宽的变化。

4. 无线链路时延动态变化

在战术互联网中,当一个数据包从高层传送到 MAC 层将要发送到无线信道上时,由于背景流量的存在,数据包必须等待发送直到无线信道空闲。数据包竞争无线信道的时间由背景流量决定,而背景流量与发送节点附近的节点分布、业务发送请求等密切相关。因此,发送节点不能确定将数据发送到无线链路上的时间,即无线链路的传输时延会发生动态变化。

5. 路由动态变化

在战术互联网中,节点间的相对运动等于这两点间的链路带宽动态变化。在战术互联网中,节点既是终端节点又是路由节点,所以在网络规模的动态变化、链路的动态增加或消失、链路带宽的动态变化以及链路时延的动态变化的条件下,战术互联网的数据发送过程会基于网络拓扑结构的变化而动态地选择路由,这样端到端路由也是动态变化的。

为描述网络时空结构的动态特性,人们主要从两方面进行了研究:①节点位置在空间上的概率分布特性;②链路(或路径)在时间上的持续性。在时间特性上已有研究利用网络局部链路持续时间[30]、最短生命期路径[31]、网络最长生命期路径[32]、网络拓扑的最小生存期[33]等来分析移动网络时间结构的动态性及其对协议性能的影响。他们为网络拓扑的时间动态性研究提供了基础,但无法反映相关的空间动态性,缺乏对网络拓扑的动态特性进行全面地反映。另外在空间特性上,已有研究主要适于节点随机移动的网络拓扑,难以扩展到具有群组移动特性的战术互联网中。

究其原因,在研究移动自组织网络特性的过程中,缺乏能够全面反映网络

对象特点及动态拓扑特性度量的网络模型。已有研究一般将移动网络的拓扑结构形式化表示为静态图 $G=(V,E)$，其中 $V=\{v|v$ 是 G 中的一个节点$\}$，$E=\{(u,v)|u,v \in V$ 且 u,v 相邻接$\}$，邻接矩阵 G 表示节点间的连接关系矩阵。这种模型不能描述移动节点的时间动态性和空间动态性之间所固有的关联关系，如，假设 G 是连通的，并不能描述网络在其他时刻的连通状况，而实际上其他时刻的网络拓扑很可能均不连通。因而并不适用于战术互联网的时变性。为此，文献[34]中对 $G=(V,E)$ 进行了改进，提出了 $G(t)=(V,E(t))$ 模型描述 t 时刻移动网络的拓扑结构，其中，$E(t)$ 表示 t 时刻无线链路的集合。但这种模型无法体现 $G(t)$ 在空间上的持续时间，如战术互联网在当前时刻的拓扑结构 $G(t)$ 随着节点的移动，在 Δt 后的网络拓扑 $G(t+\Delta t)$ 可能继续保持连接或者发生中断，因而 $G(t)=(V,E(t))$ 并不能完整地描述战术互联网的时空动态特性。为有效定量分析战术互联网的可靠性，将其时间动态性和空间动态性相结合的分析方法无疑更具合理性。

6.1.2.3 时变网络模型

本节基于战术互联网的时空动态特性，应用时变图 TVG(Time-Varying Graghs)建立了一种适于战术互联网可靠性分析的时空动态网络模型。

令顶点 V 表示战术互联网的节点集合，E 表示节点之间关系集合，L 表示节点间无线链路的特征向量，如链路的带宽等，可得 $E \subseteq V \times V \times L$。由于无线链路的特征向量较多，集合 E 可以根据不同的特征向量表征节点间的多种关系，且对于任意 $e_1=(v_{11},v_{12},a_1) \in E, e_2=(v_{21},v_{22},a_2) \in E, (v_{11}=v_{12},v_{21}=v_{22},a_1=a_2) \Rightarrow e_1=e_2$。

如果用 $T(T>0)$ 表示战术互联网系统的整个运行时间，由于战术互联网的时间动态性，节点间的关系发生在生存时间中的一段时间域内 $\varGamma \subseteq T$。如果将战术互联网作为离散系统，暂时的时间域 $\varGamma$ 为整数，而作为连续系统，$\varGamma$ 为实数。因此，战术互联网的动态性可表示为 $\varPhi=(V,E,\varGamma,r,l,\zeta)$，其中：$r:V \times \varGamma \to \{0,1\}$ 表示节点的存在函数，度量战术互联网的节点在给定时间域内是否存在；$l:E \times \varGamma \to \{0,1\}$ 表示无线链路的存在函数，度量节点间的无线链路在给定时间域内是否存在；$\zeta:E \times \varGamma \to R^+$ 表示容量函数，度量规定时间内战术互联网的无线链路的传输业务数据量，若规定时间为单位时间，则为无线链路的带宽，其数值在给定时间域内可变。

如图 6.1 所示，移动节点间相互通信的概率与节点间距等多种因素相关，其中 a_1,a_2,a_3 表示移动节点间的多种无线通信媒介，如 WiFi 或卫星等不同通信半径、带宽、时延或能耗的无线通信媒介。在战术互联网中，由于任务时间内节点的移动，导致节点间的无线链路的存在具有时间性，因此，网络模型中也可表达链路的存在时间区间。另外,通常网络模型中经常忽略链路的传输性能,如带宽,但是在战术互联网中,基于无线通信的性质,在不同的时间段内因中继节点附近节点的分布不同导致无线信道的竞争,数据包需要等待转发,最终能够传输到目的节点的数据包量是不同的,但是在离散的固定时间步骤内,传统有线通信网络链路的带宽通常假设为常数 ζ。

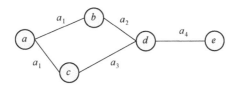

图 6.1　战术互联网时变网络模型示例

对于给定的战术互联网建立时变网络模型 $\Phi=(V,E,\Gamma,r,l,\zeta)$,$G=(V,E)$ 为 Φ 的相关图,可以作为 Φ 在时间维上的切片,随着时间而变化。在已有研究中,通常假设 G 为连通图,然而由于战术互联网这种时空动态特性,G 连通并不能保证某时间区域内整个战术互联网连通。另外,在整个任务时间内,战术互联网也很可能均不连通。因此,某时刻的 G 连通状态与 Φ 在任务区间内的连通状况并无必然因果关系。用公式表示为 $\Phi=G_1,G_2,\cdots$,其中 G_i 对应 Φ 在时间 $t_i \in S_\Gamma(\Phi)$ 的静态快照,即 $e \in E_{G_i} \Leftrightarrow l_{[t_i,t_{i+1})}(e)=1$。本章在以后的研究中,将战术互联网看成是时间维上的离散系统,则 $\Phi=G_1,G_2,\cdots,G_i$ 为 Φ 在时间 $t=i$ 的静态快照,且通常 $G_i \neq G_{i+1}$。

另外,因战术互联网在任务时间内网络规模、链路、路由拓扑关系等的变化,定义时间维上战术互联网的时变网络子图为 $\Phi'=(V',E',\Gamma',r',l',\zeta')$,且在战术互联网的可靠性分析中,本章应用 $\Phi'=\Phi_{[t_a,t_b]}$ 表征 Φ 在时间域 $\Gamma'=\Gamma \cap [t_a,t_b)$ 的子图。其中:

$\Gamma' \subseteq \Gamma$

$E'=\{e \in E: \exists t \in \Gamma': l(e,t)=1 \wedge t+\zeta(e,t) \in \Gamma'\}$

$r':V' \times \Gamma' \to \{0,1\}$,　$r'(v,t)=r(v,t)$

$l':E' \times \Gamma' \to \{0,1\}$,　$l'(e,t)=l(e,t)$

$\zeta':E' \times \Gamma' \to R^+$,　$\zeta'(e,t)=\zeta(e,t)$

综上所述,战术互联网的时变网络模型能够反映战术互联网在时间维的动态规模、动态无线链路、动态带宽、动态时延等性质,但是战术互联网的动态路由仍缺乏相应的变量描述。本章应用逻辑拓扑表征链路与路由的关系。

逻辑拓扑是指战术互联网中路由上的逻辑关系,它是由战术互联网的逻辑链路所组成,其中的每条逻辑链路可能包含了多条物理链路。注意:逻辑拓扑与其物理拓扑[35]有着显著的差别。如果战术互联网的源节点到所有目的节点的逻辑路由在某段时间内没有改变,不管物理拓扑是否发生变化,均认为网络逻辑拓扑在这段时间内是可靠连通的。

战术互联网拓扑的生存期是指战术互联网的逻辑拓扑在某时刻所固有的一种时间特性,即网络逻辑拓扑在该时刻所能够保持的稳定时间片,它是网络逻辑拓扑在此时的实际生存期,是战术互联网路由连通概率在时间维度上的体现。

综上所述,建立能反映战术互联网 5 种动态特性的时变网络模型为 $\Phi = (V, E, \Gamma, \Lambda, r, l, \zeta, \tau)$,它能够从时间和空间相关联的角度来形式化地描述战术互联网的网络拓扑及其动态特性。其中,Λ 表示战术互联网中动态路由发现的逻辑拓扑结构,p_{st} 表示逻辑拓扑的 $s\sim t$ 间的传输路径,源节点为 s,目的节点为 t,$e(p_{st})$ 表示逻辑路径覆盖的物理链路集合,战术互联网在任意时刻 $t(t \in T)$ 所建立的无线链路集合为 $E(t)$,$e(p_{st}) \subseteq E(t)$,τ 表示战术互联网拓扑在某时间区域(t 时刻)的生存期。

6.1.2.4 针对无线和移动特征的连通可靠性参数与模型

无线移动网络的可靠性指标常有一些针对其特点的扩展:比如张桃改等人[36]将无线链接的可靠性定义为:对于某条链接来说,在某段时间内,目的节点总共收到的数据量占源节点总共发送数据量的百分比。针对无线多跳特性对移动自组网连通可靠性的重要影响,文献[37,38]给出了基于跳面节点的可靠性评估算法,定义网络的可靠性为网络中所有节点对间的平均可靠性。任意节点对之间都有一定跳数的距离,称与某一节点具有相同跳数距离的所有节点为该节点具有该跳数的跳面节点。利用可靠性表达式中的以节点为圆心,跳数为半径的思想来计算可靠性,这样就使得可靠性的指标和抗毁性的指标统一起来。

$$R_G = \frac{1}{N} \sum_{i=1}^{N} r_i \tag{6.1}$$

式中:r_i 为节点 i 到所有跳面节点间的可靠性;N 为蒙特卡罗仿真计算次数。有

$$r_i = \sum_{j=1}^{M} r_{ij} \tag{6.2}$$

M 为距节点 i 的最大跳距;r_{ij} 为节点 i 到第 i 个跳面节点间的可靠性。

这种方法的结果虽能得出可靠性指标,并未考虑节点的移动性以及无线链路的故障特性,并且需要计算任意跳内两个节点相连的链路,因此,对于大型网络采用这种方法相当复杂。

毛鸿林[39]给出了一种快速计算移动自组网 k 端可靠性的线性时间算法。采用无向概率图表示网络的分级结构,每个簇头由已知失效率的节点表示,并

且当且仅当两个簇相邻时,两个节点间的互连由边表示。这个概率图的链路完全可靠,并且已知节点的失效率。然而算法没有考虑节点的移动性,其节点失效而链路完全可靠的假设不太符合实际。

上述可靠性分析方法都是基于节点失效的假设条件,未考虑无线链路的故障特性,Cook[40,41]应用蒙特卡罗仿真方法计算了在移动自组织网络中节点的规模、链路的故障率以及路由跳数限制等3要素影响下的两端连通可靠度,其中链路的可靠度定义为给定节点的邻居节点个数与总节点数之比,但算法中假设静态拓扑结构,各无线链路的故障率与通信半径均为固定常数。由于阴影效应的影响,可能出现某节点与离它较近的节点不能直接通信,反而可与离它较远的节点直接通信的情况[42]。因此需要结合特定环境下的损耗模型及节点的发射功率计算出该节点的有效通信半径。

针对拓扑结构的变化,文献[43]在一维线性队列中考虑了在节点的随机路点移动模型下,结合大量的数据统计建立解析分布模型,计算其一维 Ad Hoc 网络的两端连通可靠度。此处虽然考虑了简单的线形队列、节点的分布密度以及节点的接收发送范围,但缺乏考虑节点的故障等。

假定节点服从随机路点移动模型,闵军[44]通过评估动态拓扑情况下网络的连通率指标对网络可靠性进行量化。毛鸿林[45]通过对基于簇的边不相交路径选择算法的研究,提出了一种改进的线性时间算法计算移动自组的 k 终端可靠性。为了提高计算效率,Cook 等人[41]将蒙特卡罗仿真方法应用于移动自组织网络。同时针对具有骨干子网与局域子网的分级结构,文献[46]设计了改进蒙特卡罗算法评价其连通可靠性。

此外,作为移动自组网的薄弱环节,无线链路的影响要素多、动态性强,难以用一个指标对其进行评价,需要从多个不同方面进行分析。近年来关于其通信质量的评价研究逐渐增多,但是其连通可靠性的度量参数定义尚未统一。而且,由于受用户终端的随机移动、节点的随时开机和关机、节点的故障或者被敌意破坏、无线发信装置发送功率的变化等综合因素的影响,导致无线链路的可靠性变化难以预测。已有学者尝试着给出函数定量评估无线链路的可靠性。如 2009 年 Geir[47]指出无线链路可靠度函数应为随节点间距的增加而递减的随机分布,且无线链路的故障率高于节点的故障率。另外,文献[48]基于无线传输的数据包接收比例和需要传输的信息量两个参数,应用灰色关联模型评估了无线链路的可靠度。

6.2 耦合故障研究

2009 年 5 月,由于暴风影音软件的内部缺陷,致使中国电信网络运营商的

DNS 服务器在收到大量异常请求后发生堵塞、瘫痪,直接导致中国南方 15 个省市的数亿网民无法正常使用互联网。最近的一个实例是 2012 年 11 月 7 日发生在阿根廷首都布宜诺斯艾利斯的严重停电事故。共有超过 100 万户家庭受到影响,逾 1500 组红绿灯失去作用,铁路运输停运数小时,部分区域停电超过了 16h。阿根廷电力公司称是由于两条高压电缆发生的双重故障导致了电力网络的相继故障,进而引发了此次大规模的停电事故[49]。这些现象表明网络故障并非独立,而是相互耦合的,从而引发了人们对耦合故障的关注。

耦合故障(Coupling Faults)[50-52]是指具有相互影响作用的两种及以上的故障,在转子轴承系统[50]和随机访问内存(Random Access Memory)[51,52]等领域已进行深入的研究。在可靠性领域内,早期关于耦合故障的研究,主要描述具有冗余、容错以及可修复系统中局部构件故障之间的动态逻辑关系。典型的故障间动态逻辑关系,如在动态故障树可靠性分析方法(Dynamic fault tree, DFT)提出的动态逻辑门:功能相关门、优先与门、顺序相关门、备件门等动态逻辑门,详见表6.2,用于表示系统部件之间的动态关系[53]。

表 6.2 动态逻辑门及其符号

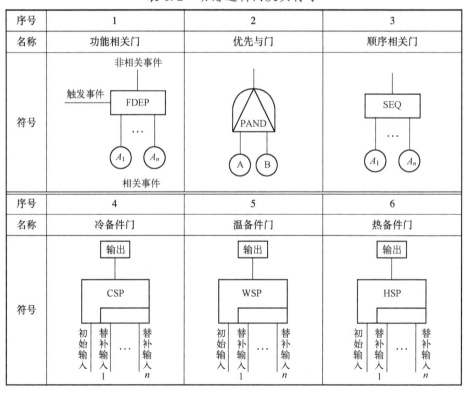

近些年,对于耦合故障的研究,主要通过复杂网络的理论与方法研究故障的传播特性。故障传播的研究始于 2003 年的美加大停电事故,其巨大的经济损失和有别于传统故障的特殊性引发了一系列研究,使人们认识到了网络故障特有的传播性。目前主要是通过级联失效模型对耦合故障的传播特性进行描述、分析。级联失效是现实网络系统中一种常见的现象:在很多的真实网络中,一个或少数几个网络节点(边)发生故障后,通过节点(边)之间的关联关系会引起其他网络节点(边)发生故障,比如:故障节点上的负载通过节点间相连的边互相传递,从而导致更多节点发生超载,这样就产生了连锁反应,最终可能会导致相当一部分网络节点(边)发生故障甚至造成整个网络的崩溃,这种现象就叫做级联失效或者相继故障,有时也称为雪崩效应。例如:在 Internet 中,对少数路由器进行病毒攻击致使该部分路由器超载,导致数据包在网络中重新路由,从而引发其他路由器相继超载崩溃,进而产生级联失效现象。在电力网络中,电力传输线路故障,电站发电单元或者电力中继站的故障都常常能引发大范围的停电事故。

这里需要说明的是,笔者认为耦合故障的耦合关系其实可以较为广泛,级联现象其实并非耦合关系的全部,两者并不等同。但目前针对此类问题的研究仍处于探索阶段,对于此类节点耦合关系与其他因素对网络级联失效的综合作用,以及不同耦合关系数学描述模型的建立仍有待进一步研究。

6.3 级联失效模型

目前几种主要的级联失效分析模型包括:容量负载模型、二值影响模型、沙堆模型、最优潮流方法(Optimal Power Algorithm,OPA)模型、CASCADE 模型、基于耦合映像格子(Coupled Map Lattice,CML)的级联失效模型等。其中,OPA 模型、CASCADE 模型都主要是以电网为研究对象的。下面就这几类模型及其研究进展分别进行介绍。

6.3.1 容量负载模型

在容量负载模型中,一般初始时刻网络的节点/边都具有一定初始负载和容量(即节点所能处理的最大负载)。当网络中的一个或少数几个节点/边发生故障后(可能是随机故障,也可能是遭受了蓄意攻击),故障节点的负载就会按一定规则分配给网络中的其他节点,而这些额外的负载可能导致其他节点的负载超过其容量限制而发生过载故障,从而引发新一轮的负载重分配。这一过程重复进行,逐步造成了节点故障的动态传播,进而模拟产生了网络的级联失效现象。由于真实网络的搭建及维护运行都会受到实际成本开销等因素的限制，所以实际网络中节点和边的容量以及处理能力都是有限的，这就导致节点(边)的负载过载成为了网络故障的主要形式，因此，容量负载模型与其他的级联失效模型相比，很好地反映了真实网络中节点/边的故障发生以及级联失效的传播过程。

在目前的容量负载模型中，有的只考虑网络节点的动态行为[54,55]，文献[55]针对 BA 无标度网络上的级联失效现象提出了一种分析模型。模型为每个节点赋予了满足特定统计分布的安全阈值(相当于节点容量)，并假设每个节点承担了相同的负载。若节点负载大于其安全阈值，则节点发生超载故障并从网络中移除，同时将其负载均分给与之相连的无故障邻居节点。如此反复，从而引发网络的级联失效。当网络中所有剩余节点的负载均低于其安全阈值时，级联失效结束。文献仿真的结果说明，节点阈值分布较均匀的 BA 无标度网络对故障具有更大的承受能力。

文献[54]中的网络负载用节点的点介数来表示(通过节点的最短路径条数)，且令负载只沿最短路径传输，并假设节点的容量 C 正比于其初始负载 $L(0)$，如下所示。

$$C = (1+\alpha) \times L(0), \quad \alpha \geq 0 \tag{6.3}$$

式中：α 为模型的容忍参数。

当某个网络节点发生故障后，将其从网络中移除，从而带来了网络最短路径分布的改变，导致负载的重新分配，进而引发网络级联失效。文献[54]以网络最大连通子图相对值 g 来表示网络性能，如下所示。

$$g = N'/N \tag{6.4}$$

式中：N' 为级联失效结束后网络最大连通子图中的节点个数；N 为初始时刻网络节点的总数(初始时刻网络全连通)。

该文献研究的结果说明如果网络负载分布具有非均匀性，并且去掉的节点负载较大，则会引发网络的级联失效。

实际网络中连接节点的边对网络负载传输过程的影响同样非常重要，有的容量负载模型只考虑边的动态行为。文献[56]为网络中每条连接节点的边赋予了负载和容量，在边发生拥塞后，考虑了边上负载的 3 种重分配策略，并分析了对应的不同影响效果。通过与节点故障得到的结论比较看出，在边发生过载故障的情况下，网络中仍会有较大的节点连通子团存在，而且如果网络增长的机制采用随机连接方式，那么网络对边的过载故障具有较强的抵抗性。赵一凡等人[57]基于容量负载模型，提出网络的级联失效由边来引发，包含了节点和边的级联失效，并考虑拥挤效应和不同的分配方式所带来的影响。对于边上的流量按照用户平衡、系统均衡和系统最优3种交通流分配方式进行分配。仿真模拟的结果表明：不同的网络拓扑结构对于针对边的蓄意攻击具有明显不同的网络鲁棒性；失效边遭到攻击的方式与网络的鲁棒性关系不大；考虑到资源的利用率，采用系统均衡的流量分配策略能使网络具有更好的鲁棒性[58]。

目前相关文献的研究结果表明：网络中具有最大负载的某个节点发生故障就足以引发网络的级联失效造成整网崩溃，此外，ER随机网络抵御级联失效的能力要比BA无标度网络强，基于负载的蓄意攻击比随机攻击更易引发BA网络和互联网上的大规模级联失效。

此外，基于不同的容量负载模型，人们对复杂网络上级联失效的相变过程已经展开了一些研究，Zhao等人[59]研究了复杂网络上级联失效的相变现象，给出相变点的理论估计值。Lee等人[60]发现级联失效的大小在相变点服从幂律分布。

在目前网络级联失效现象的容量负载仿真模型中，网络节点上的负载超过节点容量的限制是节点产生故障(超载故障)的主要原因，这与实际网络中的情况相一致，而这类故障的产生与节点的容量负载关系以及节点的负载处理能力联系紧密[61-64]。但在当前分析网络级联失效现象的容量负载模型中，大部分模型对于网络节点容量与负载的关系考虑不够合理：这些容量负载模型很多都假设网络节点的容量与负载在统计上呈简单的线性比例关系[54,60,65,66]，但由于网络的真实流量具有动态特性，因此，网络节点容量与负载的实际关系就变得更加复杂。根据目前已有的研究[54,62,66-68]，不同的网络模型，如BA无标度网络、ER随机网络，以及真实存在的网络，如电力网、交通网、互联网等，虽然在网络的具体形式、作用以及对应的级联失效的表现形式和影响不尽相同，但它们的故障传播机理却很相似：网络负载流的动态分布是造成级联失效扩散的主要原因，而且这几种真实网络的节点负载分布均具有很强的非均匀性[54,66]。因此，可以用容量负载模型对上述网络的级联失效过程进行仿真分析，所得到的研究结论也与实际情况基本相符，可以解释真实网络中的一些现象[54,66,69]。

目前针对级联失效的容量负载模型大多只考虑了网络节点的容量特征而忽略了节点负载处理能力对于网络级联失效过程的影响[55,67,68,70]，已有的这些研究未考虑节点负载处理能力在实际中受到的约束，从而在一定程度上忽略了节点处理负载的时延。少数文献虽然考虑了节点的负载处理能力，但假设网络中所有节点的负载处理能力相同[71,72]，这明显与很多实际的网络系统不符，且没有针对性地分析其对于网络级联失效过程的影响。

6.3.2 二值影响模型

二值影响模型是一般影响模型[73]的一个特例，Watts等人[74]将二值影响模型应用在了对随机网络级联失效现象的分析上。其假定随机网络包含了 N 个节点,节点只有故障或正常两种状态,并且每个节点都具有一个状态切换阈值,在某一时刻其状态是由与该节点直接相连的邻居节点的状态决定的;在某一时刻,若某节点的所有邻居节点中发生故障的节点所占比例大于等于该节点的状态切换阈值,那么该节点就发生故障,且其故障状态将保持不变,否则节点为正常状态。研究结果表明,网络内部联系的紧密程度会导致不同的故障规模分布特性,如果网络节点的度分布和状态切换阈值分布具有一定关系,那么单个或若干节点发生故障就能够引发网络的级联失效。同时,模型的非均匀性(如随机网络模型的非均匀性)对网络的稳定性也具有混合作用:节点状态切换阈值的非均匀性容易引起网络全局故障,而网络节点度分布的非均匀性则会降低级联失效发生的可能性。

随后 Parshani 等人[75]将网络节点故障之间的耦合关系由临近节点扩展为任意节点之间,具有故障耦合关系的节点之间形成一个耦合簇。研究发现与不含耦合特征的网络级联失效截然相反的结论:网络度分布的异质性增加了耦合网络的脆弱性。如果网络中耦合簇的比例比较大,网络的级联失效呈现出一级相变的形式;否则,网络的级联失效呈现出二级相变特征。进一步,Bashan 等人[76]针对耦合簇的不合实际假设,研究了网络中耦合特征的不同分布对网络鲁棒性的影响,发现网络的鲁棒性不仅和耦合边的密度有关,还和两者的重合程度有关。关于耦合簇的失效机制,Li 等人[77]研究了基于节点度的不对称依赖失效机制:度大的节点失效会导致度小的节点失效,反之则不成立。发现不对称依赖的网络的鲁棒性比对称依赖的网络要强。Wang 等人[78]考虑耦合簇更普遍的失效机制,提出耦合簇失效,当耦合簇失效的节点达到一定的阈值,网络的鲁棒性随着失效阈值的增加而逐渐增大,且与耦合簇的规模无关。针对现有的静态的耦合依赖特征,Bai 等人[79]提出了基于动态依赖组的故障传播模型,在该故障传播模型中,网络的节点耦合关系随着时间随机变化。研究表明,在动态耦合簇下,网络的级联失效呈现出一级相变。

除此之外,对于多个网络之间节点存在功能依赖关系形成的相互耦合网络(interdependent networks)[80]或多层网络模型(multilayer networks)[81],同样表明当节点之间存在功能依赖关系时会导致网络的脆弱性。Buldyrev 等人[80]提出用相互耦合网络模型对相互耦合的网络进行建模分析:网络节点的功能依赖于与其耦合网络的节点支持,任意网络节点失效,与其相互依赖的其他网络节点失效。结果发现了与单一网络截然相反的结论。网络在一定的失效比例后会导致一级渗流相变。

针对上述模型的极端假设——网络中所有的节点都有依赖节点,Parshani

等人[82]改进了网络之间部分节点相互耦合提出了更一般的相互耦合网络模型:耦合网络之间节点一对一随机耦合的故障模型,结果显示减少耦合强度系统使得系统渗流相变从一阶变为二阶。更进一步,Shao 等人[83]提出了耦合网络之间一对多随机耦合的故障模型,该研究发现网络是以一阶相变形式分解。Hu 等人[84]根据真实系统中双网结构互相似特征,从理论上证实了该结构对增强网络鲁棒性有显著的影响。Kornbluth 等人[85]研究了在两个 ER 随机网络耦合中,耦合节点的距离对故障规律的影响,发现长依赖距离的网络比短依赖距离的网络更脆弱。Dong 等人[86]研究了双网之间不仅有耦合依赖关系,即耦合边,还有功能支持关系,即连接边,并研究得出连接边的度、耦合强度和单个网络的度对该模型的网络故障规律。但对于格栅网络之间的耦合,研究发现单独的网络比耦合后的网络的渗流相变更不连续,也就是网络之间的耦合并不一定会导致更尖锐的相变[87]。

6.3.3 沙堆模型

沙堆模型是 1987 年由国外 3 位物理学家 Bak,Tang 以及 Wiesenfeld 提出的,主要是为了研究沙堆崩溃的自组织临界现象,进而建立了能采用计算机模拟的沙堆模型。其描述了这样的一个问题:在一个假设平面上不停地堆沙子,随着沙子增多,沙堆逐渐变大,而沙堆的坡面也会逐渐变陡,这时新添加的沙子引发沙崩的可能性也就越来越大。对应于网络,相当于每个网络节点都有一个沙堆的高度和一个临界阈值,一旦高度大于阈值则该节点上的沙堆会崩塌,进而将沙子传递给其邻接的其他节点。如此反复循环直至没有会崩塌的沙堆节点。这几位物理学家提出的模型中定义了沙崩前的临界状态为自组织临界状态[88],该模型常被用来分析网络级联失效过程的动态特性。Bonabeau[89]研究了 ER 随机网络上的沙堆模型,发现级联失效规模的分布规律具有幂律特性。而 Lise 和 Paczuski[90]采用另一个模型对 ER 随机网络的研究也支持了 Bonabeau 的结论。Lee[91]等人从理论和实验两方面验证了 BA 无标度网络中,级联失效过程的规模和持续时间的分布都具有幂律特性。

6.3.4 OPA 模型

Dobson[92]等人提出的 OPA 模型(最优潮流方法)反映了电网由初始状态向自组织临界状态转化的过程,该模型对于电网状态演化过程中,用户负荷的增加、电网容量改变、故障的修复,以及故障发生时电网对功率分配的控制过程都能进行建模分析。该模型分为两个动态过程:电网在用电负载增加与工程反应相互作用下向临界状态转化的慢过程,以及电网发生级联失效和级联失效传播的快过程。他们基于 OPA 模型的研究发现,对网络小型停电事故的简单防护与预防,其实是为网络爆发一次大规模的级联失效做积累,这一结论与 Kim 等人[62]针对真实网络的研究结果基本一致。OPA 模型也能对北美电网出现的大规模级联失效以及发展中国家电网频繁出现的小故障进行一定的理论解释。

为了进一步深入了解电网负荷增加过程中,级联失效的频率和故障规模概率分布的变化特征,Dobson 等人[93]又提出了 CASCADE 模型,其比 OPA 模型简单,可用来研究在不同负载条件下电网故障频率、规模的概率分布特征,研究得到的结果与 OPA 模型的结论相符。

6.3.5 其他模型

近年来,随着人们对具有小世界或无标度拓扑结构的耦合映像格子(CML)中动力学行为的研究,又有人提出了基于 CML 的级联失效模型[94],并分别对规则、小世界及无标度 3 类网络中的级联失效现象进行了研究,分析了随机故障与蓄意攻击给网络级联失效过程造成的不同影响。

除上述模型外还有其他一些针对级联失效的分析模型,如 Rios 等人[95]用蒙特卡罗方法对电力系统进行仿真,描述了电线级联失效效应、保护系统的隐藏故障和电力系统的不稳定性。Pepyne 等人[96]使用马尔可夫模型分析了离散状态电力系统,研究了传播概率的影响以及降低隐藏故障概率的策略。

此外,随着人们对于复杂网络理论在耦合工程系统应用中的关注,又出现了针对耦合网络的级联失效模型。Zio 等人[97]建立了一种两网结构完全相同并以随机方式连接的耦合模型,并设定任意节点的超载会给其邻接节点和另一网络中的耦合节点带来额外负担。他们通过比较随机故障时单网的失效规模和耦合网络的失效规模发现,即使拥有相同的网络拓扑和负载分布情况,耦合网络也比单个网络脆弱得多。

6.4 改进的级联失效模型

项目组在分析、总结前人工作的基础上,提出了 3 种更加符合实际网络情况的级联失效模型,分别是:非线性级联失效模型[98]、考虑节点处理能力的级联失效模型[99]和考虑节点耦合簇影响的级联失效模型[100],并对模型的有效性进行了仿真分析和验证。

6.4.1 非线性容量负载模型[98]

本节介绍了项目组提出的一种更加符合实际网络情况的非线性容量负载

模型[98],并通过在BA无标度网络模型和ER随机网络模型上与已有线性模型的仿真对比实验,验证了新提出模型的有效性。

6.4.1.1 网络容量负载非线性特性分析

近年来,针对复杂网络级联失效现象的研究已取得了一定进展,主要包括几种级联失效分析模型以及获得的相关研究结论。其中,考虑流量负载分布的容量负载模型以网络节点/边上的负载超载(节点或边上的负载超过了其容量限制)作为节点/边的故障状态,能描述网络在节点/边发生超载故障后流量负载重新分布的过程。该类模型能够被用来模拟网络级联失效的相变过程,并能表征网络级联失效过程中的相变点等相关特征,较好地展现了网络由于负载动态分布引发级联失效的特性,因此,已成为目前对网络级联失效研究的学术热点之一。而容量负载模型构建的重要前提是需要对网络中各个节点的容量进行配置,当前已有的大多数研究在确定网络节点的容量分布时,有的学者直接简单地令网络中各节点的容量大小为统一的常数[56,70],不考虑网络的具体情况;有的学者为了体现真实网络中存在的一定随机性,利用数学统计假设,令网络中各节点的容量大小与节点的负载成随机相关关系[74,101];更进一步,很多学者均假设网络中各节点的容量与其上负载成线性比例关系[54,60,65,66],而这种对于网络节点容量与负载关系的线性假设也是在复杂网络的容量负载模型研究中使用较多的一种。

然而,目前文献[62]通过对4种实际网络中的真实数据的分析发现,在不同的真实网络中,网络节点的容量与对应负载呈现出一种相似的非线性关系:网络中容量越小的节点,其未使用的容量占节点总容量的比例越大;节点的容量越大,其容量被使用的就越多,如图6.2所示[62]。因为关于节点容量负载关系的假设是建立容量负载模型研究网络级联失效过程的基础,所以,基于上述几种不符合真实网络情况的网络节点容量负载关系假设的相关研究及其所得结论也与真实情况存在着一定程度的不符。

图6.2所示4种真实网络中节点的容量负载关系分别如下:图(a)为2005年在美国国际机场起降的飞机中被使用的座位总数(L)与提供的座位总数(C)之间的对应关系;图(b)为2005年美国科罗拉多州某段高速公路设计的车流量/h(L)与估计的道路车容量(C)之间的对应关系;图(c)为2000年夏季用电高峰时得克萨斯州电网传输线的实际负载(L)与对应容量(C)间的关系;图(d)为2006年6月MIT与普林斯顿大学之间校园网主干线的路由接口月平均流量(L)与带宽(C)的对应关系。上述4幅图均是文献[62]根据真实网络的数据曲线拟合得到,表示在双对数坐标系下网络平均容量负载的对应关系,其中的虚线表示节点容量(C)=负载(L),用来与实际数据得到的曲线进行对比。

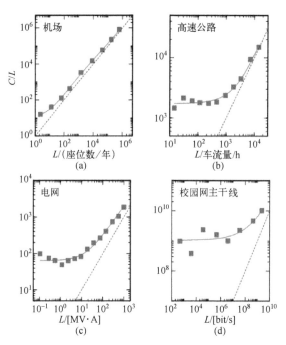

图6.2 4种真实网络中节点的容量负载关系

根据目前发现的这种实际网络节点容量与负载的非线性关系,文献[67]提出了一种更符合实际的网络节点非线性容量负载模型,以网络的投资成本与网络鲁棒性之间的对应关系作为模型的评价标准,并在BA无标度网络、ER随机网络、自组织网络以及美国西部电力网4种类型的网络上进行了级联失效的仿真实验,验证了所提出的非线性容量负载模型的可行性:在获得较高网络鲁棒性能的情况下只需要花费较小的网络投资成本。文献[63]考虑了网络节点容量与负载的上述非线性关系,提出了一种对应的非线性节点容量负载模型,以模型参数的临界值表现了级联失效过程的相变临界点,并作为避免网络级联失效发生所需最小成本的量化体现。在此基础上,该文献针对网络的级联失效和流量拥塞问题,提出了一种对网络链路进行优化加权的解决方案,在进行仿真实验的同时还做了理论的分析验证。

虽然已有部分文献[62,67,68]对于网络节点容量与负载的实际对应关系做了一定的初步探讨,并提出了一些假设模型,但目前对这一方面的研究仍存在着一定局限性与不足,比如:已有的研究对于在这种假设关系下发生超载故障的网络节点的处理以及流量负载的重分布规则所做出的假设不够合理。

6.4.1.2 非线性容量负载模型的设计与实现

本节主要介绍了非线性容量负载模型的设计过程以及与已有线性模型

的对比分析,同时,进一步介绍了网络级联失效仿真中的相关假设和主要流程。

1. 模型设计与对比分析

本节根据图论的理论采用有权无向图 G 来表示网络,网络中包含了 N 个节点、E 条边,并用邻接矩阵 $\{e_{ij}\}_{N\times N}$ 来描述图 G。邻接矩阵中的各个元素 e_{ij} 表示其下标对应的网络节点 i 与节点 j 之间相连边上的权值,取值范围是 $[0,1]$,用来度量边上的传输效率。若两节点之间不存在相连的边,则其在邻接矩阵中对应的元素为 0(边的权值为 0)。网络边的权值越大,说明该边的传输能力越强。在初始 $t=0$ 时刻,我们令网络中所有存在的边的权值均为 1,表示各边完好、传输能力均正常。此外,我们假设所有节点对之间的流量负载只选择它们之间存在的最短路径进行传送,即负载沿着传输效率最高的路径传递。

本节采用 ε_{ij} 来表示网络节点 i 与节点 j 之间最短路径的传输效率,矩阵 $\{\varepsilon_{ij}\}_{N\times N}$ 的计算参照文献[102]中的算法,根据组成最优路径的各条网络边的传输效率计算得到。同时,我们使用文献[102]中定义的网络效率 $E(G)$ 作为整网性能的评价指标,网络效率的计算公式如下:

$$E(G) = \frac{1}{N(N-1)} \sum_{i \neq j \in G} \varepsilon_{ij} \tag{6.5}$$

网络任意节点 i 在 t 时刻的负载 $L_i(t)$ 用该时刻的节点介数来表示,即 t 时刻通过节点 i 的所有网络最短路径的数目[103],本节中我们采用改进的算法[104]计算网络各节点的介数。节点的容量在这里定义为节点能够正常处理的最大负载。

Paolo Crucitti、Vito Latora 等人[66] 2004 年提出网络任意节点 i 的容量 C_i 正比于节点在初始 0 时刻的负载 $L_i(0)$,并根据此种线性比例关系的假设为各网络节点配置容量,具体如下:

$$C_i = \alpha \times L_i(0), \quad i = 1, 2, \cdots, N \tag{6.6}$$

式中: $\alpha \geq 1$,表示可以事先设定的节点容量的容忍参数;N 为网络总的节点数目。

通过调整容忍参数 α 的大小,分析了级联失效对于不同结构网络的破坏程度及其传播过程的特性。基于此类模型,人们对于级联失效的特性、预防及控制策略进行了研究。本节将该模型作为目前线性容量负载模型的代表与所提出的非线性容量负载模型进行对比。

如文献[62]所述,实际网络中节点的容量与负载之间并不是简单的线性比例关系,而是在不同类型的真实网络中均表现出一种相似的非线性容量负载特性。因此,本节基于文献[62]中利用网络真实数据构建的节点容量负载关系曲

线,通过曲线拟合,提出了一种更加符合实际的非线性容量负载模型(以下对容量负载模型均简称为 CL 模型),如下所示:

$$C_i = \alpha \times L_i(0) + \alpha \times L_i(0)^{1-\beta}, \quad i=1,2,\cdots,N; \alpha \geq 1; 0 < \beta < 1 \quad (6.7)$$

上式相当于在线性 CL 模型式(6.6)的基础上增加了项:$\alpha \times L_i(0)^{1-\beta}$,而正是通过这一项来描述网络节点容量与负载间的非线性特征。模型(式(6.7))中包含了两个参数:容忍参数 α 和非线性系数 β。容忍参数 α 的大小一方面反映了受实际成本限制的有限网络容量,同时,通过级联失效模拟中容忍参数 α 的大小也可以观察不同类型网络的鲁棒性,通过改变非线性系数 β 的大小,可以灵活调整节点容量与负载之间关系的非线性程度。根据所仿真的真实网络特点,配合调整上述两个参数的大小可以增加网络建模仿真的准确性,为针对不同类型网络的仿真实验提供了更大的灵活性,一定程度上扩大了可仿真的网络对象范围,进而说明了该非线性 CL 模型的可行性。下面还将通过基于几种复杂网络模型的级联失效仿真对比案例,证明所提出的非线性 CL 模型的有效性。

图 6.3 和图 6.4 为针对不同网络,分别使用非线性 CL 模型(式(6.7))与线性 CL 模型(式(6.6))得到的网络正常状态下节点容量(C)与负载(L)在双对数坐标系下的对应关系。两个图中的虚线均假设网络中各个节点上的 $C=L$,构成了图中另外两条曲线的对照曲线。

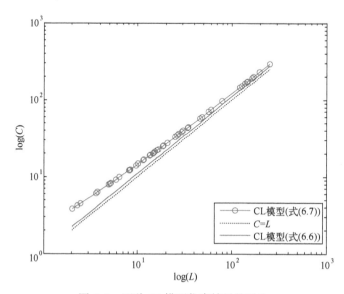

图 6.3 两种 CL 模型仿真结果的对比

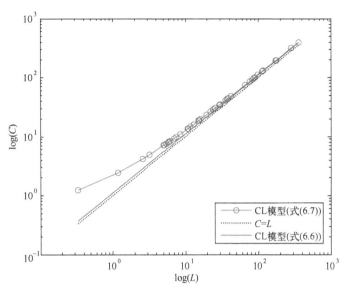

图 6.4 两种 CL 模型仿真结果的对比

从图 6.3 可以看出,基于本节提出的非线性模型(式(6.7))得到的圈形实线能够很好地表现出网络节点容量与负载间的非线性对应关系(参照图 6.4 中真实网络节点容量与负载的关系曲线),即容量较小的节点其容量被使用的比例较小,容量越大的节点,其容量被使用的程度越大。所以,非线性容量负载模型(式(6.7))得到的仿真结果相较于线性模型(式(6.6))的结果更接近于真实网络的情况[62]。

2. 级联失效过程

网络在初始建立好时处于稳定状态,由上一节中的模型设计可知,由于初始 $t=0$ 时刻网络所有存在的边均处于正常工作状态,所以,根据网络效率的计算公式(6.5),网络效率 $E(G)$ 会保持不变。当移除某一个网络节点后(模拟实际网络中节点的故障),网络节点对之间的最短路径(传输效率最高的路径)组成及传输效率会发生变化。根据流量负载的传输规则,网络的流量负载会重新分布,而这样的变化可能会导致其他网络节点发生超载故障,从而继续改变网络最优路径的分布,引发新一轮负载的重新分配,最终发生级联失效。而上述的级联失效过程会一直持续发生直到网络效率 $E(G)$ 下降到一个动态稳定的值,此时表明网络达到了一个新的稳定状态。

在上面介绍的级联失效仿真过程中,每一个仿真时间步 t 都依据文献[66]中的迭代规则,如式(6.8)所示,根据节点在此时刻的容量负载关系计算网络在下一时刻各条边的权值。由各边的权值进而决定下一时刻节点对间的最优路径组成及传输效率。

$$e_{ij}(t+1) = \begin{cases} e_{ij}(0) \times \dfrac{C_i}{L_i(t)}, & L_i(t) > C_i \\ e_{ij}(0), & L_i(t) \leq C_i \end{cases} \quad (6.8)$$

式中:e_{ij}为通过节点i与j之间的相连边从i向j进行负载传输时的效率;$e_{ij}(0)$为初始$t=0$时刻从节点i向j通过二者之间相连的边传送网络负载时的效率。

由式(6.8)可知,各节点在t时刻负载$L(t)$的情况以及对应容量C的大小,决定了$t+1$时刻各边的权值。这种规则与文献[54]中的规则相比在一定程度上能够更好地反映真实网络流量的变化情况,同时,通过这种级联失效仿真可以得到整网效率$E(G)$下降的趋势图,以此能够观察并分析网络级联失效的全过程[66]。

针对本节所改进的模型,我们在BA无标度网络模型和ER随机网络模型上基于动态流量分布的级联失效仿真分析,对比了目前常被用到的一种线性CL模型,结果表明:采用我们提出的非线性CL模型时,网络在遭到攻击后整网效率下降到新稳态值的过渡时间较使用线性CL模型时更短,这从侧面反映了级联失效在网络中传播的速度很快,网络会在较短时间内达到新的动态平衡这一事实。同时,采用非线性CL模型时,当增大容忍参数α后,级联失效仿真过程中对应的网络效率下降幅度的相对减小程度较使用线性CL模型时会有明显下降,这说明在一定程度内同比例地增大网络所有节点的容量,并不能显著地提高网络遭受攻击后的鲁棒性。此外,使用非线性CL模型得到的仿真结果同样说明无标度网络受蓄意攻击的影响较为严重,而随机攻击对无标度网络性能造成的影响相对较小。上述对比中使用非线性CL模型得到的仿真结果体现出的两个方面特性均与目前已有得到公认的相关研究结论相一致[105-108],从而验证了本节提出的非线性CL模型的有效性与可行性。

6.4.2 考虑节点处理能力的级联失效模型

本节在总结前人相关工作的基础上,分析了目前对于节点处理能力影响方面研究的局限性以及移动无线网络可靠性研究方面的不足,定义了移动无线网络节点的性能故障模型,并进一步构建了移动无线网络的级联失效仿真模型[99]。

6.4.2.1 网络节点处理能力的影响分析

在真实环境有限的资源和成本约束下,实际网络中节点总的负载处理能力有限,而其对于网络的传输性能、网络的信息处理能力以及网络故障的传播均具有重要的影响作用。

目前,已有不少学者就网络节点的负载处理能力对于网络动态过程的影响作用进行了相关研究,凌翔等人[109]将网络交通迟滞现象的研究推广到了不同结构的网络上,探讨了当分别使用全局路由和局部路由策略时,在不同结构网络上产生的交通迟滞现象和节点负载处理能力之间的关系,其中,将节点容量也作为节点的特征之一进行了考虑并假定节点容量有限。最后发现在使用不同信息路由时,节点负载处理能力对不同结构网络上产生的交通迟滞现象的影响特征各不相同;窦炳林等人[110]针对复杂网络中的级联拥塞问题,建立了具有不同负载处理能力和容量的网络节点模型,考察了节点负载处理能力以及节点容量对网络级联拥塞的影响,通过对两个节点特征量的试验对比,验证了网络拥塞的相变产生过程是由节点负载处理能力所决定的,不同的节点处理能力决定了相变临界值的大小;文献[61]通过对两个相关模型的分析,给出了在由路由器组成的网状网络拓扑结构中,路由器遭到病毒攻击后发生大规模级联失效的相变条件以及网络参数,如路由器数目、路由器处理能力对级联失效相变点的影响;杨涵新等人[111]考虑在一定经济成本的限制下(即网络节点的负载处理能力总和有限),提出了一种网络节点负载处理能力的最优分配策略,可使网络的信息处理能力达到最大。并通过调整模型参数分析在不同路由规则下的情况,得出节点处理能力与节点的负载相符合时可以令网络的信息处理能力最大的结论。

目前的大多数级联失效容量负载模型只考虑了网络节点的容量特征,而忽略了节点负载处理能力对网络级联失效过程的影响。少数文献虽然考虑到节点的负载处理能力,但有的假设网络中所有节点的负载处理能力相同,与大多的实际系统不符,而且均没有分析其对网络级联失效过程的影响。根据网络负载动态分布的规则,网络节点的负载处理能力会直接影响网络在发生节点故障后负载重新分布的最终结果,从而影响网络的级联失效过程。

6.4.2.2 移动无线网络节点的处理能力模型

绝大多数移动无线网络中的节点都会配有一个或多个无线接口,这些接口的发送和接收能力可能不一致,还可能工作在不同的频段上,正是节点无线传输能力的异质性导致了非对称链路的存在。另外,每个移动节点可能进行了不同的软硬件配置,这也导致了节点处理能力的多样性。本节用节点能量值作为其处理能力进行建模,当其剩余能量低于启动能量阈值 E_c 时,节点就失去通信功能而退出了网络的服务。定义战术互联网移动节点的生存时间 T 为各节点的能量低于 E_c 时所持续的时间,而节点 v_i 发送当前业务数据所消耗的能量[112]为

$$E_i(t) = a_i(t)(E_{\text{elec}} + E_{\text{amp}} Ran_i(t)^{\gamma_i(t)}), \quad 2 \leq \gamma_i(t) \leq 4 \qquad (6.9)$$

式中:$a_i(t)$为节点v_i在时刻t所需传输的数据长度;$Ran_i(t)$为节点v_i在时刻t的有效传输半径,E_{elec}为单位数据的无线收发电路能耗系数;E_{amp}为功率放大电路的功耗系数;$\gamma_i(t)$为节点v_i在时刻t所处环境的干扰因子,其根据不同的干扰环境取值不同。

则移动无线网络中的节点v_i在任务时刻t_m能可靠工作的概率为

$$\begin{aligned}r_i(t_m) &= p(t_m \leq T) \\ &= P(E_{aval}(t_m) \geq E_c) \\ &= p\left(\left(E_0 - \int_0^{t_m} E_i(t)\mathrm{d}t\right) \geq E_c\right)\end{aligned} \quad (6.10)$$

式中:E_0为战术互联网中节点v_i初始时刻的能量;$E_{aval}(t_m)$为时刻t_m可用的剩余能量。

综上所述可知,移动无线网络中节点的生存时间受节点自身性能特性、节点的相对分布、任务剖面中环境剖面、业务剖面及其他因素的综合影响。文献[113]中将移动节点随着任务时间的增长,受环境剖面、业务剖面及其他因素综合影响的失效过程称为随机失效,其为网络可靠性研究中的常用失效模式。该文献不考虑维修保障的影响,假设节点故障后无修复过程,根据机械、电子部件等组成的移动节点构件的复杂失效特性,采用威布尔分布描述随机失效模式下移动节点构件的可靠度。同时,假设节点服从二态分布,如果节点在时刻t正常运行,则$n_i(t)=1$;否则$n_i(t)=0$。节点可靠度的数学表达式为

$$r_i(t) = p(n_i(t) = 1) = \mathrm{e}^{(-t/\theta)^\beta} \quad (6.11)$$

本节中对于移动无线网络级联失效过程的研究,采用了与其他章节不同的网络初始失效动机,即在网络仿真的初始时刻,以网络节点发生性能故障导致节点的负载处理能力下降作为网络的初始失效动机,并以此来触发移动无线网络上的级联失效现象。本节通过分析网络节点负载处理能力下降对级联失效的触发作用以及考虑节点负载处理能力后的级联失效传播过程来综合研究节点处理能力对于网络级联失效的影响模式。

本节根据移动无线网络中节点度的大小来判断节点是否发生性能故障。这里假设移动无线网络节点的性能包含了节点的两个方面特征:节点容量(C)和节点负载处理能力(V),节点容量(C)是节点所能容纳的最大负载量,而节点的负载处理能力(V)是每个时间步节点所能发送的负载量。为了有针对性地研究节点负载处理能力的影响作用,本节中只单独考虑节点的性能故障会导致节点的处理能力下降,而不对节点的容量产生影响。最终,按照下面的公式来判断在仿真的初始时刻,移动无线网络的节点是否发生性能故障:

$$q(k_i) = \begin{cases} 0, & k < m \\ 1, & k \geq m \end{cases}, \quad i = 1, 2, \cdots, N \quad (6.12)$$

式中:$q(k_i)$为移动无线网络中度数等于k_i的节点发生性能故障的概率;m为人为设定的节点度数的阈值。

若某节点的度k_i大于阈值m,则该节点发生性能故障;反之,则节点不发生性能故障。式(6.12)依据的是文献[114]的研究结论:移动无线网络中的节点发生性能故障的概率与节点的度数及负载相关。本节假设若某个节点发生了性能故障,则该节点对应的负载处理能力(V)会发生大幅下降,若下降为0,则表示该节点不能再传递网络的流量负载。

6.4.2.3 移动无线网络的级联失效过程

采用一种符合真实环境下节点移动特征的移动网络模型是展开进一步分析的基础。本节采用二维正态云模型[115,116]作为移动无线网络的生成模型,该模型能够有效地描述网络节点移动时的模糊性和随机性,从而有助于更加准确地分析移动无线网络上的级联失效过程。

1. 基于正态云模型的移动网络实现流程

在实际环境中,移动无线网络节点的移动会受到天气、地形等外界环境的影响,而影响网络拓扑结构变化的主要因素有:网络规模的变化,链路动态地增加或消失,链路带宽的动态变化,链路传输时延的变化以及路由动态的变化等。例如,在雪天或雨天移动的最大速度和加速度要比晴天低,在森林中的移动比在公路上的移动更慢;天气情况可分为晴天、雨天、冰雪天等极端恶劣天气;地形分为平坦大道、河流湖泊和高山沙漠等恶劣地理环境。因此,在环境剖面的影响下,节点的移动速度和方向会受到不同程度的影响。

设U是一个用精确数值表示的定量论域,C是U上的定性概念。若定量值$x \in U$,且x是定性概念C的一次随机实现,x满足式(6.13)。同时,令μ为x对C的确定度,μ满足式(6.15),则x在论域U上的分布即为正态云模型。

$$x \sim N(E_x, E_n'^2) \tag{6.13}$$

$$E_n' \sim N(E_n, H_e^2) \tag{6.14}$$

$$\mu = e^{\frac{-(x-E_x)^2}{2(E_n')^2}} \tag{6.15}$$

基于二维正态云模型实现网络动态移动模式的仿真流程如图6.5所示。

图6.5为移动无线网络的各个节点分配移动路径(由定义一系列给定时间间隔的检查点完成),根据节点移动的不确定性,在节点到达一个行动路径检查点时,则通过将下一个检查点位置作为期望,节点对目标点的确定程度以及节点移动的自主程度分别作为正态云模型的熵和超熵,计算出下一个检查点附近出现的新位置。通过新位置,目前所在位置以及时间间隔,即确定了节点的新移动向量。一个节点要完成任务,必须走完所有的检查点。虽然每个节点分别计算移动向量,但是由于正态云模型的泛正态分布特点,拥有相同下一个检查

点的所有节点,在移动至下一个检查点附近时,能够形成二维正态云的队形,因此能够更好实现移动节点的群组行为。

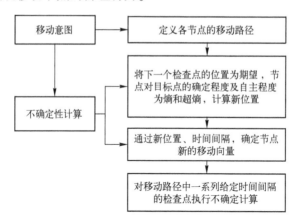

图 6.5　移动无线网络拓扑结构生成流程图

2. 基于正态云模型的移动网络生成算法

首先,令节点 i 在时刻 t 的位置参数为 $(x_i(t), y_i(t), \mu_i(t))$,则有

$$\mu_i(t) = \exp\left[-\left(\frac{(x_i(t)-E_x(t))^2}{2E_{nx_i'}(t)} + \frac{(y_i(t)-E_y(t))^2}{2E_{ny_i'}(t)}\right)\right] \quad (6.16)$$

式中:参数 $(E_x(t), E_y(t))$ 为期望为 $(E_{nx}(t), E_{ny}(t))$,熵为 $(H_{ex2}(t), H_{ey2}(t))$ 的二维正态随机变量;$(x_i(t), y_i(t))$ 为期望为 $(E_x(t), E_y(t))$,熵为 $(Enx_i^2(t), Eny_i^2(t))$ 的二维正态随机变量;$\mu_i(t)$ 为 $(x_i(t), y_i(t))$ 属于某论域程度的量度。

使用二维正态云模型来模拟移动无线网络中各个节点的移动模式,具体的仿真算法如下。

输入参数:$(E_x, E_y, E_{nx}, E_{ny}, H_{ex}, H_{ey}, n)$,行动路径检查点函数;

输出:$\mathrm{drop}(x_i, y_i, \mu_i)(i=1,2,\cdots,n)$。

(1) 生成二维正态随机变量 $(E_{nx_i'}, E_{ny_i'})$,其期望为 (E_{nx}, E_{ny}),熵为 (H_{ex2}, H_{ey2});

(2) 生成二维正态随机变量 (x_i, y_i),其期望为 (E_x, E_y),熵为 $(E_{nx_i'^2}, E_{ny_i'^2})$;

(3) 计算 $\mu = \exp\left[-\left(\dfrac{(x_i-E_x)^2}{2E_{nx_i'}} + \dfrac{(y_i-E_y)^2}{2E_{ny_i'}}\right)\right]$;

(4) 设 (x_i, y_i, μ_i) 为云滴,它是该云所表示的语言值在数量上的一次具体实现,其中,(x_i, y_i) 为定型概念在论域中这一次具体对应的数值,μ_i 为表示 (x_i, y_i) 属于这个语言值的程度的量度;

(5) 重复(1)~(4),直到 N 个云滴产生为止。

通过对二维正向正态云发生器中的期望值(E_x, E_y)、熵(E_{nx}, E_{ny})和超熵(H_{ex}, H_{ey})等参数数值的不同设置,我们可以得到不同移动模式下,由表示移动节点位置的 N 个云滴所组成的网络移动过程中各步形成拓扑结构数据。

本节对移动无线网络的级联失效过程进行了探索性研究,提出了一种针对该类网络上级联失效现象的仿真模型。其中,针对网络移动过程中形成的任意一个拓扑结构进行 T 个时间步的信息包产生、传递仿真,具体流程如图 6.6 所示。

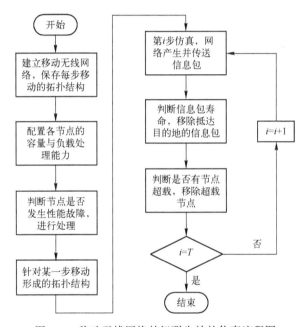

图 6.6　移动无线网络的级联失效的仿真流程图

根据图 6.6 所示的仿真流程,对于网络在整个移动过程中拓扑结构的级联失效仿真的具体步骤如下。

首先,使用二维正态云模型构建移动无线网络,网络在事先设定好固定边界的二维区域内移动。规定移动网络节点的有效通信半径为 R_T,若 $R_T < d_{ij}$(d_{ij} 为任意网络节点 i 与节点 j 间的距离),则节点 i 与 j 之间能够进行通信。建立网络在每一步移动过程中所形成的网络拓扑结构的邻接链表。

然后,为每个网络节点配置节点的容量(C)和节点的负载处理能力(V)(对于通信网,则分别表示节点上信息包的最大排队长度和节点在每步仿真中所能转发的信息包的量)。结合实际环境,网络在不同的移动模式下,移动网络节点的容量和负载处理能力应该有不同的分布情况。针对网络的随机移动模式,考虑网络各节点的容量及负载处理能力均相同。在仿真的每一个时间步,网络所产生的新的信息包的数量 R 一定。

仿真初始时刻，首先根据移动节点的度的大小判断节点是否发生性能故障，按照式(6.9)进行判断并处理相关节点。

针对网络移动过程中形成的每个网络拓扑结构均进行 T 个仿真时间步的信息包的产生及传递。在每一个仿真时间步，网络都将产生 R 个信息包（随机地选择数据包产生节点和目的节点）。假设网络的信息包一旦到达目的节点，就将被从网络中删除。而网络中的信息包同时也具有一定仿真时长的寿命，若超过了信息包的寿命还未到达目的节点，则该信息包也将被从网络中移除。此外，假设网络中所有的信息包均只沿着其产生节点和目的节点之间的最短路径进行传递，每个网络信息包在一个仿真时间步只能从一个节点传递到其相邻的另一个节点，而在每个节点上的信息包则根据先进先出的原则按次序从节点发出。每一个仿真时间步，若在某个节点 i 的有效通信半径范围内没有其上的信息包到达对应目的节点的路径中的节点存在，则该信息包在该仿真步不向外传递。

在每一个仿真步开始时都要判断是否有网络节点发生了超载故障，并进一步移除超载的网络节点。然后，计算每个仿真时刻网络中存在的数据包的数量 $n(t)$，因寿命终结而被移除的信息包的数量 $F(t)$ 以及网络中所有最短路径的平均长度（跳数）$L(t)$ 这几个能够实时反映网络传输状况的指标。

基于此仿真模型，可以进一步结合未考虑节点处理能力故障的模型进行对比，从而综合地分析节点负载处理能力对于移动无线网络上级联失效过程的影响。

我们在本节中探索了移动无线网络上的级联失效过程以及节点负载处理能力的影响作用。其中，以移动网络节点性能故障导致的节点处理能力下降作为网络的初始失效动机，并结合相关的研究结论给出了具体的节点性能故障模型，从而为研究节点负载处理能力对于移动无线网络级联失效的影响模式提供了思路和方法。同时，本节以网络负载的动态分布作为网络级联失效的故障机理，结合移动网络拓扑结构动态变化的特点，提出了一种针对移动无线网络级联失效现象的仿真分析模型。

在未来对于移动网络的级联失效现象以及节点处理能力影响作用的研究中，就本节的研究还可以继续从以下几个方面着手：

（1）考虑节点负载处理能力的不同分配策略对于移动网路级联失效的影响，从而与实际结合，考虑在有限的成本约束下，合理地分配节点处理能力以提高网络的鲁棒性。

（2）进一步考虑网络的移动模式对于移动无线网络故障传播过程的影响

作用。根据实际工程背景,研究真实网络不同的移动模式对于移动无线网络级联失效的过程及特性的影响。

(3) 根据真实网络的情况,改进网络节点的性能故障模型。在实际中,影响节点性能故障发生的因素很多,而节点发生性能故障后也存在多种状态,具有多种故障表现形式。

6.4.3 考虑节点耦合簇影响的级联失效模型[100]

网络节点之间除拓扑物理链路以外还有很多其他类型的耦合关系,它们大多会直接影响网络故障的传播模式,然而关于这些耦合关系对网络级联失效影响作用的研究成果却还很少。本节参考已有的相关研究基础,用概率函数划分的节点耦合簇来描述节点间物理连接以外的其他耦合关系,并提出了考虑节点耦合簇与网络负载动态分布综合作用下的级联失效仿真模型[100],为研究节点耦合因素对网络级联失效的影响模式提供了新的方法,进而有助于更加全面地分析网络的故障传播行为。

6.4.3.1 网络节点耦合关系的分析
1. 节点耦合关系的描述模型

在真实环境下的各类网络系统中,网络节点之间除了在拓扑结构上有相互连接的链路这种耦合关系外,还存在着各种各样的其他类耦合关系,包括节点之间的依赖关系:功能上的依赖、逻辑上的依赖等,以及节点间的相互协作、抑制等作用。比如,在商业网络中,每家公司(相当于商业网络中的节点)都与其他公司有着贸易、业务上的往来联系,这种明显的关联关系类似于节点间存在的链路,令这些公司能够共同运营,从而使整个商业网络正常运转。而当某些公司属于同一个所有者时,这些公司又具有了一层更加紧密、复杂的联系。如果某一家公司的运转不正常就可能直接导致该公司所有者的其他公司也不能正常运营,即网络节点间的耦合关系可能会加剧某些网络故障在节点间的传播行为,从而最终扩大了网络故障的影响范围和破坏力。

构建网络节点之间耦合关系的描述模型是研究其对于网络传播动力学现象的影响作用的前提,但由于实际网络系统的复杂性和多样性,对于网络节点间除了拓扑链路连接以外的其他类同样具有现实背景的耦合关系的描述问题一直是当前研究的难点之一。目前大多数学者对于网络节点之间拓扑连接以外的其他类耦合关系的描述主要是采用一些比较简单、通用的概率统计数学模型来完成的。文献[75]中假设除了网络中的物理拓扑链路以外,网络节点之间还存在着其他相互依赖的关联关系,具体描述为每两个网络节点之间存在着一一对应的互相关联,即网络中每个节点耦合簇的大小均为2。但在现实的环境中,大多数网络中相互关联的节点所组成的各个节点耦合簇的大小不是固定的,其规模的分布往往与具体的网络对象、实际的应用背景有关。

Amir,Roni 等人在 2011 年的文献[76]中就网络节点间拓扑结构连接以外的其他耦合关系做了更进一步的数学描述。他们分别假设了网络节点耦合簇的 3 类构成方式,每一类构成方式中,网络节点耦合簇中包含的相互关联的节点数目所服从的数学概率分布不同:①网络中所有的节点耦合簇均包含相同的节点个数;②网络中各个节点耦合簇的规模大小服从正态(高斯)分布;③网络各个节点耦合簇中的节点数目服从泊松分布。文献[76]中给出的网络各个节点耦合簇的构成形式如图 6.7 所示。

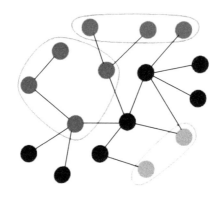

图 6.7　进行节点耦合簇划分的网络示意图

如图 6.7 所示,网络中的各条边均代表着网络节点之间的连通关系,被曲线包围的网络节点组成了一个个大小不同的节点耦合簇,簇内的节点之间可能会相距非常远的距离。通常,网络节点耦合簇的大小在整体上服从一定的概率分布。

目前描述网络节点间耦合关系的数学模型大多未能考虑真实网络所具有的实际工程背景,所以,这些已有的描述模型很难有效地支持对于真实网络中节点间耦合关系的影响作用的深入研究。

此外,目前的几类网络节点耦合关系描述模型并没有考虑实际网络中节点间耦合程度存在的强弱差别。在实际环境中,不同网络系统内的节点耦合关系的紧密程度会有很大差别。即使在同一个网络中,不同节点间的相互依赖程度也可能各不相同,这种耦合关系强弱程度上的差别对于网络相关特性的影响也会有所不同。针对具体环境、具体的网络对象应该采用特定的描述模型进行具体分析,但是,目前还没有能很好地反映网络节点耦合关系强弱的数学模型,同时也很少有针对节点间耦合强弱程度的不同对于网络可靠性等问题影响差异的研究。

2. 节点耦合关系影响作用分析

目前关于网络节点间拓扑连接以外的耦合关系对于网络可靠性、网络动力学行为等方面影响的相关研究主要包括:构建多层/关系耦合网络,研究层间节点间不同的耦合关系,如互相抑制、协作、依存等对单个或多种网络传播动力学行为的影响;将网络节点间的耦合关系与网络渗流故障相结合,分析二者共同作用下的网络故障传播特性[80,97],例如,上述两种因素的综合作用导致非网络最大连通子团内的节点发生失效(被从网络中移除)模式。对于耦合的多层网络,由于不同网络中的节点存在着相互耦合的关系,一旦发生渗流故障,往往会引发级联失效在整个网络系统的不同网络之间传播。刘星等人[117]考虑了不同网络系统层间实际具有的耦合关系,将现实中的信息物理系统抽象为多层耦合网络,分析了信息物理系统中不同网络层的流量特征和节点不同耦合关系对应的故障传播机理。同时,结合相变理论和渗流理论,构建了多层耦合网络的混合故障模型,并通过蒙特卡罗仿真,对遭受攻击后的网络故障传播过程进了模拟、分析,以此对多层耦合网络系统的可靠性问题进行了研究。

人们基于大量的实证基础研究后发现,网络节点间的耦合关系往往会将不同节点间的故障相互关联在一起。文献[75]提出了一种拓扑连通性链路与节点依赖性链路共同作用的网络级联失效仿真模型,用来分析复杂网络的鲁棒性能。研究的结果说明:在两类链路的共同作用下,网络发生的持续性级联失效现象将对网络的稳定性造成毁灭性的破坏。而体现节点耦合关系的依赖性链路的引入则引发了网络某些特性的剧烈变化,比如,网络中一些节点的故障会通过依赖性链路直接导致其他节点的失效。最终,这两类链路的综合作用会极大地增加网络对于节点随机失效故障的脆弱性。该文献中还给出了上述两种影响因素共同作用下的网络故障传播演示过程,如图 6.8 所示。

图 6.8 所演示的渗流过程与节点的依赖性失效共同造成了网络级联失效的反复循环过程。图中节点间的连通性链路用实线表示,依赖性链路用虚线表示。(a)初始失效的两个节点导致其上的连通性链路同时失效;(b)渗流过程——所有不属于最大连通子团的节点及其上的连通性链路均失效;(c)依赖性失效——与失效节点通过依赖性链路连接的节点均失效;(d)下一步的渗流过程造成了更多节点失效(当前网络中的最大连通子图只包含两个节点)。

同时,Roni,Sergey 等人在文献[75]中将之前人们对于网络节点耦合关系影响模式的研究分为了两大类:①网络的流量负载通过节点之间存在的拓扑连通链路(节点耦合关系的一种)动态分布进而造成节点超载故障的传播;②网络节点的工作状态依赖于其相邻节点所处的状态(这里的相邻是指相互具有耦合关系),一个节点的故障会直接导致其相邻节点的失效,并在网络中将此故障依

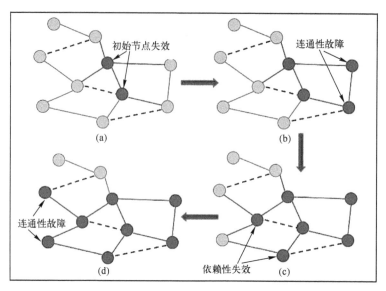

图 6.8 渗流与耦合因素协同作用的级联失效示意图

此传递、扩散。当前大多数学者主要是针对上述第一类节点关联关系的影响——网络负载通过链路动态分布引发的网络级联失效现象展开研究,并已取得了一定的研究成果[54,66,67]。

然而,在真实的网络系统中,不单是网络负载通过节点间链路的动态变化或者重新分配会引发网络的级联失效现象,文献[118]中所总结的第二类网络节点的耦合关系同样会影响网络上故障的传播行为,而且对网络的结构、性能等方面造成的影响往往会很大,同时,这一类节点间的耦合关系通常具有很强的工程实际背景。但是,目前大多的网络级联失效模型只关注了负载分布因素引发的超载故障传播,而对于节点拓扑连接之外实际存在的其他耦合关系的影响作用研究仍处于探索阶段,尤其是对于广泛存在,作为基础研究对象的单个网络中的情况。

因此,如果能够综合考虑上述两类节点耦合因素的作用[119],分析其对于网络故障传播等问题的影响模式,无论是在理论研究还是工程实践中都将十分具有吸引力。考虑到不同网络节点间实际可能存在的多种耦合关系,可以预见,其对于网络可靠性和网络动力学行为等方面造成的影响是异常多样的,围绕这一主题存在着很大的研究空间和很多可以深入细化的研究方向。

6.4.3.2 基于节点耦合簇与负载动态分布的级联失效模型

根据 4.1 节中的调研分析结果,目前对于网络级联失效的研究,针对单个网络内的情况是研究得最早的,得到的结论也是最多的;而研究中所考虑的级联失效影响因素(类似于可靠性中定义的失效机理)也相对比较单一,就这些单一因素影响作用的研究时间也较长。针对目前关于拓扑物理连接以外的网络节点耦合关系对网络级联失效影响作用的研究中所存在的局限性与不足,本节综合考虑了节点间耦合关系与网络负载动态分布共同影响下的网络故障传播问题,设计了更加反映实际情况的节点耦合簇与负载因素混合作用下的网络级联失效仿真模型,为分析网络节点耦合因素对于网络级联失效过程的影响模式提供了思路与方法。

本节主要采用C++语言编程实现了上述节点耦合因素与负载分布因素混合作用的级联失效仿真模型,分别包括:不同类型网络模型的构建(各节点邻居链表的建立、网络相关统计量分布计算函数、初始节点容量配置等)、初始时刻网络节点的移除模块(模拟节点不同的初始失效类型)、网络节点耦合簇的概率划分模块(依据概率函数划分各簇并标记等)、网络负载的动态分布模块(负载的产生、路由算法实现以及节点故障后的负载重分配)、节点超载的判定和之后的处理模块(对应节点及节点耦合簇的移除)以及网络评价指标计算模块(计算网络效率、网络寿命等指标)等全部子函数模块,已完成1500行代码。

1. 模型设计

本节将主要介绍本节所提出的节点耦合因素与负载分布因素共同作用下的网络级联失效仿真模型的具体设计环节。

参考2.2.1节中的模型设计方法,本节采用了复杂网络中的无权无向网络模型作为网络仿真对象,网络G中含有节点集$V:\{v_1,v_2,\cdots,v_N\}$和边集$K:\{k_1,k_2,\cdots,k_M\}$,根据网络的拓扑结构构建网络的邻接链表。网络中不存在自环且都是单边,即网络中所有的边只有存在与不存在两种状态,且都是双向连通的;任何一对网络节点之间最多只有一条相连的边,同时,没有起点和终点都在同一个节点上的边存在,具体如下所示。

$$(v_i,v_j)=\begin{cases}1, & (v_i,v_j)=k_l;v_i,v_j\in V;i\neq j;k_l\in K\\0, & 否则\end{cases} \quad (6.17)$$

任意网络节点之间的连通路径由网络的边组成,路径的长度为组成该条路径的边的个数(跳数),节点对之间长度最短的连通路径即为该两节点间的最短路径,其长度相当于两点之间的距离。若两节点之间没有连通的路径,则节点之间的距离设为无穷大。

本节按照网络中各节点耦合簇的大小(所包含的节点个数)服从某种特定的数学概率分布模型来进行节点耦合簇的划分[76]。例如,若网络中各耦合簇的大小服从高斯正态分布(即节点耦合簇的平均大小为$\langle s \rangle$,方差为σ^2),则任意一个网络节点属于规模大小为 s 的节点耦合簇的数学概率 $q(s)$ 按照下式进行计算：

$$q(s) = \begin{cases} A \times e^{-(s-\langle s \rangle)^2/2 \times \sigma^2}, & 1 < s < 2 \times \langle s \rangle - 1 \\ 0, & \text{否则} \end{cases} \quad (6.18)$$

式中：A 为归一化因子。令概率 $q(s)$ 在耦合簇规模 $1 < s < 2 \times \langle s \rangle - 1$ 时不等于 0，这是为了使各耦合簇的大小在 $\langle s \rangle$ 两边的分布对称。

同理，当网络中节点耦合簇的规模大小服从泊松分布，则任意一个节点耦合簇的大小为 $s+1$ 的概率按下式计算：

$$p(s+1) = \frac{\lambda^s e^{-\lambda}}{s!} \quad (6.19)$$

式中：$\lambda \equiv \langle s \rangle - 1$，而 $\lambda + 1$ 是网络中节点耦合簇的平均大小。

本节同样以节点介数作为节点的负载，并假设在每个仿真时间步都有一个信息包沿着网络中每对节点之间的最短路径进行传递，节点负载(介数)的具体计算方法如下：

$$L(v) = \sum_{s \neq v \neq t} \frac{\sigma_{st}(v)}{\sigma_{st}} \quad (6.20)$$

式中：$L(v)$ 为任意节点 v 的负载；σ_{st} 为任意节点 s 与节点 t 之间最短路径的数目；$\sigma_{st}(v)$ 为节点对 s,t 之间所有的最短路径中经过节点 v 的最短路径数目。

根据各节点的初始负载 $L(0)$，按照 6.4.1.2 小节中提出的非线性容量负载模型(如式(6.7)所示)，配置各个网络节点的容量 C。

网络中的连通子团 $G'(V', E')$ 是指一定数目互相连通的网络节点以及与这些节点相连的边所组成的集合。在连通子团中，没有孤立节点，所有节点之间均可互达。网络连通子团的大小定义为其所包含的节点的个数。本节采用网络最大连通子团的相对规模 g 和第二大连通子团的实时大小 $S(t)$ 来分析、评估网络所处的工作状态，其中，g 按照式(6.4)计算。

2. 级联失效过程

本节将重点介绍在已考虑了网络负载动态分布的容量负载模型相关研究基础上，进一步结合节点间物理拓扑链接以外逻辑类耦合关系的实际影响作用，所提出的混合因素作用下的网络级联失效仿真建模方法。目前该模型主要考虑的是单个网络内的节点耦合因素对于网络级联失效的影响作用，得到的研究结论可以为具有网络化结构的实际工程系统的可靠性设计与故障预防提供一定的理论支持。

首先，本节新提出的网络节点间耦合关系与网络负载动态分布混合作用下的网络级联失效的具体仿真流程如图 6.9 所示。

第6章 连通可靠性模型与算法的进一步扩展

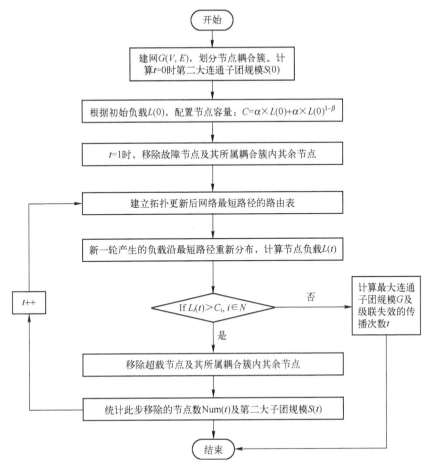

图6.9 节点耦合与负载动态分布混合作用下的网络级联失效仿真流程图

网络节点耦合因素与负载分布因素共同作用下的网络级联失效建模过程的具体步骤如下。

(1) 根据复杂网络模型构建网络 $G(V,E)$ 的拓扑结构,并按照指定的概率分布模型划分网络中的节点耦合簇。之后,统计初始时刻网络中第二大连通子团的大小 $S(0)$。

(2) 计算网络各节点的初始负载 $L(0)$,再按照第2章中提出的非线性容量负载模型,配置各个网络节点的容量 C。

(3) 移除网络的初始故障节点,这里分别考虑网络节点遭受蓄意攻击或发生随机故障这两类不同的初始失效动机。同时,移除故障节点所属耦合簇内的其他网络节点,统计此步仿真过程中被移除的节点总数 $Num(0)$。任意网络节点 l 因与初始故障节点 i 存在耦合关系而被移除的概率 $q(l)$ 如下:

$$q(l) = \begin{cases} 1, & l,i \in 耦合簇 \\ 0, & 否则 \end{cases} \tag{6.21}$$

规模大小为 s 的节点耦合簇因为节点间的耦合关系而在初始时被整体移除的概率 $Q(s)$ 如下（q 为节点发生初始故障的概率）：

$$Q(s) = q \times q(s) \tag{6.22}$$

（4）更新网络拓扑结构的邻接链表，计算下一仿真时刻网络中所有最短路径的路由表 $\{path_{ij}\}$，$path_{ij}$ 为节点 i,j 之间的最短路径。

（5）新一轮产生的网络负载沿最短路径进行传输，按照式（6.20）重新计算此刻各节点上的负载 $L(t)$。

（6）判断各个节点是否存在超载：$L(t) > C$。若有节点超载，则执行步骤（7）；若无节点超载，则执行步骤（8）。

（7）将超载节点连同其所在的节点耦合簇一起从网络中移除。统计此时网络第二大连通子团的规模 $S(t)$ 以及此步仿真中被移除的节点数量 $Num(t)$。继续执行步骤（4）。

（8）级联失效过程结束。计算此时网络最大连通子团的相对规模 G 以及整个级联失效过程中故障循环传播的次数 t。

基于上述节点耦合关系与负载动态分布混合作用下的网络级联失效仿真模型，可以分析与实际有着强烈对应的两种因素对于网络故障传播的影响作用，同时，还可以通过与未考虑节点耦合因素的级联失效模型进行仿真对比，进一步研究网络节点间的耦合关系对于级联失效过程的影响，从而获得对于网络级联失效过程及其特性更加清晰的认识。

6.5 考虑动态拓扑和故障耦合的模型与算法

本节介绍了一种项目组提出的考虑动态拓扑和故障耦合的连通可靠性模型与算法。其中的节点的移动采用了前述的二维正态云模型，故障耦合采用了改进的级联失效模型，所计算的参数采用了连通覆盖可靠度[113]。

6.5.1 相关模型

本节综合考虑节点过载故障带来的级联过程、战术移动模式以及动态路由协议影响下的战术互联网连通可靠性问题。其中，节点移动仍为前述二维正态云模型生成的战术移动模式（详见 6.4.2.3 节），而节点的可靠性如前文一样（详见 6.4.2.1 节）。通过分析战术互联网级联故障的原因及影响可得，除上述两种因素外，如何描述在无线带宽容量随机变化下的路由选择行为及计算节点的容量负载是连通可靠性分析的关键。

1. 基于动态带宽容量的路由选择行为

网络的传输能力与网络的硬件条件(如网络带宽、节点处理能力等)、网络的拓扑特性以及传输过程中网络中各节点所采用的传输策略之间都有着密不可分的联系[118]。为提高网络的容量,近几年诸多学者提出了一些新的路由策略,如静态路由、全局路由、局部路由等。然而,战术互联网与传统网络相比具有典型的不同特点[120]:通信链路距离较长且动态变化;节点分布范围较大;所处的电磁通信环境和地理环境复杂,干扰严重、误码率高;链路带宽较小,数据率低。上述特点说明战术互联网的路由协议与一般网络不同,因此为有效评价其连通可靠性,必须建立典型的战术互联网路由策略的分析模型[124]。

战术互联网采用无线传输技术作为底层通信手段,链路带宽资源非常有限,结合节点的战术移动,通常采用考虑带宽的 GPRS 路由协议。该协议为使网络中所有节点能获得邻居节点的地理位置信息,每个节点周期性地广播自己的位置信息及可用带宽等。根据本节给出的带宽容量计算方法,节点在发送或转发数据时的路由策略如下:

(1) 转发(发送)节点 j,选择一个邻居节点 i,并计算出这个节点 i 到目的节点的距离 d_i。

(2) 依次计算出节点 j 的其他邻居节点到目的节点的距离(最短路由跳数),并得出最短距离 d_{min}。

(3) 通过周期性地发送信息,得到与邻居节点间无线链路的最大带宽容量 C_{max}。其中,各邻居链路的带宽容量的计算参考香农定理,具体计算公式如下,式中参数详见 5.3.1 节。

$$C_{ij}(d_{ij}(t)) = b * \log_2\left\{1+\left[\frac{p_0}{d_{ij}(t)}/N_0\right]\right\} \quad (6.23)$$

$$C_{max} = \max\{C_{ij}\} \quad (6.24)$$

(4) 计算邻居节点 i 的组合权重:

$$w_i = p * \frac{d_{min}}{d_i} + (1-p)\frac{C_{ij}}{C_{max}} \quad (6.25)$$

式中:$p(0<p<1)$ 为权重因子,分别表示节点 i 到目的节点间的距离和邻居节点 i 可用带宽容量对传输性能的影响程度。

(5) 依次计算出转发(或发送)节点的其他邻居节点的组合权重:$w_1, w_2, \cdots, w_n$。

(6) 选择组合权重最大的一个邻居节点作为当前节点的下一跳节点。

2. 节点的容量负载模型

在传统网络信息传输行为建模中,由于固定网络拓扑,均假设各节点具有相同的信息处理能力即容量,且均为常数,不随时间变化。结合战术互联网的节点的不同功能分工,节点可能具有不同的职能,如在分级结构中的簇首节点,在真实通信网络中不同的网络节点可能具有不同的传送信息能力,因而这里假设单个节点处理信息的能力不再是常数,而是与每一个节点的连接度相关。因为战术互联网是具有自组织机制的特殊网络,如果某些节点比较重要,通常承担繁重的通信负载,那么它就很可能更新其传送和处理信息的能力以适应或调节该节点处信息流堵塞的情况。因此,在战术互联网中,簇内节点及簇首节点等各节点处的信息传送能力各不相同,比较繁忙的信息流交通通常都出现在如簇首节点这类具有较大度分布的节点处。

这里将战术互联网中的节点分为两类:一类为对等节点(如群内节点),各节点的信息处理能力均相等,为常数 k,且随时间保持不变;另一类为中心节点(如簇首或网关节点等),其节点的信息处理能力与负载成线性正比,且随时间动态变化。

令战术互联网中任意中心节点 i 在 t 时刻的负载 $L_i(t)$ 用节点的介数来表示,即此时通过该节点的所有符合上文路由策略分析模型的最优路径数目。节点的容量定义为该节点能够处理的最大负载,在文献[98]中假设节点 i 的初始容量为 $C_i(0)$,正比于它的初始负载,计算公式如下:

$$C_i(0) = \alpha \times L_i(0), \quad i=1,2,\cdots,N \qquad (6.26)$$

式中:$\alpha \geq 1$ 为事先设定的节点容量的容忍参数。

由于战术互联网的时空动态特性,各个时刻网络的拓扑结构不同,因此应用路由策略分析后导致经过节点 i 的最优路径不同,即介数不同,负载不同。当负载超过节点的容量,该节点发生拥塞故障,与该节点一跳相邻的边均失效在下一时刻不能传输信息,且该负载流量在下一时刻会重新分配到节点 i 的附近节点。因此,各相邻时刻间的节点的负载会相互影响。尝试用下式描述这一特性:

$$L_i(t) = L'_i(t) + \beta \times L_i(t-\Delta t) \qquad (6.27)$$

式中:$L'_i(t)$ 为 t 时刻各节点的介数;$\beta<1$ 为上一时刻负载重新分配对当前时刻的负载的影响因子。

3. 连通可靠性度量指标

在规定的条件下,规定的时间内,战术互联网中指定源节点与其他节点之间保持连通的概率。度量的意义:战术互联网节点的通信具有局部组播的特点,即一个作战单元更多的是与周围邻近作战单元进行通信,或一个命令更多的是同时发送给一个节点集合。另外,从指定源节点开始广播数据,数据分组所能到达的节点数的多少,能表征战术互联网广播可靠性的高低。因此,与指定源节点持续连通的节点比例不仅能表征战术互联网的重要节点(簇首节点、网关节点等关键职能节点)与其他移动节点保持连通的能力,而且能在很大程度上表征战术互联网的生存能力与任务成功率。换言之,覆盖连通可靠度越高,与指定源节点保持连通的节点数越多,不仅说明某时刻源节点附近正常工作的节点数目越多,而且能与其保持连通的节点数目越多,能更好地完成战术互联网的通信任务。

覆盖连通度的表示如下:

$$CR_s(t) = N_s(t)/N_o(t) \tag{6.28}$$

式中:$CR_s(t)$ 为战术互联网中源节点 s 的覆盖连通可靠度;$N_s(t)$ 为 t 时刻战术互联网中与指定源节点 s 之间存在的连通路径所包含的节点数,其中当指定源节点位于某连通子团内,$N_s(t)$ 即为某连通子团的节点数;$N_o(t)$ 为 t 时刻战术互联网中正常工作的节点数。

6.5.2 覆盖连通可靠度算法[24]

本小节为简化,假设战术互联网中各节点既可以充当主机也可以充当路由器,且能缓存无限个数据包。基于上文战术互联网级联故障过程中的模型分析,提出考虑故障相关的战术互联网连通可靠性计算方法[24]如下。

(1) 建立初始时刻 $t=0$ 的网络拓扑结构:根据战术互联网在 $t=0$ 时刻的节点部署,计算各节点对间的距离;根据节点的故障分布函数抽样统计网络在 $t=0$ 时刻可以正常工作的节点,统计其数目为 $N(0)$;根据节点间距及有效通信半径,建立邻接矩阵。

(2) 计算各节点的初始负载:根据战术互联网的路由选择模型,节点 i 在传输每个信息包时,选择权重 w 最大的一个邻居节点作为当前节点的下一跳节点,$w_i(0) = p * \dfrac{d_{\min}(0)}{d_i(0)} + (1-p)\dfrac{c_{ij}(0)}{c_{\max}(0)}$。求出所有最优路径及各节点的度分布,然后根据节点 i 的介数 $L_i(0)$ 与度数确定任意节点在 $t=0$ 时刻的负载。

(3) 计算各节点的初始容量:考虑战术互联网的两类节点容量负载模型,对等节点的容量等于其度数,而中心节点的容量与负载 $L_i(0)$ 成线性分布,即 $C_i(0) = \alpha \times L_i(0)$ ($i=1,2,\cdots,m;\alpha>1$) 为冗余系数。

(4) 计算战术互联网的连通可靠度指标:根据邻接矩阵及广度优先搜索算法确定最大连通子团的节点数目 $N'(0)$,此时战术互联网的覆盖连通可靠度为 $R^c(0) = \dfrac{N'(0)}{N(0)}$。

(5) 计算 Δt 后战术互联网在 t 时刻的拓扑结构:根据战术互联网战术移动模式的生成算法,计算 t 时刻各个节点的地理位置,并根据节点的故障分布函数统计网络在 t 时刻可以正常工作的节点 $N'(t)$。根据节点间的相对位置以及节点的有效通信半径,计算邻接矩阵,建立网络 t 时刻的拓扑模型。

(6) 计算各节点 t 时刻的介数与度数:根据战术互联网的路由选择模型及 t 时刻的拓扑模型,节点 i 在传输每个信息包时,选择权重 w 最大的一个邻居节点作为当前节点的下一跳节点,$w_i = p * \dfrac{d_{\min}(t)}{d_i(t)} + (1-p)\dfrac{c_{ij}(t)}{c_{\max}(t)}$。求出所有最优路径及各节点的度分布,然后根据节点 i 的介数 $L'_i(t)$ 与度数确定对等节点与中心节点在 t 时刻的负载。

(7) 计算各节点 t 时刻的负载:对等节点的容量仍为初始时刻的度数,若 t 时刻节点的负载大于容量,则该节点一跳范围内的节点连接全部失效;中心节点 t 时刻的负载 $L_i(t)$ 为 $L_i(t) = L'_i(t) + \beta \times L_i(t-\Delta t)$,若 t 时刻节点的负载大于容量 $C_i(t-\Delta t)$,则该节点一跳范围内的节点连接全部失效。

(8) 计算战术互联网 t 时刻的连通可靠度指标:根据邻接矩阵及广度优先搜索算法确定 t 时刻最大连通子团的节点数目 $N'(t)$,此时战术互联网的覆盖连通可靠度为 $R^c(t) = \dfrac{N'(t)}{N(t)}$。

(9) 令 $t = t + \Delta t$,若 $t < T$,则继续步骤(5);否则,程序结束。

算法流程图如图 6.10 所示。

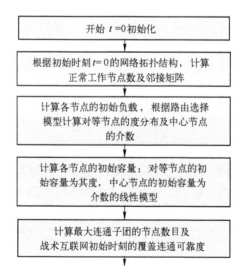

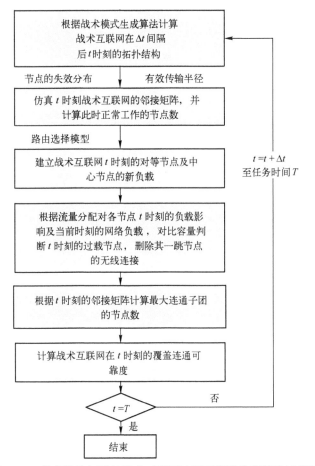

图 6.10 考虑故障相关的战术互联网连通可靠性分析算法流程图

6.5.3 案例设计

根据战术互联网中班、排、连等编制特点,本节拟对节点数为 30、50、80 和 100 等 4 种不同网络规模的战术互联网,在相同移动区域内和作战环境下,应用 C++及 MATLAB 进行仿真试验,分析随机移动、抛物线、冲锋、聚集和线型队列等 5 种移动模式对战术互联网两端、覆盖及 k/N 端连通可靠度的影响,所有参数的设置如表 6.3 所列。

表 6.3 战术互联网连通可靠性仿真案例输入参数表

参 数	数 值
网络规模	节点数为 30,50,80,100
仿真次数	1000

(续)

参　　数	数　　值
节点可靠度	威布尔分布 $\theta=120, \beta=1.5$
信道相关	信道带宽 $b=50\text{MHz}$，信噪比 $p_0/N_0=100$
容量需求	正态分布 $\mu_d(t)=430\text{b/s}, \sigma_d=10$
传输半径	$R_{tr} \in [100, 250]$
随机移动队列	$V_{\min}=5, V_{\max}=25$
抛物线队列	$x=\text{rand}(4,7), E_x=E_y=0, E_{nx}=E_{ny}=200, H_{ex}=H_{ey}=0.1$
冲锋队列	$x=0, E_x=E_y=0, E_{nx}=E_{ny}=5, H_{ex}=H_{ey}=3$
聚集队列	$x=0, E_x=E_y=0, E_{nx}=E_{ny}=0.1, H_{ex}=H_{ey}=0.1$
线型队列	$x=0, E_x=E_y=0, E_{nx}=0.05, E_{ny}=0.3, H_{ex}=H_{ey}=0.05$

本节以移动自组网可靠性研究中通用的随机移动模式作为参照，根据想定作战任务剖面中的节点移动意图，确定移动路径函数，通过设置不同的二维正态云移动模型参数生成随机移动、抛物线、冲锋、聚集和线型队列 5 种战术移动模式。每次可靠度计算的仿真实验次数为 1000，根据战术互联网中各电台具有相同并且固定的有限能量及发射功率，安装相同的全向天线，地形平坦，分级调整的发送功率对应的最大通信距离为 $[100, 250]$ 间的常数。另外，为简化广播中的业务容量需求，案例中假设网络中各条链路所需要传输的数据业务容量分布相同，均为同参数的正态分布。

6.5.4　结果分析

本节以战术互联网的两端连通可靠度及覆盖连通可靠度为评价指标，分别在有效通信半径 $R_{tr}=250$ 和 $R_{tr}=100$ 的情况下进行仿真实验，研究不同战术移动模式对两端连通可靠度及覆盖连通可靠度的影响。

1. 不同战术移动模式的两端连通可靠度

如图 6.11(a)所示，当 $R_{tr}=250$ 时，在 5 种战术移动模式中，线型队列的两端连通可靠度最低，随机移动、抛物线、冲锋和聚集队列等战术移动模式的两端连通可靠度均保持为 1。虽然在线型队列模式下，可靠通信的链路所占比例最高（表 6.4），但多数链路分布于源端及终端节点的直线范围之外，因此两端节点范围内的可靠链路比例很小。而在随机移动、抛物线、冲锋和聚集队列中，战术互联网节点规模较大、分布比较均匀发散，虽然可靠链路所占的比例较小，但由于无线链路总数多以及多跳路由特性，指定源、终端节点之间仍可能存在多条符合业务容量需求的连通路径。

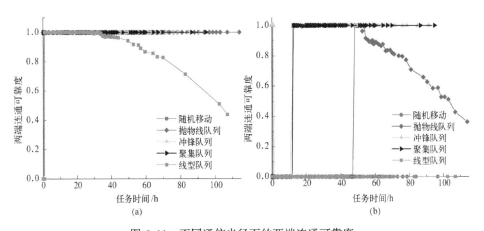

图 6.11 不同通信半径下的两端连通可靠度

(a) 两端连通可靠度($R_{tr}=250$);(b) 两端连通可靠度($R_{tr}=100$)。

表 6.4 连通可靠的通信链路在不同通信半径下所占的比例(%)

R_{tr}	随机移动	抛物线	冲锋	聚集	线型
$R_{tr}=250$	8~10	12~15	40~50	58~72	60~76
$R_{tr}=100$	1.2~1.5	2.9~3.6	13~16	29~36	38~48

当 $R_{tr}=100$ 时(图 6.11(b)),线型队列及随机移动模式的两端连通可靠度均为 0,抛物线队列的两端连通可靠度逐渐降至 0.3,而冲锋队列和聚集队列的两端连通可靠度仍几乎为 1,主要原因同上。

综上所述,战术互联网中指定的源端及终端节点间的两端连通可靠度会显著降低,且在不同战术移动模式下数值差异较大。究其原因,两端连通可靠度主要取决于指定的两端节点在队列中的相对位置及两点间的节点分布情况,而后者受移动模式影响极大。因此,为有效度量战术互联网中不同簇结构的簇首节点(重要职能节点)间保持通信的能力,可根据移动模式对两端连通可靠度的影响动态调整簇首选举算法,保证战术单元之间通信业务的可靠通信。

2. 不同网络规模对覆盖连通可靠性的影响

根据想定任务生成的 5 种典型战术移动模式,改变战术互联网的网络规模,战术互联网各节点的移动速度和任务时间会相应变化,但在不同网络规模下,5 种移动模式对两端、覆盖及 k/N 端连通可靠度的影响规律基本相同。

以覆盖连通可靠度为例,如图 6.12 所示,5 种战术移动模式的网络连通可靠度差异明显,随着网络节点数目的增多,连通可靠度的降低速率明显加快。且在不同的网络规模下,战术互联网的覆盖连通可靠度按照高低排序为聚集、线型、冲锋、抛物线队列及随机移动模式,按照连通可靠度的降低速率从快到慢排序为抛物线队列、随机移动、聚集队列、线型队列和冲锋队列。

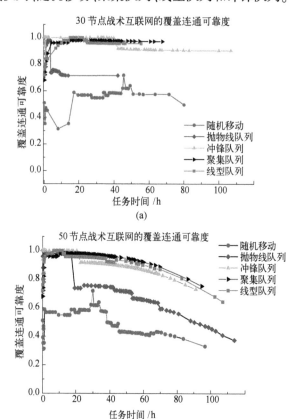

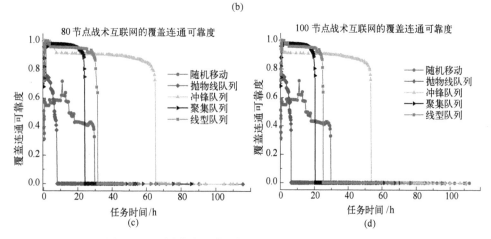

图 6.12 不同节点规模下战术互联网的覆盖连通可靠度

（a）30节点战术互联网的覆盖连通可靠度；（b）50节点战术互联网的覆盖连通可靠度；
（c）80节点战术互联网的覆盖连通可靠度；（d）100节点战术互联网的覆盖连通可靠度。

3. 业务容量需求对连通可靠性的影响

统计分析仿真案例中战术互联网各无线链路的可用容量,可知战术互联网无线链路的可用容量均值分布如图 6.13 所示,连通可靠的无线链路所占比列如图 6.14 所示。由图 6.14 可知,不同战术移动模式下无线链路提供的平均可用容量不同,按照数值从高到低排序为线型队列、聚集队列、冲锋队列、抛物线队列和随机移动。

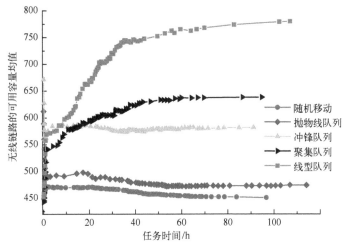

图 6.13 各移动模式无线链路的可用容量均值

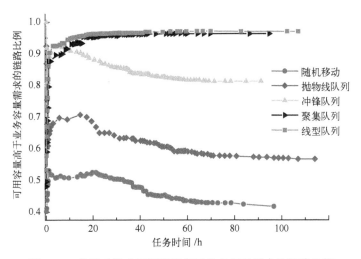

图 6.14 各移动模式可用容量高于业务容量需求的链路比例

在 5 种战术移动模式下,改变容量需求均值 430~730,通过对战术互联网覆盖连通可靠度的仿真结果(图 6.15~图 6.17)分析可得,随机移动、抛物线和冲锋队列的覆盖连通可靠度对业务容量需求值的灵敏性较高。

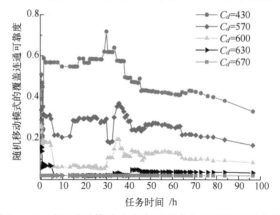

图 6.15　随机移动模式改变容量需求的覆盖连通可靠度

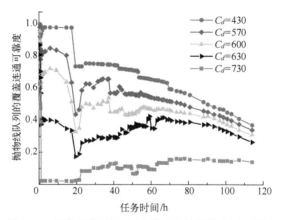

图 6.16　抛物线队列改变容量需求的覆盖连通可靠度

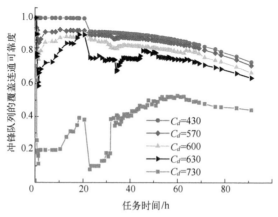

图 6.17　冲锋队列改变业务容量需求的覆盖连通可靠度

综上所述,在网络的业务剖面或可靠性试验中,为确定业务容量需求对无线链路通信状况的影响,需要综合各移动模式对业务容量需求的灵敏性分析,如表6.5所列。

表6.5 可靠通信的链路比例与业务容量需求关系表

可靠通信链路比例	业务容量需求	可靠通信链路比例	业务容量需求
≥0.15	≤$N(730,10)$	≥0.9	≤$N(350,10)$
≥0.5	≤$N(430,10)$	≥0.98	≤$N(330,10)$

6.5.5 讨论

通过案例研究发现,在考虑链路过载故障且独立的条件下,战术互联网的网络特征对连通可靠性由较大的影响,且对不同的连通可靠性度量参数的影响不同。如,不同战术移动模式、不同业务容量传输需求以及不同网络规模等对连通可靠性的影响趋势和影响程度不同。对于两端及覆盖连通可靠度,对比通用的随机移动模式,其可计算结果过于保守。

另外,相对于节点硬件失效、可变的通信半径等因素,战术互联网的网络规模与不同业务的容量需求对连通可靠性的影响较大。因此,在战术互联网的连通可靠性设计、分析及优化过程中,应根据具体的连通可靠性指标,综合考虑作战任务剖面中各种要素的影响,仅依据单一要素的可靠性分析结果并不能有效反映战术互联网在任务过程中满足"动中流通"的能力。

参考文献

[1] 郭伟. 野战地域通信网可靠性的评价方法[J]. 电子学报,2000,28(1):3-6.

[2] 陈忠学,邹盛唐. 短波网基于节点的抗毁性评估[J]. 通信技术,2000(3):26-28.

[3] 孙晓磊,黄宁,张朔,等. 基于多因素的 Ad Hoc 网络连通可靠性仿真方法[J]. 通信技术,2015,48(10):1139-46.

[4] CAMP T,BOLENG J,DAVIES V. A survey of mobility models for ad hoc network research[J]. Wireless communications and mobile computing,2002,2(5):483-502.

[5] 时锐,杨孝宗. 自组网 Random Waypoint 移动模型节点空间概率分布的研究[J]. 计算机研究与发展,2005,42(12):2056-2062.

[6] DAVIES V A. Evaluating mobility models within an ad hoc network[Z]. Advisor:Tracy Camp,Dept. of Mathematical and Computer Sciences. Colorado School of Mines,2000.

[7] JOHNSON D B,MALTZ D A. Dynamic source routing in ad hoc wireless networks[M]. Bosten, M A:springer,1996.

[8] 时锐,杨孝宗. 自组网 Random Direction 移动模型点空间概率分布的研究[J]. 计算机

研究与发展,2004,41(7):1166-1173.

[9] CAMPOS C A V,OTERO D C,DE MORAES L F M. Realistic individual mobility markovian models for mobile ad hoc networks[C]. 2004 IEEE Wireless communications and Networking conference. IEEE,2004,4:1980-1985.

[10] BETTSTETTER C. Smooth is better than sharp:a random mobility model for simulation of wireless networks,2001[C]. ACM,2001.

[11] 公维宾. 无线 Ad Hoc 网络节点移动技术研究[D]. 西安:西安电子科技大学,2009.

[12] TIAN J,HAHNER J,BECKER C,et al. Graph-based mobility model for mobile ad hoc network simulation[C]. Proceeding 35th Annual Simulation Sysposium SS 2002. IEEE,2002:337-344.

[13] BITTNER S,RAFFEL W U,SCHOLZ M. The area graph-based mobility model and its impact on data dissemination [C]. Third IEEE International conference on pervasive computing and communications workshops. IEEE,2005:268-272.

[14] LIAO H-C,TING Y W,YEN S H,et al. Ant mobility model platform for network simulator [C]. International Conference on Information Technology coding and computing. IEEE 2004,2:380-384.

[15] 李娟,饶妮妮,廖瑞华,等. 基于改进粒子群算法的 Ad Hoc 网络移动模型研究[J]. 电子学报,2010,38(1):222-227.

[16] AKYILDIZ I F,SU W,SANKARASUBRAMANIAM Y,et al. Wireless sensor networks:a survey[J]. Computer networks,2002,38(4):393-422.

[17] SÁNCHEZ M,MANZONI P. ANEJOS:a java based simulator for ad hoc networks[J]. Future generation computer systems,2001,17(5):573-583.

[18] 石晶林. 移动自组织通信网络技术概况及未来前景[D]. 长沙:国防科技大学,2004.

[19] 杨盘龙,田畅,于雍. 基于战术互联网环境的自组织网络路由协议性能仿真与评估[J]. 系统仿真学报,2005,17(7):1538-1542.

[20] 王伟,蔡皖东,王备战,等. 基于圆周运动的自组网移动模型研究[J]. 2007,44(6):932-938.

[21] 戴晖,于全,汪李峰. 战术移动 Ad hoc 网络仿真中移动模型研究[J]. 系统仿真学报,2007,19(5):1165-1169.

[22] 董超,杨盘龙,田畅. 一种 Ad Hoc 网络组移动模型[J]. 系统仿真学报,2006,18(7):1879-1883.

[23] XIAO Q,ZHANG C,WANG H,et al. A tactical unit mobility model framework based on cloud model[C]. 2009 International Conference on web Information systems and Mining. IEEE,2009:449-453.

[24] WANG X,HUANG N,KANG R,et al. Tactical internet reliability evaluation with variable radio transmission range[M]. London:Springer. 2013.

[25] 王丹. Ad hoc 网络移动模型研究[D]. 西安:西安电子科技大学,2009.

[26] 王伟,管晓宏,王备战,等. 可量化的移动 Ad Hoc 网络时空动态特性评估方法[J].

软件学报,2011,22(6):1333-1349.

[27] 刘行兵,孙华,郑雪峰,等.战术 Ad hoc 网单元群组移动模型研究[J].中南大学学报:自然科学版,2012,43(4):1382-1386.

[28] 郑博,张衡阳,黄国策,等.三维平滑移动模型的设计与实现[J].西安电子科技大学学报,2011,38(6):179-184.

[29] ZHOU B,XU K,GERLA M. Group and swarm mobility models for ad hoc network scenarios using virtual tracks[C]. IEEE Military Communications Conference,2004. IEEE,2004,1: 289-294.

[30] GERHARZ M,DE WAAL C,FRANK M,et al. Link stability in mobile wireless ad hoc networks[C]. 27th Annual. IEEE Conference on local computer Networks,2002,IEEE,2002, 30-39.

[31] SADAGOPAN N,BAI F,KRISHNAMACHARI B,et al. PATHS:analysis of PATH duration statistics and their impact on reactive MANET routing protocols[C]. Proceeding of the 4th ACM International symposium on Mobile ad hoc Net-working & computing. ACM,2003: 245-256.

[32] WEI X H,CHEN G L,WAN Y Y,et al. Longest lifetime path in mobile ad hoc networks[J]. J. Softw,2006,17(3):498-508.

[33] 王文艳.基于拓扑控制的 Ad hoc 网络生存期研究[D].长沙:湖南大学,2010.

[34] CAI Y-B,LI H-B,LI Z-C,et al. Method of selecting steady path based on neighbor change ratio in mobile ad hoc networks. [J]. Journal of Software,2007,18(3):681-692.

[35] JOHNSSON A,BJÖRKMAN M,MELANDER B. A Study of Dispersion-based Measurement Methods in IEEE 802. 11 Ad-hoc Networks. ,2004[C]. 2004.

[36] 张桃改,谢辉.基于 OPNET 的车用 Ad hoc 网可靠性评估研究[J].计算机应用研究,2009,26(10):3807-3811.

[37] 张文宇.通信网可靠性的上下界评估研究[J].西安邮电学院学报,2000,5(4):58-61.

[38] 李柯,郭伟,任智.自组织网络的可靠性评估算法研究[J].中国测试技术,2006,32(4):81-83.

[39] 毛鸿林,沈元隆.一种计算 Ad hoc 网络 K-终端可靠性的线性时间算法[J].电子工程师,2008,34(2):54-56.

[40] COOK J L,RAMIREZ-MARQUEZ J E. Two-terminal reliability analyses for a mobile ad hoc wireless network[J]. Reliability Engineering & System Safety,2007,92(6):821-829.

[41] COOK J L,RAMIREZ-MARQUEZ J E. Mobility and reliability modeling for a mobile ad hoc network[J]. IIE Transactions,2008,41(1):23-31.

[42] BETTSTETTER C,HARTMANN C. Connectivity of wireless multihop networks in a shadow fading environment[J]. Wireless Networks,2005,11(5):571-579.

[43] FOH C H,LIU G,LEE B S,et al. Network connectivity of one-dimensional MANETs with random waypoint movement[J]. IEEE Communications Letters,2005,9(1):31-33.

[44] 闵军,张海呈,朱桂斌. 自组网可靠性评价方法[J]. 电子科技大学学报,2008,37(3):436-438.

[45] 毛鸿林. 移动 ad hoc 网络及其可靠性研究[D]. 南京:南京邮电大学,2008.

[46] COOK J L,RAMIREZ-MARQUEZ J E. Reliability for cluster-based Ad-hoc Networks,2008[C]. IEEE,2008.

[47] EGELAND G,ENGELSTAD P E. The availability and reliability of wireless multi-hop networks with stochastic link failures[J]. IEEE Journal on Selected Areas in Communications,2009,27(7):1132-1146.

[48] HONG L,WU C,ZHANG G. Link reliability assessment based on grey relational analysis for wireless ad hoc networks,2010[C]. IEEE,2010.

[49] 北极星智能电网在线. 阿根廷首都遭遇大停电 国外电网事故引发的思考[EB/OL]. [11-29]. http://www.chinasmartgrid.com.cn/news/20121129/404779.shtml.

[50] 马辉,李焕军,刘杨,等. 转子系统耦合故障研究进展与展望[J]. 振动与冲击,2012,31(17):1-11.

[51] Hamdiouis,VAN DE Gook AJ,RODGERS M. March SS:a test for all static simple RAM faults[C]. Proceedings of the 2002 IEEE International Workshop on Memory Technology,Design and Testing. IEEE,2002:95-100.

[52] WU C F,HUANG C T,WU C W. RAMSES:a fast memory fault simulator[C]. Proceeding 1999 IEEE International symposion on Defect and Fault Tolerance in VLSI Systems,IEEE,1999:165-173.

[53] GE D,LIN M,YANG Y,et al. Reliability analysis of complex dynamic fault trees based on an adapted KD Heidtmann algorithm[J]. Proceedings of the Institution of Mechanical Engineers,Part O:Journal of Risk and Reliability,2015,229(6):576-586.

[54] MOTTER A E,LAI Y C. Cascade-based attacks on complex networks[J]. Physical Review E,2002,66(6):65102.

[55] MORENO Y,GÓMEZ J B,PACHECO A F. Instability of scale-free networks under node-breaking avalanches[J]. EPL (Europhysics Letters),2002,58(4):630.

[56] MORENO Y,PASTOR-SATORRAS R,VÁZQUEZ A,et al. Critical load and congestion instabilities in scale-free networks[J]. EPL (Europhysics Letters),2003,62(2):292.

[57] ZHAO Y F,ZHENG J F. Network Traffic Assignments and Transportation Dynamics Over Different Topologies[J]. International Journal of Modern Physics C,2008,19(09):1337-1347.

[58] 赵一帆. 复杂网络及其交通动力学行为研究[D]. 北京:北京交通大学,2008.

[59] ZHAO L,PARK K,LAI Y. Attack vulnerability of scale-free networks due to cascading breakdown[J]. Physical review E,2004,70(3):35101.

[60] LEE E J,GOH K,KAHNG B,et al. Robustness of the avalanche dynamics in data-packet transport on scale-free networks[J]. Physical Review E,2005,71(5):56108.

[61] COFFMAN JR E G,GE Z,MISRA V,et al. Network resilience:exploring cascading failures

within BGP[C]. Proceeding 40th Annual Allerton conference on communications, computing and control, 2002.

[62] KIM D H, MOTTER A E. Resource allocation pattern in infrastructure networks[J]. Journal of physics A: mathematical and theoretical, 2008, 41(22):224019.

[63] YANG R, WANG W, LAI Y C, et al. Optimal weighting scheme for suppressing cascades and traffic congestion in complex networks[J]. Physical Review E, 2009, 79(2):26112.

[64] DANILA B, YU Y, MARSH J A, et al. Optimal transport on complex networks[J]. Physical Review E, 2006, 74(4):46106.

[65] SCHÄFER M, SCHOLZ J, GREINER M. Proactive robustness control of heterogeneously loaded networks[J]. Physical review letters, 2006, 96(10):108701.

[66] CRUCITTI P, LATORA V, MARCHIORI M. Model for cascading failures in complex networks[J]. Physical Review E, 2004, 69(4):45104.

[67] DOU B-L, WANG X-G, ZHANG S. Robustness of networks against cascading failures[J]. Physica A: Statistical Mechanics and its Applications, 2010, 389(11):2310-2317.

[68] DOU B-L, ZHANG S-Y. Load-capacity model for cascading failures of complex networks[J]. Journal of System Simulation, 2011, 23(7):1459-1468.

[69] 汪小帆,李翔,陈关荣. 复杂网络理论及其应用[M]. 北京:清华大学出版社有限公司,2006.

[70] HOLME P, KIM B J. Vertex overload breakdown in evolving networks[J]. Physical Review E, 2002, 65(6):66109.

[71] WANG W-X, WANG B-H, YIN C-Y, et al. Traffic dynamics based on local routing protocol on a scale-free network[J]. Physical Review E, 2006, 73(2):26111.

[72] YAN G, ZHOU T, HU B, et al. Efficient routing on complex networks[J]. Physical Review E, 2006, 73(4):46108.

[73] ASAVATHIRATHAM C. The influence model: A tractable representation for the dynamics of networked markov chains[D]. Cambridge:Massachusetts Institute of Technology, 2001.

[74] WATTS D J. A simple model of global cascades on random networks[J]. Proceedings of the National Academy of Sciences, 2002, 99(9):5766-5771.

[75] PARSHANI R, BULDYREV S V, HAVLIN S. Critical effect of dependency groups on the function of networks[J]. Proceedings of the National Academy of Sciences, 2011, 108(3):1007-1010.

[76] BASHAN A, PARSHANI R, HAVLIN S. Percolation in networks composed of connectivity and dependency links[J]. Physical Review E, 2011, 83(5):51127.

[77] LI M, LIU R-R, JIA C, et al. Cascading failures on networks with asymmetric dependence [J]. EPL (Europhysics Letters), 2014, 108(5):56002.

[78] WANG H, LI M, DENG L, et al. Percolation on networks with conditional dependence group [J]. PloS one, 2015, 10(5):e126674.

[79] BAI Y-N, HUANG N, WANG L, et al. Robustness and vulnerability of networks with dy-

namical dependency groups[J]. Scientific reports,2016,6:37749.

[80] BULDYREV S V,PARSHANI R,PAUL G,et al. Catastrophic cascade of failures in interdependent networks[J]. Nature,2010,464(7291):1025.

[81] BOCCALETTI S,BIANCONI G,CRIADO R,et al. The structure and dynamics of multilayer networks[J]. Physics Reports,2014,544(1):1-122.

[82] PARSHANI R,BULDYREV S V,HAVLIN S. Interdependent networks:reducing the coupling strength leads to a change from a first to second order percolation transition[J]. Physical review letters,2010,105(4):48701.

[83] SHAO J,BULDYREV S V,HAVLIN S,et al. Cascade of failures in coupled network systems with multiple support-dependence relations.[J]. Physical Review E Statistical Nonlinear & Soft Matter Physics,2010,83(2):1127-1134.

[84] HU Y,ZHOU D,ZHANG R,et al. Percolation of interdependent networks with intersimilarity [J]. Physical Review E,2013,88(5):52805.

[85] KORNBLUTH Y,LOWINGER S,CWILICH G,et al. Cascading failures in networks with proximate dependent nodes[J]. Physical Review E,2014,89(3):32808.

[86] DONG G,DU R,TIAN L,et al. Percolation on interacting networks with feedback-dependency links[J]. Chaos:An Interdisciplinary Journal of Nonlinear Science, 2015, 25 (1): 13101.

[87] SON S-W,GRASSBERGER P,PACZUSKI M. Percolation transitions are not always sharpened by making networks interdependent [J]. Physical review letters, 2011, 107 (19): 195702.

[88] BAKP,TANG C,WIESENFELD K. Self-organized criticality:and explanation of 1/f noise [J]. Phys. Rev. Let,1987,59(4):381-384.

[89] BONABEAU E. Sandpile dynamics on random graphs[J]. Journal of the Physical Society of Japan,1995,64(1):327-328.

[90] LISE S,PACZUSKI M. Nonconservative earthquake model of self-organized criticality on a random graph[J]. Physical review letters,2002,88(22):228301.

[91] LEE D-S,GOH K-I,KAHNG B,et al. Sandpile avalanche dynamics on scale-free networks[J]. Physica A:Statistical Mechanics and its Applications,2004,338(1):84-91.

[92] DOBSON I,CHEN J,THORP J S,et al. Examining criticality of blackouts in power system models with cascading events[C]. Proceeding of the 35th annual Hawaii international conference on system sciences. IEEE,2002:10-99.

[93] DOBSON I,CARRERAS B A,NEWMAN D E. A probabilistic loading-dependent model of cascading failure and possible implications for blackouts[C]. Pro-of the national 36th Annual Hawaii internationalconference on system sciences,2003. IEEE,2003:10-99.

[94] WANG X F,XU J. Cascading failures in coupled map lattices[J]. Physical Review E, 2004,70(5):56113.

[95] RIOS M A,KIRSCHEN D S,JAYAWEERA D,et al. Value of security:modeling time-de-

pendent phenomena and weather conditions[J]. IEEE Transactions on Power Systems, 2002,17(3):543-548.

[96] PEPYNE D L,PANAYIOTOU C G,CASSANDRAS C G,et al. Vulnerability assessment and allocation of protection resources in power systems[C]. Proceeding of the rool American control conference. IEEE,2001,6:4705-4710.

[97] ZIO E,SANSAVINI G. Modeling interdependent network systems for identifying cascade-safe operating margins[J]. IEEE Transactions on Reliability,2011,60(1):94-101.

[98] ZHOU J,HUANG N,WANG X,et al. An improved model for cascading failures in complex networks;proceedings of the Cloud Computing and Intelligent Systems[D]. 2012 IEEE 2nd International Conference on,60nd Computing and intelligence Systems. IEEE,2012,2:721-725.

[99] SUN X,HUANG N,ZHOU J. A novel performability assessment approach of Mobile Ad Hoc Network[C]. proceedings of the Reliability and Maintainability Symposium(RAMS),2015 Annual. IEEE,2015:1-5.

[100] ZHOU J,HUANG N,SUN X,et al. A new model of network cascading failures with dependent nodes [C]. proceedings of the Reliability and Maintainability Symposium (RAMS),2015 Annual. IEEE,2015:1-6.

[101] KIM D-H,KIM B J,JEONG H. Universality class of the fiber bundle model on complex networks[J]. Physical review letters,2005,94(2):25501.

[102] LATORA V,MARCHIORI M. Efficient behavior of small-world networks[J]. Physical review letters,2001,87(19):198701.

[103] GOH K-I,KAHNG B,KIM D. Universal behavior of load distribution in scale-free networks[J]. Physical Review Letters,2001,87(27):278701.

[104] TAO Z,JIAN-GUO L,BING-HONG W. Notes on the algorithm for calculating betweenness [J]. Chinese Physics Letters,2006,23(8):2327.

[105] PASTOR-SATORRAS R, VESPIGNANI A. Epidemics and immunization in scale-free networks[J]. Handbook of graphs and networks:from the genome to the internet 2002:113-132.

[106] MADAR N,KALISKY T,COHEN R,et al. Immunization and epidemic dynamics in complex networks[J]. The European physical journal b-condensed matter and complex systems, 2004,38(2):269-276.

[107] ZOU C C,TOWSLEY D,GONG W. Email virus propagation modeling and analysis[J]. Department of Electrical and Computer Engineering, Univ. Massachusetts, Amherst, Technical Report:TR-CSE-03-04,2003.

[108] SERAZZI G, ZANERO S. Computer virus propagation models [C]. Intenutional Worbshop. on Modeling Analysis and Simulation of computer and Telecommunication systems. Springer,2003:26-50.

[109] HU M-B,LING X,JIANG R,et al. Dynamical hysteresis phenomena in complex network

[110] 窦炳琳. 复杂网络中的动态过程问题研究[D]. 上海:复旦大学,2011.

[111] 杨涵新. 复杂网络上的若干动力学研究[D]. 合肥:中国科学技术大学,2011.

[112] DOUSSE O,BACCELLI F,THIRAN P. Impact of interferences on connectivity in ad hoc networks[J]. IEEE/ACM Transactions on Networking (TON),2005,13(2):425-436.

[113] 王学望,康锐,黄宁,等. 战术互联网的覆盖可靠度计算模型及算法[J]. 系统工程与电子技术,2010,35(7):1571-1575.

[114] KONG Z,YEH E M. Wireless network resilience to degree-dependent and cascading node failures[C]. 2009 7th international symposium on Modeling and optimistion in mobile, ad hoc, and wireless networks,IEEE,2009:1-6.

[115] De RANGO F,CANO J,FOTINO M,et al. OLSR vs DSR:A comparative analysis of proactive and reactive mechanisms from an energetic point of view in wireless ad hoc networks [J]. Computer Communications,2008,31(16):3843-3854.

[116] 李德毅,刘常昱. 论正态云模型的普适性[J]. 中国工程科学,2004,6(8):28-34.

[117] 刘星. 耦合网络的流量特征和性能可靠性[D]. 北京:北京航空航天大学,2012.

[118] 史伟. 基于复杂网络的拓扑与信息传输问题研究[D]. 天津:天津大学,2010.

[119] ZHOU J,HUANG N,COIT D W,et al. Combined effects of load dynamics and dependence clusters on cascading failures in network systems[J]. Reliability Engineering & System Safety,2018,170:116-126.

[120] 史春光. 战术互联网骨干网路由协议和 QoS 模型研究[D]. 长沙:国防科学技术大学,2007.

第7章

性能可靠性评估模型及算法

本章介绍了计算性能可靠性的评估模型与算法,包括基于状态空间的方法、行程时间可靠性法、基于排队论以及基于网络演算的方法。这些方法与连通可靠性模型与算法的最大区别是:①计算的参数并非连通可靠度,而是与性能相关的参数;②故障均为网络构件的性能故障。与连通可靠性算法相比,网络构件的性能故障模型以及性能可靠性模型都尚未形成完整的理论与方法。比如本章介绍的马尔可夫奖励模型案例中,实际上把缓冲区的拥塞状态作为构件的性能故障,并使用马尔可夫模型求解系统的性能可靠性;在行程时间可靠性的方法中,构件性能故障为路段上的 BPR(Bureau of Public Road) 函数,之后采用流量分配模型得到性能可靠性;而在网络演算的方法中,构件性能故障则使用网络演算方法建模,进而可以支持进一步的性能可靠性计算。几种方法中对性能故障的建模都各不相同,但都可以视为网络构件服务能力和流量的博弈情况描述。对这种博弈所进行的建模显然比连通可靠性中构件功能故障的建模更加复杂,计算复杂度大大提高,这一方面更加符合网络系统对性能的需求,另一方面也展现出网络可靠性中性能可靠性评估的新模型和算法[1-3]。

7.1 基于状态空间的评估模型与算法

本节介绍的基于状态空间的模型与算法是考虑系统性能多状态的典型代表。通过对网络系统出现的性能状态进行划分,并根据网络系统的运行条件以及状态转移条件构建不同状态之间的转移模型,进一步结合马尔可夫随机过程理论以及模型中的可靠性相关参数完成对系统性能可靠性的量化分析。

马尔可夫随机过程具有对多状态系统的描述能力,以及可求解分析系统在稳态下处于不同状态概率的优势,有助于对具有多状态、状态变迁、状态转移的复杂系统进行建模与分析。不少学者基于马尔可夫随机过程理论,通过对网络系统构件的多状态进行建模,并对其进行量化分析来完成对网络系统性能、可靠性/可用性和性能可靠性等的分析[4]。相关研究也逐渐发展成为研究网络性能可靠性很重要的一支。同时,由于这一方法主要通过对系统状态空间以及状态转移过程建模,因此也常被称为基于状态空间的模型与算法。

7.1.1 理论基础与发展

在马尔可夫随机过程中,如果发生状态变化的参数是随时间连续变化的,则称这一过程为连续时间马尔可夫随机过程,也称为连续时间马尔可夫链(Continuous Time Markov Chain,CTMC)。CTMC 常被用于计算机网络、通信网络等的性能可靠性建模与分析。单纯的 CTMC 仅可用于对多状态系统状态转移过程的建模,以及状态概率的求解,并不能直接用于对多状态系统性能或性能可靠性的求解。1971 年,Howard[5]基于 CTMC 理论,通过对不同的状态赋予不同的奖励值,用奖励值来表示系统处于该状态下某一性能的指标参量,提出了马尔可夫奖励模型(Markov Reward Model,MRM),用于对系统性能可靠性的建模与量化分析。之后,Trivedi[6]以及 Mcclean[7]等利用 MRM 对不同系统的不同性能可靠性开展了进一步研究。

MRM 的基础理论是 CTMC,CTMC 在用于建模并分析系统的过程中存在两个问题:状态量巨大和不同状态发生率量级变化范围大[8],第二个问题也即模型中常提到的刚度(stiffness)问题。针对这两个问题,相关学者提出从分层的角度解决的思路。1980 年,Meyer[9]提出将分层模型方案应用于性能可靠性(performability)分析,利用分层分析方案建立一个类似于结构函数的容量函数(capability function),借此函数来评估系统的性能可靠性。1986 年,Trivedi[10,11]等人提出了一种聚合方法(An Aggregation Technique),将系统的状态空间分为两部分,其中一部分为状态转移或者故障发生率"快的",另一部分为状态转移或者故障发生率"慢的",对这两部分分别求解并综合,这一方法可以解决不同量级状态之间的量级跃迁问题。这些方法,一方面可以有效地避免系统的量级差异问题,另一方面这种分而治之的思路也可以有效地缓解系统的状态空间爆炸问题。

CTMC 是对现实系统在一定条件下的抽象描述,要求状态逗留时间必须服从指数分布且状态空间有限。但现实系统存在逗留时间不服从指数分布或状态空间无限的情形。针对这一问题,Trivedi[12]和 Rubino[13]分别提出半马尔可夫奖励模型,用于解决逗留时间不服从指数分布和非吸收态的奖励值不能为零问题。同时,Horvath[14]在普通 MRM 的基础上,提出了二阶 MRM(Second-order Markov Reward Models),其增加了普通 MRM 的随机性,不限定累积奖励过程的分布。例如,奖励值可以作为一个随机变量,其均值和方差由前一状态和在该状态的逗留时间确定。除此之外,Bean[15]将二阶 MRM 应用于解决 CTMC 的状态空间是无限的问题。

综上所述可以看出,基于状态空间的评估模型是结合马尔可夫随机过程,通过赋予不同状态相应的性能权重或者指标来分析系统的性能可靠性。这一类型的方法从马尔可夫奖励模型,发展至半马尔可夫奖励模型,二阶马尔可夫奖励模型以及相应的用于建模与量化分析的工具的开发,这一类的方法相对比较成熟。

本节简单介绍 CTMC 作为后续方法介绍的基础。CTMC 是参数集连续、状态空间离散的马尔可夫过程。在该类方法使用过程中,我们分析的状态是平稳状态,不分析瞬时状态。

令随机过程为 $\{X(t),t \geq 0\}$,具有马尔可夫性的随机过程叫作马尔可夫过程。马尔可夫性是指如果 $\{X(t),t \geq 0\}$ 在 t_0 时刻所处的状态为已知时,它在时刻 $t>t_0$ 所处状态的条件分布与其在 t_0 之前所处的状态无关。通俗地说,就是知道过程"现在"的条件下,其将来的条件分布不依赖于"过去"。因此,马尔可夫过程是一个将来状态的概率分布只依赖于现在状态,而不依赖于过去状态的状态转移过程。如果马尔可夫过程的状态空间 I 是离散的(有限或者可列无限),则这种马尔可夫过程称为马尔可夫链。进一步,如果马尔可夫过程的参数集 T 是连续的,则这种马尔可夫链是连续时间马尔可夫链 CTMC。

因此,CTMC 定义满足:

$$P(X(t)=x \mid X(t_n)=x_n, X(t_{n-1})=x_{n-1}, \cdots, X(t_0)=x_0) = P(X(t)=x \mid X(t_n)=x_n)$$

定义:令连续时间马尔可夫链为 $\{X(t),t \geq 0\}$,对于任意非负实数 t 和任意正实数 v 以及链的任意两个状态 i,j,条件概率

$$p_{ij}(v,t) = P(X(t)=j \mid X(v)=i)$$

称为马尔可夫链在时刻 v 由状态 i 出发,经过时间间隔 $t-v$,在时刻 t 到达状态 j 的转移概率;$t-v$ 称为转移时间。一般来说,$p_{ij}(v,t)$ 既依赖于出发时刻 v,又依赖于转移时间 $t-v$。特殊地,如果 $p_{ij}(v,t)$ 不依赖于出发时刻 v,仅依赖于转移时间 $t-v$,则称马尔可夫链 $\{X(t),t \geq 0\}$ 具有齐次性或时齐性。此时可记为

$$p_{ij}(t-v) = P(X(t)=j \mid X(v)=i) = p_{ij}(\tau)$$

就是说,对于连续时间齐次马尔可夫链,从状态 i 到状态 j 的转移概率仅仅依赖于完成状态转移的转移时间 τ,其中 $\tau=t-v$。

一般地,连续时间齐次马尔可夫链的转移概率函数具有 4 个性质,如下:

性质 1 当 $\tau>0$ 时,$p_{ij}(\tau) \geq 0$。

当 $\tau=0$ 时,规定

$$p_{ij}(0) = \delta_{ij} = \begin{cases} 1, & i=j \\ 0, & i \neq j \end{cases}$$

其中,δ_{ij}为克罗纳克(Kronecker)符号。上式表示在任何瞬时,一个状态留在原位的概率为1,而跳离原位的概率为0。

性质2 $\sum_{j \in I} p_{ij}(\tau) = 1$,$I$是状态空间集合。

性质3 满足切普曼-柯尔莫哥洛夫(Chapman-Kolmogorovo)方程

$$p_{ij}(\tau_1 + \tau_2) = \sum_{k \in I} p_{ik}(\tau_1) p_{kj}(\tau_2), \quad \tau_1 > 0, \quad \tau_2 > 0$$

性质4 $\lim_{\tau \to 0^+} p_{ij}(\tau) = p_{ij}(0) = \begin{cases} 1, & i=j \\ 0, & i \neq j \end{cases}$。

表明:转移概率函数$p_{ij}(\tau)$在$\tau=0$处右连续,当τ充分小时,齐次马尔可夫链的状态几乎滞留在原位,几乎不发生转移。

如果齐次马尔可夫链的转移概率函数$p_{ij}(\tau)$在$\tau=0$处右导数存在,即存在

$$p'_{ij}(\tau) = \lim_{\tau \to 0^+} \frac{p_{ij}(\tau) - p_{ij}(0)}{\tau} = q_{ij}$$

则称导数值q_{ij}为由状态i转移到状态j的转移速率,或转移密度。

则以q_{ij}为元素的矩阵

$$Q = \begin{bmatrix} q_{00} & q_{01} & \cdots & q_{0j} & \cdots \\ q_{10} & q_{11} & \cdots & q_{1j} & \cdots \\ \vdots & \vdots & & \vdots & \\ q_{i0} & q_{i1} & \cdots & q_{ij} & \cdots \\ \vdots & \vdots & & \vdots & \end{bmatrix}$$

称为转移速率矩阵,或转移密度矩阵,简称为Q阵,$q_{ii} = -\sum_{j \neq i} q_{ij}$。

基于以上概念,之前介绍的切普曼-柯尔莫哥洛夫方程有了新的形式:对于连续时间齐次马尔可夫链,如果对状态j,$\sum_{i \neq j} q_{ij} < +\infty$,则转移概率函数$p_{ij}(\tau)$满足微分方程:

$$p'_{ij}(\tau) = \sum_{k \in I} p_{ik}(\tau) q_{kj}$$

此方程称为柯尔莫哥洛夫前进方程,I为状态空间。

为了以矩阵的形式描述上述两个方程,令$\boldsymbol{P}(\tau) = [p_{ij}(\tau)]$,$\boldsymbol{P}'(\tau) = [p'_{ij}(\tau)]$,则转移概率微分方程可写为

$$\boldsymbol{P}'(\tau) = \boldsymbol{P}(\tau) \boldsymbol{Q}$$
$$\boldsymbol{P}'(\tau) = \boldsymbol{Q} \boldsymbol{P}(\tau)$$

本节主要介绍CTMC的稳定状态,这里先介绍一维概率分布的概念。

CTMC 的一维概率分布

$$\pi_j(t) = p_j(t) = P\{X(t)=j\}, \quad j=0,1,2,\cdots$$

称为瞬时概率,又称为绝对概率。$\pi_j(0) = p_j(0)$ 称为初始概率,$\pi(0) = [\pi_0(0), \pi_1(0), \cdots]$ 为初始状态概率分布。

由于在任何给定时间,过程必处在某个状态,因此

$$\sum_{j\in I} \pi_j(t) = 1$$

知道一维概率分布的概念,下面给出稳态概率。令 CTMC 的稳态概率分布矢量为 $\pmb{\pi}$,状态 i 的稳态概率为 π_i,稳态时,可知 $\dot{\pmb{\pi}}(t) = 0$ 或 $\lim\limits_{t\to\infty}\dfrac{\mathrm{d}\pi_j(t)}{\mathrm{d}t} = 0$,得到下面关于稳态概率的等式:

$$\pmb{\pi}\pmb{Q} = 0$$

$$\sum_{i\in I} \pi_i = 1$$

当平稳状态概率 π_i 确定后,我们感兴趣的度量值通过状态概率加权平均获得。假设给状态 i 赋予一个权重值或者奖励值 r_i。令 $Z(t) = r_{X(t)}$ 是 CTMC 在 t 时的奖励率。瞬时奖励率期望为 $E[Z(t)] = \sum\limits_i r_i \pi_i(t)$。对于不可约的 CTMC,则于平稳状态时奖励率期望为 $E[Z] = \lim\limits_{t\to\infty} E[Z(t)] = \sum\limits_i r_i \pi_i$。

7.1.2 马尔可夫奖励模型方法

MRM 是在 CTMC 的状态空间的基础上,通过赋予系统每个状态一个奖励值,从而标识网络系统中呈现的多态情况。然后,根据赋予的奖励值的不同,利用 CTMC 的分析方法得到网络系统性能不能达到性能要求的状态的概率值,也即性能可靠性量化值。

很多学者根据研究对象的不同,选择了不同的性能度量指标以及不同的计算方式,1986 年,Bobbio 和 Trivedi[11] 罗列了表征性能层面的奖励,如表 7.1 所列。

表 7.1 表征性能层面的奖励汇总[11]

奖 励 率	学 者
带宽(Bandwidth)	Blake 等[16] Das 和 Bhuyan[17] Smith 等[18]
处理器个数(Number of processors)	Najjar 和 Gaudiot[19]
吞吐量(Throughput)	Gay 和 Ketelsen[20] Meyer[21]

(续)

奖励率	学者
同时活动的处理器(Simultaneously active processors)	Grassi 等人[22]
转发器个数(Number of transponders)	Ciciani 和 Grassi[23]
超差中断频率(Frequency of over-tolerance outages)	Heimann 等人[24] Trivedi 等人[25]
任务中断概率(Task interruption probability)	Heimann 等人[24] Trivedi 等人[26]
平均响应时间(Mean response time)	Wu[27]
响应时间分布(Response time distribution)	Muppala 和 Trivedi[28] Muppala 等人[29] Reibman[30] Trivedi 等人[31]

MRM 方法流程如图 7.1 所示,具体如下：

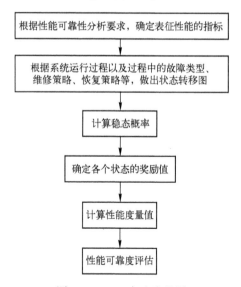

图 7.1 MRM 方法流程图

步骤 1：根据研究的对象及目标,确定表征性能的指标。

步骤 2：分析研究对象的所有可能的状态(一般指表征性能的指标的数值变化范围,也包括故障的类型及相应的维修策略等),根据分析所得的状态空间,利用连续时间马尔可夫链做出状态转移图。

步骤 3：根据连续时间马尔可夫链的稳态概率计算方法,清晰表示出所有状态的稳态概率,能够计算其数值。

步骤4:针对选定的表征性能的指标,分析每个状态的影响,给每个状态赋予一定的奖励值。

步骤5:根据平稳状态奖励率期望得到性能度量值。

步骤6:根据计算所得的性能度量值,评估研究对象的性能可靠度。

7.1.3 案例分析

一个单处理器系统如图 7.2 所示[32],其中任务到达过程是参数为 $\lambda = 200$ 个/s 的泊松过程,任务服务时间独立且服从参数为 $\mu = 100$ 个/s 的指数分布。单处理器系统的缓冲区大小为 $b = 10$,当系统中任务数多于 10 个时,系统出现任务丢失;当系统中任务数多于 5 个时,系统拥塞。

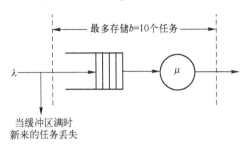

图 7.2 单处理器系统结构图

求解过程如下:

步骤1:分析系统性能,确定表征系统性能的度量值。系统不存在物理故障,也就没有维修行为。当系统中任务数多于 10 个时,系统任务丢失,则确定性能度量值为规范吞吐量损失(Normalized Throughput Loss,NTL);当系统中任务数多于 5 个时,则认为系统拥塞,确定性能度量值为拥塞概率。

步骤2:由于系统存在一定的容量,在系统运行过程中,系统中的任务数是变化的,可取 $0,1,2,\cdots,10$。因此,以系统中任务数表征系统状态,建立系统的马尔可夫模型,如图 7.3 所示。

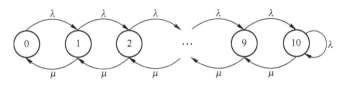

图 7.3 单处理器系统的马尔可夫模型

步骤3:计算每个状态的平稳状态概率。

根据 $\pi Q = 0$,得到

$$\lambda\pi_0 - \mu\pi_1 = \lambda\pi_1 - \mu\pi_2 = \cdots = \lambda\pi_9 - \mu\pi_{10} = 0$$

再根据 $\sum_{i \in I} \pi_i = 1$ 和 $\lambda/\mu = 2$,得到

$$\pi_k = \pi_0 \left(\frac{\lambda}{\mu}\right)^k = \pi_0 (2)^k, \quad k = 1, 2, \cdots, 10$$

$$\pi_0 = \frac{1}{1 + \sum_{k=1}^{b} \left(\frac{\lambda}{\mu}\right)^k}$$

步骤 4:确定系统不同状态的性能指标值及各个状态的奖励值。

(1) 当系统状态处于 10 时,缓冲区已满,新到达的任务将被丢失。也就是系统仍保持状态 10,所以令奖励值 r_{dj} 为

$$r_{dj} = \begin{cases} 0, & j \in \{0, 1, \cdots, 9\} \\ 1, & j = 10 \end{cases}$$

(2) 当系统处在状态 6,7,8,9,10 时,系统出现拥塞,所以令奖励值 r_{bj} 为

$$r_{bj} = \begin{cases} 0, & j \in \{0, 1, \cdots, 5\} \\ 1, & j \in \{6, 7, \cdots, 10\} \end{cases}$$

步骤 5:计算性能度量值。

(1) 性能度量值——规范吞吐量损失为

$$NTL = \sum_{j=0}^{10} \pi_j r_{dj} = \pi_{10} = \pi_0 (2)^{10} = \frac{2^{10}}{2^{20} - 2^{10} + 1} = 0.0009775$$

(2) 性能度量值——拥塞概率为

$$P_b = \sum_{j=0}^{10} \pi_j r_{bj} = \pi_6 + \pi_7 + \pi_8 + \pi_9 + \pi_{10}$$

$$= \pi_0((2)^6 + (2)^7 + (2)^8 + (2)^9 + (2)^{10}) = \frac{31 \times 2^6}{2^{20} - 2^{10} + 1} = 0.001894$$

步骤 6:评估研究对象的性能可靠度。

根据步骤 5 的结果,系统的拥塞概率为 0.001894,则系统不发生拥塞的性能可能度为 1−0.001894 = 0.998106。

7.2 行程时间可靠性

行程时间可靠性来源于对路网可靠性的评估需求。路网可靠性最初主要研究目的地的可达性,即出发地与目的地是否连通。随着人们生活、生产节奏的加快和信息技术的日臻完善,人们越来越希望提高出行路径决策的可靠性、确定性(不受多种干扰的影响,尽量接近实际),同时,人们更加关注能否在规定

的时间内达到目的地。因此,近年来相关学者提出并发展了行程时间可靠性的相关模型和算法,属于网络性能可靠性的范畴[33,34]。

7.2.1 理论基础与发展

1991年,Asakura[35]提出了行程时间可靠性的概念,即对于给定的一对端端节点,流量能够在规定的时间内顺利达到目的节点的概率。1999年,Asakura[36]又考虑了由于道路损坏而造成路段通行能力下降的行程时间可靠性,并将其定义为失效链路和未失效链路行程时间比值不超过某一规定值的概率,基于此提出了链路失效时评估端端行程时间概率分布的方法。Chen[37]考虑到由于网络容量变化导致的行程时间不可靠问题,提出了网络链路容量变化情况下,每个OD(Origin and Destination)对维持满意的服务水平的概率。除此之外,Nicholson[38]等人从出行者的角度出发,将行程时间可靠性定义为给定时间内到达目的地的概率,其适用于网络路径和OD对层面的评估。Clark[39]提出在网络层面评估系统整体的行程时间,提出了用于评估所有行程时间的概率密度函数。

综上所述目前对于行程时间可靠性的研究,根据侧重点的不同,主要可分为三类:路径行程时间可靠性、端端行程时间可靠性以及系统行程时间可靠性。路径行程时间可靠性是指给定路径上的行程时间在可接受阀值内的概率;端端行程时间可靠性是综合给定端端节点之间所有被用户使用的路径的行程时间以得到一个端端服务水平的测度;系统行程时间可靠性则是考虑所有端端得到的一个整个系统服务水平的指标。路径行程时间可靠性有助于对路径的选择,而端端行程时间可靠性以及系统行程时间可靠性则有助于管理者评估网络的性能[40]。

7.2.2 模型与算法

网络性能是流量与服务能力博弈的体现,因而网络性能可靠性的建模与分析需要建立流量模型[41-43]。本节主要介绍流量分配模型,有非平衡流量分配与平衡流量分配两大类。本节将从交通网中的流量分配问题的起源开始,详细阐述两类流量分配问题的思想和方法。

1. 流量分配的产生与发展

交通流分配是将从出发地到目的地之间的交通量合理地分配到网络的路段上。在分配之前首先需明确交通流在交通网中的选择机制,对一个交通网相对发达的城市而言,如果一个OD对之间存在多条可行道路且交通量较少,那么驾驶员会选择最短道路。当选择该道路的驾驶员增多时,交通量会逐渐增大进而导致道路拥挤、道路阻抗(行程时间)增加,最终后续的驾驶员会选择相对行程时间较短的其他道路,通过这种机制最终会达到一种平衡。Wardrop[44]于1952年最早给出了交通网络中"用户均衡"(User Equilibria,UE)的定义,即当交通网的使用者均知道网络的状态并且均试图选择最短路径时,网络会达到均衡状态。在此状态下,所有OD对在被使用的路径上具有相等并且最小的行程时间,同时未被使用路径上的行程时间不小于最小行程时间。用户均衡方法属于对交通流确定性的分配,然而实际情形是驾驶员并不能准确估算路段的阻抗,且同一驾驶员对不同的道路阻抗评估水平不同,不同驾驶员对同一道路的阻抗评估水平也不相同,这种估算值与实际值之间的差别会导致最终形成的流量与确定性分配所预测的流量存在较大差距。针对这一问题,Daganzo[45]等人于1977年在"用户均衡"基础上提出了"随机用户均衡(Stochastic User Equilibrium,SUE)理论,将驾驶员对路段阻抗的估计值与路段阻抗的实际值之间的误差看作一个随机变量。在SUE中,当随机变量取定值零时,SUE问题就变成了UE问题。

交通网络中路阻并非一个固定值,而是随着路段流量的增加而增加,并且会受到相邻路段的影响,在表征路阻与流量之间的函数关系研究中,目前广泛采用的是美国道路局提出的路阻流量关系函数,即BPR(Bureau of Public Road)函数[46]:

$$t_a = t_{a0}\left[1+\alpha\left(\frac{x_a}{c_a}\right)^\beta\right]$$

式中:t_a为路段a上的阻抗,以行程时间表示;t_{a0}表示路段a上的零流阻抗,也称为自由行程时间;c_a为路段通行能力,一般指路段的容量;x_a表示路段a上的流量;α,β为模型调节参数。

以上可以看出,BPR函数中路段流量是影响交通网中行程时间的关键因素,路段流量又和交通网中的流量分配方法有关。目前,在交通流分配理论中,常用的交通流量分配方法有0-1分配法、增量分配法[45]、迭代加权法[47]和平衡分配法[48,49]。对于采用启发式方法或其他近似方法的分配模型,则称为非平衡分配方法;对于完全满足用户均衡状态的方法称为平衡分配方法。

2. 交通流的非平衡分配算法

1) 全有全无分配法

全有全无分配法(简称0-1分配法)是最简单的分配方法,其不考虑交通网络的拥挤程度,即所有流量按照理想状态选择路径,不考虑流量变化导致的路阻变化。这一方法是目前最简单、最基本的路径选择和分配方法,其优点是计算相当简便,分配时只需要对OD对计算一次最短路径即可,其不足是出行量分布不均匀,出行量全部集中在最短路径上。全有全无分配法算法思想和算法步骤如下。

(1) 算法思想。

全有全无分配法的算法思想是通过将 OD 对矩阵中的交通流全部加载到交通网络的最短路径上,从而得到交通网络中各路段流量。

(2) 算法步骤。

步骤 0:初始化,令交通网络中所有路段流量为 0,并求出各路段自由流状态时的阻抗。

步骤 1:计算交通网络中每个 OD 对的最短路径。

步骤 2:将 OD 对交通流全部分配到相应的最短路径上。

(3) 算法特点。

由于全有全无分配法不能反映流量对于路阻的影响效果,这种分配方法比较适合道路稀少的地区,而对于城市交通网,不宜采用这种分配方法。在实际中由于其简单实用的特性,一般作为其他各种网络流量分配方法的基础。

2) 增量分配法

增量分配(Incremental Assignment,IA)法[45]是一种近似平衡分配方法。该方法在全有全无分配方法的基础上,考虑了路段交通流量对阻抗的影响,进而根据道路阻抗的变化来调整交通网络交通量的分配,是一种"变化路阻"的交通量分配方法。增量分配法有"容量限制——增量分配"、"容量限制——迭代平衡分配"两种形式。增量分配法算法思想和算法步骤如下。

(1) 算法思想。

增量分配法的基本思想是将 OD 交通流分成若干等份(平分或者非平分),依次将每一等份循环分配到 OD 所对应的最短路径上,每次循环后重新计算各路段的路阻,然后按更新后的路阻值重新计算最短路径;下一循环中按更新后的最短路径分配下一份 OD 交通流。

(2) 算法步骤。

步骤 0:初始化,以适当的形式将 OD 交通流分割为 N 份,并且令 $n=1$。

步骤 1:计算并更新路段阻抗 $t_{ij}^n = t_{ij}(x_{ij}^{n-1})$。

步骤 2:用 0-1 分配法将分割出的第 n 份 OD 交通流 F_{ij}^n 分配到最短路径上,即 $x_{ij}^n = x_{ij}^{n-1} + F_{ij}^n$。

步骤 3:如果 $n=N$,则结束计算。反之,令 $n=n+1$ 并返回步骤 1。

其中,N 为分割份数,n 为循环次数。

增量分配法的复杂程度和结果的精确性都介于全有全无分配法和后述的平衡分配法之间。当分割数 $N=1$ 时,即为全有全无分配方法,当 N 趋向于无穷大时,该方法所得的分配结果趋向于平衡分配方法的结果。

(3) 算法特点。

该方法的精确度可以根据分割数 N 的大小来调整,在实践中经常被采用。

但与平衡分配法相比,其仍然是一种近似方法;当路阻函数不是很敏感时,也会将过多的交通量分配到某些流量通行能力很小的路段上。

3) 迭代加权法

迭代加权(Method of Successive Averages,MSA)法[47]是介于增量分配法和平衡分配法之间的一种循环分配方法。

(1) 算法思想。

迭代加权法的思想是通过循环调整各路段分配的流量进而逐渐接近平衡分配。每步循环中,根据各路段分配到的流量进行一次全有全无分配,得到一组各路段的附加流量;然后用该循环中各路段已分配的交通流和该循环中得到的附加交通流进行加权平均,得到下一循环中的分配交通流;最后比较新计算的路阻与原来计算的路阻,当相邻两次循环中分配的交通流十分接近时,即停止运算,最后一次循环中得到的交通流即为最终结果。否则再次分配,直到满足精度为止。

(2) 算法步骤。

步骤 0:初始化。根据各路段自由行程时间进行全有全无分配,得到初始解 x_a^0。令迭代次数 $n=0$,路阻函数 $t_a^0 = t_a(0)$,$\forall a \in A$。

步骤 1:令 $n=n+1$,按照当前各路段的交通流 x_a^{n-1} 计算各路段的路阻:

$$t_a^n = t_a(x_a^{n-1}), \quad \forall a \in A$$

步骤 2:按照步骤 1 求得的路阻和 OD 交通流进行全有全无分配,得到各路段的附加交通流 F_a^n。

步骤 3:基于如下公式计算各路段当前交通流 x_a^n:

$$x_a^n = (1-\alpha)x_a^{n-1} + \alpha F_a^n, \quad 0 \leqslant \alpha \leqslant 1$$

步骤 4:如果 x_a^n, x_a^{n-1} 相差在一定误差范围内,则停止计算。x_a^n 为最终分配结果,否则返回步骤 1。

在步骤 3 中,权重系数 α 由计算者给定。通常 α 可以取值 $\alpha = 1/n$,n 是循环次数。

(3) 算法特点。

迭代加权法既简单适用,又最接近于平衡分配法。如果在步骤 2 中采用全有全无分配方法,则该算法可以支持确定型用户均衡的流量分配;如果考虑流量选择的随机因素,并且选择对应的随机加载方法,则可以支持随机型用户均衡的流量分配。

3. 交通流的平衡分配模型与算法

1) 平衡分配模型

Wardrop 提出用户均衡分配原理之后,在很长一段时间内没有一种严格的模型可求出满足这种条件的交通流分配方法。直到1956年由Beckmann[48]提出了一种满足Wardrop准则的数学规划模型。下面我们从3个方面介绍Beckmann的数学模型。

(1) 模型中所用变量和参数。

x_a——路段a上的交通流量。

t_a——路段a的交通阻抗,也称为行程时间。

$t_a(x_a)$——路段a以流量为自变量的阻抗函数,也称为行程时间函数。

f_k^{rs}——出发地为r,目的地为s的OD间的第k条路径的流量。

c_k^{rs}——出发地为r,目的地为s的OD间的第k条路径的阻抗。

u^{rs}——出发地为r,目的地为s的OD间的最短路径的阻抗。

$\delta_{a,k}^{rs}$——路段-路径相关变量,即0-1变量。如果路段a属于出发地为r、目的地为s的OD间的k条路径,则$\delta_{a,k}^{rs}=1$,否则$\delta_{a,k}^{rs}=0$。

N——网络中节点的集合。

L——网络中路段的集合。

R——网络中出发地的集合。

S——网络中目的地的集合。

W_{rs}——出发地r和目的地s之间的所有路径的集合。

q_{rs}——出发地r和目的地s之间的OD交通量。

该数学模型如下:当交通网络达到均衡状态时,若有$f_k^{rs}>0$,必有$\sum_a t_a(x_a)\delta_{a,k}^{rs}=u_{rs}$,说明如果从$r$到$s$有两条及以上的路径被选中,那么它们的行程时间相等;若有$f_k^{rs}=0$,必有$\sum_a t_a(x_a)\delta_{a,k}^{rs} \geq u_{rs}$,说明如果某条从$r$到$s$的路径流量等于零,那么该路径的行程时间一定超过被选中的路径行程时间。

(2) 模型基本约束条件。

首先,分配过程中应该满足交通流守恒的条件,即OD间各条路径上的交通量之和应等于OD交通总量。根据上述定义的变量和参数,表示为

$$\sum_{k \in W_{rs}} f_k^s = q_{rs}, \quad \forall r, s$$

其次,路径交通流和路段交通流之间应该满足如下条件,即路段上的流量应该是由各个(r,s)OD途经该路段的路径的流量累加而成,表示为

$$x_a = \sum_r \sum_s \sum_k f_k^{rs} \delta_{a,k}^{rs}, \quad \forall a \in L, \forall r \in R, \forall s \in S, \forall k \in W_{rs}$$

同时,路径的总阻抗和路段的阻抗之间应该满足如下的条件,即路径的阻抗应该是该路径途经的各个路段的阻抗的累加,表示为

$$c_k^{rs} = \sum_a t_a(x_a) \delta_{a,k}^{rs}, \quad \forall a \in L, \forall r \in R, \forall s \in S, \forall k \in W_{rs}$$

最后,路径流量应该满足非负约束,即
$$f_k^{rs} \geq 0, \quad \forall k, r, s$$

(3) Beckmann 分配模型。

Beckmann 把上述条件作为基本约束条件,用取目标函数极小值的方法来求解平衡分配问题,提出的分配模型如下:

$$\text{Min}: Z(X) = \sum_a \int_0^{x_0} t_a(\omega) \mathrm{d}\omega$$

$$s.t. \begin{cases} \sum_k f_k^{rs} = q_{rs} \\ f_k^{rs} \geq 0 \end{cases}$$

其中

$$x_a = \sum_r \sum_s \sum_k f_k^{rs} \delta_{a,k}^{rs}$$

分析上述的模型可以看到,模型的目标函数是对各路段的行程时间函数积分求和之后取最小值,很难对它作直观的物理解释,目前认为它只是一种数学手段,借助于它来解平衡分配问题。

2) Beckmann 分配模型的算法

上述数学规划模型直到 1975 年才由 Leblanc[49] 利用 Frank-Wolfe 算法进行了精确求解,最终形成了目前广泛应用的一种解法,称为 F-W 解法。

(1) 算法思想。

Beckmann 分配模型是一个非线性规划模型,而对非线性规划模型即使现在也没有普遍通用的解法,只是对某些特殊的模型才有可靠的解法,而 Beckmann 分配模型就是一种特殊的非线性规划模型。

F-W 算法的前提是模型的约束条件必须都是线性的。该算法是用线性规划逐步逼近非线性规划的方法,它是一种迭代法。在每步迭代中,先找到目标函数的一个最快速下降方向,然后再找到一个最优步长,在最快速下降方向上截取最优步长得到下一步迭代的起点,重复迭代直到找到最优解为止。概括而言,该方法的基本思路就是根据一个线性规划的最优解而确定下一步的迭代方向,然后根据目标函数的一维极值问题求最优迭代步长。

(2) 算法步骤。

步骤 1:初始化。按照 $t_a^0 = t_a(0), \forall a$,进行 0-1 交通分配、交通流分配,得到各路段的流量 $\{x_a^1\}, \forall a \in L$;令 $n=1$。

步骤 2:更新各路段的阻抗。按照 $t_a^n = t_a(x_a^n), \forall a \in L$。

步骤 3:寻找下一步迭代方向。按照更新后重新求得的各 OD 对的最短路径,再进行一次 0-1 交通流分配,得到一组附加流量 F_a^n。

步骤4:求解满足下式确定迭代步长 λ:

$$\sum_a (F_a^n - x_a^n) t_a [\lambda (F_a^n - x_a^n)] = 0$$

步骤5:确定新的迭代起点。$x_a^{n+1} = x_a^n + \lambda (F_a^n - x_a^n)$。

步骤6:收敛性检验。如果满足 $\dfrac{\sqrt{\sum_a (x_a^{n+1} - x_a^n)^2}}{\sum_a x_a^n} < \varepsilon$(其中 ε 是预先给定的误差限值),则 $x_a(n)$ 就是要求的平衡解,计算结束;否则,令 $n=n+1$,返回步骤2。

(3) 算法特点。

从上述步骤可以看出,平衡分配法和前面介绍的非平衡分配法中的迭代加权法(MSA 法)十分相似,唯一的区别就是平衡分配法通过严格的数学运算求得迭代步长,因而就能保证求出平衡解;而 MSA 法迭代步长为 $1/n$,因而求出近似平衡解也能收敛到精确平衡解。

4. 基于蒙特卡罗方法的行程时间可靠性算法

2000 年 Chen[37] 将 OD 交通流(流量)和路段通行能力(容量)作为连续的随机变量,基于蒙特卡罗方法来计算行程时间可靠性。该模型假设:

(1) 网络中的通行流量满足 Wardrop 网络均衡原理;
(2) 网络的各链路容量随机降级,满足某种分布且取值相互独立;
(3) 网络流量与容量的关系可以用 BPR 函数表示,从而可以得到流量的时延值。

该模型的故障判据为:对于 OD 对之间的流量,若 OD 对之间的所有路径上的传播时延均大于指定的时间阈值,则认为该 OD 对上流量的行程时间超出阈值,判为失效。

若不满足条件 Z,则流量不能在指定行程时间内成行。

$$Z: \exists t_k^{rs} \leqslant \theta^{rs}, \quad \forall k \in W^{rs}$$

式中:W^{rs} 为 OD 对 (r,s) 之间所有路径的集。

在已知网络的拓扑结构、流量需求、各路段的容量取值范围与取值概率、各路段的自由行程时间以及网络性能的期望水平的情况下,求解 OD 对行程时间可靠性的算法流程如图 7.4 所示。

算法解释如下。

(1) 初始化,确定各条路段的通行能力 C_a 的分布以及路段路径及 OD 对之间行程时间阈值,仿真次数为 N,令 $n=1, s=0$。

(2) 对每一路段随机产生容量样本值 C_a 并分配给各路段。

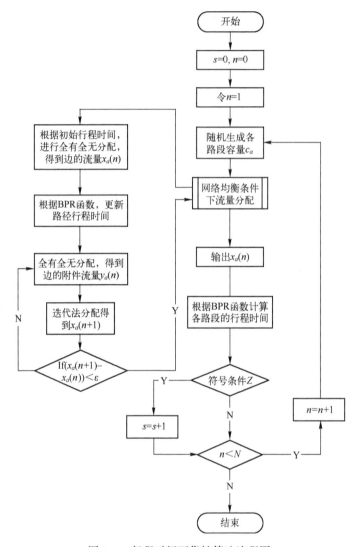

图 7.4 行程时间可靠性算法流程图

(3) 确定各路段的平衡流量 x_a。

(4) 用 BPR 函数求得对应路段行程时间。

(5) 若路段行程时间满足条件 $Z: \exists t_k^{rs} \leqslant \theta^{rs}, \forall k \in W^{rs}$，则 $s=s+1$。

(6) 若 $n<N$，则 $n=n+1$，返回步骤 1。否则输出行程时间可靠性 $R=s/N$。

可以注意到，在算法流程图中，左侧流程就是流量分配部分的内容，在下述案例中，采用了用户均衡模型，并用 Frank-Wolfe 算法进行求解，其求解具体步骤的解释如下：

步骤0：初始化,依据跃然的初始行程时间 $t_a^n = t_a(0)$, $\forall a$, 进行一次全有全无分配,得到所有路段流量 x_a^1, $\forall a$, 令 $n=1$。

步骤1：更新路段行程时间,依据各路段上阶段分配得到的流量 x_a^n 代入 BPR 函数,计算出各路段新的行程时间 $t_a^n = t_a(x_a^n)$, $\forall a$。

步骤2：依据更新后的 $t_a^n = t_a(0)$, $\forall a$ 再进行一次全有全无分配,得到各路段的附加流量 y_a^n。

步骤3：用迭代加权的方法计算各路段当前交通流量。

$$x_a^{n+1} = x_a^n + \frac{1}{n}(y_a^n - x_a^n), \quad \forall a \in A$$

其中, $\frac{1}{n}$ 为迭代步长。

步骤4：收敛判断,如果 $x_a^{n+1} - x_a^n < \varepsilon$, 则计算结束,否则令 $n = n+1$, 返回步骤2。

7.2.3 案例分析[50,51]

行程时间可靠性网络案例拓扑图如图7.5所示。图中包含5个节点,8个点和两个 OD 对,OD 对之间流量需求为 $q_{15} = 70$, $q_{25} = 80$。

各路段的容量上界、下界以及自由行程行程时间见表7.2,路段容量取值服从均匀分布。

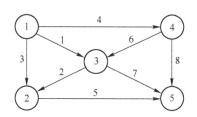

图7.5 行程时间可靠性网络案例拓扑图

表7.2 网络中边的容量分布及其自由行程时间

路段编号	1	2	3	4	5	6	7	8
容量上限	60	50	50	50	80	60	50	50
容量下限	30	25	25	25	40	30	25	25
自由行程时间	4	5	2	8	8	4	4	3

基于蒙特卡罗仿真方法求解网络的行程时间可靠性,C 代表路段的容量, t 代表路段上的行程时间, f 代表路段上的流量。求解示例如下：

依据表中提供的容量上下限,为每条路段随机生成容量值。示例：[58.5151 31.3889 48.8341 37.6868 57.5343 37.3957 46.6879 46.6879],将其分配到各个路段,即 $C_1 = 58.5151$, $C_2 = 31.3889$, $C_3 = 48.8341$, $C_4 = 37.6868$, $C_5 = 57.5343$, $C_6 = 37.3957$, $C_7 = 46.6879$, $C_8 = 46.6879$。

以 OD 对(1,5)的平衡分配为例,进行第一次流量分配并更新行程时间。

分配:在图 7-5 中 OD 对(1,5)之间的最短行程时间为路段 1、7,时间为 4+4=8。将流量 $q_{15}=70$ 全部分配给路段 1、7,其他路段流量为 0。

更新:将矩阵 C 第一行中的容量与上一步分配得到的流量代入 BPR 函数($\alpha=0.15,\beta=4$),路段 1、7 上行程时间分别变为 $t_1=5.226$、$t_7=7.032$,路径 1、7 的行程时间增加到 $t_1+t_7=12.258$。此时,(1,5)之间的最短路径变为路段 3、5,最短行程时间变为路段 3 和 5 路段上行程时间之和等于 $t_3+t_5=10$。

第二次流量分配与行程行程时间更新:再次进行全有全无分配,即将全部流量 $q_{15}=70$ 分配到上一步得到最短路段 3、5 上,其他路段分配流量为 0,此时所有路段分配得到的流量称为附加流量,将各路段第一次分配得到的流量以及本次的附加流量代入步骤 3 中的迭代公式,得到再次分配的流量。路段 1、3、5、7 最新流量分别为 $f_1=35$、$f_3=35$、$f_5=35$、$f_7=35$。此时路段 1、3、5、7 行程时间变为 $t_1=4.0768$、$t_3=2.0792$、$t_5=8.1643$、$t_7=4.1895$。OD 对(1,5)之间的最短行程时间的路径重新变为路段 1、7。

不断进行上述迭代,当迭代两次之分配的流量差 $\varepsilon<0.01$ 时,可以认为流量分配达到平衡解。

在 OD 对(1,5)与 OD 对(2,5)共同参与平衡分配时,采用前述相同的步骤得到各路段的平衡流量解,如表 7.3 所列。

表 7.3 网络平衡时边的流量分布

路段编号	1	2	3	4	5	6	7	8
平衡流量	38.43	25.12	12.25	19.32	67.13	8.78	54.77	28.1

此时 OD 对(1,5)之间的行程时间为 $t_{15}=9.2523$,将行程时间可靠性定义为:当前负载下与无负载下的自由行程时间的不大于某一个期望水平的概率。在期望水平 $\mu_0=1.2$ 的情况下,时间阈值为 $1.2\times8=9.6$,故被认为顺利通行;OD 对(2,5)之间的行程时间为 $t_{25}=8.5141$,同样满足时间阈值。

基于蒙特卡罗进行 1000 次仿真,分别得到在期望水平 $\mu_0=1.2$ 的情况下,OD_{15} 和 OD_{25} 的可靠度 $R_{15}=0.154$,$R_{25}=0.440$。

7.3 基于排队论的模型算法

本节介绍基于排队论的网络性能可靠性分析方法。1909 年 Erlang 在研究电话交换网时提出了考虑电话到达以及服务时长的排队论分析模型。排队论发展到现在,在各个领域尤其是资源共享的通信网络领域有着重要的应用。本节首先介绍排队论的基础理论及其模型算法,然后结合实际通信网络进行案例分析。

7.3.1 理论基础

当网络处于较好连通状态时,其性能并不一定能满足使用要求。这主要是由于网络提供的服务能力是有上限的,而网络负载变化引发的流量变化所导致的网络服务性能降级是性能故障的主要原因[52]。流量和网络服务资源的矛盾引发了排队现象,从而有大量学者投了到了针对网络性能的排队分析中,形成了以话务理论[53]、随机服务系统理论[54]等为代表的排队论基本理论。排队论可以通过3个模型来概括:输入过程模型、排队规则模型以及服务机制模型,图7.6所示为一个最简单的排队系统。下面分别按照3个模型的要素及变量分别进行介绍。

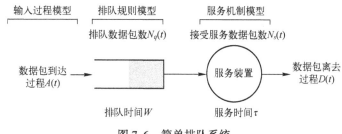

图 7.6 简单排队系统

1. 输入过程模型

该过程描述的是数据包到达的规律。随机变量 $A(t)$ 表示 $(0,t]$ 内的数据包到达累积量,$D(t)$ 表示 $(0,t]$ 数据包离去累积量。假设 $K(t)$ 表示 t 时刻到达的数据包个数,X_i 为第 i 个数据包大小,那么数据包到达累积量为 $A(t) = \sum_{k=1}^{K(t)} X_i$。记 $t_1, t_2, \cdots, t_k (t_1 < t_2 < \cdots < t_k)$ 分别是第 $1, 2, \cdots, k$ 个数据包到达的时刻,则随机变量 $T_k = t_{k+1} - t_k$ 称为到达间隔,通常用该随机变量来描述数据包到达过程。常见的几类到达过程分别为

(1) Poisson 到达:T_k 为独立同分布的指数分布序列,到达率一般设为 λ;

(2) Erlang 到达:T_k 为独立同分布的 Erlang(爱尔朗)分布序列,参数为 λ 的 n 阶 Erlang 分布的随机变量可视为 n 个独立同分布的参数为 λ 服从指数分布的随机变量和;

(3) 等间隔到达,T_k 为一定值。

2. 排队规则模型

排队规则指在队列中等待的数据包转发规则(也即调度策略),可分为抢占式调度和非抢占式调度。非抢占式调度是指任务一旦被调度,则不允许其被中断直至其完全被执行,如先到先服务(First In First Out,FIFO),后到先服务(Last

In First Out,LIFO)。而抢占式调度则允许为了优先完成另一任务而终止正在执行的任务,如轮询调度、优先权调度等。

3. 服务机制模型

服务机制指的是提供转发服务的服务装置(如网络节点数、网络节点拓扑结构)以及单数据包占用节点服务的时间长度等特征。在经典排队论中,服务装置有单节点、串联多节点、并联多节点(网络数据包排队系统中不常见)以及随机节点(多节点网络系统中随机选择一节点提供服务)等,如图7.7所示。

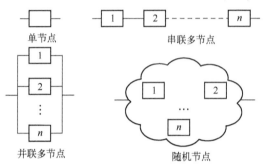

图7.7 服务装置结构图

类似于$\{T_k\}$序列分析,当时间序列$\{\tau_k\}$为独立同分布的指数分布、Erlang分布、定长分布时,则相应的服务分别称为指数服务、Erlang服务、定长服务。数据包从到达网络排队系统开始到离开系统所花的时长称为系统时间(也称为响应时间),系统中允许的最大数据包数量称为系统的容量,当系统中数据包个数超过系统容量时,将会产生丢包现象。

1953年,Kendall提出了排队系统的$A/B/n/N/k$的记法,其中A和B分别表示到达过程以及服务时间分布,常用记号如下:

M表示$\{T_k\}$或$\{\tau_k\}$为指数分布;

E_k表示$\{T_k\}$或$\{\tau_k\}$为k阶Erlang分布;

D表示$\{T_k\}$或$\{\tau_k\}$为定长分布。

此外,n表示服务台的数目,N表示系统容量,k表示数据源个数。如$M/M/1/n/1$-FIFO表示到达过程为Poisson过程,服务时间服从指数分布,服务节点为1个,系统容量为n,数据源为1个,排队规则为FIFO的排队系统。

此外,其他基本参数定义如下。数据包平均到达率:

$$\lambda = \lim_{t \to \infty} \frac{A(t)}{t}$$

系统拥塞量$N(t) = A(t) - D(t)$,定义系统的平均数据包数:

$$N = \lim_{t \to \infty} \frac{1}{t} \int_0^t N(x) \mathrm{d}x$$

数据包 k 的响应时间设为 S_k,则数据包的平均响应时间:

$$S = \lim_{t \to \infty} \frac{1}{A(t)} \sum_{k=1}^{A(t)} S_k$$

队列中 t 时刻数据包数(队列长度)为 $N_q(t)$,正接受服务数据包数为 $N_s(t)$,数据包 k 的排队时间记为 W_k,其表达式分别为

$$N_q = \lim_{t \to \infty} \frac{1}{t} \int_0^t N_q(x) \, \mathrm{d}x$$

$$N_s = \lim_{t \to \infty} \frac{1}{t} \int_0^t N_s(x) \, \mathrm{d}x$$

$$W = \lim_{n \to \infty} \frac{1}{n} \sum_{k=1}^n W_k$$

由以上定义可知,系统拥塞量、等待时延、响应时间、平均到达率(吞吐量)等均是表征系统状态的性能指标量,当把故障判据加入到这些性能指标时,则这些性能值即变成性能可靠性度量指标。

7.3.2 基于排队论的时间可靠度算法

1. 确定输入过程模型、服务机制模型和排队规则模型

针对研究对象,首先需要确定输入过程模型、服务机制模型和排队规则模型。其中,表征输入过程模型的数据帧到达时间间隔和表征服务机制模型的服务时间可以通过测试获取,判定可能服从的分布类型,并通过拟合优度检验验证,排队规则模型则由网络配置方法决定。

常见的到达时间和服务时间间隔分布见表7.4,拟合检验一般采用卡方拟合优度检验。

表7.4 常见的到达时间和服务时间间隔分布

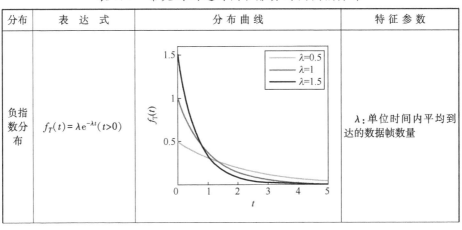

(续)

分布	表达式	分布曲线	特征参数
爱尔朗分布	$f_T(t)=\dfrac{k\lambda(k\lambda t)^{k-1}}{(k-1)!}e^{-k\lambda t}$ $(t>0,\lambda>0)$	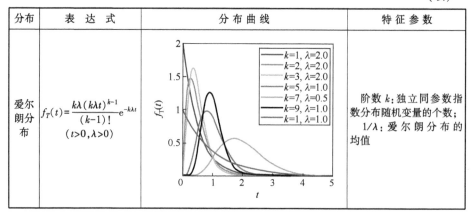	阶数 k：独立同参数指数分布随机变量的个数； $1/\lambda$：爱尔朗分布的均值

2. 确定排队模型

根据到达时间间隔、服务时间间隔和排队规则确定排队模型，典型的排队模型如下：

（1）M/M/1，即到达间隔时间和服务时间均服从负指数分布的单服务台排队模型；

（2）M/M/c，即到达间隔时间和服务时间均服从负指数分布的多服务台排队模型；

（3）M/M/∞，即到达间隔时间和服务时间均服从负指数分布，系统服务台无限的排队模型；

（4）M/E_2/1，即到达间隔时间服从负指数分布，服务时间服从二阶爱尔朗分布的单服务台排队模型；

（5）E_2/M/1，即到达间隔时间服从二阶爱尔朗分布，服务时间服从负指数分布的单服务台模型。

3. 确定逗留时间分布

根据排队模型，确定逗留时间分布，对上述典型排队模型，具体方法如下：

（1）对于满足 M/M/1、E_2/M/1 模型的网络，根据数据包到达间隔时间的概率密度函数的拉普拉斯变换，可通过求解超越方程求得数据包逗留时间概率密度函数，再对该概率密度函数进行积分得到逗留时间分布模型；

（2）对于满足 M/E_2/1 模型的网络，根据数据包逗留时间概率密度函数的拉普拉斯变换，联合不同服务模型下服务时间概率密度函数的拉普拉斯变换，通过拉普拉斯变换表确定数据包逗留时间概率密度函数，再对时间积分得到逗留时间分布模型；

（3）对于满足 M/M/C 的排队模型，顾客的离去间隔时间服从参数为 $C\mu$ 的负指数分布,等待时间服从参数为 $C\mu$ 的爱尔朗分布,故逗留时间可根据等待时间分布函数和服务时间分布函数的卷积公式得到;

(4) 对于满足 M/M/∞ 的排队模型,不需要排队,响应时间仅包括服务时间,逗留时间分布服从负指数分布,即服务时间分布。

常见的排队模型的逗留时间分布函数如表 7.5 所列。

表 7.5 常见的排队模型的逗留时间分布函数

排队模型	逗留时间分布函数
M/M/1	$F(t) = 1 - e^{-(\mu-\lambda)t}$
M/M/C	$F(t) = \begin{cases} 1 - \left(1 + \dfrac{p_C \mu}{1-\rho}\right) e^{-\mu t}, & \left(\rho = 1 - \dfrac{1}{C}\right) \\ 1 - \left(1 + \dfrac{p_C}{(C-1-C\rho)(1-\rho)}\right) e^{-\mu t} + \dfrac{p_C}{(C-1-C\rho)(1-\rho)} e^{-C\mu(1-\rho)t}, & \left(\rho \neq 1 - \dfrac{1}{C}\right) \end{cases}$ 其中,$p_0 = \left[\sum_{n=0}^{C-1} \dfrac{(C\rho)^n}{n!} + \dfrac{(C\rho)^C}{C!(1-\rho)}\right]^{-1}, p_C = \dfrac{(C\rho)^C}{C!} p_0, \rho = \dfrac{\lambda}{C\mu}$
M/M/∞	$F(t) = 1 - e^{-\mu t}$
M/E$_2$/1	$F(t) = \dfrac{ab}{b-a}\left[\dfrac{1}{a}(1-e^{-at}) - \dfrac{1}{b}(1-e^{-bt})\right]$ 其中,$a = \dfrac{4\mu - \lambda - \sqrt{8\mu\lambda + \lambda^2}}{2}, b = \dfrac{4\mu - \lambda + \sqrt{8\mu\lambda + \lambda^2}}{2}$
E$_2$/M/1	$f(t) = 1 - e^{\frac{\mu - 4\lambda + \sqrt{\mu^2 + 8\mu\lambda}}{2}t}$

注:λ 为平均到达率,μ 为平均服务率。

4. 计算时间可靠度

设排队系统的固定时延为 T_F,可变时延为 T_S,则总时延 $T_D = T_F + T_S$,令时延阈值为 T'_D,则排队系统时间可靠度 R_T 的计算见公式如下:

$$R_T = P(T_D < T'_D) = P(T_S + T_F < T'_D) = P(T_S < T'_D - T_F) = F(T'_D - T_F)$$

7.3.3 案例分析

图 7.8 所示为 FC 网络的一个典型的数据交换系统拓扑示意图。其中,端系统与交换机通过 F 端口连接来完成数据交换,每个接收端口均包含一个缓冲区,虚线箭头表示数据传输的过程,由端系统 1 发送数据经过交换机的调度到达端系统 2。FC 网络中数据帧的端端时延定义为从源端系统发出到目的端系

统完全接收的时间差。本案例计算端端传输的时间可靠度。

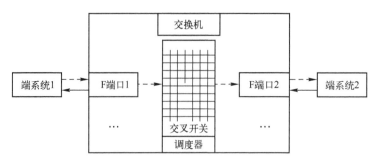

图 7.8 FC 网络数据交换系统示意图

FC 网络中数据帧 p_x 的端端时延 T_{p_x} 包含 3 个部分:源端和目的端系统产生的时延 T_{SO}、链路产生的时延 T_L 以及交换机产生的时延 T_{SW}。其中,源端系统中的数据处理及发射时延为 12μs,目的端接收时延为 13.5μs,所以本案例中 $T_{SO}=12+13.5=25.5$μs;FC 网络中链路带宽一般 2Gb/s,链路产生的时延 T_L 可以忽略不计;数据帧经过交换机调度转发也会产生时延,一般为固定值 14μs,同时在第 i 个交换机缓冲区的排队时延为 T_{V,p_x}^i。则数据帧的端端时延如下:

$$T_{p_x} = T_{SO} + T_L + T_{SW} = 12\mu s + 13.5\mu s + 0 + m \times 14\mu s + \sum_{i=1}^{m} T_{V,p_x}^i$$

$$= 25.5\mu s + m \times 14\mu s + \sum_{i=1}^{m} T_{V,p_x}^i$$

其中,m 表示经过的交换机个数。在本案例中只有一个交换机,所以数据帧 p_x 的端端时延为

$$T_{p_x} = 25.5\mu s + 1 \times 14\mu s + T_{V,P_x} = 39.5\mu s + T_{V,P_x}$$

则数据帧的端端时延 T_{p_x} 小于某一给定值 T_D' 的概率:

$$P(T_{p_x} < T_D') = P(T_{V,p_x} < T_D' - 39.5)$$

计算过程中所需的基本参数如表 7.6 所列。

表 7.6 案例参数列表

参 数	链路带宽	带宽利用率	最大数据帧长度	交换机服务时间	固 定 时 延
符号	C	n	L	T_{s2}	T_F
取值	2Gb/s	[0,1]	2148B	14μs	39.5μs

接下来使用排队论对可变时延 T_{V,p_x} 进行分析。

1. 确定输入过程模型、服务机制模型和排队规则模型

数据的到达过程和服务过程均服从负指数分布,排队规则采用先进先出。根据案例中的已知条件,交换机服务时间 $T_{s2}=14\mu s$,FC 网络中传输的最大数据帧长度 $L=2148B$,假设服务的数据帧均为最大帧长度的数据帧,则交换机的平均服务率计算如下:

$$\mu = \frac{L \times 10 \times 8}{8 \times 1024 \times T_{s2}} = \frac{2148 \times 10}{1024 \times 14} = 1.5 \text{Kb}/\mu s$$

对于带宽 $C=2\text{Gb/s}$,带宽占用率为 n 的队列,平均到达率计算如下:

$$\lambda = nC = 2n\text{Gb/s} = \frac{2 \times 1024 \times 1024}{1000000} n\text{Kb}/\mu s = 2.1n\text{Kb}/\mu s$$

2. 确定排队模型

到达时间间隔和服务时间间隔均服从负指数分布,数据从源端系统的发送端口发出进入交换机 F 端口,经过交换机调度的过程可以等效为一个服务率为 μ 的单节点排队过程,确定该排队模型为 M/M/1 模型。端系统到交换机的传输排队示意图如图 7.9 所示。

图 7.9 端系统到交换机的传输排队示意图

3. 确定逗留时间分布

根据表 7.5 的逗留时间分布函数,对应于 M/M/1 排队模型的逗留时间分布函数为

$$F(t) = 1 - e^{-(\mu-\lambda)t}$$

式中:λ 为平均到达率;μ 为平均服务率。代入前面计算得到的 λ 和 μ 值,可以得到数据帧从源端系统传输到目的端系统的逗留时间分布:

$$F(t) = 1 - e^{-(\mu-\lambda)t} = 1 - e^{-(1.5-2.1n)t}$$

4. 计算时间可靠度

通过之前的分析,排队系统的固定时延 $T_F=39.5\mu s$,时延阈值为 T'_D,则时间可靠度 R_T 计算如下:

$$R_T = F(T'_D - T_F) = F(T'_D - 39.5) = 1 - e^{-(1.5-2.1n)(T'_D-39.5)}$$

给定时延阈值 T'_D,可以计算出该网络的时间可靠度 R_T。当带宽利用率 n 分别为 $0.1, 0.2, \cdots, 0.7$ 时,时间可靠度 R_T(纵轴)与时延阈值 T'_D(横轴)的关系如图 7.10 所示。

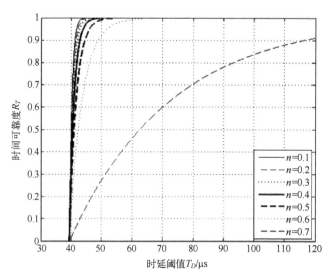

图 7.10 时间可靠度 R_T 与时延阈值 T'_D 的关系

7.3.4 小结

对于一些结构简单的网络拓扑,排队论能够较好地对网络性能可靠性进行分析。此外,也能计算网络中其他性能参数,如丢包。但是当前基于排队论的性能可靠性计算存在着如下问题:

(1) 假设条件过于苛刻,只能分析如 Poisson 过程的短相关的网络流量模型,而对于当前较为公认的长相关自相似到达过程,由于这些流量模型并没有显式的表达式,因而难以进行解析分析。

(2) 对于一个复杂网络系统,难以使用排队论进行解析计算。

7.4 基于网络演算的模型算法

网络演算方法于 1991 年由 Cruz[55] 提出并应用于网络分析中,其核心思想是把复杂的非线性排队问题转化为到达曲线以及服务曲线计算,极大地简化了计算。随后 Le Boudec[56] 将最小加代数引入到网络演算中,通过使用最小加卷积运算简化了分析结果的表达形式。2000 年,Chang[57] 总结了基于网络演算的性能分析理论的研究成果,其中对于确定性的性能分析理论和随机的性能分析理论部分内容逐步发展为确定性网络演算(Deterministic Network Calsulus,DNC)和随机型网络演算(Stochasitic Network Calsulus,SNC)。目前网络演算方法在网络性能分析领域有着广泛的应用[58-66]。

作为网络演算方法在统计意义上的拓展,随机型网络演算能够有效度量业务流在随机的干扰或者突发情况时的网络性能,从统计复用独立通信流中获得更大的增益,并有效地提高资源利用率,得到更为精确的时延。本节介绍网络演算的基本概念和模型,并基于随机型网络演算对 AFDX 进行案例分析。

7.4.1 理论基础

网络演算通过分析网络中数据帧(流量)的输入过程、服务机制来构造到达曲线和服务曲线,并基于最小加代数(min-plus algebra)理论来计算网络的性能参数。图 7.11[52]所示为一个简单的网络,包括了节点 $S_1 \sim S_3$ 和流 $F_1 \sim F_3$。其中,流 F_1 和 F_2 共享相同的网络传输路径,且其有相同的流量到达过程。在节点 S_1,流 F_1 和 F_2 共享 S_1 的服务资源;在节点 S_2,交叉流 F_3 与 F_1、F_2 共享 S_2 的服务资源。如果想要分析流 F_1 和 F_2 的端端时延性能,那么可以按照图中分析步骤进行。首先,确定流量模型和服务模型,使得网络中的流 $F_1 \sim F_3$ 可用该流量模型表示,节点 $S_1 \sim S_3$ 的服务能力可用服务模型表示,且基于服务模型和流量模型,对于单节点单流量可以进行时延性能分析;其次,在节点服务模型和竞争流量模型,能给出选定流的服务模型,其中流 F_1 和 F_2 的聚合流 $F_{1,2}$ 可用相同的流量模型表示;最后,节点 $S_1 \sim S_3$ 的串联结构可以用相同的服务模型表示等效节点 S'。如果能够给出满足类似上面分析的流量模型和服务模型,那么网络时延即可被分析,而且能应用于更加复杂的网络结构。

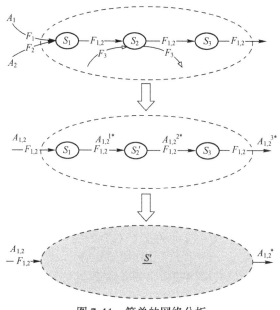

图 7.11 简单的网络分析

网络演算理论基于最小加代数给出了网络性能边界分析的框架。由于数据流通过一个网络,其受限于系统构件系统,包括链路带宽、流量整形、拥塞控制、背景流量等。到达曲线和服务曲线是网络演算的两个基本工具,其中到达曲线表征数据流量模型的统计特性,而服务曲线表征了服务系统提供服务及其限制等。根据分析方法不同,网络演算可以分为确定型网络演算和随机型网络演算两类。前者更强调于性能指标的计算,以及这些指标在系统性能保障的边界值情况;而后者在性能边界值分析的基础上,考虑了性能故障判据的影响,给出了违反概率的性能边界值,实际上即是在可靠性要求下的性能指标值。比如,分析某网络系统时延 d 时,根据流量的到达情况和网络系统的服务能力,确定型网络演算可以计算其极端情况下的时延上界值 D,而随机型网络演算则可以考虑统计复用的增益情况,也即计算不超过给定时延上界 D 的可靠度,即 $P(d \leq D)$。

7.4.2 基于网络演算的时间可靠度算法

网络演算的两个重要步骤是构造到达曲线与服务曲线,前者刻画到达数据流特征,后者刻画对数据流的服务特征。下面将从到达曲线、服务曲线和时间可靠度计算这3个方面进行介绍。在构建到达曲线和服务曲线中,使用了最小加卷积的概念,其定义如下:设函数 $f(t)$ 和 $g(t)$ 是两个非负的广义增函数,则 $f(t)$ 和 $g(t)$ 的最小加卷积运算为

$$(f \otimes g)(t) = \inf_{0 \leq s \leq t} \{f(s) + g(t-s)\}$$

其中,inf 表示下确界。

1. 计算到达曲线

给定一个数据流的累积函数为 $A(t)$,对于一个定义在 $t \geq 0$ 的广义增函数 $\alpha(t)$,如果对 $\forall s \leq t$,都满足:

$$A(t) - A(s) \leq \alpha(t-s)$$

则称 $\alpha(t)$ 为 $A(t)$ 的到达曲线。由最小加卷积定义可知,到达曲线也可以表示为

$$A(t) \leq \inf_{0 \leq s \leq t} \{A(s) + \alpha(t-s)\} = (A \otimes \alpha)(t)$$

2. 计算服务曲线

给定一个数据流的累积函数 $A(t)$,对于一个定义在 $t \geq 0$ 的广义增函数 $\beta(t)$,有 $\beta(0) = 0$,若数据流的输出函数 $A^*(t)$ 满足:

$$A^*(t) - A(s) \geq \beta(t-s)$$

式中:$s \leq t$,则称该系统为数据流提供了服务曲线 $\beta(t)$。

3. 计算时间可靠度

网络演算常分析的两个性能指标为拥塞边界及时延边界。根据数据流的

到达和离去过程,网络中的积压量 $B(t)$ 可以定义为
$$B(t)=A(t)-D(t)$$
而由到达曲线和服务曲线的定义,可得最大积压量(拥塞边界)为
$$B_{\max}=\sup_{t\geqslant 0}\{\alpha(t)-\beta(t)\}$$
假设数据包在时刻 t 从系统中离去,那么时延 $d(t)$ 定义为
$$d(t)=\inf\{\tau\geqslant 0,A(t)\leqslant A^*(t+\tau)\}$$
同样由到达曲线和服务曲线得到时延上界 D,表达式如下:
$$D\leqslant\sup_{t\geqslant 0}\{\inf\{\tau\geqslant 0:\alpha(t)\leqslant\beta(t+\tau)\}\}$$

上述结论可由图 7.12 给出,其中积压量上界可用到达曲线和服务曲线的最大垂直距离表示,而时延上界可用到达曲线和服务曲线的最大水平距离表示。

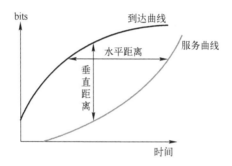

图 7.12 网络演算性能分析图

由于网络数据传输过程中存在着诸多不确定影响因素,为有效度量业务流在随机的干扰或者突发情况时的网络性能,诸多学者进一步发展了网络演算理论——随机型网络演算,用来定量求解网络性能的概率边界值。应用随机型网络演算方法计算可变时延上界,通过固定违反概率可以得到相应的时延上界,数学式如下:
$$P(T_D>T_D')\leqslant\xi$$
式中:T_D 为数据流在该系统中的时延;T_D' 为时延阈值;ξ 为违反概率。

7.4.3 案例分析[67]

航空全双工以太网[68](Avionics Full Duplex Ethernet,AFDX)由航空电子子系统、端系统(End System,ES)、链路(Link)和交换机(Switch)4 个部分组成。航空电子子系统通过端系统以全双工方式连接到 AFDX 交换机,通过交换机完成数据的交换。图 7.13 所示为 AFDX 的结构图。航空电子子系统(如飞控系统、液压系统)用来完成多样的航电任务,而航空电子计算机系统为航空电子子

系统的正常操作提供了计算环境。ES 可以认为是一个网卡,用来完成数据与其他节点间的收发。AFDX 中确定的端端传输是由虚拟链路(Virtual Link,VL)机制完成的,VL 定义了由一个源 ES 向一个或多个 ES 数据传输的确定路径。为了保障确定的数据传输,在每个 VL 中定义了最大允许帧长(L_m)、最大允许抖动(J_m)以及最大包间隔(BAG)。

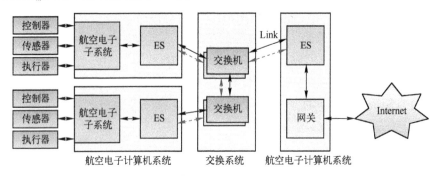

图 7.13　航空全双工以太网结构图

由于航空电子业务的实时性要求,因而对其进行时延分析非常重要。而交换机作为数据调度转发的 AFDX 网络核心节点,数据在其的传输时间影响着 VL 中数据传输的实时性。对于图 7.14 所示的 AFDX 逻辑配置图[55],通过网络演算方法来分析端端时延。其中 ES1、ES2 各有 14 条和 6 条虚拟链路,其中 6 条为高优先级($p=6$),其包间隔 BAG 为 2ms,14 条为低优先级($q=14$),其包间隔 BAG 为 8ms,物理带宽为 100M,最大帧长统一设置为 1518B,且 ES1、ES2 中 VL 的目的端均是 ES3。

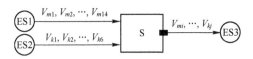

图 7.14　AFDX 逻辑配置图

数据帧的端端时延定义为从源端系统发出到目的端系统完全接收的时间差[69]。数据帧 p_x 的端端时延 T_{p_x} 包含 3 个部分:源端和目的端系统产生的时延 T_{SO}、链路产生的时延 T_L 以及交换机产生的时延 T_{SW}。在 AFDX 网络中,源端系统最坏情况下的发送时延为 150μs,目的端系统最差情况下的接收时延为 150μs,所以本案例中 $T_{SO}=150+150=300$μs;在带宽为 100Mb/s 和数据帧长度为 1518B,链路传输时延 $T_L=\dfrac{(1518+20)\times 8}{100\times 1.024\times 1.024}=117.34$μs;数据帧经过每个交换机调度转发也会产生时延,取最坏情况下的 100μs,同时在第 i 个交换机缓冲

区会产生排队时延 T_{V,p_x}^i。则数据帧的端端时延如下：

$$T_{p_x} = T_{SO} + T_L + T_{SW} = 150\mu s + 150\mu s + 117.34 \times 2 + m \times 100\mu s + \sum_{i=1}^{m} T_{V,p_x}^i$$

$$= 534.68\mu s + m \times 100\mu s + \sum_{i=1}^{m} T_{V,p_x}^i$$

其中，m 表示经过的交换机个数。在本案例中只有一个交换机，所以数据帧 p_x 的端端时延为

$$T_{p_x} = 546.08\mu s + 100\mu s + T_{V,P_x} = 634.68\mu s + T_{V,P_x}$$

那么数据帧的端端时延 D_{p_x} 中的可变时延 T_{V,P_x} 大于某一给定值 T_D' 的概率为

$$P(D_{p_x} - 634.68 > T_D') = P(T_{V,P_x} > T_D')$$

接下来使用网络演算方法对时延 T_{V,P_x} 进行分析。图 7.15 所示为 AFDX 交换机缓冲区逻辑图，其中 S 为每条 VL 的流量管制器。定义虚拟链路 VL_i 的配置参数：$l_{\max,i}$ 为最大帧长，$S_{\max,i}$ 为虚拟链路对应的物理链路的最大数据帧长（$S_{\max,i} = l_{\max,i} + 20B$）。这里增加的 20 个字节代表帧间间隔 IFG+前导字 Preambe+帧起始定界符 SFD。下面推导该系统的到达曲线和服务曲线。

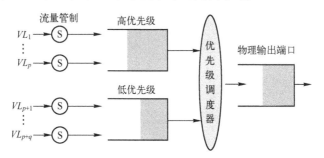

图 7.15 AFDX 交换机缓冲区逻辑图

1. 计算到达曲线

计算机网络中，到达曲线可以通过仿射曲线定义为 $a(t) = rt + b$，其中，r 表示平均数据发送速率，b 表示突发容忍度。AFDX 中每个虚拟链路数据流在接受端口通过漏桶约束进行整流，然后发往对应的输出端口进行调度，之后转发到物理链路进行传输，每个虚拟链路通过数据帧最小间隔 BAG_i 和 $l_{\max}^i$ 来定义。由于到达曲线是输入端积累函数的上界，我们可以得到到达曲线的到达速率为 $\dfrac{l_{\max}^i}{BAG_i}$，实际数据流的长期平均到达速率不会超过此值，则其对应仿射函数中的 r。而其突发值不超过 $S_{\max,i} \cdot \left[1 + \dfrac{\text{Jitter}}{BAG_i}\right]$，对应仿射曲线中的 b，其中 $S_{\max,i}$ 为虚拟链路对应物理链路的最大数据帧长，Jitter 表示抖动，即数据与网络中其他数据

发生资源争用而产生的延迟时间。在 AFDX 中,流量经过流量规整器后,可以认为其抖动都为 0。综上所述,虚拟链路 VL_i 业务流在交换机缓冲区的到达曲线为

$$\alpha_i(t) = \frac{l_{\max}^i}{BAG_i} t + S_{\max,i} \cdot \left[1 + \frac{\text{Jitter}}{BAG_i}\right] = \frac{l_{\max}^i}{BAG_i} t + S_{\max,i}$$

2. 计算服务曲线

计算机网络中,服务曲线 $\beta(t)$ 一般可以通过延迟-速率函数表示,即 $\beta(t) = C[t-t_0]^+$,其中,C 为服务速率,代表网络部件的实际处理能力;t_0 为每一个到达分组经受的延迟。AFDX 中传输数据的确定性保障是通过 VL 来实现的,而到达输出端口缓冲区的数据流是多个 VL 传输的业务流的组合,即聚合流,如图 7.16(a)所示。交换机缓冲区传送聚合流 f_i($1 \leqslant i \leqslant n$),交换机的输出端口带宽为 C。若聚合流为非抢占式的传送数据机制,在分析缓冲区对 f_i 的服务时,如图 7.16(b)所示,可以把其他的业务流简化成一条逻辑流 f_{other},其到达曲线为 $f_{\text{other}} = r_{\text{other}} t + b_{\text{other}}$,其中 $r_{\text{other}} = \sum\limits_{1 \leqslant j \leqslant p, j \neq i} \dfrac{L_{\max,j}}{BAG_j}$,$b_{\text{other}} = \sum\limits_{1 \leqslant j \leqslant p, j \neq i} S_{\max,j}$。那么交换机对 f_i 的服务曲线为

$$\beta_i(t) = (C - r_{\text{other}})\left[t - \left(\frac{b_{\text{other}}}{C}\right)\right]^+$$

交换机输出端口对 VL_i 的服务曲线为

$$\beta_i(t) = \left(C - \sum_{1 \leqslant j \leqslant p, j \neq i} \frac{l_{\max,j}}{BAG_j}\right)\left[t - \frac{\sum\limits_{1 \leqslant j \leqslant p, j \neq i} s_{\max,j}}{C}\right]^+, \quad 1 \leqslant i \leqslant p$$

$$\beta_i(t) = \left(C - \sum_{1 \leqslant j \leqslant p+q, j \neq i} \frac{l_{\max,j}}{BAG_j}\right)\left[t - \frac{\sum\limits_{1 \leqslant j \leqslant p, j \neq i} s_{\max,j}}{C}\right]^+, \quad p+1 \leqslant i \leqslant p+q$$

式中:$l_{\max,i} = 1518B$,$S_{\max,i} = 1538B$,$BAG_i = 2\text{ms}(1 \leqslant i \leqslant p)$,$BAG_i = 8\text{ms}(p+1 \leqslant i \leqslant p+q)$,$C = 100\text{Mb/s}$。

图 7.16 聚合流简化分析图
(a) 聚合流模式;(b) 简化模式。

3. 计算时间可靠度

引理[70]:对于到达曲线为 $\alpha_i(t) = r_i t + b_i$ 的 I 条业务流组成的聚合流,服务

曲线为 $\beta(t)=C[t-t_0]^+$ 的系统,若 $r=\sum_{i=1}^{I}r_i<C$,那么通过该系统的延迟 T_D 大于某一给定值 T_D' 的概率为

$$P(T_D>T_D')\leqslant\frac{C}{\rho}\sum_{k=1}^{K-1}e^{-A(s_k,s_{k+1})}$$

式中:K 表示 0 时刻到网络时延为 0 的时刻的时间序列长度,对于任一 $K\in\mathbf{Z}^+$,$0=s_0\leqslant s_1\leqslant\cdots\leqslant s_K=\tau$,其中 $\tau=\inf\{u\geqslant 0\mid\sum_{i=1}^{I}\alpha_i(u)\leqslant\beta(u)\}$,且 s_k 是均匀分布的,即 $s_k=\dfrac{k\tau}{K}(k=0,1,2,\cdots,K)$。$A(s_k,s_{k+1})$ 表示时刻 s_k 到时刻 s_{k+1} 的累积数据量,具体计算表达式如下:

$$A(s_k,s_{k+1})=\frac{2[(T_D'+\beta(s_k)-rs_{k+1})^+]^2}{\sum_{i=1}^{I}\alpha_i(s_{k+1})^2}$$

综上所述,可变时延的计算过程如图 7.17 所示。

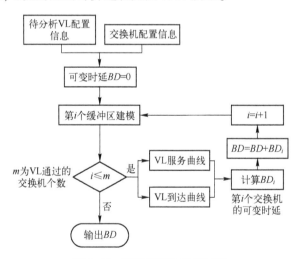

图 7.17 可变时延的计算过程

将数据代入上述引理中的时延 T_D,通过解析计算可得图 7.18 所示的时延概率图。由图 7.18 可知,在 10^{-6} 的概率限制下,高优先级的端端时延上界值为 1.28ms,而低优先级的端端时延上界值为 7.17ms,进一步由上述的结果可以得到在任意给定阈值 T_D' 的情况下的时间可靠度 $R_T=P(T_D\leqslant T_D')=1-P(T_D>T_D')$,故高优先级数据帧端端时延阈值为 1.28+0.63468=1.91468ms 的时间可靠度为 1×10^{-6},低优先级数据帧端端时延阈值为 7.17+0.63468=7.80468ms 的时间可

靠度为 1×10^{-6}。

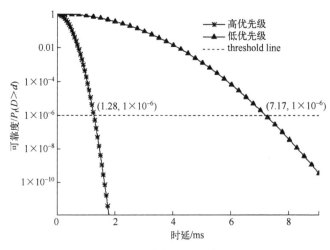

图 7.18 案例时延概率图

7.4.4 小结

在基于网络演算的性能可靠性计算中,最重要的步骤就是构造到达曲线和服务曲线。在计算机网络中一般基于仿射函数来定义相应的到达曲线和服务曲线,通过实际网络配置确定到达曲线和服务曲线中的具体参数。本案例分析了时间可靠性与阈值之间的相互关系,此外网络演算方法还可以应用于最佳缓冲区大小设置、网络丢包等计算。但网络演算的应用存在如下问题:

(1) 基于仿射函数来构造到达曲线和服务曲线简化了网络真实流量情况,需要进一步考虑其他形式的到达曲线和服务曲线。

(2) 网络演算分析的是网络最坏情况下的网络性能,对于实际网络性能仍存在一定的偏差。

参考文献

[1] ZHANG H,HUANG N,LIU H. Network performance reliability evaluation based on network reduction[C]. Proceedings of the 2014 Reliability and Maintainability Symposium. IEEE, 2014:1-6.

[2] WANG X,HUANG N,CHEN W,et al. A new method for evaluating the performance reliability of communications network[C]. Proceedings of the 2010 International Conference on Information,Networking and Automation(ICINA). IEEE,2010,2:516-520.

[3] ZHANG S,HUANG N,SUN X,ZHANG Y. A novel application classification and its impact on network performance[J]. Modern Physics Letters B,2016,30(21):165-278.

［4］ ZHANG S,HUANG N,SUN X L,et al. A hierarchical model for mobile ad hoc network performability assessment［J］. Ksii Transcations on Internet and Information Systems,2016,10(8):3602-20.

［5］ HOWARD R A. Dynamic Probabilistic Systems. Volume 1:Markov Models. Volume 2:Semi-Markov and Decision Processes［J］. Journal of the Royal Statistical Society. Series A(General),1972,135(1):152-153.

［6］ SMITH M R,TRIVEDI S K,NICOLA F V. The analysis of computer systems using markov reward Processes［M］. Duke University,1987.

［7］ MCCLEAN S I,MILLARD M A H. Using a markov reward model to estimate spend-down costs for a geriatric department［J］. The Journal of the Operational Research Society,1998,49(10):1021-1025.

［8］ MALHOTRA M,MUPPALA J K,TRIVEDI K S. Stiffness-tolerant methods for transient analysis of stiff Markov chains［J］. Microelectronics Reliability,1994,34(11):1825-41.

［9］ MEYER J F. On evaluating the performability of degradable computing systems［J］. IEEE Transactions on Computers,1980,C-29(8):720-731.

［10］ BOBBIO A,TRIVEDI K S. Computing cumulative measures of stiff Markov chains using aggregation［J］. IEEE Transactions on Computers,1990,39(10):1291-1298.

［11］ BOBBIO A, TRIVEDI K S. An aggregation technique for the transient analysis of stiff Markov chains［J］. IEEE Transactions on computers,1986,C-35(9):803-814.

［12］ CAO Y,SUN H,TRIVEDI K S. Performability analysis of TDMA cellular systems based on composite and hierarchical markov chain models［M］. London:Springer,2001.

［13］ RUBINO G,SERICOLA B. Sojourn times in semi-Markov reward processes:application to fault-tolerant systems modeling［J］. Reliability Engineering & System Safety,1993,41(1):1-4.

［14］ HORVÁTH G,RÁCZ S,TELEK M. Analysis of second-order markov reward models［C］. International Conference on Dependable Systems and Networks,2004:845-854.

［15］ BEAN N G,O'reilly M M,REN Y. Second-order Markov reward models driven by QBD processes［J］. Performance Evaluation,2012,69(9):440-455.

［16］ BLAKE J T,REIBMAN A L,TRIVEDI K S. Sensitivity analysis of reliability and performability measures for multiprocessor systems ［C］. Proceedings of the 1988 ACM SIGMETRICS conference on Measurement and modeling of computer systems. 1988:177-186.

［17］ DAS C R,BHUYAN L N. Bandwidth availability of multiple-bus multiprocessors［J］. IEEE Transactions on Computers,1985,100(10):918-926.

［18］ SMITH A J,ADAMS J L. Broadband switching network with automatic bandwidth allocation in response to data cell detection:U. S. Patent 5,784,358［P］. 1998-7-21.

［19］ NAJJAR W,GAUDIOT J L. Reliability and performance modelling of hypercube-based multiprocessors［C］. Computer Performance and Reliability. 1987:305-320.

[20] GAY F A, KETELSEN M L. Performance evaluation for gracefully degrading systems[C]. Proceedings of the 9th annual int. symp. on fault tolerant computing, 1979:51-58.

[21] MEYER J F. Performability modeling of distributed real-time systems[J]. Mathematical Computer Performance and Reliability, 1984:361-372.

[22] GRASSI V, DONATIELLO L, IAZEOLLA G. Performability evaluation of multicomponent fault-tolerant systems[J]. IEEE Transactions on Reliability, 1988, 37(2):216-222.

[23] CICIANI B, GRASSI V. Performability evaluation of fault-tolerant satellite systems[J]. IEEE transactions on communications, 1987, 35(4):403-409.

[24] HEIMANN D I, MITTAL N, TRIVEDI K S. Dependability modeling for computer systems [C]. Proceedings of IEEE Annual Reliability and Maintainability Symposium on Orlando. 1991:120-128.

[25] TRIVEDI K S, MUPPALA J K, WOOLET S P, et al. Composite performance and dependability analysis[J]. Performance Evaluation, 1992, 14(3-4):197-215.

[26] TRIVEDI K S, SATHAYE A S, IBE O C, et al. Should I add a processor? (performance evaluation)[C]. Hawaii International Conference on System Sciences. IEEE, 1990:214-221.

[27] WU L T. Operational models for the evaluation of degradable computing systems[J]. ACM SIGMETRICS Performance Evaluation Review, 1982, 11(4):179-185.

[28] MUPPALA J K, TRIVEDI K S, MAINKAR V, et al. Numerical computation of response time distributions using stochastic reward nets[J]. Annals of Operations Research, 1994, 48(2): 155-184.

[29] MUPPALA J K, WOOLET S P, TRIVEDI K S. Real-time systems performance in the presence of failures[J]. Computer, 1991, 24(5):37-47.

[30] REIBMAN A L. Modeling the effect of reliability on performance[J]. IEEE Transactions on Reliability, 1990, 39(3):314-320.

[31] TRIVEDI K S, RAMANI S, FRICKS R. Recent advances in modeling response-time distributions in real-time systems[J]. Proceedings of the IEEE, 2003, 91(7):1023-1037.

[32] TRIVEDI K S. Probability & statistics with reliability, queuing and computer science applications[M]. Hoboken:John Wiley & Sons, 2008.

[33] LI R, LI M, LIAO H, et al. An efficient method for evaluating the end-to-end transmission time reliability of a switched Ethernet[J]. Journal of Network and Computer Applications, 2017, 88:124-133.

[34] HU N, LV T, HUANG N. Applying Trajectory approach for computing worst-case end-to-end delays on an AFDX network[C]. Proceedings of International Conference on Advanced in Control Engineering and Information Science, 2011, 15:2555-2560.

[35] ASAKURA Y, KASHIWADANI M. Road network reliability caused by daily fluctuation of traffic flow [C]. Proceedings of 19th PTRC Summer Annual Meeting in University of Sussex, United Kingdom. 1991:73-84.

[36] ASAKURA Y. Reliability measures of an origin and destination pair in a deteriorated road

network with variable flows[C]. Proceedings of the 4th EURO Transportation MeetingAssociation of European Operational Research Societies,1999:273-287.

[37] CHEN A,YANG H,LO H K,et al. Capacity reliability of a road network: an assessment methodology and numerical results[J]. Transportation Research Part B: Methodological, 2002,36(3):225-252.

[38] NICHOLSON A,SCHMÖCKER J D,BELL M G H,et al. Assessing transport reliability: malevolence and user knowledge[C]. The network reliability of transport: Proceedings of the 1st international symposium on transportation network reliability(INSTR). Emerald Group Publishing Limited,2003:1-22.

[39] CLARK S,WATLING D. Modelling network travel time reliability under stochastic demand [J]. Transportation Research Part B:Methodological,2005,39(2):119-140.

[40] 刘海旭. 城市交通网络可靠性研究[D]. 成都:西南交通大学,2004.

[41] ZHANG Y,HUANG N,HU N,et al. A simplified traffic generating method for network reliability based on self-similar model[J]. Journal of Communications,2013,8(10):629-636.

[42] ZHANG Y,HUANG N,LI R. Traffic dynamics on networks with competitive services[J]. Modern Physics Letters B,2016,30(35):1650391.

[43] ZHANG Y,HUANG N,XING L. A novel flux-fluctuation law for network with self-similar traffic[J]. Physica A-Statistical Mechanics and Its Applications,2016,452(期),299-310.

[44] WARDROP J G. Road paper. some theoretical aspects of road traffic research[J]. Proceedings of the institution of civil engineers,1952,1(3):325-362.

[45] DAGANZO C F,SHEFFI Y. On stochastic models of traffic assignment[J]. Transportation science,1977,11(3):253-274.

[46] SEELY B E. The scientific mystique in engineering:Highway research at the Bureau of Public Roads,1918-1940[J]. Technology and Culture,1984,25(4):798-831.

[47] SHEFFI Y,POWELL W B. An algorithm for the equilibrium assignment problem with random link times[J]. Networks,1982,12(2):191-207.

[48] BECKMANN M,MCGUIRE C B,WINSTEN C B. Studies in the Economics of Transportation [M]. RAND Corporation,1956.

[49] LEBLANC L J,MORLOK E K,PIERSKALLA W P. An efficient approach to solving the road network equilibrium traffic assignment problem[J]. Transportation research,1975,9 (5):309-318.

[50] LIU Z,HUANG N,LI D. An algorithm for delay-reliability in communication networks based on probabilistic user equilibrium model[C]. Proceedings of 2013 International Conference on Information Science and Cloud Computing Companion. IEEE,2013:135-141.

[51] DONGPENG L,NING H,ZHAO L. Capacity reliability algorithm in communication network based on the shortest delay[C]. proceedings of the 2014 4th IEEE International Conference

on Network Infrastructure and Digital Content,2014:430-434.

[52] 黄宁,伍志韬. 网络可靠性评估模型与算法综述[J]. 系统工程与电子技术,2013,35(12):2651-2660.

[53] AKIMARU H,KAWASHIMA K. Teletraffic:theory and applications[M]. New York:Springer Science & Business Media,2012.

[54] KLEINROCK L. Queueing systems,volume 2:Computer applications[M]. New York:Wiley,1976.

[55] CRUZ R L. A calculus for network delay. I. Network elements in isolation[J]. IEEE Transactions on information theory,1991,37(1):114-131.

[56] LE B J Y,THIRAN P. Network calculus made easy[J]. Laboratory for computer Communications and Applications,Lausanne,Switzerland,1996.

[57] CHANG,CHENGSHANG. Performance guarantees in communication networks[J]. European Transactions on Telecommunications,2001,12(4):357-358.

[58] BURCHARD A,LIEBEHERR J,PATEK S D. A min-plus calculus for end-to-end statistical service guarantees[J]. IEEE Transactions on Information Theory,2006,52(9):4105-4114.

[59] FIDLER M. An end-to-end probabilistic network calculus with moment generating functions [C]. Proceedings of 14th IEEE International Workshop on Quality of Service. IEEE,2006:261-270.

[60] LIEBEHERR J,FIDLER M,VALAEE S. A min-plus system interpretation of bandwidth estimation[C]. Proceedings of 26th IEEE International Conference on Computer Communications. IEEE,2007:1127-1135.

[61] LIU Y,THAM C-K,Jiang Y. A calculus for stochastic QoS analysis[J]. Performance Evaluation,2007,64(6):547-572.

[62] JIANG Y,LIU Y. Stochastic network calculus[M]. London:Springer,2008.

[63] SCHMITT J B,MARTINOVIC I. Demultiplexing in network calculus-a stochastic scaling approach[C]. Proceedings of 2009 Sixth International Conference on the Quantitative Evaluation of Systems. IEEE,2009:217-226.

[64] 漆华妹,陈志刚. 基于统计网络演算的无线 mesh 网络流量模型[J]. 通信学报,2009,(7):1-6.

[65] WU Z,HUANG N,LI R,ZHANG Y. A delay reliablility estimation method for avionics full duplex switched ethernet based on stochastic network calculus[J]. Eksploatacjai Niezawodnosc-Maintenance and Reliability,2015,17(2):288-296.

[66] ZHENG X,HUANG N,ZHANG Y,et al. Performability optimization design of virtual links in AFDX networks[C]. Proceedings of 2016 Annual Reliability and Maintainability Symposium(RAMS). IEEE,2016:1-6.

[67] WU Z-T,HUANG N,WANG X-W,et al. Analysis of end-to-end delay on AFDX based on stochastic network calculus [J]. Systems Engineering and Electronics, 2013, 35 (1):

168-172.

[68] ARINC 664. Aircraft Data Network, Part 7: Deterministic Networks[S]. 2003.

[69] SCHARBARG J-L, Ridouard F, Fraboul C. A probabilistic analysis of end-to-end delays on an AFDX avionic network[J]. IEEE transactions on industrial informatics, 2009, 5(1): 38-49.

[70] VOJNOVIC M, LE B J Y. Stochastic analysis of some expedited forwarding networks[C]. Proceedings of Twenty-First Annual Joint Conference of the IEEE Computer and Communications Societies. IEEE, 2002: 1004-1013.

第8章

业务可靠性

业务可靠性是项目组针对网络特征提出的新概念,目前尚无明确而成熟的数学解析模型与算法。业务可靠性与性能可靠性密切相关,仅是在关注的重点中突出了业务,同时量化计算中的故障判据有所区别,因此,性能可靠性的相关模型和算法很多都可以扩展以支持业务可靠性的评估。本章不打算介绍这些扩展,而是把重点放到了项目组对业务的研究之上,分析了业务和流量两个主要因素对可靠性的影响,通过对不确定型网络和确定型网络两类网络的流量分析明确了流量对网络可靠性的影响具有混沌性和规律性;同时提出了业务的随机型、定制型和程序化分类方法,并通过仿真研究了三类业务对网络可靠性的影响;最后介绍了一种基于网络分层的业务可靠度评估方法。

8.1 背 景

业务可靠性以及业务的定义已经在第3章进行了介绍和分析。网络系统通过业务对外提供各种功能,是外部用户认知和使用网络的媒介。随着各种网络相互融合,比如交通网络、通信网络的融合催生了地图查询、拥堵情况报告和最佳路径导航等服务/业务,这导致基础设施网络不断更新(比如增加新的服务器,提高带宽等)的同时,每天甚至每一秒更是在网络上创造出新的灵活多样的业务,比如打车、拼车、共享自行车等。这意味着有很多网络系统在基础设施网络不变的情况下,系统仍然发生了很大变化,一些新增的业务是否会造成网络系统的不可靠,业务的部署是否能最大程度地发挥已有基础设施网络的效能,某些重要业务是否能最大程度地保证其可靠等问题,必然成为人们继网络整体性能满足要求之后的下一个目标。下一代网络(Next Generation Network)更是直接以业务驱动为核心,其目的就是要满足用户的动态业务需求,不仅要能综合现有网络的不同业务,如话音、Email、VoIP、网页浏览、移动业务等,还要能方便灵活地支持新业务的产生。可以看出,网络系统已经迈进复杂动态业务的时代,其能否满足用户的业务需求,能否保证新增加的业务可靠运行已成为关系国民生计的重要问题。随着"网络即服务"的概念逐渐深入人心,相信业务可靠性的研究将会成为下一个网络可靠性研究的热点。

业务对网络可靠性的影响是以流量的方式产生的,用户对业务的使用产生流量,而网络为用户提供的业务类型日益增多,从传统分组交换网络的非实时数据通信(如 FTP 和 E-mail 的传输业务),到当今分布式的多媒体应用(如视频会议、视频点播、IP 可视电话、远程教育等),不同业务的流量特征表现出很大的差异性,对网络可靠性的影响自然也不相同。而随着硬件设备愈发成熟和可靠,如今流量已成为造成网络失效最主要的因素之一,也是对网络可靠性进行评价时剖面构建的关键内容。目前虽然缺乏对业务的直接研究,但对网络流量及其对网络影响的研究却不少,不少研究表明,流量是造成网络拥塞的重要因素。因此本章首先对网络流量研究进行了简介,再介绍项目组直接针对业务的相关研究。

8.2 流量相关研究及模型简介

流量是用户的业务行为与网络的服务共同作用的结果,也是多年相关研究证实和网络的性能及可靠性等密切相关的内容。从用户的角度而言,用户的业务行为主要包括:业务请求率、业务请求时间、业务请求间隔时间等特征,这些特征决定了用户对流量的影响。从服务角度讲,不同的业务所调用的网络服务协议各不相同,这决定其业务数据在产生、传输过程中的规则也各不相同。

早年的相关研究在对流量进行建模时常采用随机事件中的泊松分布,直至 1994 年,Leland[1]通过对多年收集的局域网流量数据分析,首次发现网络流量具有自相似性。此后的研究在不同的网络中均发现了实际流量表现出自相似的特征,自相似作为网络流量的基本特征已经被广泛接受。自相似(self-similar)是指局部的结构与总体的结构具有某种程度的一致性,自相似过程是在统计意义上具有尺度不变性的一种随机过程。

目前,虽然网络流量的自相似特征的成因尚未完全清楚,但是相关研究普遍认为原因可以归结为以下几个方面[1]:①应用层,用户业务行为的突发性与重尾特性;②传输层,数据传输的 TCP 拥塞控制机制;③网络层,网络节点和链路上发生的拥塞故障。2005 年,Barabasi 等人[2]进一步分析了用户业务行为的突发性与重尾性的成因,其发表在 *Nature* 上的文章中发现这些特征本质上是由用户的任务决策的排队过程所决定。具体而言,用户在处理任务请求时具有不同的优先级,导致处理不同的任务所花费的时间表现出幂律特征,大部分任务需要较短时间便可完成,但是针对某些任务则需要花费很长时间。这种任务决策排队过程是造成用户业务行为具有突发性与重尾特性的根本原因。此后,大量探讨用户业务行为的时间统计规律的文章在 *Nature*、*Science*、*PNAS* 等期刊发表,掀起了对用户业务行为统计规律的研究热潮。

8.2.1 影响流量的用户行为分析

对于网络用户行为影响的研究主要是分析用户多次从事某特定事件时所表现出的时间上的统计规律,这里可认为是用户多次使用某业务时表现出的统计规律。具体来讲,当前从时间角度对用户行为统计规律的研究主要从以下 4 个方面展开。

1. 用户业务请求分布

大量的文章在对用户业务行为的时间规律做分析时,都会考虑用户的业务请求分布。2001 年,Chesire 等人[3]通过对华盛顿大学流媒体数据的统计和分析,证明了用户的业务请求次数服从 Zipf 分布,如图 8.1 所示。类似地,2005 年,Guo 等人[4]在对用户对多媒体业务的业务请求次数的访问数据统计分析中,发现业务请求次数同样服从 Zipf 分布,但是其所得到的 Zipf 系数与 Chesire 等人所得到的不同,类似的研究还可参见文献[5,6]。

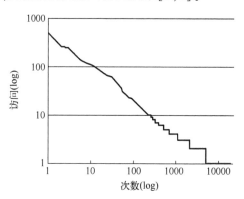

图 8.1 业务请求的 Zipf 分布(参数 $\alpha=0.47$)

2. 用户业务请求持续时间

用户的业务请求持续时间是这类研究中的另一个关心的重点,当前,已有大量的研究集中于分析不同网络业务下的业务请求持续时间的统计特征,简要介绍如下。文献[7]收集并分析了 ACM 会议中无线网络的业务访问数据,其研究结果表明用户的 90% 的业务请求的持续时间小于 1h,而超过 10% 的请求时间处于 1~3h 之间。进一步对用户业务请求持续时间统计分析发现,其概率密度函数可近似用 Pareto 分布拟合,形状参数为 0.78,尺度参数为 30.76,如

图 8.2 所示。

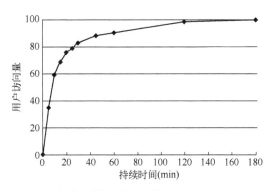

图 8.2 业务请求持续时间的分布($\alpha=0.78, k=30.76$)

3. 用户业务请求间隔时间

早期,相关研究普遍假设人类行为在时间尺度上具有均匀分布的特征,提出了人类活动的随机性模型假设[8],许多学者用泊松过程来描述用户行为所导致的事件到达的随机过程,这种泊松过程的假设描述了人类活动在时间上的一些统计特性,比如:相邻事件平均的时间间隔相差不大,相邻事件发生间隔时间很长的情况指数般罕见等。然而,近几年来,随着网络技术、数据技术的相关发展,通过对人们通信、工作到娱乐活动的历史数据分析,越来越多的证据表明,人们的很多行为的时间统计特性无法用泊松过程刻画。而且,越来越多的发现表明,这些行为所对应的间隔时间分布具有明显偏离指数分布的肥胖的尾部,可以用幂函数更好地拟合,即

$$p(\tau) \sim \tau^{-\alpha} \tag{8.1}$$

表 8.1 所列为用户行为时间特征分析,总结了近几年研究人员通过分析人类行为时间规律的真实数据所得到的关于行为时间间隔和任务等待时间的分布规律,后者是指一项任务从接受到执行完毕所需要花费的时间,如电子邮件或水陆路信件从收到到发出回信的时间。表中"个体层面"是指对单个个体的行为进行统计分析的结果,"群体层面"或"全体"是指把每个个体相应的间隔时间数据放到一起进行统计。可以看出,林林总总的人类行为在时间上具有惊人相似的统计规律,即间隔时间和等待时间分布在绝大多数情况下都具有胖尾的特性,很多可以用幂函数较好地刻画。

此外,一些学者还总结了人类行为在时间尺度上所表现出来的规律,主要包括:阵发性(或突发性)、记忆性、周期性以及波动性等特征,其中关于阵发性的研究当前又最为广泛,更多内容可参见文献[8,12]。

表 8.1 用户行为时间特征分析

电子邮件	大学里以 3 个月为周期的 3188 位用户收发共 129135 封邮件[1,9]	个体回复时间和间隔时间分布幂指数均为 1
手机短信记录	2006 年新年期间,6326713 位用户共 37577781 条短信记录[10]	发送时间间隔分布在 30~20000s 之间,符合幂律,指数为 1.188;回复时间间隔分布在 60~20000s 之间,符合幂律,指数为 1.148
MSN 即时通信	2006 年 6 月,2.4 亿用户间发生约 300 亿次交谈[11]	群体层面交谈时间间隔分布指数为 1.53
……		

4. 用户不同业务请求的转换率

网络业务的请求率服从 Zipf 分布,代表不同业务对用户而言具有不同的吸引性,能够反映业务的流行性(popularity),但是,用户在网络中的业务请求会受许多原因影响而发生变化。当前,业务请求变化的速率也成为这类研究所关心的另一热点。这里我们简要介绍典型的研究,如:2006 年,Yu[12] 和 Choi[13] 从所收集的实际数据中,收集了用户兴趣随时间的变化,以不同的网络电影为不同的业务资源,分析了在一天、一周、一个月的不同时间尺度下,网络用户对于不同业务资源的请求变化情况。其结果表明:用户对当前的流行的业务资源会随着时间的变长而兴趣逐渐下降,如图 8.3 所示。

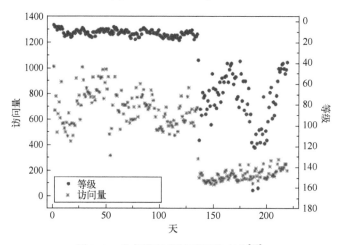

图 8.3 业务流行度随时间的变化[12]

8.2.2 网络流量模型

通信网络的流量是指在规定的时间里通过网络或网络端口的数据的多少。流量建模的目标是为了充分反映实际流量特征,更好地指导实际应用。流量模型能简洁、准确、全面地刻画出真实流量数据中对网络性能有显著影响的因素,是网络性能分析和通信网络规划设计的基础,也是网络性能和可靠性研究的基础[14]。建立一个能够准确、有效地描述网络流量特性的流量模型,对 QoS、网络性能管理、准入控制等都有很重要的意义和作用[15]。

当前,网络流量被公认的、最重要的统计特征是大时间尺度下的自相似性[1,16,17],Leland 等人的研究表明,用户业务行为持续时间的重尾分布是导致流量具有长相关、自相似特性的重要原因,因此提出了重尾 ON/OFF 业务模型,构建了网络的自相似流量模型。故传统的流量模型如泊松模型(Poisson Model)、马尔可夫模型(Markov Model)等被证实不在适用于描述自相似流量,而且大量的自相似流量模型被提出。此外,流量在小尺度下的统计特征呈现多分形性[17],多分形又称作多重分形测度,对于许多非均匀的分形过程,一个维数无法描述其全部特征,需要采用多重分形测度或维数的连续谱来表示[18]。

总的来说,网络流量呈现复杂的非线性,在不同的时间粒度下,表现出不同的特性,在较大的时间尺度下呈现出一定的自相似性,在较小的时间尺度下则表现为多分形性,从而可能造成突发流量在任意大小的时间段内发生。流量模型是流量行为特征的数学近似,网络流量建模的基本原则[19]是:以流量的重要特性为出发点,设计流量模型以刻画实际流量的突出特性,同时又可以进行数学上的研究。自互联网问世以来,关于网络流量的研究一直在不断的探索中。到目前为止,已有大量的模型用于描述网络流量,通信网络的流量模型根据其特点可以分为稳定的流量模型和不稳定的流量模型两种,稳定的流量模型又分为短相关模型和长相关模型[20],总结目前通信网络中常用的流量模型,如图 8.4 所示。

上述流量模型中,重尾 ON/OFF 模型通过刻画业务用户请求的持续时间从物理角度解释了网络流量表现出自相似特征的原因:重尾 ON/OFF 模型定义为叠加大量的 ON/OFF 源,每个源都有两个周期交替的 ON 和 OFF 状态。在 ON 状态,数据源以连续的速率发送数据包;在 OFF 状态,不发送任何数据包。其中,每个发送源 ON 或 OFF 的时长独立地符合重尾分布(如 Pareto 分布),也就是说,如果业务请求的持续时间服从重尾分布,则其产生的聚合流量会表现出自相似的特征。而传统的 ON/OFF 模型假定 ON 态和 OFF 态的持续时间则均以指数形式分布。α-β ON/OFF 模型[21]在 ON/OFF 模型的基础上进一步把高速率、高容量的连接定义为 α 流量,把低速率、低容量的连接定义为 β 流量,α 流量占全部连接的很少一部分(少于 0.1%),但对整个流量的属性有很大的影响,β 流量基本上表现为高斯边缘分布,此模型分别用相应的 ON/OFF 模型生成对应的 α-β 流量,然后合成。

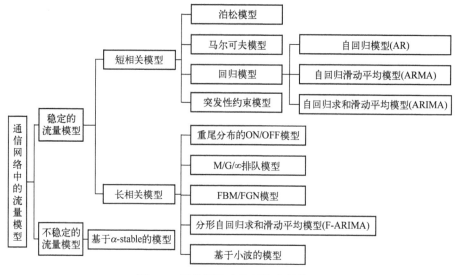

图 8.4 通信网络中常用的流量模型

8.3 流量对可靠性的影响研究

节点性能下降是由于流量/应力的施加过大,或者说是网络容量需求过大引起的。故网络构件性能故障与流量密切相关,应该从流量的角度研究性能故障,如同功能故障与时间的相关关系一样建立流量与网络构件性能故障对应关系。因此,分析网络系统中流量的复杂行为能够为我们呈现与流量相关的性能故障特性,从而能够为我们分析网络性能可靠性提供一个宏观的分析思路。

为了探究流量对网络可靠性的影响,我们选取了不确定型网络的流量数据和确定型网络流量数据作为分析对象。不确定型网络指的是网络整体边界、设备组成、拓扑、路由等不确定,确定型网络则指的是网络结构、设备组成、边界、拓扑、路由以及网络使用均是确定的。需要说明的是,网络中的数据采集工具多样,所得到的数据物理意义也不相同。下面将要介绍的数据也是从不同的源数据中得到的,我们分析流量主要可以通过以下两个方式记录数据:一是按照等时间间隔内的数据包个数;另一种是按照数据包到达时间间隔。处理的数据包非常多时一般采用前者统计方法,而对于数据包数少时采用后者计数统计。网络数据的分析采用了一些复杂性理论中的流量混沌分析方法,验证实测数据流量行为特性的一些混沌特性,以期能够发现网络规律中变与不变特性。

8.3.1 不确定型网络数据来源

本书从网络流量数据中选取了两家权威机构发布的数据源作为不确定型网络数据,分别是 Lawrence Berkeley 国家实验室的互联网流量文库(Internet Traffic Archive,ITA)发布的 LAN 数据 BC-pAug89 和 WAN 数据 lbl-pkt-5[22],以及日本 MAWI 工作组提供的日本骨干网的 WAN 数据(分别截取于 2012 年、2013 年、2014 年以及 2015 年数据,标记为 T2012、T2013、T2014、T2015)[23]。其中 ITA 发布的数据是最经典的权威数据,时间尺度是 ms,也是 Leland 提出自相似特性的对象数据,而 MAWI 提供的数据的时间尺度则是 s。可知这 6 组数据的时间尺度不同,因而可以把 ITA 发布的数据作为小尺度数据,MAWI 提供的数据作为大尺度数据。

数据组的具体情况如下:

(1) BC-pAug89:Bellcore Morristown 实验室中心内的以太网数据(包含了一定量的 WAN 数据),起始于 1989 年 8 月 29 日 11:25,记录了 100 万数据量(花费时间为 52min,时间精度为 μs)。

(2) lbl-pkt-5:Bellcore Morristown 实验室中心与世界其他地方通信的数据包,tcpdump 格式数据,于 1994 年 1 月 28 日 14:00 到 15:00,总共收集到 130 万的数据包(时间精度为 μs)。

(3) T2012、T2013、T2014、T2015 分别是 2012—2015 年的 7 月 30 日、12 月 8 日、12 月 17 日、5 月 6 日这几日下午 2:00 到 2:15 中日本 WAN 骨干网与上游 ISP 间 150M 链路上的数据量,通过 TCPDUMP 收集(时间精度为 μs)。

6 组数据均来源于不确定型网络中的数据,由于数据量比较大,部分进行了数据处理,即按照上面提到的方式进行处理(等时间间隔内数据包),表 8.2 所列的实测网络流量概况给出了 6 组数据的基本概况。

表 8.2 实测网络流量概况①

数据名称	来源	类型	收集时间	数据量(包个数)	处理、记录数据
BC-pAug89	Lawrence Berkeley 国家实验室	LAN 数据	52min	100 万	数据包间隔时间 μs,100 万条数据
lbl-pkt-5	Lawrence Berkeley 国家实验室	WAN 数据	60min	130 万	数据包间隔时间 μs,87 万条数据
T2012	MAWI 工作组	日本骨干网	15min	6173 万	6000 个单位时间 0.15s 内数据包数
T2013	MAWI 工作组	日本骨干网	15min	4449 万	6000 个单位时间 0.15s 内数据包数

(续)

数据名称	来源	类型	收集时间	数据量（包个数）	处理、记录数据
T2014	MAWI 工作组	日本骨干网	15min	13460 万	8000 个单位时间 0.1125s 内数据包数
T2015	MAWI 工作组	日本骨干网	15min	8077 万	10000 个单位时间 0.09s 内数据包数

① 根据公开资料，两组流量数据中收集数据不一致。ITA 数据统计的是两个数据包间隔时间，而 MAWI 数据统计的是等时间间隔内的数据包数

8.3.2 确定型网络数据来源

确定型网络流量数据源自我国航空某研究所的 AFDX 测试平台，其中网络流量数据来源于德国 AIM 公司生产的 AFDX/ARINC664 测试设备[24]，其精度能够达到纳秒级别。AFDX 终端设备以及交换设备均是由该所生产（国产化，已经搭载于国内某飞机），型号分别为 ACTRI-FDX-ES-PMC 和 ACTRI-FDX-SW-24，终端设备是通过 PC 的 PCI 接口接入网络。AFDX 测试平台拓扑结构如图 8.5 所示，其基本的配置信息如表 8.3 所列。

表 8.3 AFDX 测试平台基本的配置信息

编号	n	m	k	最大帧长	链路带宽
3-16	4	7	5	1518B	100Mb/s
4-21	6	7	8		

n：ES1~ES4，VLs① 的数量；
m：ES2~ES4，VLs 的数量；
k：ES3~ES4，VLs 的数量；
① VL 全称为 Virtual Link，指 AFDX 中的逻辑连接虚拟链路

探针设置为 SW2 连接到 AIM 测试台的端口，则两种配置下得到的数据量分别记为 EXP3-16 和 EXP4-21。

EXP3-16：总共用时 259s，记录了 62253 个数据帧，单位时间设置为 0.13s，记录每个单位时间内的数据帧数即为 EXP3-16 序列。

EXP4-21：总共用时 302s，记录了 65136 个数据帧，单位时间设置为 0.15s，每个单位时间内的数据帧数即为 EXP4-21 序列。

根据上述处理数据，两组数据 EXP3-16 以及 EXP4-21 的流量时序图如图 8.6 所示。

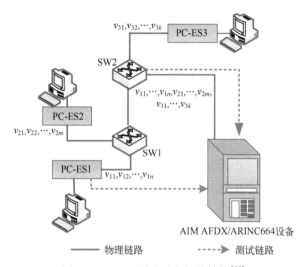

图 8.5 AFDX 测试平台拓扑结构[25]

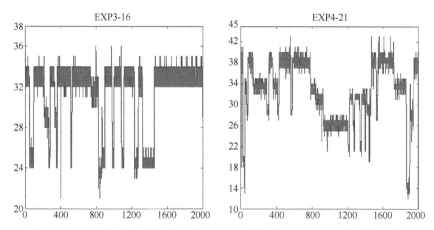

图 8.6 AFDX 流量时序图(图中纵坐标表示等间隔时间内到达的数据包数)

关于该试验的详细介绍可以参考文献[25,26]。

8.3.3 流量行为分析

通信网络中的流量组成的动力系统呈现了丰富的非线性动力学特征,使用混沌理论对流量行为进行分析,通过对混沌时间序列的特征刻画可以为我们提供该动力学系统的混沌特征。

1. 混沌特性参数

混沌(Chaos)是指确定性非线性动力系统中存在着内在随机性的现象。混沌现象是一种确定的但不可预测的运动状态,它的外在表现和纯粹的随机运动一样不可预测,但和随机运动不同的是,混沌运动在动力学上是确定的,它的不可预测性是源于运动的不稳定性[27]。混沌系统研究的是由状态和动态特性所确定的动力系统,状态是描述系统基本情况的物理参量,动态特性则是描述系统状态随时间变化的规则。研究混沌系统的目的是根据系统的某一初始状态,预测时间序列下的系统长期特性。根据混沌系统定义,初始状态相近的两条轨道在演化过程中会迅速散开,然后再次靠近,再迅速散开,这种聚散行为具有随机性,吸引轨道的点称为混沌吸引子(奇怪吸引子),而这种形成聚散效应的点集合称为混沌吸引子的吸引域。因而,混沌的本质即是混沌吸引子。常见的用来分析混沌系统的方法有功率谱分析以及相空间重构,常用来刻画混沌特性的包括 Lyapunov 指数、分形维数和 Kolmogorov 熵。

1) 功率谱分析

功率谱分析是对时间序列的统计规律进行研究的常用方法。时间序列可看作各种周期运动的叠加,确定各周期的振动能量的分配即是功率谱分析。功率谱分析实际上就是傅里叶变换分析,通过将时域空间转化为频域空间来表征时域信号的频率结构。通常而言,时间序列的图像一般看似无规则,而其功率谱却可能呈现出规则性。

(1) 功率谱图如果为单峰(或几个峰),则相应的是周期序列或近似周期序列。

(2) 若无明显的峰值或者峰连成一片,则对应的是混沌序列。

混沌信号通常具有连续的功率谱,因而可以通过功率谱分析上述准则,鉴定一个系统的混沌行为。

2) Lyapunov 指数

Lyapunov 指数刻画了轨道的平均指数发散率。在混沌理论中,Lyapunov 指数刻画了系统对微小扰动或初值条件的敏感依赖性。对于一维映射 $x_{n+1}=f(x_n)$,初始两点 x_0 和 $x_0+\Delta x_0$ 迭代后是分离还是靠拢,关键取决于 $|f'(x)|$ 的值:若 $|f'(x)|>1$ 则迭代分开;若 $|f'(x)|<1$ 则迭代使得两点靠拢。但是 $|f'(x)|$ 的值在迭代过程中是变化的,可能出现时而分离时而靠拢的现象。为了表示从整体全局上看两点的分离情况,我们采取对迭代次数取平均的方式来表示,即 Lyapunov 指数。定义 Lyapunov 指数为

$$\lambda = \lim_{n\to\infty} \frac{1}{n} \sum_{i=0}^{n} \ln|f'(x_i)| \tag{8.2}$$

式(8.2)表示多次迭代中平均每次迭代所引起的指数分离中的指数。由 Lyapunov 指数定义可知,一个正的 Lyapunov 指数表明附近轨道呈指数分离,一个负的 Lyapunov 指数则表明局部呈收敛,Lyapunov 指数为 0 则表示系统是稳定的。因而当 $\lambda>0$ 时表明对初值敏感,即混沌,也即 Lyapunov 指数可以作为混沌

判据。对于 m 维系统,通常存在 m 个 Lyapunov 指数,我们通常分析其中最大的一个,即 λ_{max}。常用的 Lyapunov 指数的求解方法有 Wolf 法和小数据量法。

3) 分形维数

混沌和分形是成双成对的,换句话说,混沌系统从时间角度表征系统的复杂度,而混沌吸引子则可以从空间角度表征系统的复杂度。混沌系统中轨道经过无数次靠拢和分离,来回"弯曲、折叠"轨道,这样形成的几何图形具有无穷层次的自相似结构,且使得其维数低于相空间维数。一般通过分形维数来表征分形的几何特性,常用的分形维数有 Hausdorff 维数、计盒维数、信息维数、关联维数、Lyapunov 维数等。结合实用以及计算的简易程度,本书引用关联维数来分析分形。

4) K 熵

不同领域对熵有不同的理解。这里介绍的 Kolmogorov 熵(简称 K 熵)[28]源于 Shanon 信息熵概念,用来评估系统运动的混乱或无序的程度。K 熵的数值可以用来区分规则运动、混沌运动和随机运动。在随机运动系统中 K 熵是无界的;而在规则运动系统中 K 熵为零;在混沌运动系统中 K 熵大于零,K 熵越大,那么信息的损失速率越大,系统的混沌程度也越大,或者说系统越复杂。将一个 n 维动力系统的相空间分割成边长为 l 的 d 维立方体盒子,某个吸引子和一条落在吸引域中的轨道 $\{x(t)\}$,取时间间隔 τ(很小)。令 $P(i_0,i_1,\cdots,i_d)$ 表示 $x(0)$ 在盒子 i_0,$x(1)$ 在盒子 i_1,$\cdots$,$x(d\tau)$ 在盒子 i_d 中的联合概率。则 K 熵可以定义为

$$K = -\lim_{\tau \to 0}\lim_{l \to 0}\lim_{d \to \infty} \frac{1}{d\tau} \sum_{i_0 \cdots i_d} P(i_0,i_1,\cdots,i_d) \ln P(i_0,i_1,\cdots,i_d) \qquad (8.3)$$

式中:$l \to 0$ 表明 K 熵与相空间划分没有关系。根据当前研究总结如下:当 $K=0$ 时,运动有序;当 K 趋于无穷大时,运动为随机状态;当 K 介于零与无穷大之间时,对应的系统便表现出混沌运动。当前常用的 K 熵估计算法有 G-P 算法以及 STB 算法。

5) 相空间重构

在实际应用中,动力学系统的动力方程是未知的,我们通常只能得到时间序列数据,如何从时间序列数据中得到尽可能有用的信息(反映系统本质特征)是我们需要探讨的一个问题。Takens[29]最早提出了时间序列的相空间重构理论,使得我们能够深入探究时间序列数据的动力学机制。相空间重构理论是指将一维时间序列扩展到高纬度的状态空间中去,从而时间序列中蕴藏的信息充分展示出来。相空间重构是混沌序列分析的基础。

目前常用的相空间重构法是根据 Taken 和 Mane 提出的时延嵌入定理而得

到的时延坐标重构法。对于一个时间序列$\{x_i\}$,通过选择合适的τ和d向量,得到

$$y_n = [x_n, x_{n+\tau}, x_{n+2\tau}, \cdots, x_{n+(d-1)\tau}] \tag{8.4}$$

式中:τ为时延;d为嵌入维数。

选择合适的τ和d是相空间重构成败的关键。当前常用的τ的计算方法有自相关函数法和平均互信息法,嵌入维数的选取方法有关联积分法、奇异值分解法、CAO氏法[30]等。

综上所述所述,混沌行为可以通过上述介绍的方法进行判别。对于流量而言,我们分析更多的是单节点的流量收集数据,即流量的时间序列向量。把流量的变化过程看成一个动力系统,那么根据收集的数据量,我们的分析对象是一维的时间序列,根据前文的介绍,能够刻画时间序列混沌的特征量的条件总结在表8.4中。

表8.4 常见运动状态的特征量

	维 数	Lyapunov 指数	K 熵
稳定状态	0	<0	0
周期运动	1	≤0	0
混沌状态	非整数	>0	$0<K<\infty$

6) Hurst 指数

在刻画流量的自相似特性时,应用最广泛的是 Hurst 指数(简记为 H),Hurst 指数表征流量的自相似特性,一般来说,H值越大,自相似(长相关)程度越高,流量的突发性也越强[31]。

Hurst 指数 H 是唯一的描述时间序列自相似特性的参数。令 $Y=\{Y(t),t\in N_+\}$是一个离散时间序列的自相似过程,如果它满足如下条件:

$$Y(t) \triangleq c^{-H} Y(ct), \quad \forall t \in N_+, c>0 \tag{8.5}$$

其中,H为取值于(0.5,1)的 Hurst 指数,符号"$\triangleq$"表示在任意有限维分布意义上相等。常用于 Hurst 参数估计的方法有聚合方差(Aggregate Variance)法、绝对值(Absolute Moment)法、留数(Variance of Residuals)法、R/S(冲标极差)法、周期图(Pariodogram)法、Whittle 法以及小波(Wavelet)法[17]。根据算法分析对象的不同,前面4种方法均是直接对时域时间序列分析,称为 Hurst 指数的时域估计法,后面3种为频域估计法。不同的估计方法有着不同的适用范围,当数据量较小时(不超过1万),后面3种方法更为精确[32]。根据接下来要分析网络流量时间序列大小,我们选取 Whittle 法作为 Hurst 指数的估计方法。Whittle 法的基本思想是通过构建时间序列的周期图(谱密度的估计),进而构建一个关

于 Hurst 指数的似然函数,通过求极值求得所需的 Hurst 指数。具体算法可以参考文献[33]。

下面使用上述的分析方法分别对不确定型网络流量数据以及确定型网络流量数据做具体分析。

2. 不确定型网络流量行为

1) 功率谱分析

前文提到过,功率谱分析是揭示信号的统计特征的常用手段,可以用来分析确定系统内部的随机性。通常,混沌信号具有有限的带宽,且具有连续的功率谱曲线。

从图 8.7 和图 8.8 可以看出,两组流量数据均具有有限的带宽(3.2 左右),且具有趋势明显的连续的功率谱曲线。根据上面的讨论,这两个流量离散时间序列均呈现出混沌特性,而由于随机非周期信号通常也呈现出类似的连续功率谱特征,因而我们还要通过 Lyapunov 指数、分形维数来进一步验证其混沌特性。

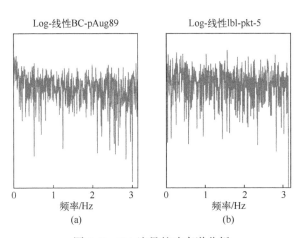

图 8.7 ITA 流量的功率谱分析

2) 相空间重构

由于当前常用的 Lyapunov 指数以及分形维数求解均需要对时间序列进行相空间重构,因此,我们先对实测流量的数据进行相空间重构。这里采用上文提到的时延坐标法,首先需要计算嵌入维数 d 和时延 τ。

时延的计算:这里选取平均互信息法来求几组数据的时延,可以求得互信息相关函数随时延的变化曲线,如图 8.9 以及图 8.10 所示,根据平均互信息法,可得第一个极值点即是最优的时延,计算得

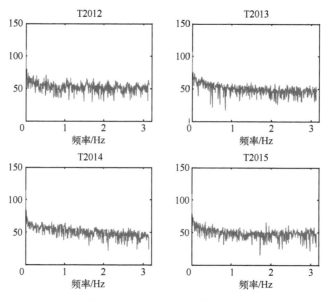

图 8.8 MAWI 流量功率谱分析

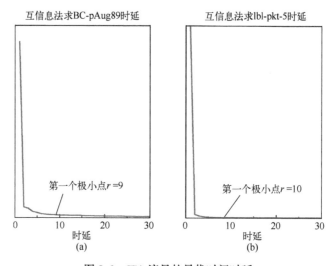

图 8.9 ITA 流量的最优时间时延

$$\tau_{\text{BC-pAug89}}=9, \quad \tau_{\text{lbl-pkt-5}}=10,$$
$$\tau_{\text{T2012}}=9, \quad \tau_{\text{T2013}}=11, \quad \tau_{\text{T2014}}=5, \quad \tau_{\text{T2015}}=5 \tag{8.6}$$

嵌入维数的计算:这里应用 CAO 氏法来计算嵌入维数,CAO 氏法的基本原理是通过构建 k 维相空间相点 $\boldsymbol{y}_k(n)=[x_n,x_{n+\tau},x_{n+2\tau},\cdots,x_{n-(d-1)\tau}]$ 及其最近邻点 $\boldsymbol{y}'_k(n)$ 的距离:

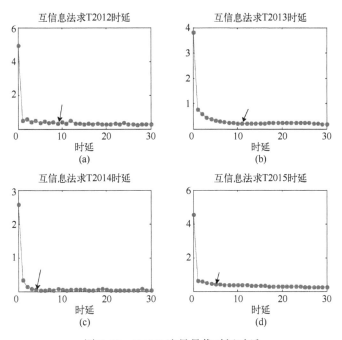

图8.10 MAWI 流量最优时间时延

$$D_k(n) = \|\mathbf{y}_k(n) - \mathbf{y}_k'(n)\| \tag{8.7}$$

当相空间维数增加为 $k+1$ 时，这两个点距离发生变化记为 $D_{k+1}(n)$。CAO 方法中记：

$$a(n,k) = \frac{D_{k+1}(n)}{D_k(n)}, \quad E(m) = \frac{1}{N-m\tau}\sum_{i=1}^{N-m\tau} a(i,k) \tag{8.8}$$

令参变量 $E1(m) = E(m+1)/E(m)$ 作为选取嵌入维数的变量，如果嵌入维存在，则 $E1(m)$ 将在 m 大于某值 m_0 后不再变化，则 m_0 为该序列的最小嵌入维数。

除了 $E1(m)$，通常很难判断其值是缓慢变化还是稳定，一般还补充如下判定准则：

$$E^*(m) = \frac{1}{N-m\tau}\sum_{i=1}^{N-m\tau} D_m(i) \tag{8.9}$$

则参变量 $E2(m) = E^*(m+1)/E^*(m)$ 可作为另一条判据，$E2(m)$ 离1的远近程度可以作为信号中随机因素的评估，$E2(m)$ 越接近1且波动范围越小，序列的随机性越强，表明信号信息表现的越充分。

因此，根据上述算法，我们可以得到 ITA 以及 MAWI 两组时间序列的嵌入维数，如图8.11和图8.12所示。

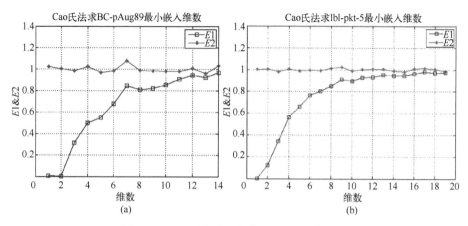

图 8.11 ITA 流量嵌入维数 CAO 氏法求解图

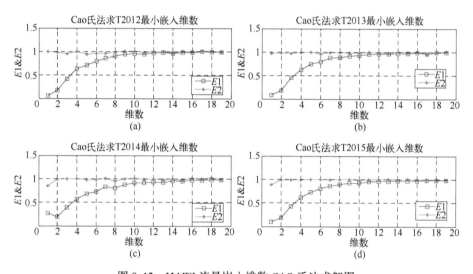

图 8.12 MAWI 流量嵌入维数 CAO 氏法求解图

由图 8.11、图 8.12 中可以看到,图中的 $E2(m)$ 均接近于 1,且波动幅度小,表明随机性较强,进而可以得到 BC-pAug89 的嵌入维数 $d_{\text{BC-pAug89}}=13$,lbl-pkt-5 的嵌入维数 $d_{\text{lbl-pkt-5}}=12$,即 $E1(m)$ 分别在 $m=13$ 和 12 处稳定,类似的有

$$d_{\text{T2012}}=12, \quad d_{\text{T2013}}=13, \quad d_{\text{T2014}}=15, \quad d_{\text{T2015}}=12 \qquad (8.10)$$

3) 最大 Lyapunov 指数

本书选取 Wolf 法求解,可分别求得两组数据的最大 Lyapunov 指数分别为

$$\lambda_{\text{BC}}^{\max}=0.1890, \quad \lambda_{\text{lbl}}^{\max}=0.1964$$

$$\lambda_{\text{T2012}}^{\max}=0.0776, \quad \lambda_{\text{T2013}}^{\max}=0.0441, \quad \lambda_{\text{T2014}}^{\max}=0.0210, \quad \lambda_{\text{T2015}}^{\max}=0.0208$$

$$(8.11)$$

可以看到,两组数据中的最大 Lyapunov 指数均大于 0,两组数据呈现出典型的混沌 Lyapunov 指数特性。

4) 关联维数及 K 熵的计算

本节计算两组数据的关联维数及 K 熵采取的是 G-P 算法,两组数据的计算结果分别如下。

ITA 流量数据:如图 8.13 所示,关联维数为线性图中在不同的嵌入维进行线性拟合得到的一个趋近斜率,求得

$$d_{\text{BC-pAug89}} = 0.3120, \quad d_{\text{lbl-pkt-5}} = 2.7591 \quad (8.12)$$

K 熵为所有嵌入维计算得到的最小值,即右图中的最小值:

$$K_{\text{BC-pAug89}} = 0.2895, \quad K_{\text{lbl-pkt-5}} = 1.5919 \quad (8.13)$$

可以看到,其所得 K 熵值对应的嵌入维即是我们前面给出的嵌入维。

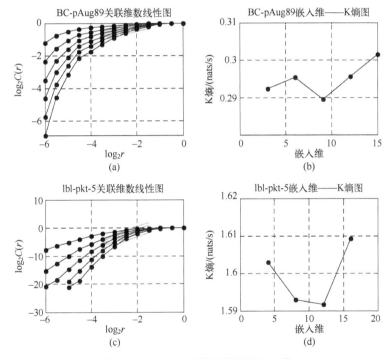

图 8.13 ITA 流量的关联维数和 K 熵

MAWI 流量数据:如图 8.14 所示,其关联维数分别为

$$d_{\text{T2012}} = 3.5416, \quad d_{\text{T2013}} = 0.9581, \quad d_{\text{T2014}} = 0.7491, \quad d_{\text{T2015}} = 1.5831 \quad (8.14)$$

右图可得 K 熵为

$$K_{\text{T2012}} = 1.3133, \quad K_{\text{T2013}} = 0.4260, \quad K_{\text{T2014}} = 0.5763, \quad d_{\text{T2015}} = 1.1066$$

$$(8.15)$$

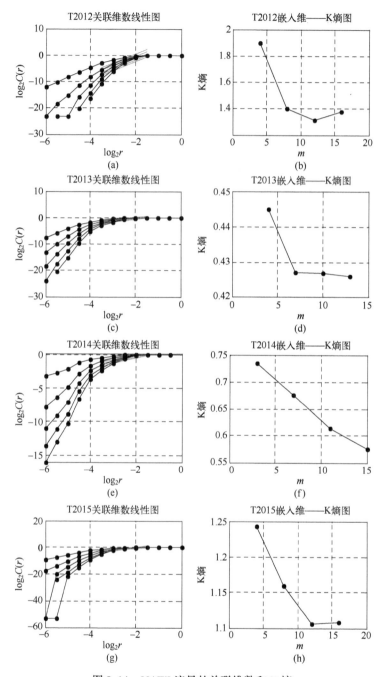

图 8.14 MAWI 流量的关联维数和 K 熵

综上所述,我们收集的两组数据整体情况如表 8.5 所列,其中 Hurst 指数是根据前面介绍的频域计算法 Whittle 法求得,并且可以看到所有的 6 组数据中的 Hurst 指数均大于 0.5,表明流量呈现出典型自相似特性。

表 8.5 不确定型网络流量数据特征分析

数据来源	功率谱		最大Lyapunov指数	关联维数	K 熵	Hurst 指数[①]	是否混沌
	连续与否	是否有限带宽					
BC-pAug89	是	是	0.1890	0.3120	0.2895	0.7469	是
lbl-pkt-5	是	是	0.1964	2.7591	1.5919	0.7865	是
T2012	是	是	0.0776	3.5416	1.3133	0.713	是
T2013	是	是	0.0441	0.9581	0.4260	0.983	是
T2014	是	是	0.0219	0.7491	0.5763	0.887	是
T2015	是	是	0.0208	1.5831	1.1066	0.884	是

① Hurst 指数采用了 Whittle 法求解

由表 8.5 可知,流量自相似表明流量呈现出长相关的特征,即流量在较远时间间隔的相关性不能忽略,另一个角度也说明,长期来看流量长相关性导致了流量混沌的必然性。

ITA 以及 MAWI 组织公布的数据表明,其所收集的数据呈现出普遍的自相似性、混沌特征,表明流量强烈地依赖于初始状态,具有短期可预测、长期不可预测性。这表明了对于不确定型网络,网络中大量的非线性的、不确定的因素使得流量呈现出丰富的动力学特征。但是流量的混沌性表明流量并未呈现出一种发散不可收敛的趋势,而是呈现出一种从混沌到有序的态势。由于流量的不确定所带来的性能故障的不确定,也说明流量负载引起的性能故障建模的必要性。

3. 确定型网络流量行为

1) 功率谱分析

同前面的分析方式一样,可以看到 EXP3-16 和 EXP4-21 数据均是有有限带宽以及趋势明显的连续功率谱曲线,且不存在明显的峰值,如图 8.15 所示。因此,根据功率谱分析结果可知,两组数据呈现混沌性。

2) 相空间重构

相空间重构需要求出重构时延以及嵌入维数。同样地,应用平均互信息法求解这两组时间序列的时延结果如图 8.16 所示,随后应用 CAO 氏法计算嵌入维数。

由图 8.17 可得两组时延分别为

$$\tau_{\text{EXP3-16}}=4, \quad \tau_{\text{EXP4-21}}=2 \qquad (8.16)$$

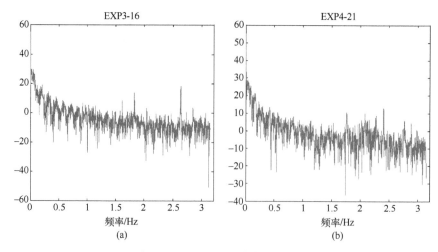

图 8.15 AFDX 流量功率谱分析图

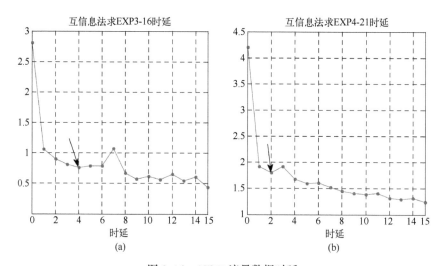

图 8.16 AFDX 流量数据时延

由图 8.17 可以看到,两组数据中的 $E1$ 不像之前的数据比较稳定,根据嵌入维数确定法则,即当维数大于某个维数 m_0 时,$E1$ 稳定在 1 附近,则 m_0 为该组数据的嵌入维数。不难发现,两组数据的嵌入维数为

$$d_{\text{EXP3-16}} = 15, \quad d_{\text{EXP4-21}} = 10\sqrt{b^2 - 4ac} \tag{8.17}$$

3)最大 Lyapunov 指数

同前一样,选取 Wolf 法求解,对两组时间序列的相空间进行 Lyapunov 指数求解,可求得最大 Lyapunov 指数分别为

$$\lambda_{\text{EXP3-16}}^{\max} = 0.0210, \quad \lambda_{\text{EXP4-21}}^{\max} = 0.0163 \tag{8.18}$$

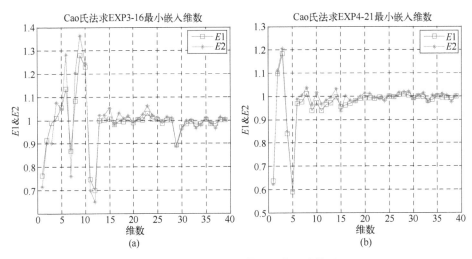

图 8.17 AFDX 流量数据的嵌入维数图

可以看到,两组数据中的最大 Lyapunov 指数均大于 0,两组数据呈现出典型的混沌 Lyapunov 指数特性。

4) 关联维数及 K 熵的计算

本节计算两组数据的关联维数及 K 熵采取的是 G-P 算法,两组数据的计算结果分别如下。

ITA 流量数据:如图 8.18 所示,关联维数为线性图中在不同的嵌入维数进行线性拟合得到的一个趋近斜率,其趋近斜率求得:

$$d_{\text{EXP3-16}} = 0.9001, \quad d_{\text{EXP4-21}} = 1.4612 \tag{8.19}$$

K 熵为所有嵌入维计算得到的最小值,即右图中的最小值:

$$K_{\text{EXP3-16}} = 1.0388, \quad K_{\text{EXP4-21}} = 1.9846 \tag{8.20}$$

可以看到,其所得 K 熵值对应的嵌入维即是我们前面给出的嵌入维,分别为 15 和 10。

综上所述,对于收集的两组数据整体情况如表 8.6 所列。

表 8.6 确定型网络流量数据特征分析[①]

数据来源	功率谱		最大 Lyapunov 指数	关联维数	K 熵	Hurst 指数	是否混沌
	连续与否	是否有限带宽					
EXP3-16	是	是	0.0210	0.9001	1.0388	0.993	是
EXP4-21	是	是	0.0163	1.4612	1.9846	0.996	是
① 表中混沌特征参数选用海军工程大学陆展博的混沌工具箱 ChaosToolbox2p9_trial 中相应的方法计算出							

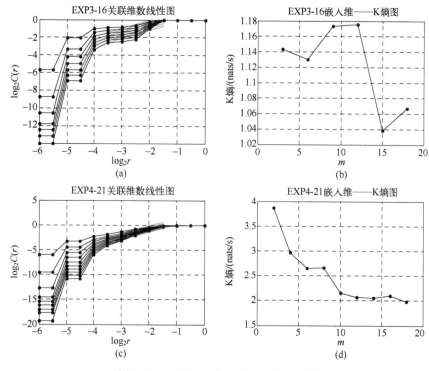

图 8.18 AFDX 流量的关联维数和 K 熵

由表 8.6 可以看到,AFDX 网络流量也是呈现出典型的自相似、混沌特性。与不确定型网络一样,网络也具有复杂的动力学特征。这与我们之前的预想是截然相反的,因为对于像 AFDX 这样确定型网络而言,网络拓扑、结构、设备、路由协议、使用等均是确定的,网络流量理应也是确定的、平稳的,然而实际上并不是这样。其表明网络流量的自相似、混沌性是通信网络的一种共性特性,这也意味着,流量负载引发的性能故障也是短期可预测的,但是长远来看,流量混沌会向有序转化,这是网络流量的一个共性特征,从而性能故障是否发生是可以根据设备进行分析的。流量特性可为基础设施网络的优化提供一种有力的分析基础,这为分析由于流量引发的网络性能故障提供了宏观的思路。

8.3.4 小结

本节对权威机构收集到的不确定型网络以及确定的 AFDX 测试平台中实测数据进行了混沌分析,包括功率谱分析、相空间重构、最大 Lyapunov 指数、关联维数以及 K 熵的计算。可以知道,收集数据呈现出典型的分形、混沌特性,表明这些网络数据均存在典型的混沌性,其流量的精确预计长期是不可预测的。

分析的实测数据是分别来自于 Bellcore Morristown 实验室内部局域网及其

与全球其他地方的通信数据、日本骨干网数据,以及可控的确定型 AFDX 网络,可知我们的流量数据来自于不同的网络系统,但是它们均呈现出相同的混沌行为,表明流量混沌性的普遍性。鉴于我们的数据来源的权威性和代表性,根据本节的分析我们可以得出如下结论。

(1) 网络流量系统呈现出混沌运动特性,可知与流量相关的性能故障也呈现出相应的混沌性。网络流量呈现出混沌性,表明流量的不可预知性,其与初值(信息流初始模型、网络初始服务能力)紧密相关,当初值(拥塞等)发生微小变化,流量会呈现出指数级偏离原统计特性的随机变化,所导致的性能故障也相应地呈现出混沌性。因为性能故障给网络增加了非线性因素,这些非线性因素对网络服务能力产生了微小扰动,反过来又促使了流量呈现出更丰富的外在表现。因此,流量的混沌性是导致网络性能故障的必然因素。由于流量的不可预测使得网络所承受应力呈现出的波动以数学建模,使得解析分析性能故障较为困难;另一方面,混沌是一种向有序发展的必然经历,因而只有把握流量混沌向无序变化的相变点,即可最大程度避免性能故障。这为我们接下来的研究提出寻找相变点的需求。

(2) 就通信网络整体而言,流量通常都遵守着某种普适的变化规律,从而可以断定性能故障也遵循着普适规律。我们的实测数据来自于不同类型、不同结构的网络,其组成单元、网络规模、网络服务、技术协议等都存在巨大差别,虽然流量的复杂性的特性参数不同,但是其流量都呈现出一种普适的变化规律。从而我们也可以推断,通信网络流量也呈现出一种普适性的规律,与之相应的性能故障也存在一种普适的物理特性,这种普适性可以通过一定的手段解析给出。这个推断的基础是每个通信系统都总会尽可能的充分利用其网络服务资源,这种尽可能的利用其实就使得流量呈现出一种分离的、混沌的流量特征,即短期的可预测、长期的不可预测,最终将趋近于有序的稳态。

上述对网络流量行为的分析能够加深我们对于与流量紧密相关的性能故障特性的普适性的认识,同时可以知道,流量动态性与网络服务及其使用存在紧密关系,而性能故障的出现又会改变网络服务能力,从而使得流量呈现出与初态迅速分离的现象。流量所呈现出的自相似、混沌等普适性规律不仅在边界无穷大的不确定型网络中存在,也在结构、边界可控的确定型网络中存在,这使得我们考虑性能故障是否也存在普适性的规律,为进一步研究性能故障给予支持。

8.4 业务相关研究及模型简介

1997 年,王江哲等人[34]给出了早期业务的较为普适的定义:通信业务是由已有的或将有的系统提供给所有使用该系统的事务人(Business role)的一个有意义的功能集。而不同的事务人眼中的同一业务具有不同的特征(功能),这里的事务人包括业务使用者、业务提供者以及网络提供者等。作者从用户的角度出发,根据用户所能看到的业务特征,将通信业务分为电信业务、管理业务和信息业务,进一步又细分为很多类,分类树如图8.19所示。

2000年,为便于电信监管部门对电信业务进行分类管理,按照《中华人民共和国电信条例》[35],我国将通信网的业务分为基础电信业务和增值电信业务,如图8.20所示。基础电信业务是指提供公共网络基础设施、公共数据传送和基本话音通信服务的业务。增值电信业务是指利用公共网络基础设施提供电信与信息服务的业务。

2009年,赵靓等人[36]从服务类别框架的角度,按业务属性将通信网络业务划分为:

(1) 单向推送业务类:该业务类主要指需要持续数字信息流推送的内容分发业务,包括广播业务、点播业务、广告业务、时移和位移业务、附加内容服务等,应用实例包括付费电视、公益广告放送等。

(2) 互动业务类:该业务类包括各种信息业务、电子商务、娱乐类业务、教育类业务、医疗类业务、监控业务、门户业务、交互式广告等。

(3) 通信业务类:该业务类包括消息类、电话类、视频电话类、多方电话会议、视频会议等。

(4) 其他业务类:包括公益类、资源出租类、呈现类以及会话移动类等其他业务。

由上述可看出,随着科技的不断发展,网络业务也随之不断地更新换代,用户对网络的需求也逐渐趋向动态化、多样化,网络业务具有更丰富的内容与内涵。因此,一些学者也对网络业务的内涵、业务属性做了进一步的探讨,试图根据业务的特征来对业务进行建模分析。2002年,Gopal等人[37]提出了一个通用的通信网络业务模型,如图8.21所示,其所提出的业务模型中具有丰富的内容,一方面,作者从不同角度对业务类型属性进行了考虑,可以看出其对于业务流量特征(固定比特率、可变比特率)是其业务类型属性中的一个重要考虑。另一方面,业务的QoS属性描述了网络不同业务有不同的业务需求特征。

双锴等人[38]在2006年提出一个通用的下一代通信网(Next Generation Network,NGN)业务模型,该模型包含了4个元素:端点、通信链接,用户与通信链接的关系、通信链接之间的关联,如图8.22所示。其中,端点是指通信链接的起始点或终节点,也就是业务中的通信方。通信链接是指信息流的传输路径,传输的内容对网络是透明的,只有在通信链接的发送、接收端才能感知信息的

第 8 章 业务可靠性

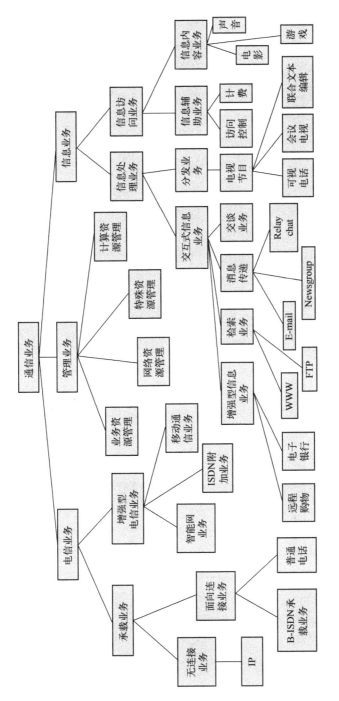

图 8.19 从用户的角度出发的通信业务分类

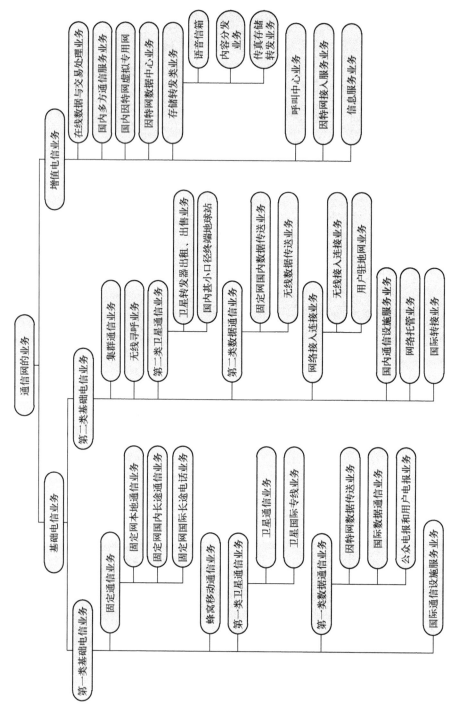

图8.20 《中华人民共和国电信条例》中通信网的业务分类

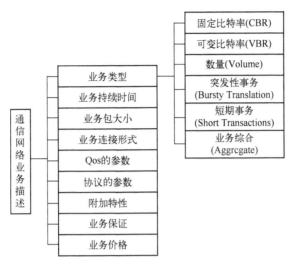

图 8.21 通信网络业务模型

内容。端点与通信链接共同描述了网络业务的静态行为信息,而一个用户与通信链接的关联(REL)描述的是一组业务端点使用通信链接来传输信息。在业务中,端点可以同时使用多条通信链接来传输不同的信息,在不同的时刻可以建立不同的通信链接。复杂的业务需要建立多条相互之间存在关联的 REL,这种关联描述 REL 之间的两两关系,即一个 REL 的内容将作为输入在另一个 REL 中传输。可以看出,后两个属性共同描述了业务所调用的服务之间的关系,也就是网络的业务流程。

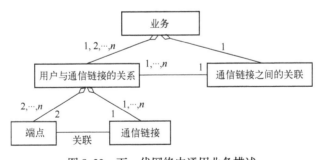

图 8.22 下一代网络中通用业务描述

同年,刘真等人[39]提出了下一代网络中的业务关系型概念,认为业务是一组对象之间的关系,包括:业务能力、业务用户、使用方式等,如图 8.23 所示。业务本身是一个抽象的概念,是上述对象的聚合,只在上述对象(用户等)得到确定或客户化,才能变得具体,这种关系包含了用户使用网络服务的流程,即业务流程。随后郑毅等人[5]进一步强调网络的业务流程就是指什么人(对应网络节点)、在什么时间(对应协议的调用时间)、做什么事儿(对应调用的协议以及信息传输),以及不同节点在不同时间点调用不同的事件、活动之间的时间空间关系,而这些活动的组合就是一个业务。

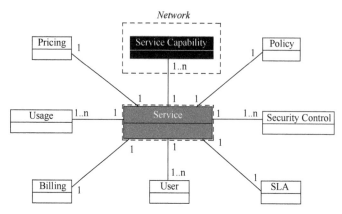

图 8.23 下一代网络中的业务关系型概念

张立明[40]研究了网络的业务行为,包括静态行为和动态行为。其中,业务静态行为是指网络业务运行过程中所表现出来的一些预设定的活动,比如,业务使用哪些协议,业务如何部署等内容;业务动态行为则是指业务运行过程中所表现出来的频繁变化的活动,比如,随着网络业务用户的变化,业务的流量也会发生改变。对于业务动态行为的研究,Guo 等人[4]以用户与通信链接的关联、通信链接之间的关联来描述网络业务的动态行为,这种业务内在的关联关系,实际上反映了业务实现的流程,其所考虑的业务行为的动态变化实际上是描述业务流程的动态变化。Moore 等人[41]则认为业务的动态行为主要受到网络环境、用户数量、用户行为、业务类型及相互关系等影响,比如,用户数量增加会导致某业务的使用量突然增加,占用大量的网络带宽,从而造成业务在传输过程中不同程度的延迟。用户行为的变化会使网络流量发生变化,引起网络流量的突发特征,包括平稳变化型、单个突发型、持续突发型和间隔突发型行为。

从以上分析中,我们可以看出,当前对业务的概念和相关模型其实有不同的定义和解释,本书对业务的定义见第 3 章,同时,通过相关调研和分析,我们进一步明确:

(1) 本书定义的业务是网络系统的组成部分,是一个静态概念;

(2) 业务具有多方面的属性,包括其功能、流程等;

(3) 用户通过调用具体的业务来使用网络,从而产生网络流量,因此用户行为对网络可靠性的影响其实是通过业务完成的[42],用户行为属于我们第二章所分析的网络可靠性外因。

8.5 业务对可靠性的影响研究

为考察业务对网络可靠性的影响,我们首先基于流程对业务进行分类,提出了随机型、定制型和程序化业务,并研究了不同类型业务的影响。由于业务的影响是以流量具体产生的,因此在本节的分析中也包含了对流量的建模。

8.5.1 基于流程的业务分类方法[43]

业务有着多种层次、不同深度与广度的含义,由上一节可以看出,从管理的角度、业务形式的角度和用户的角度等可以得到不同的业务分类方法。目前已有的业务分类方法,多是基于管理需求或是业务所实现的功能对业务进行分类,其存在的问题是,普遍缺乏对业务流量特征的考虑,无法反映不同业务的流量差异性,很难用于指导面向业务的流量输入以及网络可靠性分析。而且,随着通信技术的进步,网络为用户提供的业务日益增多,现有的分类方法逐渐不足以涵盖通信网络的业务范畴,重新对业务进行细致而全面的分类也愈发困难。

客户需求响应网络是企业内外部之间网络的一种,是企业感知和应对外部变化的重要组织系统。客户需求响应网络与通信网络的业务行为具有相似的属性:目的性、能动性、预见性和可控性,从而在对业务进行分类时可以借鉴对企业客户需求响应网络的分类方法。Cross等人[44]将企业客户需求响应网络分为3种类型:定制化响应网络、模块化响应网络和程序化响应网络。根据Cross等人的分析,定制化响应网络主要满足模糊且不确定的客户需求,其响应过程分为掌握客户需求和形成创造性的解决方案两个步骤;模块化响应网络主要满足结构明确但具体问题不确定的客户需求,其响应过程分为依据客户需求在模块间适当分工、各模块基于自身知识完成分工任务这两个步骤;程序化响应网络主要满足明确且稳定的客户需求,其响应过程是按照既定的流程解决重复性的问题。

针对现有业务分类方法的不足之处,结合通信网络可靠性试验以及仿真中的流量输入问题,借鉴Cross等人对企业客户需求响应网络的分类方法,综合考虑业务流量建模的复杂程度和可行性,笔者提出了基于流程的业务分类方法,根据不同业务的流程特征将业务划分为随机型、定制型和程序化3类[43],每一类业务的定义如下:

(1)随机型业务:根据一定的路由算法,随机选择源节点与目的节点之间的业务路径发送数据。

(2) 定制型业务:规定某节点为必须访问的节点,同时依据一定的路由算法选择业务路径。

(3) 程序化业务:规定某链路为业务流程中必须经过的链路,同时依据一定的路由算法选择业务路径。

基于流程的业务分类方法将业务划分为 3 类,根据业务流程的不同特征考虑网络中流量分布的差异性,有助于简化面向业务的流量建模工作。而且,这种分类方法以不同业务流程的特征为依据,与实际网络中服务的部署密切相关,在具体应用中具有普遍的适用性和广泛的意义[45,46]。

8.5.2 基于流程分类的业务仿真算法

面向业务的流量建模考察网络在随机型、定制型、程序化 3 类业务下的流量分布特征。对于给定的网络模型,记业务源节点为 S,目的节点为 T。下面基于上文对 3 类业务的定义,以最短路径算法为例,介绍 3 类业务的仿真模型,即在仿真过程中 3 类业务的实现方法。

1. 随机型业务

随机型业务对应业务路径中没有特殊要求的业务类型,例如文件传输业务、远程控制业务等。随机型业务的数据传输路径是根据一定的路由算法随机选择的,也就是说,当网络中存在多条满足路由算法的路径时,哪一条被选作业务路径是随机的。随机型业务的成功运行只需要源节点与目的节点之间存在连通路径。

dijkstra 算法是计算节点间距离和最短路径的经典算法。本章在仿真中使用 dijkstra 算法寻找节点之间的最短路径,当源节点 S 到目的节点 T 间存在多条最短路径时,随机选择其中的一条作为数据传输路径。

2. 定制型业务

在实际应用中,网络为用户提供服务的部署是确定的,从而包含某服务的业务路径必定会访问该服务所部署的节点,这些业务即属于定制型业务模型。例如,网络游戏等多人在线应用的业务路径必定会访问游戏运营商所部署的服务器,从而属于定制型业务。定制型业务的成功运行要求业务流程中必须访问的节点(服务所部署的节点)工作正常,且存在该节点与源节点、目的节点之间的连通路径。

多数情况下,定制型业务要求必须访问多个节点中的一个或几个。为了简化分析,此处仅规定一个节点 K 为定制型业务必须访问的节点,并以包含节点 K 的最短路径作为业务路径。

由最短路径的性质可知,源节点 S 经过节点 K 到目的节点 T 的最短路径

$S \rightarrow K \rightarrow T$ 等价于 S 到 K 的最短路径 $S \rightarrow K$ 与 K 到 T 的最短路径 $K \rightarrow T$ 之和。因此，仿真中定制型业务的数据传输路径可分为两部分最短路径：$S \rightarrow K$ 和 $K \rightarrow T$，分别使用 dijkstra 算法即可得到。

3. 程序化业务

程序化业务对应包含固定流程的业务类型，可以通过一个北京航空航天大学网上财务系统的实例来进行理解：

> 首先访问北京航空航天大学的财务网站（HTTP）—>网站页面打开后，需要下载表单（FTP）—>填写好后，提交到网站上，网站将这个表单存储在数据库中—>对表单进行审核（软件系统）—>审核通过，批准，通知网站。

这是一个典型的工作流的内容，是专门用来描述业务的计算机技术。工作流描述的是一个业务的流程，不仅仅是端到端的，而是多端的（Web server、DB server、FTP server、用户计算机）。

上述包含固定流程的业务，即属于本章所定义的程序化业务，它的成功运行要求源节点与目的节点之间存在包含规定流程的连通路径。

本章对上述业务流程进行抽象，得到程序化业务模型为数据传输路径中经过某链路的业务类型。为了简化分析，假设程序化业务只要求一条链路 P_1—P_2 为业务路径中必须经过的链路，选择经过链路 P_1—P_2 的最短路径 T 作为业务路径。

由最短路径的性质可知，源节点 S 经过链路 P_1—P_2 到目的节点 T 的最短路径 $S \rightarrow P_1 \rightarrow P_2 \rightarrow T$ 等价于 S 到 P_1 的最短路径 $S \rightarrow P_1$、链路 P_1—P_2 与 P_2 到 T 的最短路径 $P_2 \rightarrow T$ 之和。因此，仿真中程序化业务的数据传输路径可分为两部分：最短路径 $S \rightarrow K$、$K \rightarrow T$ 和链路 P_1—P_2，其中首尾两段最短路径同样使用 dijkstra 算法即可得到。

8.5.3 基于流程分类业务的流量分布仿真实验设计

本节研究如何使用 MATLAB 仿真分析基于流程分类业务的网络流量分布规律，介绍网络模型的选择、仿真算法的设计和参数配置等关键技术。

1. 网络模型

现有的复杂网络模型包括随机网络、规则网络、无标度网络和小世界网络[47]，鉴于下面两个因素，本章选择无标度网络作为分析对象，并在网络构建算法上使用无标度网络的通用模型——BA 模型[47]，基于此研究简化通信网络的可靠性评价技术中的关键问题。

第一,Internet 等通信网络中,往往存在大量的边缘节点①,只有无标度网络和随机网络能够满足这一特性,而随机网络中可能存在孤立节点,与实际通信网络并不相符。

第二,无标度网络在现实网络中具有极其广泛的代表性。大量研究表明,现实中复杂网络的节点度几乎都服从幂律分布[48]。这种度分布服从幂律分布的网络,即为无标度网络。无标度网络的平均距离较短,结构自相似,而且具有良好的扩展性。许多真实的网络系统,如万维网、因特网、电力网、演员合作网等,其拓扑结构都可以抽象为无标度网络。

学者 Barabasi 和 Albert 等人于 1999 年提出了著名的 BA 模型,BA 模型是第一个演化网络模型,其建模过程分为两个阶段:增长和择优。前者强调复杂系统是一个开放系统,新的基本单元不断加入,节点总数在不断增加;后者强调节点连接新边的概率应该单调依赖于它已有的度,即所谓的"富者更富"法则。在这两条基础上提出的模型表述为[49]

(1) $t=0$ 时具有较少的 m_0 个节点,以后每个时间步增加一个新的节点,连接到 $m(m \leq m_0)$ 个旧节点上。

(2) 新节点连接到纠节点 i 的概率正比于它的度,即连接概率为 $\prod(k_i) = k_i / \sum_{j=1}^{N-1} k_j$,其中 k_i 表示纠节点 i 的度,N 表示网络节点数。

(3) 如此演化直到达到一个稳定的演化状态。

2. 业务设计

仿真设计的目的是为了考察网络在随机型、定制型、程序化 3 类业务下的流量分布规律,而在定制型和程序化业务的定义中必须访问的节点 K 和链路 P_1—P_2 需要结合实际网络中服务的部署和具体应用的流程来确定。针对节点 K 和链路 P_1—P_2 可能出现的情况,本章设计以下 3 类业务的 6 个业务案例,分别考察不同业务的流量分布特征。

(1) 随机型业务;

(2) 定制型业务 1,选择 K_1 为网络中度最大的节点(记为 MaxDimNode),记 MaxDim 为最大的度;

(3) 定制型业务 2,随机选择网络中度等于 2 的某个节点为 K_2;

(4) 定制型业务 3,K_3 为网络中度数介于 MaxDim 和 2 之间的某个节点,仿真中可从度 $\leq$ MaxDim/2 的节点中选择度最大的一个作为 K_3;

(5) 程序化业务 1,记 P_1 为网络中度第二大的节点(记为 MaxDimNode2,其

---

① 边缘节点定义为网络中度等于 1 的节点,对应实际网络中的终端设备。

度为 MaxDim2），P_2 定义为 P_1 的相邻节点中除 K_1 之外度最大的节点；

（6）程序化业务 2，记 P'_1 为网络中度数介于 MaxDim2 和 2 之间的某个节点（仿真中可从度≤MaxDim/2 的节点中选择除 K_3 外度最大的一个作为 P'_1），P'_2 定义为 P'_1 的相邻节点中除 $\{K_1, K_2, P_1, P_2\}$ 之外度最大的节点。

3. 仿真流程与算法

本章将节点的负载定义为网络中经过该节点传送数据的业务路径个数。负载体现了节点的重要程度，在一定程度上反映了网络中节点的流量分布大小。从而，可以通过节点负载的分布考察不同业务下网络中的流量分布特征，建立基于流程分类业务的流量模型。基于 8.5.2 节不同业务的仿真模型，下面介绍如何使用 MATLAB 仿真得到 3 类业务输入下网络中各节点的负载分布，仿真流程见图 8.24，具体步骤如下。

（1）由 BA 模型建立节点数等于 N 的无标度网络，得到网络的邻接矩阵 Adja。

（2）由 BA 网络的邻接矩阵，计算边缘节点的个数，记为 EdgeNodeSize；基于本节提出的不同业务的仿真模型，寻找定制型业务必须访问的节点 K_1、K_2、K_3 和程序化业务必须经过的链路 P_1—P_2、P'_1—P'_2。

（3）记 $i=1$。

（4）以第 i 个边缘节点 EdgeNode(i) 为业务源，随机选择其他边缘节点 j 作为目的节点。

（5）定义 $6 \times N$ 矩阵 Load，记录网络中每一个节点的负载。Load 的第 s 列表示节点 s（$s=1,2,\cdots,N$）的负载；第 1 行表示随机型业务输入下节点的负载，第 2~4 行表示定制型业务（节点 K 对应本节"业务设计"中所定义的 3 种情况）输

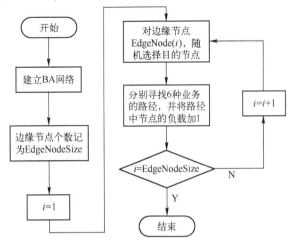

图 8.24　基于流程分类业务的网络流量分布仿真流程

入下节点的负载,第5、6行表示程序化业务(链路P_1—P_2对应本节"业务设计"中所定义的两种情况)输入下节点的负载。然后分别针对每一类业务寻找源节点 EdgeNode(i)到的目的节点 j 的业务路径,对于路径中出现的节点 M,将其负载增加1,即 Load(r,M) = Load(r,M) +1。

(6) 判断 i = EdgeNodeSize 成立与否:若不成立,将 i 的值增加1,然后返回步骤(4);若成立,仿真结束,得到网络中每一个节点在每一类业务输入下的负载大小,记录在矩阵 Load 中。

总结本节的仿真设计。

(1) 网络模型:BA 网络,节点数由参数 N 定义。

(2) 源-目的端对:以每一个边缘节点为业务源节点,随机选择其他边缘节点作为目的节点。

(3) 业务类型:假设网络中所有的业务源加载同一种业务,分别考察网络在本节"业务设计"中6个业务案例下的流量分布规律。

(4) 业务路径:随机型业务随机选择端到端之间的最短路径发送数据,定制型业务 i(i = 1,2,3)选择经过节点 K_i 的最短路径作为业务路径,程序化业务1选择经过链路 P_1—P_2 的最短路径作为业务路径,程序化业务2选择经过链路 P'_1—P'_2 的最短路径作为业务路径。

(5) 仿真输入:BA 网络的规模,即节点个数 N。

(6) 仿真输出:每一类业务的节点负载分布,记录在矩阵 Load 中。

由节点负载矩阵 Load,可以分别统计每一种业务输入下网络中负载发生变化的节点及其属性,可以分析网络中具有较大负载的节点分布,从而为研究基于流程分类业务的流量模型提供依据。

8.5.4 仿真实验流量及关键节点的分布规律

上一节介绍了基于流程分类业务的网络流量分布仿真设计,其输入参数只有网络规模 N。为尽可能地体现通信网络的结构特征,仿真中应当设置较大的网络规模,综合考虑仿真时间,本节设计了表8.7所列的仿真方案,然后基于上述的方法,通过 MATLAB 仿真分析,分别研究网络在每一种业务输入下的流量分布规律和关键节点的分布规律。

表8.7 基于流程分类业务的网络流量分布仿真方案

仿真组别	1	2	3	4	5	6	7	8	9
网络规模 N	800	800	800	1000	1000	1000	1200	1200	1200

1. 网络流量分布实验与规律分析

首先通过网络中各节点的负载分析,考察基于流程分类业务的网络流量分布规律。按照本节的仿真流程与算法以及表 8-7 所列的仿真方案,进行多次仿真,得到 6 个业务案例的网络流量分布特征如下。

(1) 针对每一类业务,比较各个节点的负载,记最大的负载为 MaxLoad,依次统计负载等于 1,2,…,MaxLoad 的节点个数,可以发现,对于每一种业务,网络中的流量均呈幂律分布,即绝大多数节点的负载较小,只有个别节点具有较大的负载。图 8.25 所示为表 8.7 中仿真 4 的运行结果,描述了 3 类业务的 6 个业务案例输入下 BA 网络的流量分布,图中横轴表示节点负载,即经过某节点传送数据的业务路径个数,纵轴表示节点个数。图 8.25 中 6 个业务案例的节点负载统计结果几乎是完全重合的,说明不同业务输入下负载等于某一定值的节点个数相差无几。进一步统计发现,表 8.7 中仿真 4,对于定制型业务 2 和程序化业务 2,网络中分别有 946 个节点的负载不超过 10,972 个节点的负载不超过 30;而对于其他 4 种业务,网络中负载不超过 10 的节点个数均为 947,负载不超过 30 的节点个数均为 973。

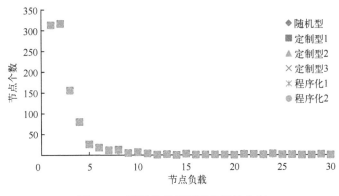

图 8.25 不同业务案例下的流量分布

(2) 对于随机型、定制型和程序化 3 种业务类型,网络中绝大多数的节点具有相同的负载。例如,表 8.8 所列的仿真 4 中,6 个业务案例输入下只有 24 个节点的负载发生了变化(表 8.8),另外 976 个节点在 3 类业务输入下始终具有相同的负载。

(3) 对于负载发生变化的节点,多数情况下,随机型业务输入下的节点负载最小,节点在程序化业务输入下的负载 ≥ 定制型业务输入下的负载。而且,其中大部分节点的负载变化较小,只有个别节点的负载发生了较大的变化。例如,在表 8.7 所列的仿真组 4 中,24 个负载发生变化的节点统计如表 8.8 所列,其中只有 6 个节点(1、2、7、24、48、107)的负载变化较大(最小为 640),其余 18 个节点只有较小的负载变化(最大为 21)。

表 8.8 3 类业务输入下的负载发生变化的节点统计

节点序号		1	2	4	5	6	7	8	10	11	13	16	17
度		80	2	18	17	21	19	14	16	14	14	10	6
节点负载	随机型	591	2	136	72	149	244	59	94	67	80	61	84
	定制型 1	670	2	144	73	170	303	60	101	76	81	63	94
	定制型 2	1338	670	144	73	170	303	60	101	76	81	63	94
	定制型 3	1037	2	144	73	170	1256	60	101	76	81	63	94
	程序化 1	1037	2	144	73	170	1305	60	101	76	81	63	94
	程序化 2	1279	2	144	73	170	303	60	101	76	81	63	94
最大负载差		747	668	8	1	21	1061	1	7	9	1	2	10
节点序号		23	24	29	31	34	35	41	48	53	55	107	117
度		17	25	7	20	12	8	6	23	4	7	5	19
节点负载	随机型	50	79	56	148	69	23	68	61	42	21	8	43
	定制型 1	53	84	59	159	71	24	69	61	48	22	8	46
	定制型 2	53	84	59	159	71	24	69	61	48	22	8	46
	定制型 3	53	670	59	159	71	24	69	61	48	22	8	46
	程序化 1	53	719	59	159	71	24	69	61	48	22	8	46
	程序化 2	53	84	59	159	71	24	69	1336	48	22	674	46
最大负载差		3	640	3	11	2	1	1	1275	6	1	666	3

(4) 与节点的负载变化相对应,3 类业务输入下,程序化业务具有最大的整网负载(即网络中各节点的负载之和),随机型业务具有最小的整网负载,定制型业务下的整网负载介于二者之间。例如,在表 8.7 所列的仿真组 4 中,程序化业务 1 输入下的整网负载(7532)>定制型业务 1 输入下的整网负载(5492)>随机型业务输入下的整网负载(5308)。

由于仿真之初程序会生成一个 BA 网络,而且每一个源节点对应的目的节点都是随机选取的,表 8.7 中 9 次仿真生成网络的拓扑结构不同,从而仿真结果(即节点负载矩阵 Load)也不相同,但是整网的流量分布规律是一致的,对于不同的网络规模上述规律也是始终成立的。

总结上述规律,得到基于流程分类业务的整网流量分布的区别与联系如下。

区别:

(1) 对于不同的业务类型,个别节点的负载会发生巨大的变化;

(2) 无论对于单个节点还是整个网络,大多数情况下,程序化业务输入下的负载≥定制型业务输入下的负载≥随机型业务输入下的负载。

联系：

(1) 三类业务的网络流量均呈幂律分布，绝大多数节点的负载较小，只有个别节点具有较大的负载；

(2) 对于不同的业务，网络中绝大多数的节点具有相同的负载；

(3) 对于负载发生变化的节点，其中大部分的负载变化较小。

2. 关键节点流量分布实验与规律分析

上节讨论了随机型、定制型、程序化3类业务输入下整网的流量分布规律，结果表明，只有个别节点具有较大的负载，在网络的运行过程中更容易发生拥塞等故障，由此成为网络性能及可靠性优化的瓶颈。我们称这些负载较大的节点为关键节点，也就是在网络的性能及可靠性评价中需要特别关注的节点，对于其他节点，往往只有较小的网络负载，对整网性能及可靠性的影响较小。

然而，对于不同的业务类型，负载较大的节点在网络中的分布往往会发生变化。那么，基于从负载出发的节点重要度评价方法，如何确定每一类业务输入下关键节点的分布位置，即如何由网络拓扑和业务类型预计节点的重要程度，这是本节所要考察的内容。

1) 随机型业务

随机型业务输入下可由节点的介数中心性大小考察其重要程度。介数中心性(Betweenness Centrality)，简称介数，其概念源于分析社会网络中个体的重要性。一个节点的介数定义为所有节点对之间通过该节点的最短路径条数。介数很好地描述了网络中每个节点可能需要承载的流量。

随机型业务随机选择端到端之间的最短路径作为业务路径，与介数的定义具有相同的路由机制，从而我们可以通过介数的大小考察每个节点的重要程度。尽管介数指的是所有节点对之间通过某节点的最短路径条数，而随机型业务对应的仅仅是端到端业务，但是对于负载较大的节点，其负载大小与介数具有基本相同的分布规律。

在 MATLAB 中使用现有的介数计算函数 betweenness_centrality(A)，由 BA 网络的邻接矩阵即可预计随机型业务输入下节点的重要度。例如，在表 8.7 所列的仿真组 4 中，计算得到负载最大的 10 个节点，其介数由大到小，如表 8.9 所列。

表 8.9　网络在随机型业务输入下负载最大的 10 个节点

节　点	1	7	6	31	4	10	17	13	24	5
度	80	19	21	20	18	16	6	14	25	17
负载1	591	244	149	148	136	94	84	80	79	72
介数	894292	368960	236792	218612	210366	138380	135676	120432	101004	98760

2) 定制型业务

定制型业务规定端到端之间的业务路径必须经过某节点 K，此时的业务路径未必是最短路径，因此介数不再适用于考察节点的重要度。

对于定制型业务下边缘节点 N_1 到 N_2 的业务路径，等价于两条最短路径之和：N_1 到节点 K 的最短路径和节点 K 到 N_2 的最短路径。类比于介数的概念，我们对定制型业务下节点的重要度做如下初步定义：所有边缘节点与节点 K 之间通过该节点的最短路径条数。

需要说明的是，在上述定制型业务下节点重要度的定义中，我们仅仅考虑了边缘节点到 K 节点这一半业务路径，也就是说，对于节点 K 之外的其他节点，仅考虑了其出现的一半可能性。

进一步，我们对定制型业务下的节点重要度的定义做如下修正：对于节点 K 之外的其他节点，其重要度定义为所有边缘节点与节点 K 之间通过该节点的最短路径条数的 2 倍；节点 K 的重要度等于所有业务路径的条数，即边缘节点的个数。

根据上述定义，本节在 MATLAB 中编程实现了定制型业务输入下节点重要度的预计算法，计算得到在定制型业务 1~3 输入下网络中负载最大的 10 个节点及其重要度，如表 8.10、表 8.11、表 8.12 所列。可以发现，对于负载较大的节点，其负载与重要度的大小具有基本相同的分布规律，证明了预计算法的有效性。

表 8.10 在定制型业务 1 输入下网络负载最大的 10 个节点

节 点	1	7	6	31	4	10	17	24	13	11
度	80	19	21	20	18	16	6	25	14	14
负载	670	303	170	159	144	101	94	84	81	76
重要度	670	294	160	150	150	100	86	70	86	80

表 8.11 在定制型业务 2 输入下网络负载最大的 10 个节点

节 点	1	2	7	6	31	4	10	17	24	13
度	80	2	19	21	20	18	16	6	25	14
负载	1338	670	303	170	159	144	101	94	84	81
重要度	1338	670	294	160	150	150	100	86	70	86

表 8.12 在定制型业务 3 输入下网络负载最大的 10 个节点

节 点	7	1	24	6	31	4	10	17	13	11
度	19	80	25	21	20	18	16	6	14	14
负载	1256	1037	670	170	159	144	101	94	81	76
重要度	1270	1046	670	160	150	150	100	86	86	80

3) 程序化业务

程序化业务规定端到端之间的业务路径必须经过某链路 P_1—P_2，从而，边缘节点 N_1 到 N_2 的业务路径等价于 N_1 到节点 P_1 的最短路径加上链路 P_1—P_2 再加上 P_2 到 N_2 的最短路径。

类比于定制型业务下节点重要度的概念，我们对程序化业务下的节点重要度作如下定义：所有边缘节点与节点 P_1 之间通过该节点的最短路径条数，加上所有边缘节点与节点 P_2 之间通过该节点的最短路径条数。

根据上述定义，本节在 MATLAB 中编程实现了程序化业务下节点重要度的预计算法，计算得到在程序化业务 1 和 2 输入下网络中负载最大的 10 个节点及其重要度，如表 8.13 和表 8.14 所列。可以发现，对于负载较大的节点，其负载与重要度的大小具有基本相同的分布规律，同样证明了预计算法的有效性。

表 8.13 在程序化业务 1 输入下网络负载最大的 10 个节点

节 点	7	1	24	6	31	4	10	17	13	11
度	19	80	25	21	20	18	16	6	14	14
负载	1305	1037	719	170	159	144	101	94	81	76
重要度	1305	1046	705	160	150	150	100	86	86	80

表 8.14 在程序化业务 2 输入下网络负载最大的 10 个节点

节 点	48	1	107	7	6	31	4	10	17	24
度	23	80	5	19	21	20	18	16	6	25
负载	1336	1279	674	303	170	159	144	101	94	84
重要度	1336	1280	674	294	160	150	150	100	86	70

8.5.5 小结

本节通过对通信网络业务及流量的调研和分析，提出基于流程的业务分类方法，并设计了相应的业务仿真模型，介绍了在 MATLAB 中设计基于流程分类业务的网络流量分布仿真程序，分析不同业务之下网络流量的分布规律、关键节点的分布规律以及面向业务的关键节点预计算法,可看出业务会影响网络中的流量分布,不同的业务导致流量在网络中的分布会有很大的变化,可见业务可以通过影响流量的分布来影响网络可靠性。而业务对网络流量的分布的影响表现在部分节点的负载呈现动态性,而这种动态性可能会导致节点负载突变而节点的服务能力无法满足,从而业务无法正常运行而影响网络可靠性,最终造成网络发生故障。

8.6 业务可靠度案例分析

本节给出了一种考虑业务和流量的通信网络业务可靠性评估方法,是早期我们在研究中提出的一种方法[50,51],虽然存在很多问题,但不失为一种考虑业务和流量的业务可靠性评估方法。本方法将网络分为硬拓扑层、软拓扑层和服务层,如图 8.26 所示。

硬拓扑指网络中硬件设备构成的拓扑结构。硬拓扑层可靠性考察网络中的路由器、交换机、服务器等硬件基础设施对业务的支持能力,通过业务相关节点和链路的可靠度、业务流量的转移概率来评估业务相关的网络硬件设施的连通性。该层是本章网络可靠性计算 3 层模型的最底层,也是软拓扑可靠性和服务层可靠性的前提基础。只考察与业务相关的构件的连通性,因为与业务无关的构件对网络业务并不构成影响。

软拓扑层可靠性考察硬拓扑层保证无故障的前提下,业务所涉及的网络中各应用软件根据其自身模块的可靠度及相互间调用关系,对业务的支持能力[52,53]。该层主要指服务器端的分布式软件各模块之间相互调用以满足用户业务需求的可靠度,本章的软拓扑即指由于各软件模块之间的调用关系所形成的软件模块的拓扑转移结构。因为当前网络协议中的重传机制等已能够保证数据包的可靠性传输,所以网络中路由器、交换机等不在此层考虑之列,而由重传机制带来的对业务性能的影响,将在服务层得到考察。

服务层可靠性是假设网络中业务相关硬件设施在无物理故障及相关软件无功能故障的情况下,网络满足业务性能和质量要求的能力。

硬拓扑层可靠度记作 R_H,表示业务相关构件间的连通可靠性;软拓扑层可靠度记作 R_S,表示网络各构件中软件层面上各构件之间调用关系的可靠度。以改进的马尔可夫模型计算单业务硬拓扑可靠度以及软拓扑可靠度。服务层可靠度记作 R_P,表示用户各业务性能要求的满足程度,利用 OPNet 平台在仿真中区分业务收集不同业务的性能参数,通过各业务性能参数的分析,得到服务层可靠度。最后综合得到网络可靠度 $R=R_H * R_S * R_P$。

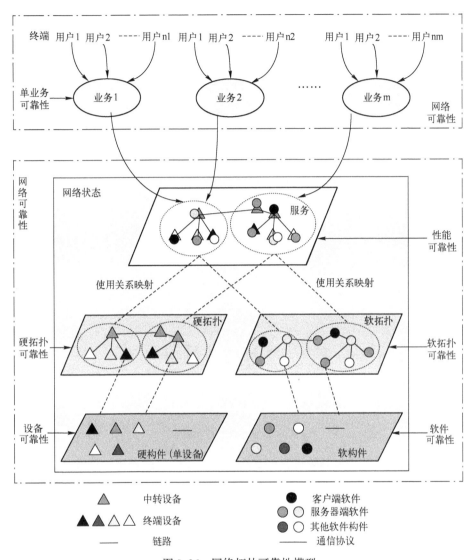

图 8.26 网络拓扑可靠性模型

8.6.1 案例

本节构建了一个计算机网络案例,如图 8.27 所示,该网络中运行了 3 个业务:

(1)业务 App1 为 lan1 访问 server1 和 server3 的 FTP 业务,其中有 90%的 FTP 请求由 server1 处理,有 10%的 FTP 请求由 server3 处理,业务 App1 的总流量是 200MB,用户对 App1 的性能要求为下行吞吐量大于 140KB/s,时延小

267

于 0.036s;

（2）业务 App2 为 lan2 访问 server2 和 server3 的 FTP 业务,其中有 80%的 FTP 请求由 server2 处理,有 20% 的 FTP 请求由 server3 处理,业务 App2 的总流量是 300MB,用户对 App2 的性能要求为下行吞吐量大于 190KB/s,上传速率大于 2000packets/s,时延小于 0.03s;

（3）业务 App3 为 lan3 访问 server3 的 HTTP 业务,业务 App3 的总流量是 500MB,用户对 App3 的性能要求为吞吐量大于 6KB/s。

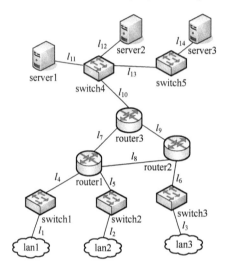

图 8.27　业务拓扑结构

为了能够应用本节所给模型与算法对该网络系统进行可靠性评估,需知道硬拓扑层节点、链路和软拓扑层软件模块的相关参数及关系。各节点、链路、软件模块的可靠性数据如表 8.15、表 8.16、表 8.17 所列。

表 8.15　节点可靠度

节　点	N_i	节　点	N_i
lan1	1	router2	0.997
lan2	1	router3	0.999
lan3	1	switch4	0.998
switch1	0.998	switch5	0.998
switch2	0.997	server1	0.998
switch3	0.999	server2	0.997
router1	0.999	server3	0.999

表 8.16 链路可靠度

链　路	L_i	链　路	L_i
l_1	0.999	l_8	0.998
l_2	0.998	l_9	0.996
l_3	0.998	l_{10}	0.999
l_4	0.996	l_{11}	0.999
l_5	0.999	l_{12}	0.997
l_6	0.997	l_{13}	1
l_7	0.999	l_{14}	0.998

表 8.17 软件构件可靠度

构　件	R_i	构　件	R_i
Cell0	0.997	Cell5	0.998
Cell1	0.999	Cell6	0.997
Cell2	0.998	Cell7	0.999
Cell3	0.999	Cell8	0.999
Cell4	0.999	Cell9	0.998

8.6.2 实例分析

1. 硬拓扑层和软拓扑层可靠度计算方法

单业务的硬拓扑可靠性的计算,首先将区分不同用户群和用户特征的单业务加载到网络中作为输入;然后,通过链路分支转移概率确定网络中业务流与网络设备及网络拓扑之间的使用映射关系;最后,同时考虑网络构件可靠度、链路可靠度和业务转移概率计算连接成功的概率,得到单业务的拓扑可靠性的计算矩阵,利用基于马尔可夫模型的计算方法,得到该业务的拓扑可靠性。

假设网络中各设备和链路的可靠性是相互独立的,流量在网络中的转发过程为马尔可夫过程。算法需先得到该业务相关设备、链路的可靠度及它们的拓扑结构,在实际网络业务运行中获得网络各分支流量,并以流量的比重作为分支转移概率,然后按如下步骤进行计算。

(1) 以各分支流量的占该节点处总流量的比重作为转移概率。将每一个节点看作一个状态,增加状态业务请求成功完成状态 C 和业务请求失败状态 F,与 n 个节点状态一起组成马尔可夫链的状态集 $=\{n_1,\cdots,n_n,C,F\}$。作出该业务的剖面依赖矩阵 T 及 Q。

$$T = \begin{array}{c} \\ n_1 \\ \vdots \\ n_i \\ \vdots \\ n_{n-1} \\ n_n \\ C \\ F \end{array} \begin{array}{cccccccc} n_1 & n_2 & \cdots & n_j & \cdots & n_n & C & F \\ \left[\begin{array}{cccccccc} 0 & N_1L_{12}P_{12} & \cdots & N_1L_{1j}P_{1j} & \cdots & N_1L_{1n}P_{1n} & N_1L_{1C}P_{1C} & 1-F_1 \\ \vdots & \vdots & & \vdots & & \vdots & \vdots & \vdots \\ 0 & N_iL_{i2}P_{i2} & \cdots & N_iL_{ij}P_{ij} & \cdots & N_iL_{in}P_{in} & N_iL_{iC}P_{iC} & 1-F_i \\ \vdots & \vdots & & \vdots & & \vdots & \vdots & \vdots \\ 0 & N_{n-1}L_{(n-1)2}P_{(n-1)2} & \cdots & N_{n-1}L_{(n-1)j}P_{(n-1)j} & \cdots & N_{n-1}L_{(n-1)n}P_{(n-1)n} & N_{n-1}L_{(n-1)C}P_{(n-1)C} & 1-F_{n-1} \\ 0 & N_nL_{n2}P_{n2} & \cdots & N_nL_{nj}P_{nj} & \cdots & 0 & N_nL_{nC}P_{nC} & 1-F_n \\ 0 & 0 & \cdots & 0 & & 0 & 0 & 0 \\ 0 & 0 & \cdots & 0 & & 0 & 0 & 0 \end{array} \right] \end{array}$$

(8.21)

式中：$F_i = \sum_{j=2}^{n} N_i L_{ij} P_{ij} + N_i L_{iC} P_{iC}$，而 $L_{iC} = 1, P_{iC} = 0$ 或 $1(i=1,2,\cdots,n)$。

矩阵 T 中每个元素表示由节点 n_i 成功转移到节点 n_j 的概率，其值为节点 n_i 的可靠度 N_i、节点 n_i 到节点 n_j 所经链路 l_{ij} 的可靠度 L_{ij} 及链路 l_{ij} 上的转移概率 P_{ij} 三者之积。节点 n_1 为业务请求发起者，所以其入度为 0；而节点 C、F 表示业务请求成功完成状态和业务请求失败状态，C、F 向其他节点的转移概率都为 0，因此矩阵 T 中 n_1 对应的列和 C、F 对应的行中元素值都为 0。

(2) 将矩阵 T 状态 F 所对应的行和列删除，剩余的矩阵记作 Q。求 $W=I-Q$，并计算行列式 $|W|$。

对于任意整数 $m(m>0)$，$Q^m(i,j)$ 为数据从节点 i 经过 m 步到达节点 j 的概率，那么，该业务的拓扑可靠性 R_i 即为从节点 n_1 经过任意步后到达状态 C 的概率，即 $R_i = S(n_1, C)$。这里 S 为 $n+1$ 阶方阵，且 $S = I + Q + Q^2 + \cdots = \sum_{k=0}^{\infty} Q^K$，其中，$I$ 为 $n+1$ 阶单位矩阵。

又令 $W=I-Q$，则 $SW=I$，得到 $S = W^{-1} = (I-Q)^{-1}$，求出 $|W| = |I-Q|$。

(3) 业务的拓扑可靠度可最后转化为

$$R_i = S(1,C) = W^{-1}(1,C) = \frac{W^*(1,C)}{|W|} = \frac{(-1)^{n+1+1}|M|}{|W|} = (-1)^n \frac{|M|}{|W|}$$

(8.22)

式中：n 为业务拓扑中的节点个数；矩阵 W 删除第 $n+1$ 行和第 1 列后的矩阵为 M；W^* 为 W 的伴随矩阵。

通常而言，网络中的业务不止一个。假设网络中一共有 n 个业务，根据每个业务的流量比重或业务的重要性，由用户指定各业务的权重，分别记作 ω_1，$\omega_2, \cdots, \omega_n$。计算出每个业务的单业务硬拓扑可靠度 $R_{H1}, R_{H2}, \cdots R_{Hn}$，则网络的硬拓扑层可靠度由各个单业务的硬拓扑可靠度加权得到：

$$R_H = \sum_{i=1}^{n} R_{Hi} \widetilde{\omega}_i \qquad (8.23)$$

2. 软拓扑层可靠度计算方法

软拓扑可靠度与硬拓扑可靠度的计算方法类似，也是基于马尔可夫模型，将软件模块作为马尔可夫链的状态，根据频率近似于概率的思想，将软件构件间的调用频率作为马尔可夫链各状态间的转移概率。但软拓扑层各软件构件的调用过程不存在类似于链路失效的故障情况。

假设某个单业务所调用的软拓扑层的服务软件由 n 个软件或软件模块组成，(N_i, N_j) 代表从 N_i 到 N_j 的控制转移，P_{ij} 代表转移 (N_i, N_j) 发生的概率，R_i 为 N_i 的可靠性。增加两个状态 C、F，与 n 个模块一起组成马尔可夫链的状态集 $\{N_1, \cdots, N_n, C, F\}$。其中，$C$ 代表服务软件执行成功，F 代表软件执行失败。可得到软拓扑层服务软件的状态转移矩阵 $\boldsymbol{T}_S$，其中 $\boldsymbol{T}_S(i,j)$ 为状态 i 成功转移到状态 j 的概率。

$$\boldsymbol{T}_S = \begin{array}{c} \\ n_1 \\ \vdots \\ n_i \\ \vdots \\ n_{n-1} \\ n_n \\ C \\ F \end{array} \begin{array}{cccccccc} n_1 & n_2 & \cdots & n_j & \cdots & n_n & C & F \\ \left[\begin{matrix} 0 & N_1 P_{12} & \cdots & N_1 P_{1j} & \cdots & N_1 P_{1n} & N_1 P_{1C} & 1-F_1 \\ \vdots & \vdots & & \vdots & & \vdots & \vdots & \vdots \\ 0 & N_i P_{i2} & \cdots & N_i P_{ij} & \cdots & N_i P_{in} & N_i P_{iC} & 1-F_i \\ \vdots & \vdots & & \vdots & & \vdots & \vdots & \vdots \\ 0 & N_{n-1} P_{(n-1)2} & \cdots & N_{n-1} P_{(n-1)j} & \cdots & N_{n-1} P_{(n-1)n} & N_{n-1} P_{(n-1)C} & 1-F_{n-1} \\ 0 & N_n P_{n2} & \cdots & N_n P_{nj} & \cdots & 0 & N_n P_{nC} & 1-F_n \\ 0 & 0 & \cdots & 0 & \cdots & 0 & 0 & 0 \\ 0 & 0 & \cdots & 0 & \cdots & 0 & 0 & 0 \end{matrix} \right] \end{array}$$

$$(8.24)$$

其后的计算方法与硬拓扑可靠度计算方法相同。

计算各个单业务的软拓扑可靠度 $RS_1, RS_2, \cdots RS_n$，加权得到软拓扑层可靠度：

$$R_S = \sum_{i=1}^{n} R_{Si} \widetilde{\omega}_i \qquad (8.25)$$

3. 服务层可靠度计算方法

服务层可靠度反映实际的网络对业务服务质量要求的满足能力。对每个单业务各性能参数的采样点进行阈值判断，将该性能参数转化为可靠性参数；通过对单业务各可靠性参数根据重要性加权后，得到该业务的服务可靠度；再由各个业务的服务可靠度根据对其流量的加权得到网络服务层可靠度。

图 8.28 给出了服务层可靠度计算的层次结构。

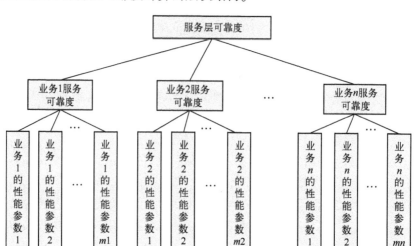

图 8.28 服务层可靠度计算

该部分主要利用阈值判断和加权的思想。例如：假设网络中 n 个业务 $App1,App2,\cdots,Appn$，权重分别为 $\omega_1,\omega_2,\cdots,\omega_n$。业务 $App1$ 的性能参数要求有 $p_{1-1},p_{1-2},\cdots,p_{1-m1}$，它们占业务 $App1$ 服务可靠度的权重分别为 $\omega_{1-1},\omega_{1-2},\cdots,\omega_{1-m1}$。类似地，业务 App_i 的服务参数要求为 $p_{i-1},p_{i-2},\cdots,p_{i-mi}$，其占业务 App_i 服务可靠度的权重分别为 $\omega_{i-1},\omega_{i-2},\cdots,\omega_{i-mi}$。

以业务 $App1$ 为例，通过对其各个性能参数的采样点进行阈值判断，得到各个参数的可靠度分别为 $Rp_{1-1},Rp_{1-2},\cdots,Rp_{1-m1}$，则业务 $App1$ 的服务可靠度为

$$R_{pl} = \sum_{i=1}^{ml} Rp_{l-i}\widetilde{\omega}_{l-i} \qquad (8.26)$$

在得到各个业务的服务可靠度后，网络服务层可靠度为

$$R_p = \sum_{i=1}^{n} Rp_i\widetilde{\omega}_i \qquad (8.27)$$

对于该网络案例，我们在 OPNet 仿真平台下，进行了案例的建模、配置与运行，得到了各业务的各个性能参数的采样数据，并从 OPNet 导出名为 .xls 文件，为服务层可靠性的评估做了数据准备。

4. 系统案例运行

下面利用项目组基于上述方法设计的软件工具对 8.6.1 节中的案例进行评估。

（1）首先建立工程，输入网络业务个数，并输入各个业务的权重，如图 8.29

所示,当点击各业务后面的拓扑按钮时,将相应地弹出该业务的硬拓扑或软拓扑设计界面。

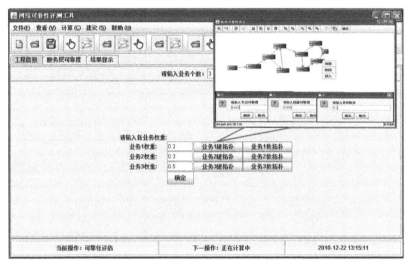

图 8.29 工程信息

提取网络中业务 1 相关的网络构件,作拓扑图,如图 8.30 所示。

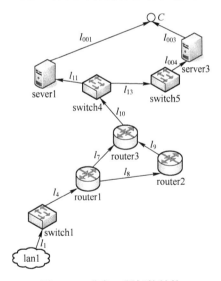

图 8.30 业务 1 硬拓扑结构

(2) 根据算法假设,已得到业务 1 在各个节点处的转移概率,如表 8.18 所列。

表 8.18　业务 1 硬拓扑的转移概率

链　路	源　端	目　的　端	转移概率	备　注
l_1	lan1	switch1	1.0	
l_4	switch1	router1	1.0	
l_7	router1	router3	0.6	
l_8	router1	router2	0.4	
l_9	router2	router3	1.0	
l_{10}	router3	switch4	1.0	
l_{11}	switch4	server1	0.9	
l_{13}	switch4	switch5	0.1	
l_{14}	switch5	server3	1.0	
l_{001}	server1	end	1.0	
l_{003}	server3	end	1.0	

如图 8.31 所示,在硬拓扑设计面板中,构建业务 1 的硬拓扑模型,并输入各节点、链路的可靠度以及链路的转移概率等信息。

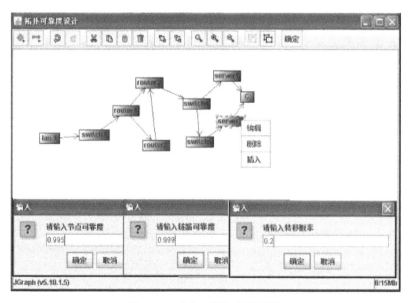

图 8.31　业务 1 硬拓扑设计图

(3) 类似地,根据算法假设,已得到业务 1 软拓扑层各软件构件间的转移概率,如表 8.19 所列。

表 8.19　业务 1 软拓扑的转移概率

链　路	源　端	目的端	转移概率	备　注
ls_1	Cell0	Cell3	0.2	
ls_2	Cell0	Cell7	0.8	
ls_3	Cell3	Cell4	1.0	
ls_4	Cell7	Cell4	0.9	
ls_5	Cell7	Cell5	0.1	
ls_6	Cell4	Cell5	0.8	
ls_7	Cell4	Cell6	0.2	
ls_8	Cell5	Cell2	1.0	
ls_9	Cell2	Cell6	0.8	
ls_{10}	Cell2	C	0.2	
ls_{11}	Cell6	Cell5	0.9	
ls_{12}	Cell6	C	0.1	

在软拓扑设计面板中,构建业务 1 的软拓扑模型,并输入软件模块的可靠度和转移概率等信息,如图 8.32 所示。

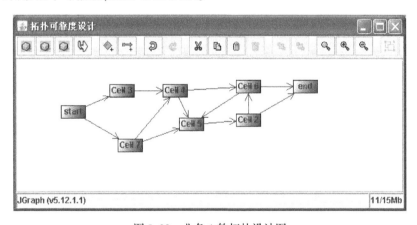

图 8.32　业务 1 软拓扑设计图

重复上述步骤,输入网络中 3 个业务的单业务硬拓扑和软拓扑结构信息。

(4) 如图 8.33 所示,在服务层可靠度面板中,输入各个业务在服务层所要考虑的各个性能参数的权重及阈值,选择判断条件,并导入各性能参数的数据文件。至此,已经完成网络各个业务的相关输入。

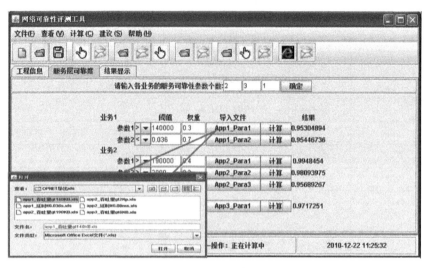

图 8.33　服务层可靠度输入

(5) 点击"计算并显示结果"按钮,系统自动进行计算,案例执行结果如图 8.34 所示。其中硬拓扑层可靠度为 0.958312,软拓扑层可靠度为 0.978389,服务层可靠度为 0.97034436,得到网络可靠度为 0.9097967。

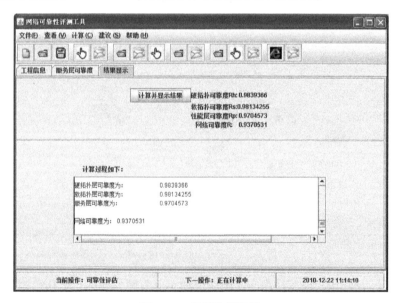

图 8.34　案例执行结果

8.6.3 结果分析

从案例的结果来看,硬拓扑层各节点及链路的可靠度在 0.996~1 之间(构件 C 代表业务完成状态,是因算法需要而构造的虚拟节点,其可靠度取 1),得到硬拓扑层可靠度为 0.958312;软拓扑层各软件构件可靠度在 0.997~0.999 之间,计算得到软拓扑层可靠度为 0.978389;服务层可靠度计算结果为 0.97034436;最后得到基于业务的网络可靠性为 0.9097967。该结果较符合实际情况的预期。

参考文献

[1] LELAND W E,TAQQU M S,WILLINGER W,et al. On the self-similar nature of Ethernet traffic(extended version)[J]. IEEE/ACM Transactions on networking,1994,2(1):1-15.

[2] BARABASI A-L. The origin of bursts and heavy tails in human dynamics[J]. Nature, 2005,435(7039):207-211.

[3] CHESIRE M,WOLMAN A,VOELKER G M,et al. Measurement and analysis of a streaming media workload[C]. USITS. 2001,1:1-1.

[4] GUO L,CHEN S,XIAO Z,et al. DISC:Dynamic interleaved segment caching for interactive streaming[C]. Distributed Computing Systems,IEEE International Conference on IEEE, 2005:763-772.

[5] 郑毅,陈常嘉,黄丹. 对等网络视频点播系统中的用户行为研究[J]. 北京交通大学学报,2011,35(2):55-59.

[6] THOUIN F,COATES M. Video-on-demand networks:design approaches and future challenges[J]. IEEE network,2007,21(2):42-48.

[7] BALACHANDRAN A,VOELKER G M,BAHL P,et al. Characterizing user behavior and network performance in a public wireless LAN[C]. ACM SIGMETRICS Performance Evaluation Review ACM. 2002,30(1):195-205.

[8] 周涛,韩筱璞,闫小勇,等. 人类行为时空特性的统计力学[J]. 电子科技大学学报,2013,42(4):481-540.

[9] 杨艳. 下一代网络业务用户行为研究[D]. 成都:西南交通大学,2012.

[10] 谭顺华. 网络用户行为分析及应用研究[D]. 成都:电子科技大学,2008.

[11] RAMBALDI S,BAZZANI A,GIORGINI B,et al. Mobility in modern cities:Looking for physical laws[C]. Proceeding of the ECCS,ECCS,2007,7:132.

[12] YU H,ZHENG D,ZHAO B Y,et al. Understanding user behavior in large-scale video-on-demand systems[C]. ACM SIGOPS Operating Systems Review,ACM,2006,40(4):333-344.

[13] CHOI J,REAZ A S,MUKHERJEE B. A survey of user behavior in VoD service and band-

width-saving multicast streaming schemes [J]. IEEE Communications Surveys and Tutorials,2012,14(1):156-169.

[14] CHANDRASEKARAN B. Survey of network traffic models [J]. Waschington University in St Louis Cse,2013.

[15] MARK C,KRISHNAMURTHY B. Internet measurement:infrastructure,traffic and applications [M]. Chichester:John Wiley & Sons,Inc. ,2006.

[16] RIEDI R,VéHEL J L. Multifractal properties of TCP traffic:a numerical study:RR-3129 [R]. paris:INRIA,1997.

[17] 张宾,杨家海,吴建平. Internet 流量模型分析与评述 [J]. 软件学报,2011,22(1):115-131.

[18] ERRAMILLI A,SINGH R,PRUTHI P. Modeling packet traffic with chaotic maps [M]. Stockholm:KTH,1994.

[19] 杨家海,吴建平,安常青. 互联网络测量理论与应用 [M]. 北京:人民邮电出版社,2009.

[20] 罗海云. 突发约束流量模型在校园网的研究与运用 [D]. 成都:西南交通大学,2006.

[21] SARVOTHAM S,RIEDI R,BARANIUK R. Network and user driven alpha-beta on-off source model for network traffic [J]. Computer Networks the International Journal of Computer & Telecommunications Networking,2005,48(3):335-350.

[22] 互联网流量文库[EB/OL].[2015-5-10]. http://ita.ee.lbl.gov/.

[23] 日本骨干网 WAN 数据[EB/OL].[2015-5-5]. http://mawi.wide.ad.jp/mawi/.

[24] AIM GmbH. The AIMs AFDX/ ARINC664P7 [EB/OL].[2015-9-10]. http://www.aimonline.com/index.aspx (accessed 10 Sep 2015).

[25] WU Z,HUANG N,LI R,et al. A delay reliability estimation method for Avionics Full Duplex Switched Ethernet based on stochastic network calculus [J]. Eksploatacja i Niezawodnosc-Maintenance and Reliability,2015,17(2):288-296.

[26] 伍志韬,黄宁,王学望,等. 基于随机型网络演算的 AFDX 端端时延分析方法 [J]. 系统工程与电子技术,2013,35(1):168-172.

[27] 宗华. 混沌动力学基础及其应用 [M]. 北京:高等教育出版社,2006.

[28] 杨世锡,汪慰军. 柯尔莫哥洛夫熵及其在故障诊断中的应用 [J]. 机械科学与技术,2000,19(1):6-8.

[29] TAKENS,F. Detecting strange Attractors in turbulence[J]. Lecture Notes in Math,1981,898:366-381.

[30] CAO L. Practical method for deternaining the minimum embedding dimension of a scalar time series[J]. Physica D,1997,110(1-2):43-50.

[31] PACHECO J R. Behavior of R/S statistic implementations under time-domain operations [C]. Electrical and Electronics Engineering, 2006 3rd International Conference on, IEEE, 2006:1-4.

[32] 陈建,谭献海,贾真. 7种Hurst系数估计算法的性能分析[J]. 计算机应用,2006,26(4):945-947.

[33] FOX R,TAQQU M S. Large-sample properties of parameter estimates for strongly dependent stationary Gaussian time series[J]. The Annals of Statistics,1986,14(2)517-52.

[34] 王江哲,倪朝. 通信业务的分类[J]. 电信技术,1997(06):1-3.

[35] 国务院. 中华人民共和国电信条例[R]. [2000-09-25][2015-9-10].

[36] 赵靓,王浩学,张校辉. 基于网络业务分类的服务类别框架[J]. 信息工程大学学报,2009,10(1):68-70.

[37] GOPAL R. Unifying network configuration and service assurance with a service modeling language[C]. Network Operations and Management Symposium,2002 NOMS 2002 2002 IEEE/IFIP,IEEE,2002:711-725.

[38] 双锴,杨放春. NGN中一个通用业务描述模型的研究[J]. 电子与信息学报,2008,30(2):459-463.

[39] 刘真. 基于业务级互联的下一代网络业务生成研究[D]. 北京:中国科学院研究生院(计算技术研究所),2006.

[40] 张立明. IP网络业务行为分析[D]. 北京:北京邮电大学,2008.

[41] MOORE A,ZUEV D,CROGAN M. Discriminators for use in flow-based classification[R]. London:Queen Mary and Westfield College,Department of Computer Science,2005.

[42] ZHANG Y,HUANG N,WU W. An application oriented evaluation method for network performance reliability[C]. The Reliability and Maintainability Symposium. IEEE,2015:1-7.

[43] ZHANG S,HUANG N,SUN X,et al. A novel application classification and its impact on network performance[J]. Modern Physics Letters B,2016,30(21):1650278.

[44] CROSS R,LIEDTKA J,WEISS L. A practical guide to social networks[J]. Harvard Business Review,2005,83(3):124-132.

[45] LI B,HUANG N,SUN L,et al. A new bandwidth allocation strategy considering the network applications[C]. 2017 Second International Conference on Reliability Systems Engineering. IEEE,2017:1-6.

[46] WANG C,HUANG N,BAI Y,et al. A method of network topology optimization design considering application process characteristic[J]. Modern Physics Letters B,2018,32(7):1850091.

[47] MOODY J,WU L. Improved estimates for the rescaled range and Hurst exponents[C]// Neural Networks in the Capital Markets International Conference,1996.

[48] 周涛,柏文洁,汪秉宏,等. 复杂网络研究概述[J]. 物理,2005,34(1):31-36.

[49] 何大韧,刘宗华,汪秉宏. 复杂系统与复杂网络[M]. 北京:高等教育出版社,2009.

[50] HUANG N,CHEN Y,HOU D,et al. Application reliability for communication networks and its analysis method[J]. Journal of Systems Engineering and Electronics,2011,22(6):1030-1036.

[51] HUANG N,HOU D,CHEN Y,et al. A network reliability evaluation method based on ap-

plications and topological structure [J]. Eksploatacja i Niezawodnosc – Maintenance and Reliability,2011,51(3):77-83.

[52] WANG D,HUANG N,YE M. Reliability analysis of component-based software based on relationships of components [C]. 2018 IEEE International Conference on Web Services, IEEE,2008:814-815.

[53] WANG D,HUANG N. reliability analysis of component-based software based on rewrite logic[C]. 2008 12th IEEE International Workshop on Future Trends of Distributed Computing Systems. IEEE,2008:126-132.

第 9 章

网络系统可靠性试验评估方法

可靠性试验是对产品的可靠性进行调查、分析和评价的一种手段,其目的是发现产品在设计、材料和工艺方面的各种缺陷,以及确认产品是否符合可靠性定量要求,其中,可靠性试验剖面是进行可靠性试验的基础。GJB 899A—2009《可靠性鉴定和验收试验》[1]对于产品可靠性试验有着很好的指导和规范作用,但针对网络系统而言,由于网络使用的复杂性、多样性、动态性以及网络使用与网络对象之间的耦合关系,使得传统的可靠性试验方法在应用于网络系统时,仍然存在许多问题。或者说,网络可靠性试验的关键点和难点在于剖面的生成方法,尤其是对具有移动和无线特征的通信网络。

本章介绍了通信网络可靠性试验的流程,提出了一种针对网络系统特征的基于业务的网络可靠性试验剖面生成方法,最后介绍了通信网络的可靠性试验案例。虽然案例分析是以通信网络进行的,但本方法对其他领域的网络系统同样具有适用性。

9.1 网络可靠性试验方法

网络可靠性的评估指标如第 3 章所介绍,主要涉及连通可靠性、性能可靠性和业务可靠性。其中连通可靠性主要考察网络构件功能故障时的可靠性,由于网络构件的 MTBF 通常都很大,因此,对连通可靠性的考察一般是对构件进行可靠性试验获取可靠性数据,然后采用前几章所介绍的解析方法完成对整网的连通可靠性评价。对于规则/配置层的性能可靠性和业务/服务层的业务可靠性,则通常会用相应网络的可靠性试验来进行评价。

9.1.1 网络可靠性试验流程

可靠性试验无论是采用全实物、半实物亦或是全仿真的试验对象,其试验方法和流程都具有很大的相似性,流程如图 9.1 所示。

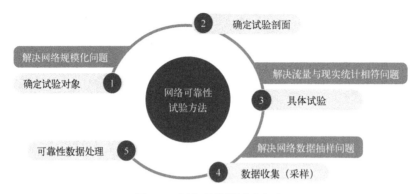

图 9.1　网络可靠性试验方法

网络可靠性试验方法流程大致可以分为以下几个步骤：确定试验对象，根据任务确定试验剖面，加载相应的试验剖面进行具体试验，收集试验数据，对数据进行处理，得到连通可靠性、性能可靠性或业务可靠性的评价结果[2,3]。

9.1.2　确定试验对象

网络系统属于复杂系统，具有规模大、设备类型多、结构复杂等特点。如第1章所介绍，由于网络对象的边界往往不像传统系统那么清晰，因此，网络可靠性试验的第一步是要确定试验对象，具体可以从以下几个方面进行考虑：

（1）确定参与试验或可靠性评估的对象具体包含哪些内容：网络系统可靠性评估时，试验对象是否包含硬件设备通常是比较明确的，但是否包含系统软件和支持业务的软件则是需要明确的。

（2）是否考虑系统的可修复性，修复策略是什么。

（3）参与可靠性评估的网络对象功能具体是哪些，这部分通常会涉及试验对象。

（4）故障判据的确立：试验结果出现什么情况时可以明确是一个故障。

9.1.3　确定试验剖面

可靠性试验剖面是进行可靠性试验的基础，试验剖面构建的合理性、与用户使用的匹配程度直接影响整个可靠性试验结果及其可信程度。何国伟等人[4]提出，传统可靠性试验剖面是由任务剖面经处理得到环境剖面，再由环境剖面经工程化处理得到。为构建一个更符合网络对象特征的可靠性试验剖面，我们需要分析当前研究中影响通信网络可靠性的重要因素，借鉴传统可靠性试验剖面的构建方法，并结合通信网络系统的具体对象特征，扩展传统可靠性试验剖面,形成新的能支撑网络可靠性试验的剖面构建方法。

传统任务剖面是对设备在完成规定任务这段时间内所要经历的全部重要事件和状态的一种时序描述。对通信网络系统而言,其完成规定任务过程中所发生的"事实、情况或行为"也是任务剖面定义中"事件"的具体内涵。此外,地形、电磁、气象这些因素都属于网络可靠性的环境影响因素,虽然这些因素在传统的可靠性试验中也未见明确的规定,但是可以通过对环境剖面的内涵进行扩展来实现对上述因素的考虑。

综上所述,试验剖面的构建方法是网络可靠性试验中的一个难点。首先,我们从网络系统可靠性影响因素的角度出发,对传统可靠性试验剖面的构建进行了扩展,提出了网络可靠性试验剖面的设计方案,分析了网络可靠性试验剖面各组成之间的相关关系;其次,对于所提出的网络可靠性试验剖面设计方案中的不同组成,如环境剖面、业务剖面等,分析了其具体的构成要素,明确了其具体的组成因素,具体见9.2节。

9.1.4 具体试验

试验过程与具体对象密切相关,与一般系统不同的是,网络可靠性试验应力施加时不仅需要考虑任务执行时的环境参数,更需要施加流量以体现对网络的使用。对于通信网络而言,流量是以数据包体现的,如果网络对象不包含具体业务和服务,施加流量时可以直接注入数据包;当网络对象包含业务和服务时,则可以模拟用户对业务和服务的访问。对于交通网络而言,流量则是车辆情况,要想得到比较准确的可靠性参数必须使施加的应力尽量接近实际使用。

在具体试验过程中,网络业务流量的施加一般是通过使用相应的流量生成工具来实现的。目前,流量生成工具可以分为以下4类[5-7]:

(1) 应用级的流量生成工具(Application-level traffic generators)。以自动测试工具 Surge[8]等软件为例,能够通过模拟用户行为产生网络应用层的数据流,这类工具一般只针对网络应用层,无法针对硬件及网络传输协议,只能生成 Web 流量等较固定的应用流量。

(2) 流级的流量生成工具(Flow-level traffic generators)。其流是通过源、目的 IP 地址,源、目的端口号和路由器中相同的输入输出接口汇总产生的。

(3) 分组级的流量生成工具(Packet-level traffic generators)。分组级的流量生成工具是一种基于数据包的间隔时间和数据包大小的数据包生成工具。

(4) 闭环和多层流量生成工具(Closed-loop and multilevel traffic generators)。这类软件很复杂,尚处于研究阶段。如 Swing 由 Vishwanath 和 Vahdat 提出[9,10],在描述数据包信息、连接会话信息的前提下,能够精确地描述用户行为和网络行为。这类软件要求输入必须是由真实网络环境监测得到的网络跟踪文件(traces),无法对参数进行人工手动配置,显然无法产生针对网络可靠性试验不同使用情况下的网络流量。

9.1.5 数据收集

随着网络技术的发展、网络流量的激增,在试验过程中,如对网络数据进行全部采集测量会花费大量的资源去存储、传输和处理这些流量数据,此时,就需要对网络数据进行抽样处理。抽样技术的引入,在满足一定试验要求的前提下,一方面可大大减少网络可靠性试验对数据量的要求,另一方面也能大大降低试验过程对系统造成的负荷。

1989年,Amer[11]等人首次研究了网络测量的抽样技术;4年后,Claffy[12]将其应用到了NSFNET骨干网的测量中。发展至今,数据包抽样技术已广泛研究、应用起来。特别值得一提的是,国际互联网工程任务组(Internet Engineering Task Force,IETF)在其下设立的"应用与管理领域"建立了报文抽样(Packet SAMPling,PSAMP)工作组,专门负责研究建立网络数据包抽样标准。

数据包抽样问题可以做如下描述:把一段时间内通过网络部件的数据包顺序排列起来,样本总体数量为N,使用统计或其他办法在总体中抽取k个数据包,使用个体代表总体的测量特征值。一般地,采用X^2检验和λ^2偏差检验来度量样本特征和总体真实特征之间的拟合程度。对通信网络可靠性测评而言,目标即是要使抽取的样本反映的可靠性水平能表征整个网络的可靠性水平。目前常用的抽样方法包括:简单随机抽样、不等概抽样、分层抽样、多阶抽样、整群抽样、系统抽样、二相抽样等。

近年来,自适应性抽样成为了网络数据包抽样的热点,如Drobisz[13]提出了用于确定网络流量Hurst指数的自适应抽样法,利用CPU利用率和数据包到达时间间隔变化调整抽样策略;Choi[14]提出了用于交通流载荷度量的自适应随机抽样法,利用网络负载的相关性实时调整抽样策略或参数;Ma[15]提出了应用于音频流性能仿真的自适应抽样法;高文宇[16]提出一种能根据网络流量的变化动态调整采样参数的抽样方法。

数据收集中的关键点在于抽样技术。现有网络数据抽样技术的研究都是针对网络流量参数(报文大小、报文到达间隔时间)、网络性能(吞吐量、丢包率、平均传输时延)等,并不针对网络可靠性,也没有验证上述网络测量对象的抽样方法是否适用于网络可靠性测量中。国际互联网工程任务组(IETF)下报文抽样(PSAMP)工作组主席Duffield[17]也提出,只有针对不同网络、不同应用特点设计出来的抽样方法才会是最好的方法。因此,还需要针对网络可靠性试验中的报文抽样方法进行深入研究。另外,用户对不同的性能参数有不同的要求,例如传输文件时可以容忍时延的产生,或者由于丢包而导致的部分重传现象,但很难接受由于吞吐量过小造成的传输缓慢问题。因此在考察网络可靠性时,需要明确考察的性能参数。

有了以上条件约束,对流经某一链路或某一端口的报文进行抽样的流程如图 9.2 所示。

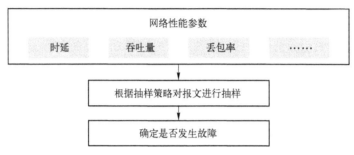

图 9.2 报文抽样流程图

(1) 确定网络性能参数。目前衡量不同网络类型的性能参数各不相同,但时延、吞吐量、丢包率等是在网络可靠性测量时普遍涉及的性能参数。因此本章主要考察针对时延、吞吐量和丢包率的网络可靠性水平。

(2) 确定抽样策略。当前网络数据包抽样方法包括静态抽样(主要包含随机抽样、系统抽样和周期抽样方法)以及自适应抽样方法。对于不同的抽样对象和不同的抽样内容,所适用的最佳抽样策略是不同的。

一个好的抽样方法应综合考虑抽样效果和成本,例如,设备 CPU 消耗、占用缓存空间大小、抽样间隔等[12]。本章主要讨论两大类抽样方法:简单随机抽样和系统抽样方法。按照驱动方式的不同,系统抽样又可分为基于时间驱动的系统抽样(即周期抽样)、基于事件驱动的系统抽样。图 9.3 所示为以上 3 种抽样方法的原理[18]。

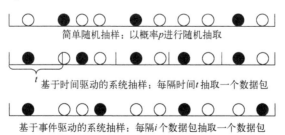

图 9.3 简单随机抽样和系统抽样原理图

其中,简单随机抽样需要预先设置概率值 p,每到一个数据包时系统产生一个 $0\sim1$ 之间的随机数 p_i,若 $p_i \leq p$,则抽取该数据包。该方法的优点是能够保证独立选取样本和无偏测量。对应不同的抽样概率,样本大小是变化的,每个报文被提取的概率也不一样。

基于时间驱动的系统抽样又称为周期抽样,是一种每隔时间 t 后开始将随后若干报文提取出作为样本的抽样方法。此抽样方法对系统要求较低,虽然实现简单,但最大的缺点在于如果网络数据流量发生周期性变化,恰好与抽样周期同步,则抽样结果精度大大降低,样本无法完全描述整体状态。

基于事件驱动的系统抽样方法与基于时间驱动的系统抽样类似,是以某种自定义事件为判断依据对原始总体进行抽样。自定义事件有很多种,本章为了简化抽样方法,以及与分层抽样加以区别,采用通过统计数据包个数来实现系统抽样,在经过 i 个数据包后抓取当前数据包。

9.1.6 数据处理

在网络可靠性试验过程中,数据收集之后需要对数据进行一定的处理。以网络性能可靠性试验中的数据处理为例,对试验数据抽样所得的每一个数据包,分析各自性能指标值是否满足网络故障判据,如时延是否超出用户许可、吞吐量是否过低、丢包率是否过大等。具体表达如下式所示[19,20]:

$$\phi_i = \begin{cases} 0, & 没有发生故障 \\ 1, & 发生故障 \end{cases}$$

式中:ϕ_i 表示对第 i 个数据包的布尔代数,如果满足相应性能要求,则此时网络没有故障发生,否则,记发生故障。举例来说,当某数据包的时延超过故障阈值,则记此时发生了故障。

确定网络是否发生故障后,对具体性能可靠度进行点估计和区间估计。在故障服从二项分布的情况下:

(1) 性能可靠度的极大似然点估计 $\hat{R}_P$ 为

$$\hat{R}_P = (n-r)/n$$

式中:n 为试验抽取到的样本量,即数据包个数;r 为试验中出现的总故障数。

(2) 性能可靠度的单侧置信下限 R_{PL} 为

当 $r=0$ 时

$$R_{PL} = \sqrt[n]{1-c}$$

式中:n 为试验的样本量,即数据包个数;c 为置信度。

当 $r>0$ 时

$$R_{PL} = \beta_{1-c}(n-r, r+1)$$

式中:n 为试验的样本量,即数据包个数;r 为试验中出现的总故障数;c 为置信度。

(3) 当 $r>0$ 时,性能可靠度的置信区间 $[R_{PL}, R_{PU}]$ 为
$$R_{PL} = \beta_{(1-c)/2}(n-r, r+1), R_{PU} = \beta_{(1+c)/2}(n-r+1, r)$$

GB 4087.3—85《数据的统计处理和解释 二项分布可靠度单侧置信下限》[21]提供了数据表,可通过查表直接得到结果。

对于网络连通可靠性试验、性能可靠性试验和业务可靠性试验中的数据处理过程,具体可见 9.3.1 节、9.3.2 节和 9.3.3 节。

9.2 网络可靠性试验剖面

"剖面"一词是英语 profile 的直译,其含义是对所发生的事件、过程、状态、功能及所处环境的描述。这是可靠性试验有别于测试的重要环节,强调与 3 个"规定"密切相关,而不是所有可能。

9.2.1 剖面相关定义和内涵

GJB 899A—2009《可靠性鉴定和验收试验》[1]中对可靠性试验中的剖面相关概念进行了明确定义和说明。

任务剖面:对设备在完成规定任务这段时间内所要经历的全部重要事件和状态的一种时序描述。且任务剖面是决定设备在使用过程中将会遇到的主要环境条件的基础。

环境剖面:设备在贮存、运输、使用中将会遇到的各种主要环境参数和时间的关系图,主要根据任务剖面制定。每个任务剖面对应于一个环境剖面,因此,环境剖面可以是一个,也可以有多个。

试验剖面:直接供试验用的环境参数与时间的关系图,是按照一定的规则对环境剖面进行处理后得到的。对设计用于执行一种任务的设备,试验剖面与环境剖面和任务剖面之间呈一一对应关系;对设计用于多项任务的设备,则应按照一定的规则将多个试验剖面合并为一个合成试验剖面。

在传统产品可靠性试验剖面研究中,大都是基于对不同的任务阶段下产品所处环境应力的建模与分析,一般包括以下 4 个应力:温度、湿度、振动和电应力。然后对环境剖面进行工程化处理得到相应的试验剖面。针对网络系统可靠性的试验剖面相关研究仍然处于起步阶段,一般也仅仅考虑对任务进行简单的阶段划分和分析,缺少相关的理论方法支持。尤其是针对具有移动和无线特征的通信网络而言,网络所处的特殊环境、网络中业务流量的运行以及网络节

点的移动等因素对网络可靠性水平都有着直接重要的影响。因此在针对网络系统的可靠性试验剖面的研究过程中应该考虑这些因素的具体影响。

借鉴传统可靠性试验过程中的剖面相关定义和内涵,结合网络系统的具体特征,我们针对通信网络进一步明确如下[22,23]。

通信网络任务剖面:在完成规定任务期间,所经历的"事件"和"环境"的时序描述。

根据 9.1.3 节介绍,产品所经历的"事件"其具体内涵可以分为两方面内容,一方面"对外",是指对产品"规定功能"的使用,另一方面"对内",是指产品状态的变化。综合上述分析,这里提出任务剖面中"事件"内涵为:产品在完成规定任务这段时间内所经历的一系列重要事情,其具体内涵可以分为对"规定功能"的使用与产品状态的变化。

"环境"是对产品在完成任务期间所经历的各类环境因素及量值(水平)的时序描述。任务剖面中"环境的时序描述"一般用环境因素种类、量值、持续时间和先后顺序等来描述。

通信网络任务剖面就是按照时间先后顺序描述通信网络在"完成规定任务"这段时间内所经历的一系列事件以及环境条件,本质是对通信网络的使用以及网络所经历的环境状态的时序描述。这里我们用使用剖面和环境剖面分别对网络所经历的"事件"和"环境"进行描述。

使用剖面指产品在完成规定任务这段时间内所经历的事件的时序描述。

环境剖面指产品在完成规定任务这段时间内所经历的各种环境因素及量值(水平)的时序描述。

然后对使用剖面和环境剖面进行一定的工程化处理就可以得到相应的网络可靠性试验剖面。

9.2.2　剖面要素分析

由于通信网络的任务的多样性,决定了其试验剖面的组成要素极为复杂,这里我们分别对通信网络的环境剖面和使用剖面的组成要素进行分析。

1. 环境剖面组成要素分析

GJB 6117—2007《装备环境工程术语》[24]中将环境定义为"装备在任何时间或地点所存在的或遇到的自然和诱发的环境因素的综合"。其中自然环境指"在自然界中由非人为因素构成的那部分环境",包括气候环境、海洋环境、地面环境、土壤环境、生物环境、太空环境等;诱发环境则指"任何人为活动、平台、其他设备或设备自身产品的局部环境",包括平台环境、化学环境、核环境、电磁环境等。

通信网络作为信息传输的基础平台,所经历的环境条件也具有一定的特殊性。根据通信网络的具体对象特征,以及相应的试验剖面构成因素复杂性分析。本章对环境剖面中各组成要素确定如下。

1) 任务空间

任务空间描述了通信网络在执行通信任务期间网络所处的空间。空间是通信任务赖以存在的客观基础,也是制约和影响通信任务能否成功的重要因素。一般来说,任务空间应当包括空间范围、自然地理、人文地理等。

2) 环境类别

通信网络由于遂行任务多样,导致其经历的环境类别多变,一般网络经历的环境类别由其所处的任务空间确定。一般按照战场环境可分为陆战场环境、海战场环境、空战场环境、太空战场环境和复杂电磁环境;按照作战地域特点也可分为高海拔地区、热带地区、寒区、丘陵地区、平原地区、城市等不同环境类别;按照环境构成的主要因素分类也可分为气候环境、生物环境、力学环境、空间环境、核环境等。

3) 环境因素

环境因素是指构成环境整体的各个因素,如温度、振动、湿度和气压等。通信网络在遂行任务期间经历的主要环境因素由其所在任务区域和环境类别确定。以气候环境为例,其环境因素包括温度因素、湿度因素、气压因素、降水因素、风因素、太阳辐射、大气污染物及其他环境因素等。

4) 环境参数

环境参数是指描述因素的一个或者多个物理、化学和生物特性参数。如气候环境中的湿度因素可以用相对湿度、绝对湿度、露点温度、饱和水汽压等多个环境参数描述。

5) 应力量值(水平)

环境应力量值是指用数和参照对象表示环境应力量的大小,如大气温度32℃,空气湿度80%等。在工程应用过程中,部分环境因素若不需要精确量化时,也可以直接采用应力水平的方式来描述,如降雨用大雨、中雨和小雨等描述。

6) 持续时间

持续时间指某环境因素在任务期间持续的起止时间,可能覆盖通信网络任务时段全部,也可能只是通信网络任务时间的一部分。

7) 影响效应

影响效应是指通信网络在经历环境因素及不同应力值(水平)时遭受影响范围和程度,包括可能的各种应力的叠加效应。描述方式可以采用受影响设备的种类和数量,也可采用影响的地理范围。如对人为电磁干扰,既可通过明确电磁干扰对通信网络造成影响的程度和涉及的装备类别、数量进行描述,也可通过电磁干扰信号强度和覆盖地域范围等来描述。

需要注意的是,这部分内容仅提供了在环境剖面构建过程中描述环境因素的方法,对执行规定任务的通信环境剖面的具体组成应根据上述描述方法结合实际情况选取,但因环境因素的构成较为复杂,在选取过程中应依据对通信网络可靠性的影响程度进行,关注有重要影响的环境因素,忽视影响程度较弱的因素。

2. 使用剖面组成要素分析

对通信网络而言,使用剖面指执行任务期间对通信网络所经历"事件"的时序描述。传统的针对产品或设备级的可靠性试验剖面研究过程中,对其产品所经历的"事件"一般仅仅从"事件类型""事件持续时间"等进行简单描述。最典型的如GJB 899A—2009[1]中所定义的飞机的任务剖面中给出的事件的描述,例如:导弹的挂飞阶段或自由飞阶段,飞机的初始起飞、盘旋阶段、最后的降落阶段等。通信网络系统的使用剖面应当围绕"事件"展开,而且由于通信网络中所发生的"事件"是由软硬件的共同使用来实现的,因此,难以仅用"事件类型""事件发生时间""事件持续时间"来完全描述。为此,我们在上述研究的基础上,进一步分析了通信网络的使用剖面中的各组成要素。

1) 事件类型

通信网络的事件是指对其"规定功能"的使用,由于通信网络承载任务的多样性,导致其"规定功能"也具有多样性,因此,通信网络所发生的事件类型也具有差异性。所以,通信网络使用剖面分析中,首先应当明确其事件类型。

2) 发生时间

使用剖面中每一项事件都应当具有其发生的时刻。

3) 持续时间

持续时间指某事件在任务期间持续的起止时间,可能覆盖通信网络任务时段全部,也可能只是通信网络任务时间的一部分。

4) 事件属性

通信网络的"规定功能"其根本上是由网络的软、硬件协同完成,表现出不同的属性特征。事件属性是指在对于通信网络的不同"规定功能"的使用过程中的功能属性及统计特征的描述。比如,通信业务是典型的通信网络系统的规定功能,对于通信业务使用这一基本事件,其事件属性就应当包括业务流量等特征。进一步地,使用剖面中事件往往会具有不同的属性,受作战任务、作战环境及使用的影响,其功能属性往往会表现出不同的统计特征,比如:通信网络的通信业务实现过程中,其产生的流量会表现出一定统计分布的特征;又或者在具有移动特征的通信网络中,其网络节点的移动也会表现出一定的特征。事件属性就描述了这些功能属性及功能属性的统计特征。

5) 事件流程

网络系统的复杂性,还表现为其事件发生过程中,往往涉及到不同软件、不同设备之间的复杂关系。在通信网络中,为保证特定任务的可靠性,事件在任务执行期间往往会有具体的实现流程,这种流程既包括不同设备、软件之间的调用关系,也包括同一设备上不同服务之间的调用关系。

根据上述的相关研究及分析,本章中的"使用剖面"是指对通信网络完成规定任务期间,所经历的"事件"的时序描述。"事件"内涵包括两个方面:对"规定功能"的使用和产品状态的变化。其中,针对通信网络而言,对"规定功能"的使用方面,实现节点之间的通信是其最主要的功能,这是通过通信业务进行实现的。因此,这部分内容主要针对通信网络的通信业务使用进行相关研究,明确了通信业务使用事件的描述应当包括通信业务类型、通信业务流量、通信业务流程几个方面。另一方面,针对"产品状态的变化",针对通信网络这一具体对象,网络移动是导致"产品状态发生变化"的典型事件,因此该部分内容主要研究网络节点移动的相关内容。

9.2.3　剖面组成架构

综合 9.2.2 节中环境剖面和使用剖面组成要素分析的结果,提出图 9.4 所示的针对网络系统的可靠性试验剖面组成架构。

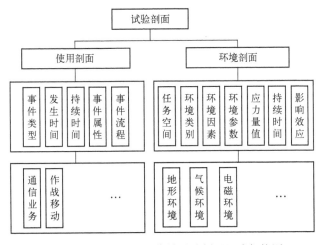

图 9.4　网络系统的可靠性试验剖面组成架构图

可以看出,试验剖面由使用剖面和环境剖面得到。其中使用剖面的组成要素包括事件类型、发生时间、持续时间、事件属性及事件流程,具体又可包括通信业务、作战移动等;环境剖面的组成要素则包括任务空间、环境类别、环境因素、环境参数、应力量值、持续时间及影响效应等,其又可具体划分为地形环境、气候环境、电磁环境等。

9.2.4 构建方法

网络可靠性试验的目的是针对具体网络对象对其进行可靠性评估,其中网络剖面的构建是可靠性评估的基础。从评估需求出发,构建通信网络的可靠性试验剖面是顺利开展可靠性试验的重要保证。

1. 概述

在 9.2.2 节、9.2.3 节中我们介绍了通信网络可靠性试验剖面的组成要素及总体架构,本节在传统可靠性试验评估流程的基础上,进一步研究通信网络的可靠性试验剖面的构建流程与方法,具体如图 9.5 所示。

具体而言,首先,应当明确系统的评估需求,并根据需求确定系统的想定任务;其次,通过对想定任务的分析与综合,得到系统的任务信息,并对系统的任务信息进行划分,得到系统的典型的任务阶段;然后,针对任务剖面中的每一个具体阶段的信息,通过对其进行综合与分解,提炼出其任务阶段中的具体的功能及环境的相关信息,以支持构建其使用剖面与环境剖面,比如本章所考虑其使用剖面主要由通信业务使用和节点移动事件构成,因此,在其任务剖面分解中得到其通信业务剖面信息、移动剖面信息以及所处的环境剖面信息;最后,综合分析合成网络可靠性的试验剖面,网络系统任务具有多阶段的特征,通过以上思路分解得到每一个阶段的使用剖面以及环境剖面后,再利用工程化方法,将上述得到的剖面进行分析、处理,进而得到可以直接应用于试验的合成试验剖面。此外,对于多任务的网络系统而言,其合成试验剖面仍然可以借鉴 GJB 899A—2009[1] 中的处理方法,先得到每一个任务的试验剖面,再通过加权综合,得到最终的系统合成试验剖面,具体操作可参见标准。

下面,我们结合通信业务使用以及作战移动这两类典型的事件,给出其剖面构建的具体流程。

2. 明确评估需求

明确评估需求即要求理解该网络可靠性试验具体评估需求,包括该网络可靠性评估对象、试验目的、具体要求等。只有明确了具体评估需求才能对下一步构建网络可靠性试验的任务剖面提供相应的规范和准则。

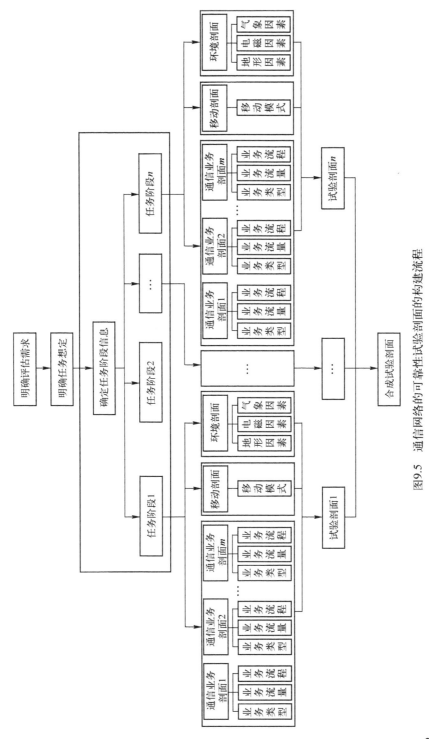

图9.5 通信网络的可靠性试验剖面的构建流程

3. 明确任务想定

任务是一个实体或行为者为达到某种目标而要执行的行动或作业。任务想定描述的是为完成使命及相关任务必须参与的相关对象及它们之间的关系，对象所具有的行为特性。从任务剖面的概念上出发，任务想定作为构建任务剖面的依据，应当对以下几个方面的内容做出描述：任务时间、任务区域、任务环境、任务编成、任务规划。

（1）任务时间：包括任务的开始时间和任务的结束时间，根据场景发生的可能性，可设计多个任务场景，在每个场景中分为几个典型的子阶段。比如，对应于作战活动将任务划分为：战斗准备阶段、战斗实施阶段、战斗结束阶段，或者攻击阶段、寻找目标阶段和击退阶段。阶段具有独立性、不相关性，若干完整的典型阶段组成网络的一个任务周期。

（2）任务区域：任务区域是指系统作战所处的地理位置和地域范围，一般采用经度和纬度进行描述。

（3）任务环境：任务环境是描述影响作战效果的外部环境因素，通常而言，当任务时间和任务区域确定后，任务环境也就确定下来了，如地形、气象等因素。但是一些战场环境相关的因素仍需进一步描述，如电磁等。

（4）任务编成：任务编成主要是对任务编成需要对作战单元和指挥关系进行描述。

（5）任务规划：任务规划是指在任务时间段内，任务编成中各作战单元需完成动作的规划。

对上述几个方面的要素进行确定后，则明确了想定任务的基本信息，进而可以通过对想定任务的分析与综合，得到相应的任务剖面。

4. 确定任务阶段信息

对于任务阶段信息的确定，需要从任务想定明确网络任务，然后将任务进行分解，明确任务阶段信息。任务阶段生成流程主要分为以下几个步骤，如图9.6所示。

步骤1：获取网络任务想定。

步骤2：将想定任务分解成不同的任务阶段，明确任务阶段的计划和实时情况。

步骤3：根据任务编成，确定网络系统的通信人数、环境信息。

步骤4：根据任务编成，确定其任务阶段内的业务类型与移动信息。对通信的业务单元App_n进行参数化，给出相应的ID号，每个不同的ID号代表业务的不同参数设置以及所涉及的网络服务，信息栏中同时应明确业务的源和目的节点。不同业务之间没有包含、重叠关系，语义上各自独立，并且由相应的执行实

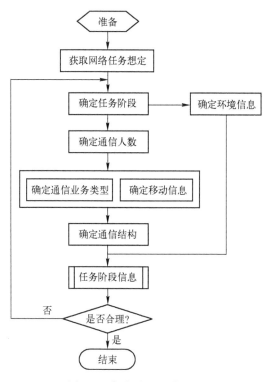

图 9.6 任务阶段生成流程

体独立完成。分析完毕后填写表 9.1。

表 9.1 网络任务阶段信息表

任务 ID：XXXX　　　　分析：XXX　　　　校对：XXX　　　　第 1 页·

任务 ID	业务信息		
	业务 ID	源节点	目的节点
ID_XX			
ID_XX			

步骤 5：确定通信结构。对表中的内容以任务阶段为单位，确定不同阶段内业务关系矩阵 $AS_i = \{App, R\}$。其中，App 是由业务单元构成的集合，R 是业务单元之间的关系集合，$R = \{r_1, r_2, \cdots, r_n\}$。

步骤 6：判断构建的任务阶段是否合理，主要基于如下几个方面判断：①任务阶段是否具备典型性；②是否违背相关技术准则；③相关领域内专家的意见。若合理，则转到步骤7，若不合理则转到步骤2。

步骤7：结束。

5. 构建任务剖面

通过对网络想定任务的分析，可以得到网络的任务阶段信息，进而基于任务阶段信息可以构建网络的任务剖面，它由使用剖面与环境剖面组成。考虑到这里的使用剖面中所包含的事件主要为通信业务使用事件以及移动事件的发生，我们进一步可将使用剖面分解为通信业务剖面和移动剖面。

1) 确定通信业务剖面

任务阶段信息给出了典型的任务阶段及阶段内包含的业务之间的逻辑时序关系。为了基于业务进行可靠性试验，还需要根据网络任务阶段信息构建网络的业务剖面，步骤如下。

步骤1：获取网络的任务阶段信息。

步骤2：分析任务阶段信息中的通信结构，得到业务的时序关系和业务发生概率。

步骤3：以通信站所为单位得到该站所的业务序列及其发生概率，填写表9.2。

表9.2 通信业务使用信息表

任务ID：XXXX　　　　分析：XXX　　　　校对：XXX　　　　第1页·

源节点ID	阶段ID	业务ID	持续时间	业务发生概率
ID_XX	阶段ID_XX			
	阶段ID_XX			
ID_XX				

步骤4：确定业务模拟方案。根据网络中业务发生的概率进行模拟方案确定：哪些业务需要精确模拟，哪些业务可以合并为一种业务模型，哪些可以不予考虑。

步骤5：以通信站为单位确定业务的用户群集合。

步骤6：选定待分析的业务。

步骤7：选择任务阶段。

步骤 8:用户请求行为转化。在每个任务阶段的业务发生时间内,分析输入的业务请求序列特征,包括时间相关性和时间无关性,取值的确定性和不确定性,取值范围的离散性和连续性。从而获取单位时间内请求数量的分布,同时对每次业务的连接时间进行确定。

步骤 9:根据任务编成,不同的业务请求其实现具有特定的流程,分析通信网络系统的典型的业务流程,包括其业务实现过程中不同节点的逻辑关系,总结典型的业务流程。

步骤 10:确定业务路径。根据业务的使用方式,在确定业务流程的基础上,把业务的使用分成几种典型的请求业务路径,记为 mk。对不同的业务路径,分别赋予概率值,表征请求序列中执行该业务分支的请求数量分布。

步骤 11:业务请求类型分析。进一步分析业务路径 mk 下的请求序列包含的请求类型集合,对不同的请求类型赋予概率值,表征在该业务路径下,不同请求类型在数量上所占的比重。

步骤 12:请求对象的概率分析。对请求类型所指向的对象赋予概率值,表征同一个请求类型所指向对象的取值概率分布。

步骤 13:判断业务的所有阶段是否处理完毕。针对分析的业务,考察其所有的任务阶段是否都分析完毕,若分析完毕,则转到步骤 14,若没有分析完毕,则转到步骤 7。

步骤 14:判断该用户群所需执行的所有业务是否分析完毕,若分析完毕,则转到步骤 15,若没有分析完毕,则转到步骤 6。

步骤 15:判断是否所有用户群所需执行的业务都已经分析完毕。若分析完毕则转到步骤 16,若没有分析完毕,则转到步骤 5。

步骤 16:生成基于业务剖面集合。

步骤 17:判断该业务剖面是否合理。主要基于如下几个方面判断:①单位时间内业务强度与用户数量的偏差;②与类似网络使用情况的差异性;③相关领域专家的意见。若合理,则转到步骤 18,若不合理则转到步骤 8。

步骤 18:分解结束。

按照上述的步骤,最终得到各业务剖面。通信业务剖面生成流程如图 9.7 所示。

2) 确定移动剖面

通过对网络任务想定的分析,可获取网络的任务阶段信息。通过对任务阶段信息分析可得到其相应的移动剖面,其具体步骤如下。

步骤 1:根据具体任务需求,确定其通信网络的任务想定,明确相应的任务阶段信息。

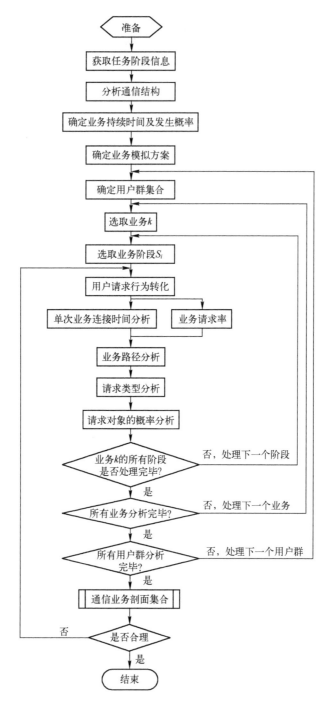

图 9.7 通信业务剖面生成流程

步骤2:选择任务阶段。

步骤3:根据具体的任务阶段,以及各阶段具体的约束条件,确定各个任务阶段通信网络整体的移动模式。

步骤4:根据整体网络的移动模式,确定单个节点具体的移动信息,如单个节点的速度、方向、目的地等。

步骤5:根据各单个节点的移动信息,填写相应的移动信息表。其中应包括节点速度、方向、目的地等,如表9.3所列。

表9.3 移动信息表

节 点	目 的 地	节点速度	方 向	移动持续时间
节点1				
节点2				
⋮				
节点k				

步骤6:判断是否对每个任务阶段都进行了节点移动信息统计,若否,则返回步骤2,若是,则继续。

步骤7:判断所确定的节点移动信息是否满足任务要求,若否,则返回步骤1,若是,则继续,输出相应的移动剖面。

步骤8:结束。

按照上述的步骤,最终得到移动剖面。移动剖面生成流程如图9.8所示。

3) 确定环境剖面

通过对网络任务想定的分析,可获取网络的任务阶段信息。通过对任务阶段信息的分析,可以得到环境剖面,其具体步骤如下。

步骤1:根据具体任务需求,确定其通信网络的任务想定,明确相应的任务阶段信息。

步骤2:对具体的任务进行任务阶段划分,如在哪个时间段完成什么任务。

步骤3:根据具体的任务阶段,确定各阶段相应的环境因素信息,这里就包括了传统环境因素,如温度、湿度等,加上针对通信网络需要考虑的环境因素,如电磁环境因素、地形环境因素和气象环境因素。

步骤4:根据各阶段的环境信息,填写相应的环境信息表。其中应包括以上的传统环境因素、电磁环境因素、地形环境因素和气象环境因素等,如表9.4所列。

步骤5:判断所确定的环境参数信息是否满足要求,若否,则返回步骤3,若是,则继续。

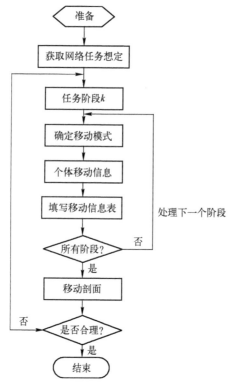

图 9.8　移动剖面生成流程

表 9.4　环境信息表

任务阶段	传统环境因素	电磁环境因素	地形环境因素	气象环境因素
任务阶段 1				
任务阶段 2				
⋮				
任务阶段 k				

步骤 6：判断是否对每个任务阶段都进行了环境参数信息统计，若否，则返回步骤 2，若是，则继续，输出相应的环境剖面。

步骤 7：结束。

按照上述的步骤，最终得到环境剖面。环境剖面生成流程如图 9.9 所示。

6. 合成试验剖面

通过上述流程，我们可以基于任务阶段信息，构建其相应的通信业务剖面、移动剖面、环境剖面这 3 方面的具体信息，因此，对于网络系统的可靠性试验，我们仅需将不同的任务阶段的 3 方面的剖面信息进行时序合成，即可得到系统的任务过程所需的可靠性试验剖面。

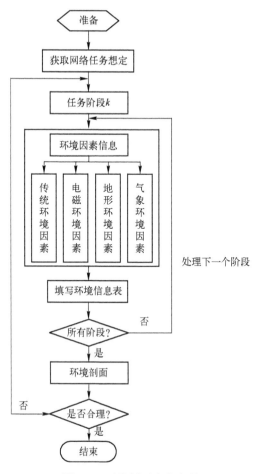

图 9.9　环境剖面生成流程

此外,需要注意的是,网络系统依然会有承载多任务的情况,针对这种情况,我们仍然主要借鉴 GJB 899A—2009[1]中的相关规定,对系统在不同任务下的可靠性试验剖面进行合成,以得到多任务下的合成试验剖面。其具体思路如图 9.10 所示。

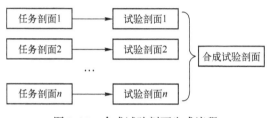

图 9.10　合成试验剖面生成流程

步骤1：通过本章所介绍的方法得到网络系统多任务下每个任务的任务剖面，并通过任务剖面分解得到其具体的试验剖面。

步骤2：根据 GJB 899A—2009[1]中相关标准，给出不同任务的权重，并最后结合任务的权重综合得到合成试验剖面。

9.3 通信网络可靠性试验案例

根据第 3 章所介绍的网络可靠性 3 层评估体系，主要涉及连通可靠性、性能可靠性和业务可靠性，分别通过相应案例介绍不同网络可靠性评估参数的具体可靠性试验方法。

9.3.1 连通可靠性试验方法

对于网络拓扑/物理层的连通可靠性，试验主要是针对网络系统中的构件进行，可以按照传统设备可靠性试验方法得到所涉及构件的可靠度，再按连通可靠性计算方法，如状态空间算法、容斥原理算法、不交积和算法、因子分解算法、图变换法、上下界法、蒙特卡罗法等，具体详见第 4 章连通可靠性评估模型及算法，即可得出对整网拓扑/物理层的连通可靠性评估结果。

图 9.11 为某网络系统拓扑结构图，由设备 A、B、C、D、E 组成，节点 1 与节点 4 之间能正常连通时该系统能正常工作。

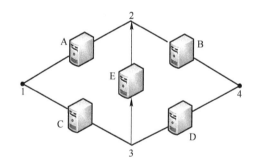

图 9.11　网络系统拓扑结构图

为了保证系统能正常工作，即求解该系统的节点 1 与节点 4 的两端连通可靠度。首先我们可以对设备 A、B、C、D、E 开展经典的可靠性试验，得到相应的设备可靠性评估结果。假设得到设备 A、B、C、D、E 的可靠度均为 $P_A = P_B = P_C = P_D = P_E = 0.99$。接下来，可利用经典连通可靠性评估算法来求解节点 1 与节点 4 之间的连通可靠度。这里我们采用容斥原理法来求解此时连通可靠度，该网络系统的最小路集为 $\{A,B\}$，$\{C,D\}$，$\{B,C,E\}$，带入容斥原理公式，即为

$$P(G) = P_A P_B + P_C P_D + P_B P_C P_E - P_A P_B P_C P_D - P_A P_B P_C P_E - P_B P_C P_D P_E + P_A P_B P_C P_D P_E$$
(9.1)

将 $P_A = P_B = P_C = P_D = P_E = 0.99$ 代入式(9.1)，得

$$P(G) = 0.997$$

即得到该网络系统的连通可靠度为 0.997。

9.3.2 性能可靠性试验方法

1. 案例概述

案例为某战术通信网络，其拓扑结构如图 9.12 所示。该网络为两层结构。骨干网由 6 台路由器构成，每台路由器均开启了 DHCP、RSTP 和 OSPF 协议，以保证：①接入端能够自动获得 IP 地址；②网络中不会出现死循环；③整网实现全局路由。在路由器 R3 中接入一台交换机 SW1，PC B 采用有线直连方式通过交换机 SW1 接入到骨干网中；在路由器 R4 中接入一台 AP1，交换机 SW2 通过 AP2 以桥接的方式与 AP1 连接接入到骨干网中，PC A 通过无线的方式接入到 AP3 中。

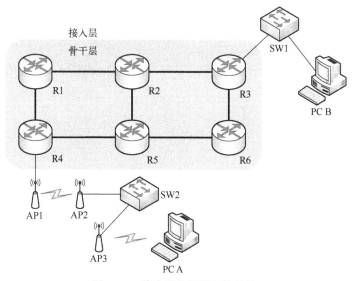

图 9.12 战术通信网络拓扑结构

PC A 到 AP1 所有的链路和节点所组成的局域网模拟的是单兵 Ad Hoc 网络，这是同一作战单元各单兵之间组成的平面 Ad Hoc 网络，这些节点构成地面战术网的底层，其中 PC A 表示单兵集合。因其移动性较强，作战环境复杂，节点（单兵）数量较多，且变化不定，故采用无线方式接入到骨干网中。

包含 PC B 和 SW1 在内的局域网模拟的是战略、战术级 C4ISR 系统，其指挥场所相对于骨干网较为固定，同时接收整网中绝大部分的流量信息，需要及

时无误地传达指令,因此内部采用有线连接,并尽量减少中间节点,以保证通信的可靠性和性能水平。

2. 确定故障判据

这里首先确定该网络系统的规则/配置层的故障判据。这里的故障判据包含多个故障模式,如时延过长、传输不完整、误码过多等,每类故障又包括两种影响程度:严重和一般。表9.5给出了本案例的"性能-故障判据"矩阵。

表9.5 案例"性能-故障判据"矩阵

影响程度＼故障模式判据	时延过长	吞吐量过低	丢包率过高
严重	时延>120s	吞吐量<45.3Mb/s	丢包率>1%
一般	60s<时延<120s	45.3Mb/s<吞吐量<46.4Mb/s	0.5%<丢包率<1%

3. 确定试验剖面

在9.2节网络可靠性试验剖面相关研究中明确了试验剖面由使用剖面和环境剖面分解而来,但本案例中主要考虑了网络的使用剖面相关内容。

在本案例中,首先要获取任务想定,明确网络任务[20]。案例中想定任务为突袭某军事目标,进行目标人物搜索,完成任务后撤退。任务包括3个阶段:突袭、搜索和撤退,其中突袭阶段任务时间为1h,搜索阶段任务时间为2h,撤退阶段任务时间为1h。3个阶段中,上下级节点执行的业务包括态势感知(SA)、实时语音、指挥控制3类。

然后,根据想定任务分解得任务剖面。由单兵向上级传输态势感知信息,依据9.2.4节给出的任务剖面确定步骤,得到表9.6所列的案例网络任务剖面信息表。

表9.6 案例网络任务剖面信息表

填表日期:XXXX 年 XX 月 XX 日

阶段 ID	业务信息		
	业务 ID	源节点	目的节点
ID_01 突袭	SA 业务(上行)	单兵1	上级2
	SA 业务(下行)	上级2	单兵1
	实时语音	上级2	单兵1
	语音指挥	上级2	单兵1
	信息指挥	上级2	单兵1
	图像指挥	上级2	单兵1
ID_02 搜索	SA 业务(上行)	单兵1	上级2

(续)

阶段 ID	业务信息		
	业务 ID	源节点	目的节点
ID_02 搜索	SA 业务（下行）	上级 2	单兵 1
	实时语音	上级 2	单兵 1
	语音指挥	上级 2	单兵 1
	信息指挥	上级 2	单兵 1
	图像指挥	上级 2	单兵 1
ID_03 撤退	SA 业务（上行）	单兵 1	上级 2
	SA 业务（下行）	上级 2	单兵 1
	实时语音	上级 2	单兵 1
	语音指挥	上级 2	单兵 1
	信息指挥	上级 2	单兵 1
	图像指挥	上级 2	单兵 1

具体剖面信息如下。

1）态势感知

态势感知业务包括上行信息和下行信息共两个过程，其中上行信息为发送频率较高的短数据包，当上行信息累积到一定量时，所有的信息进行整合更新，向下进行整网更新，因此下行信息发送频率较小，但发送量很大。从时间轴上来看，当发送一定次数的上行信息后，将有一次下行信息。因此态势感知业务主要体现在两个参数上：数据包大小和发送间隔时间。此外在突袭阶段，态势感知业务流量比其他业务比重较大，故发送间隔时间更为密集。

在上行信息中，假设单兵每次只以文本的方式上传自己的位置信息，设定上行信息大小为 70KB。在突袭阶段每隔 2s 上传一次，搜索阶段为 5s，撤退阶段为 3s。态势感知业务参数设置如表 9.7 所列。

表 9.7 态势感知业务参数设置

阶段	试验时间/h	态势感知			
		上行（Pair 1）		下行（Pair 2）	
		文件大小/B	间隔时间/s	文件大小/B	间隔时间/s
突袭	1	71680	2	5242880	2
搜索	2	71680	5	5242880	5
撤退	1	71680	3	5242880	3

2) 实时语音

每个单兵节点根据作战情况需要不定时汇报情况或请求指令和其他信息。每个单兵的通信时间是离散独立的,但从整个时间轴上来看,通信过程是连续的。实时语音的特点是通话时间长,数据流量发送平稳,且每个数据包大小一致。因此实时语音业务主要体现的参数为通话时长,也可用发送数据量表示,二者的关系式为

$$发送量(B) = \frac{采样率 \times 位数 \times 时长}{8}$$

在数字音频领域,无线电广播所用的采样率通常为 22050Hz,位数采用 16 位,此设置已能够保证清晰的通信效果,同时又尽可能的降低发送量的大小。

这里假定突袭阶段和搜索阶段每次通话时长为 30s,因此发送量大小为 $22050 \times 16 \times 30/8 = 1323000B$,约为 1MB。撤退阶段语音时间比前两个阶段要短,假定每次通话时长为 20s,可得发送量大小为 882000B,约为 0.8MB。实时语音业务参数设置如表 9.8 所列。

表 9.8 实时语音业务参数设置

阶段	试验时间/h	实时语音 Pair 3	
		每次通话时常/s	文件大小/B
突袭	1	30	1323000
搜索	2	30	1323000
撤退	1	20	882000

3) 指挥控制

指挥控制业务中包含文本、图像和语音 3 种信息类型。与之前业务不同的是,指挥控制过程中人的思考时间是不可忽略的因素,因此作为参数之一。考虑到个人的独立随机性,这里假设所有人的思考时间服从正态分布。指控及时性较强,且为了保证行动的高效性,一般传送的内容量较少,所以数据包体积较小。

由于指控业务每次发生的持续时间较短,因此在突袭和搜索阶段通话时长假定为 5s,发送量大小为 $22050 \times 16 \times 5/8 = 220500B$,约为 200KB;在撤退阶段通话时长为 3s,发送量为 132300byte,约为 130KB。在设置数据包间隔时间时,除了本身的发送间隔外,还包含了人的思考时间。假定在搜索阶段作战任务较为放松,数据包发送间隔较大,其服从位于 10~20s 的正态分布;在其他阶段由于作战任务紧张,故减小发送间隔和思考时间,满足位于 5~10s 的正态分布。考

虑到信息传达的及时性,假定指控的文本信息较为精炼,为10240B,为10KB;指控的图像信息包含作战区域的地图和其他指示性标记,假定图像大小为2097152B,为2MB。指挥控制业务参数设置如表9.9所列。

表9.9 指挥控制业务参数设置

阶段	试验时间/h	指挥控制					
		语音指挥(Pair 4)		信息指挥(Pair 5)		图像指挥(Pair 6)	
		每次通话时常/s	文件大小/B	间隔时间/s	文件大小/B	间隔时间/s	文件大小/B
突袭	1	5	220500	正态分布(5~10)	10240	正态分布(5~10)	2097152
搜索	2	5	220500	正态分布(10~20)	10240	正态分布(10~20)	2097152
撤退	1	3	132300	正态分布(5~10)	10240	正态分布(5~10)	2097152

表9.9中正态分布括号中的参数表示范围区间,例如(5~10)表示产生在5~10s之间服从正态分布的间隔时间。

4. 流量生成

本案例中选用网络测试领域广泛应用的一个应用层测试软件Ix Chariot来按照剖面生成具体流量[21]。每类业务的流量生成结果如下:

1) 态势感知

态势感知拥有上行和下行两个过程,因此这里建立两个Pair,分别为上行:PC A-PC B;下行:PC B-PC A。在脚本中插入sleep函数来实现数据包发送间隔时间,若上行的数据包发送间隔时间为n,每上传m次有一次下行信息,则下行的数据包发送间隔时间为mn。这里每10次上行信息对应有1次下行信息。态势感知业务在不同阶段的参数设置在脚本中如图9.13所示(以下业务类似,不予重复说明)。

2) 实时语音

实时语音业务中只需建立一个Pair即可,为了能够测量实时语音的时延状况,这里选用Ix Chariot软件中具有流属性的脚本。

3) 指挥控制

此业务包含3种不同类型的指挥控制,分别为文本、图像和语音,因此建立3对Pair,分别选用文本、图像和具有流属性的语音脚本来模拟不同的指控类型。业务中人的思考时间用数据包发送间隔时间表示,通过Ix Chariot软件中sleep函数实现。

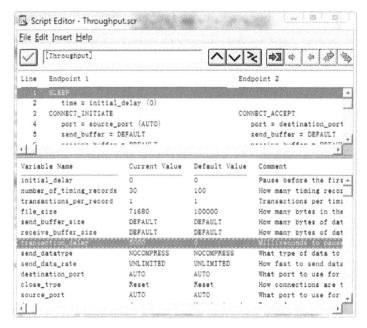

图 9.13　Ix Chariot 脚本和参数设置示意图

5. 试验数据收集

Ix Chariot 软件本身具有收集数据、显示网络端到端之间性能波动的功能，可测得各个 Pair 的吞吐量指标。这里省略了数据抽样过程。

将数据导出到 Excel 中并加以整理，得到表 9.10 所列的数据结果。

表 9.10　部分数据结果

阶　　段	端　　对	网 络 协 议	吞吐量/Mb/s
突袭	1	UDP	0.282
突袭	1	UDP	0.283
突袭	1	UDP	0.283
…			

数据包总量为 399958 个，数据样本量能够满足分析要求。

6. 试验数据处理

下面以"性能-故障判据"矩阵中故障模式为"吞吐量过低"、故障严重程度为"严重"为例，计算考虑吞吐量的网络性能可靠性，则

（1）依据下式计算考虑吞吐量的网络性能可靠度的极大似然点估计 $\hat{R}_p$：

$$\hat{R}_p = (n-r)/n = (399958-20001)/399958 = 0.94999$$

式中：n 为该性能参数有效采样值的总数；r 为试验中出现的总故障数。

(2)考虑吞吐量的性能可靠度的置信区间$[R_{PL}, R_{PU}]$为

$$R_{PL} = \hat{R}_P + \frac{2}{2n} + \mu_{\alpha/2}\sqrt{\frac{\hat{R}_P(1-\hat{R}_P)}{n}}, \quad R_{PU} = \hat{R}_P + \frac{2}{2n} + \mu_{1-\alpha/2}\sqrt{\frac{\hat{R}_P(1-\hat{R}_P)}{n}}$$

置信度取为 0.95,则 $\mu_{\alpha/2} = -1.96, \mu_{1-\alpha/2} = 1.96$,计算可知:

$$R_{PL} = 0.94932, \quad R_{PU} = 0.95067$$

则置信度为 0.95 的置信区间为 (0.94932, 0.95067)。

9.3.3 业务可靠性试验方法

1. 案例概述

本节业务可靠性试验方法部分所采用的案例与网络性能可靠性试验方法部分的案例相同,具体详见 9.3.2 节第一部分案例概述内容。

2. 确定故障判据

首先,根据相应的"业务-故障判据"矩阵确定具体业务/服务层的故障判据。这里包含多个业务,如态势感知、实时语音、指挥控制等。这里的故障判据包含多个故障模式,如时延过长、传输不完整、误码过多等,每类故障又包括两种影响程度:严重和一般。在任务的不同阶段,用户对各类业务的需求有所不同,因此表 9.11、表 9.12、表 9.13 分别给出了本案例中突袭、搜索和撤退阶段的"业务-故障判据"矩阵。

表 9.11 突袭阶段"业务-故障判据"矩阵

业务类型 \ 故障判据	故障模式 1		故障模式 2	
	判据	严酷度	判据	严酷度
SA 业务(上行)	吞吐量<0.27Mb/s	严重	响应时间>2.05s	严重
	吞吐量<0.28Mb/s	一般	响应时间>2.04s	一般
SA 业务(下行)	吞吐量<1.8Mb/s	严重	响应时间>24s	严重
	吞吐量<1.816Mb/s	一般	响应时间>23s	一般
实时语音	吞吐量<78Mb/s	严重	—	
	吞吐量<78.4Mb/s	一般		
语音指挥	吞吐量<39Mb/s	严重		
	吞吐量<40Mb/s	一般		
信息指挥	吞吐量<0.008Mb/s	严重	响应时间>9.3s	严重
	吞吐量<0.009Mb/s	一般	响应时间>9.1s	一般
图像指挥	吞吐量<1.62Mb/s	严重	响应时间>10.0s	严重
	吞吐量<1.65Mb/s	一般	响应时间>10.2s	一般

表9.12 搜索阶段"业务-故障判据"矩阵

业务类型	故障判据	故障模式1		故障模式2	
		判据	严酷度	判据	严酷度
SA业务(上行)		吞吐量<0.113Mb/s	严重	响应时间>5.02s	严重
		吞吐量<0.114Mb/s	一般	响应时间>5.01s	一般
SA业务(下行)		吞吐量<0.82Mb/s	严重	响应时间>50.9s	严重
		吞吐量<0.824Mb/s	一般	响应时间>50.87s	一般
实时语音		吞吐量<78Mb/s	严重	—	—
		吞吐量<78.4Mb/s	一般	—	—
语音指挥		吞吐量<64.5Mb/s	严重	—	—
		吞吐量<65.33Mb/s	一般	—	—
信息指挥		吞吐量<0.003Mb/s	严重	响应时间>17.9s	严重
		吞吐量<0.004Mb/s	一般	响应时间>17.5s	一般
图像指挥		吞吐量<0.95Mb/s	严重	响应时间>17.8s	严重
		吞吐量<0.96Mb/s	一般	响应时间>17.5s	一般

表9.13 撤退阶段"业务-故障判据"矩阵

业务类型	故障判据	故障模式1		故障模式2	
		判据	严酷度	判据	严酷度
SA业务(上行)		吞吐量<0.18Mb/s	严重	响应时间>3.05s	严重
		吞吐量<0.19Mb/s	一般	响应时间>3.01s	一般
SA业务(下行)		吞吐量<1.32Mb/s	严重	响应时间>30.88s	严重
		吞吐量<1.35Mb/s	一般	响应时间>30.86s	一般
实时语音		吞吐量<90Mb/s	严重	—	—
实时语音		吞吐量<92Mb/s	一般	—	—
语音指挥		吞吐量<60Mb/s	严重	—	—
		吞吐量<60.2Mb/s	一般	—	—
信息指挥		吞吐量<0.007Mb/s	严重	响应时间>9.3s	严重
		吞吐量<0.008Mb/s	一般	响应时间>9.2s	一般
图像指挥		吞吐量<1.91Mb/s	严重	响应时间>9.5s	严重
		吞吐量<1.92Mb/s	一般	响应时间>8.9s	一般

3. 确定试验剖面

在本案例中,业务/服务层试验剖面与规则/配置层开展性能可靠性试验的剖面设置相同。即,整个任务分为突袭、搜索和撤退3个阶段,每个阶段涉及到的业务均包括态势感知、指挥控制和实时语音。3种业务在不同阶段流量有差异,例如态势感知业务在突袭阶段占总流量的比重比在搜索阶段要小;指控业务在突袭和撤退阶段数据包的发送频率比在搜索阶段较为缓和等。总试验时间为4h,具体见9.3.2节中的"确定试验剖面"小节。

4. 流量生成

在本案例中,业务/服务层的流量生成也采用应用层测试软件 Ix Chariot 产生。具体实现方法与9.3.2节中的"流量生成"相同。

5. 试验数据收集

Ix Chariot 软件本身具有收集数据、显示网络端到端之间性能波动的功能,这里省略了数据抽样过程。各类业务可以得到的性能测试结果如表9.14所列。

表9.14 测试得到的性能参数

各类业务	性能参数
SA业务(上行)	吞吐量、响应时间
SA业务(下行)	吞吐量、响应时间
实时语音	吞吐量、时延
语音指挥	吞吐量、时延
信息指挥	吞吐量、响应时间
图像指挥	吞吐量、响应时间

将数据导出到 Excel 表中并加以整理,得到表9.15所列的数据结果。

表9.15 部分数据结果

阶段	端对	网络协议	经过时间/s	吞吐量 Mb/s	响应时间/s	单向时延/ms
突袭	1	UDP	2.035	0.282	2.032	
突袭	1	UDP	4.064	0.283	2.028	
突袭	1	UDP	6.092	0.283	2.027	
...						

各阶段,每类业务的数据包总量如表9.16所列,数据样本量能够满足分析要求。

6. 试验数据处理

网络业务可靠性试验中涉及多个网络业务,这里给出通信网络可靠性试验数据处理办法。针对试验过程的3个阶段分别进行了数据处理：先计算出3个阶段中各类业务(态势感知、语音、指控)各自的业务可靠度，再计算3个阶段各自的综合业务可靠性指数，最后给出3个阶段整体的综合可靠度。

表9.16 每类业务的数据包总量

阶段	业务类别	数据包个数
突袭阶段	SA业务(上行)	1589
	SA业务(下行)	114
	实时语音	18561
	语音指挥	61776
	信息指挥	342
	图像指挥	299
搜索阶段	SA业务(上行)	1476
	SA业务(下行)	59
	实时语音	62341
	语音指挥	141292
	信息指挥	197
	图像指挥	200
撤退阶段	SA业务(上行)	1196
	SA业务(下行)	25
	实时语音	47308
	语音指挥	62977
	信息指挥	104
	图像指挥	102

数据处理过程中，需要确定各业务在各阶段的故障判据、权重，还要为各阶段确定故障判据和权重。在这些条件的选取方面主要综合考虑了以下两方面的因素：①用户在不同任务周期阶段对不同业务的需求；②任务周期阶段在整个战斗过程中的比重。对于重要的业务和任务阶段参数，权重赋值高；对要求严格的业务，故障判据赋值更为严格。

1) 单业务可靠性的评估

在9.3.3节中"确定故障判据"小节给出的"业务-故障判据"矩阵中提出了要区分业务给出网络故障判据。在网络可靠性试验过程中，对试验数据抽样所得的每一个数据包，分析各自性能能否达到故障判据，如响应时间是否超出用户许可、吞吐量是否过低等。由此，可判断该数据包是否发生故障。具体表达如下式所示。

$$\phi_i = \begin{cases} 0, & \text{没有发生故障} \\ 1, & \text{发生故障} \end{cases}$$

式中：ϕ_i 表示对第 i 个数据包的布尔代数，如果满足性能要求，则记该数据包没有故障发生；否则，记该数据包发生故障。举例来说，当某数据包的吞吐量低于故障阈值或响应时间超过故障阈值，应记该数据包发生了故障。

下面以故障影响程度为"一般"为例，分阶段说明各业务可靠性计算过程。

(1) 突袭阶段。

该阶段包含态势感知、实时语音、指挥控制 3 类业务。其中，态势感知又包含上、下行两种模式，指挥控制又包含语音、信息、图像 3 种模式。各类业务又分别涉及如下性能参数：吞吐量和响应时间。

这里需要分别计算各个业务可靠度。其中，由用户需求决定的故障判据如表 9.11 所列。若有任一个性能参数不满足其阈值，则认为该项业务故障。这里认为故障数据服从二项分布，可根据下式计算各个业务的可靠度点估计值：

$$\hat{R}_{A,ij} = (n_{ij} - r_{ij}) / x_{ij}$$

式中：$\hat{R}_{A,ij}$ 为 i 阶段业务 j 的业务可靠度点估计值；n_{ij} 为该项业务有效采样值的总数；r_{ij} 为该业务的性能参数不满足对应阈值的采样值个数；x_{ij} 为该业务的性能参数在对应阈值内的采样值个数。

突袭、搜索和撤退阶段的 i 值分别为 1、2、3，态势感知(上行)、态势感知(下行)、实时语音、指挥控制(语音)、指挥控制(信息)、指挥控制(图像) 6 项业务的 j 值分别为 1、2、3、4、5 和 6；例如 $\hat{R}_{A,12}$ 代表突袭阶段态势感知(下行)业务的可靠度点估计值。

根据 GB/T 4088—2008《数据的统计处理和解释 二项分布参数的估计与检验》[25]，可以得到各业务可靠性点估计值的置信区间范围。

当 $10 \leqslant n_{ij} \leqslant 30$ 时，置信水平为 $1-\alpha$ 的置信下限为

$$R_{AL,ij} = \frac{\nu_2}{\nu_2 + \nu_1 F_{1-\alpha/2}(\nu_1, \nu_2)}$$

式中：$\nu_1 = 2(n_{ij} - x_{ij} + 1)$；$\nu_2 = 2x_{ij}$。

置信上限为

$$R_{AU,ij} = \frac{\nu_2}{\nu_2 + \nu_1 F_{1-\alpha/2}(\nu_2, \nu_1)}$$

式中：$\nu_1 = 2(n_{ij} - x_{ij})$；$\nu_2 = 2(x_{ij} + 1)$。

此处的 $F_{1-\alpha}(\nu_1,\nu_2)$ 是自由度为 (ν_1,ν_2) 的 F 分布的 $1-\alpha$ 分位数,它的值可由 F 分布表(见 GB 4086.4—83[26])中查得。在 GB/T 4088—2008[25]的附录 C 中给出了 $10 \leq n_{ij} \leq 30$ 时,对应于不同置信水平置信限的数值表,置信上限 R_{AUij} 可以直接由表中读出,置信下限只需用 $x'_{ij}=n_{ij}-x_{ij}$ 代替 x_{ij},从表中读出相应的值,记为 h,$1-h$ 就是相应于 x_{ij} 的 R_{ALij}。

当 $n_{ij}>30$ 且 $\hat{R}_{A,ij} \leq 0.1$ 或 $\hat{R}_{ij} \geq 0.9$ 时,可采用泊松近似,这种近似需要利用 χ^2 分布表(见 GB 4086.2—83[27])。

这时的置信上限为

$$R_{AU,ij}=\begin{cases} \dfrac{2\lambda}{2n_{ij}-x_{ij}+\lambda}, & \text{当} \hat{R}_{A,ij} \text{接近于} 0 \\ \dfrac{n_{ij}+x_{ij}+1-\lambda'}{n_{ij}+x_{ij}+1+\lambda'}, & \text{当} \hat{R}_{A,ij} \text{接近于} 1 \end{cases}$$

式中:$\lambda=\dfrac{1}{2}\chi^2_{1-\frac{\alpha}{2}}(2x_{ij}+2)$;$\lambda'=\dfrac{1}{2}\chi^2_{\frac{\alpha}{2}}[2(n_{ij}-x_{ij})]$;$\chi^2_\alpha(\nu)$ 表示自由度为 ν 的 χ^2 分布的 α 分位数。

置信下限为

$$R_{AL,ij}=\begin{cases} \dfrac{2\lambda}{2n_{ij}-x_{ij}+1+\lambda}, & \text{当} \hat{R}_{Aij} \text{接近于} 0 \\ \dfrac{n_{ij}+x_{ij}-\lambda'}{n_{ij}+x_{ij}+\lambda'}, & \text{当} \hat{R}_{Aij} \text{接近于} 1 \end{cases}$$

式中:$\lambda=\dfrac{1}{2}\chi^2_{\frac{\alpha}{2}}(2x_{ij})$;$\lambda'=\dfrac{1}{2}\chi^2_{1-\frac{\alpha}{2}}[2(n_{ij}-x_{ij})+2]$。

下面,以 SA 业务(下行)为例,阐述该业务在突袭阶段故障程度为"一般"的可靠度点估计和区间估计的计算过程。

在突袭阶段,$n_{12}=114>30$,$\dfrac{x_{12}}{n_{12}}=\dfrac{112}{114}=0.98246>0.9$,SA 下行业务的可靠度点估计:$\hat{R}_{A,12}=(n_{12}-r_{12})/n_{12}=0.98246$,取置信度为 $1-\alpha=0.95$,α 为分位数,已知 $\hat{R}_{A,12}$ 接近于 1,置信上限 $R_{AU,12}=\dfrac{n_{12}+x_{12}+1-\lambda'}{n_{12}+x_{12}+1+\lambda'}=0.99787$,其中 $\lambda'=\dfrac{1}{2}\chi^2_{\frac{\alpha}{2}}[2(n_{12}-x_{12})]=\dfrac{1}{2}\chi^2_{0.025}(4)=0.24221$;置信下限 $R_{AL,12}=\dfrac{n_{12}+x_{12}-\lambda'}{n_{12}+x_{12}+\lambda'}=0.93805$,其中 $\lambda'=\dfrac{1}{2}\chi^2_{1-\frac{\alpha}{2}}[2(n_{12}-x_{12})+2]=\dfrac{1}{2}\chi^2_{0.975}(6)=7.22469$。所以,突袭阶段的 SA 业务(下行)的置信区间为 $(0.93805,0.99787)$。

其余业务的计算过程类似。表 9.17 给出了突袭阶段各类业务可靠度评估结果。

表 9.17 突袭阶段各类业务可靠度评估结果

业务类别		点估计值	区间估计	
			下限	上限
态势感知	上行	0.99937	0.99860	0.99985
	下行	0.98246	0.93805	0.99787
实时语音		0.95873	0.96155	0.95577
指挥控制	语音指挥	0.96300	0.96148	0.96447
	信息指挥	0.94737	0.91807	0.96852
	图像指挥	0.95318	0.92267	0.97417

（2）搜索阶段。

该阶段的各业务可靠度计算方法与突袭阶段相同。表 9.18 给出了搜索阶段各类业务可靠度评估结果。

表 9.18 搜索阶段各类业务可靠度评估结果

业务类别		点估计值	区间估计	
			下限	上限
态势感知	上行	0.96070	0.94962	0.97030
	下行	0.94915	0.85833	0.98939
实时语音		0.95027	0.94854	0.95197
指挥控制	语音指挥	0.95704	0.95597	0.95809
	信息指挥	0.92386	0.87744	0.95677
	图像指挥	0.94500	0.90368	0.97223

（3）撤退阶段。

该阶段的各业务可靠度计算方法也与突袭阶段相同。以 SA 业务（下行）为例，阐述该业务在撤退阶段故障程度为"一般"的可靠度点估计和区间估计的计算过程。

在撤退阶段，$10 \leqslant n_{32} = 25 < 30$，$x_{32} = 23$，可靠度的点估计：$\hat{R}_{A,32} = (n_{32} - r_{32})/n_{32} = 0.92$，取置信度为 $1-\alpha = 0.95$，α 为分位数，根据 GB/T 4088—2008《数据的统计处理和解释 二项分布参数的估计与检验》[25]的附录 C 可以得出置信上限为 $R_{AU,32} = 0.990$，$n_{32} - x_{32} = 2$，$h_{32} = 0.260$，置信下限为 $R_{AL,32} = 1 - 0.260 = 0.840$，所以，撤退阶段的 SA 业务（下行）的置信区间为（0.840，0.990）。

表 9.19 给出了撤退阶段各类业务可靠度评估结果。

表 9.19　撤退阶段各类业务可靠度评估结果

业务类别		点估计值	区间估计	
			下限	上限
态势感知	上行	0.98746	0.97940	0.99296
	下行	0.92000	0.840	0.990
实时语音		0.95430	0.95238	0.95616
指挥控制	语音指挥	0.99646	0.99596	0.99691
	信息指挥	0.95192	0.89129	0.98421
	图像指挥	0.91176	0.83889	0.95887

2) 多业务可靠性的评估

首先,计算3个阶段各自的综合业务可靠性指数。

(1) 突袭阶段。

这里需要根据各业务的重要程度,确定相应权重。例如,认为态势感知业务中下行业务比上行业务更为重要,故上行业务与下行业务权重比为3:7;指挥控制业务中语音、信息比图像业务重要,语音、信息和图像的权重比为2:2:1。在3大类业务中,这里认为态势感知、实时语音、指挥控制3者的重要程度相同,它们的权重比为1:1:1。然后,综合计算突袭阶段的综合业务可靠性指数点估计值:

$$\hat{RI}_i = \sum_{j=1}^{6} \omega_j \hat{R}_{A,ij}$$

式中:$\hat{RI}_i$为网络i阶段的综合业务可靠性指数;ω_i为第i个业务的权重。

区间估计值:

$$\hat{RI}_{L,i} = \sum_{j=1}^{6} \omega_j \hat{R}_{AL,ij}, \quad \hat{RI}_{U,i} = \sum_{j=1}^{6} \omega_j \hat{R}_{AU,ij}$$

突袭阶段综合业务可靠性指数的计算如表9.20所列。

表 9.20　突袭阶段综合业务可靠性指数评估

业务类别		态势感知		实时语音	指挥控制		
		上行	下行		语音指挥	信息指挥	图像指挥
点估计值		0.99937	0.98246	0.95873	0.96300	0.94737	0.95318
区间估计值	下限	0.99860	0.93805	0.95577	0.96148	0.91807	0.92267
	上限	0.99985	0.99787	0.96155	0.96447	0.96852	0.97417
权重		0.1	0.2333	0.3333	0.1333	0.1333	0.0667
点估计值		0.96701					
区间估计值	下限	0.94935					
	上限	0.97592					

(2) 搜索阶段。

搜索阶段的综合业务可靠性指数评估方法与突袭阶段相同,且权重取值相同,搜索阶段综合业务可靠性指数的计算如表 9.21 所列。

表 9.21 搜索阶段综合业务可靠性指数评估

业务类别		态势感知		实时语音	指挥控制		
		上行	下行		语音指挥	信息指挥	图像指挥
点估计值		0.96070	0.94915	0.95027	0.95704	0.92386	0.94500
区间估计值	下限	0.94962	0.85833	0.94854	0.95597	0.87744	0.90368
	上限	0.97030	0.98939	0.95197	0.95809	0.95677	0.97223
权重		0.1	0.2333	0.3333	0.1333	0.1333	0.0667
点估计值		0.94808					
区间估计值	下限	0.91603					
	上限	0.96524					

(3) 撤退阶段。

退阶段的综合业务可靠性指数评估方法与突袭阶段相同,且权重取值相同,撤退阶段综合业务可靠性指数的计算如表 9.22 所列。

表 9.22 撤退阶段综合业务可靠性指数评估

业务类别		态势感知		实时语音	指挥控制		
		上行	下行		语音指挥	信息指挥	图像指挥
点估计值		0.98746	0.92000	0.95430	0.99646	0.95192	0.91176
区间估计值	下限	0.97940	0.84000	0.95238	0.99596	0.89129	0.83889
	上限	0.99296	0.99000	0.95616	0.99691	0.98421	0.95887
权重		0.1	0.2333	0.3333	0.1333	0.1333	0.0667
点估计值		0.95208					
区间估计值	下限	0.94935					
	上限	0.97699					

然后,根据上面计算得到的 3 个阶段各自的综合业务可靠性指数,加权计算网络整体的综合业务可靠性指数。根据上述 3 个阶段在网络试验中所占的时间比例 1:2:1,3 个阶段在计算网络的整体综合业务可靠性指数时所占权重依次分别为 $\omega_1=0.25$、$\omega_2=0.5$、$\omega_3=0.25$,计算公式如下。

$$\hat{RI} = \sum_{i=1}^{3} \omega_i \hat{RI}_i \tag{9.2}$$

式中:$\hat{RI}_i$ 为网络整体的综合业务可靠性指数;ω_i 为第 i 个阶段的权重。

区间估计值:

$$\hat{RI}_L = \sum_{i=1}^{3} \omega_i \hat{RI}_{L,i}, \quad \hat{RI}_U = \sum_{i=1}^{3} \omega_i \hat{RI}_{U,i}$$

各阶段综合业务可靠性指数的计算如表9.23所列。

表9.23 各阶段综合业务可靠性指数评估

阶段类别		突袭阶段	搜索阶段	撤退阶段
点估计值		0.96701	0.94808	0.95208
区间估计值	下限	0.94935	0.91603	0.94935
	上限	0.97592	0.96524	0.97699
权重		0.25	0.5	0.25
点估计值		0.95379		
区间估计值	下限	0.93269		
	上限	0.97085		

该网络的业务可靠度点估计值为0.95379,区间估计值为(0.93269, 0.97085)。

参考文献

[1] 可靠性鉴定和验收试验:GJB899A—2009[S].

[2] 陈阳,黄宁,康锐,等. 局域网FTP业务可靠性试验与评估技术[J]. 北京航空航天大学学报,2011,37(1):91-94.

[3] LI R, HUANG N, LI S, et al. Reliability Testing Technology for Computer Network Applications[C]. 2009 8th International Conference on Reliability, Maintainability and Safety. IEEE,2009:1169-1172.

[4] 何国伟. 可靠性试验技术[M]. 北京:国防工业出版社. 1995.

[5] BOTTA A, DAINOTTI A, PESCAP A. Do You Trust Your Software-Based Traffic Generator[J]. IEEE Communications Magazine, 2010, 48(9):158-165.

[6] QURESHI H J. Generating Background Network Traffic for Network Security Testbeds[D]. Ames:Iowa State University, 2006.

[7] AVALLONE S, GUADAGNO S, EMMA D, et al. D-ITG Distributed Internet Traffic Generator[C]. the First International Conference on the Quantitative Evaluation of Systems. IEEE,2004:316-317.

[8] BARFORD P, CROVELLA M. Generating representative Web workloads for network and server performance evaluation[C]. ACM SIGMETRICS performance Evaluation Revlew, 1998,26(1):151-160.

[9] VISHWANATH K V, VAHDAT A. Swing:Realistic and Responsive Network Traffic Generation[J]. IEEE/ACM Transactions on Networking, 2009, 17(3):712-725.

[10] VISHWANATH K, VAHDAT A. Swing: Generating Representative High Speed Packet Traces[C]. Proceeding of ACM SIGCOMM. ACM,2005.

[11] AMER P D, CASSEL L N. Management of sampled real-time network measurements[C]. 14th Conference on Local Computer Networks. IEEE,1989:62-68.

[12] CLAFFY K C, POLYZOS G C, BRAUN H-W. Application of sampling methodologies to network traffic characterization [C]. ACM SIGCOMM computer communication Review. ACM,1993,23(4):194-203.

[13] DROBISZ J, CHRISTENSEN K J. Adaptive sampling methods to determine network traffic statistics including the Hurst parameter[C]. Proceeding 23rd Annual Conference on Local Computer Networks, IEEE, 1998:238-247.

[14] CHOI B Y, PARK J, ZHANG Z L. Adaptive random sampling for traffic load measurement [C]. IEEE International Conference on Communications. 2003,3:1552-1556.

[15] MA W, HUANG C, YAN J. Adaptive Sampling for Network Performance Measurement under Voice Traffic[C]. 2014 IEEE International Conference on Communications, IEEE, 2004,2:1129-1134.

[16] 高文宇,陈松乔,王建新. 动态的时间驱动的分组采样技术 [J]. 通信学报,2005, 26(4): 24-29.

[17] DUFFIELD N. Sampling for Passive Internet Measurement: A Review [J]. Statistical Science, 2004, 19(3): 472-498.

[18] REN W, LI R, LI M. The Applicability of Traditional Sampling Techniques in the Measurement of LAN Availability[C]. 2012 International Conference on Quality, Reliability, Risk, Maintenance, and Safety Engineering, IEEE,2012:83-88.

[19] LI S, HUANG N, CHEN J, et al. Analysis for application reliability parameters of communication networks[C]. 2012 International Conference on Quality, Reliability, Risk, Maintenance, and Safety Engineering . IEEE,2012:206-210.

[20] WANG X, HUANG N, CHEN W, et al. A new method for evaluating the performance reliability of communications network[C]. 2010 International Conference on Information, Networking and Automation,IEEE,2010,2:516-520.

[21] 数据的统计处理和解释二项分布可靠度单侧置信下限:GB 4087.3—85[S].

[22] 尹世刚,黄宁,吴东海,等. 基于业务的通信网络可靠性试验剖面构建方法 [J]. 通信技术, 2016, 49(10): 1337-1343.

[23] CHEN J, HUANG N, LIU Y, et al. A case generator for network reliability testing based on profile[C]. The proceedings of 2011 9th International Conference on Reliability, Maintainability and Safety. IEEE, 2011:1121-1126.

[24] 装备环境工程术语:GJB 6117—2007[S].

[25] 数据的统计处理和解释 二项分布参数的估计与检验:GB/T 4088—2008[S].

[26] 统计分布数值表 F 分布:GB 4086.4—83[S].

[27] 统计分布数值表 卡方分布:GB 4086.2—83[S].

第10章

网络系统可靠性仿真评估方法

可靠性评估方法通常可以分为3类：解析计算方法、试验评估方法和仿真评估方法。本书第4~8章的内容均属于解析计算方法，第9章介绍了试验评估方法。从方法的流程上说，仿真方法类似于试验方法，不同之处在于：试验方法采用实物组建系统进行评估，但随着系统复杂程度的加大，试验成本极大增加，采用仿真对象进行可靠性试验的方法也开始得到重视。目前常用的仿真平台缺乏故障建模，因而主要针对网络性能的评估，如果要进行可靠性评估，则需要完成故障建模及剖面设计。本章以OPNet平台为基础，介绍了一种网络可靠性仿真试验方法。

10.1 绪 论

10.1.1 研究背景与意义

可靠性试验评估方法是通过实物组建系统，按照任务想定进行可靠性试验并评估。然而，随着系统复杂程度加大，对某些基础设施网络，例如战术互联网，可靠性试验评估方法往往因其耗费成本太高、组建难度大而难以进行。随着计算机技术的发展，采用仿真对象进行网络可靠性试验的方法也开始得到重视。美军自1991年成立国防建模与仿真办公室以来，相继制定了多种规范和计划来进行网络建模与仿真研究[1-3]。

当前的网络仿真技术可以对网络(含节点、连接和协议)行为进行仿真，通过网络的动态运行获取并分析网络性能数据。这类方法在仿真过程中刻画了网络部件的行为特征，仿真粒度小，仿真内容详细，因而此类仿真又被称为"内模型"仿真方法。由于通信网络采用的设备和协议基本原理非常一致，因此，仿真结果的可信度较高。目前通信网络仿真的代表软件如OPNet、OMNet和NS2等对网络性能分析的有效性已经在主流网络设备生产商中得到广泛认可。在考察网络性能时，除了硬件设备本身的性能，网络运行的各种业务无疑是对性能产生影响的重要因素。此类仿真方法支持在不同节点处施加不同流量,以此体现节点上运行的应用软件对流量乃至网络的影响,进而实现仿真环境对网络动态运行的仿真,再从中获取数据进行性能分析。

"内模型"的网络仿真方法无疑是一种解决网络动态特征建模的好方法,事实也证明了该方法考察网络性能的有效性。但对于网络可靠性而言,构件功能故障、构件性能故障及过程性故障均没有在此类仿真平台中体现,缺乏对网络故障的建模,因而此类仿真平台考察的仅是网络性能。如果要进行网络可靠性评估,则需要在仿真平台中完成故障建模及仿真试验剖面设计。本章以 OPNet 平台为基础,介绍了一种网络可靠性仿真试验方法,包括在 OPNet 中实现连通可靠性、性能可靠性及业务可靠性的故障建模,以及仿真试验剖面的设计等。

10.1.2　OPNet 仿真平台介绍

OPNet 公司最早是由麻省理工学院(MIT)信息决策实验室受美国军方委托而成立的。1987 年 OPNet 公司发布了第一个商业化的网络仿真软件,提供了具有重要意义的网络性能优化工具,使得具有预测性的网络性能管理和仿真成为可能。OPNet 作为高科技网络规划、仿真及分析工具,在通信、国防及计算机网络领域已经被广泛认可和采用[4]。

网络仿真的传统研究只针对网络的某一方面特性,例如使用 MATLAB 只能研究网络在拓扑层的某些特性,NS2 则只针对网络通信协议层面的内容进行分析。而 OPNet 可以从不同的层面完成各种通信系统的仿真工作,诸如网络的架构设计、网络性能分析、网络应用分析、网络协议分析等。针对仿真的不同层面,OPNet 提供了网络层、节点层和进程层 3 层建模机制,3 层模型和实际的网络、设备、协议层次相对应,全面反映了网络的相关特性,是最接近真实的一种网络模拟方式。在 OPNet 仿真中,研究人员主要使用了以下 3 类研究机制来针对网络的真实通信特性进行研究。

(1) OPNet 采用基于离散事件驱动的仿真机制。仿真中的各个模块之间通过事件中断方式传递事件信息。每当出现一个事件中断时都会触发一个描述通信网络系统行为或者系统进程的进程模型的运行。通过离散事件驱动的仿真机制实现了在进程级描述通信的并发性和顺序性,再加上事件发生时刻的任意性,决定了可以仿真计算机和通信网络中任何情况下的网络状态和行为。

(2) 基于数据包的通信机制。数据包是 OPNet 为支持面向消息通信的一种数据结构,由不同的数据字段组成,根据应用的不同要求,在不同的字段里可以携带不同的信息。数据包这个名称也是借鉴实际通信网中传送数据基本单位(数据包)的名称而来。对于每一个数据包,OPNet 都可将它视为一个对象,可以动态创建、修改、检查、复制、发送、接收、销毁。

（3）基于链路和管道的通信模型。不同节点之间的通信，则需要使用物理通信链路模型。OPNet提供了收/发信机管道模型以模拟通信链路。收/发信机管道的基本目标就是确定包是否可以被链路的目的地接收。当数据包进入了管道过程传输（也就是该数据包开始进入节点的数据发送模块准备数据传输的时候），仿真系统核心会指定一些最基本的传输数据属性给数据包，以便给后面将要调用的管道提供一些反映该数据包特性的基本属性（例如数据包所需使用的收发器ID号、链路ID号等）。

10.2 网络可靠性仿真试验方法

10.2.1 网络可靠性仿真试验流程

由于不同网络在拓扑结构与节点配置上的差异，对网络可靠性的仿真评估，则首先需要明确仿真的网络对象，包括通信网、移动互联网、AFDX网络、战术互联网等。受外在不同的环境与内在的业务流程等因素影响，网络对象不同层次的结构会表现出不同的可靠性。针对网络研究的实际需要，在确定网络可靠性仿真试验剖面后，配置仿真平台的仿真参数并进行仿真，收集所需的仿真数据，经过处理完成对网络的可靠性评估。网络可靠性仿真试验流程如图10.1所示。

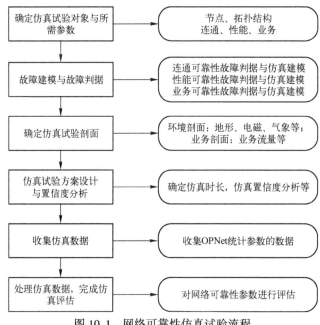

图10.1　网络可靠性仿真试验流程

10.2.2 确定仿真试验对象

本章以战术互联网为研究对象,通过分析战术互联网中各单元的实际连接情况,抽象提取出其拓扑结构,进而在 OPNet 中设置各节点的参数与连接,完成对战术互联网的拓扑结构仿真建模,从而实现对试验对象的仿真。以下为 OPNet 中节点对象的建模方法。

根据战术互联网中无线移动网络节点的各项特性,在 OPNet 仿真软件中建立如图 10.2 所示的节点模型。

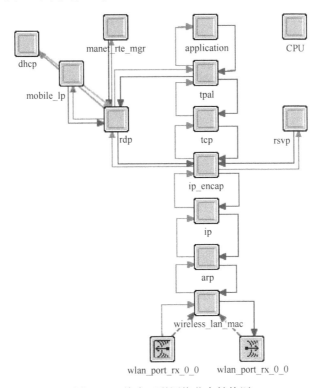

图 10.2 战术互联网络节点结构图

该无线节点含有整个节点模型的各层,即拓扑/物理层、规则/配置层、业务/服务层。这里,我们对应到 OSI 网络 7 层结构。首先,在物理层(wireless_lan_mac,wlan_port_rx_0_0, wlan_port_tx_0_0 模块中设置),采用无线接收发机组成物理信道。其次,在数据链路层(wireless_lan_mac 模块中设置),采用基于 IEEE 802.11、关于 WLAN 的 Distribute Coordination Function(DCF),DCF 是一种基于冲突避免的载波侦听多路访问协议(CSMA/CA)的随机访问策略。再次,通过地址解析(arp 模块),在路由层(ip 模块中设置),采用了 OPNet 支持的临时按序路由算法(Temporary Ordered Routing Algorithm,TORA),以及按需距离矢量(Ad Hoc Ondemand Distance Vector,AODV)协议,TORA协议是一个基于链路反转方法的自适应的分布式路由算法,主要用于高速动态的多跳无线网络。作为一个由源端发起的按需路由协议,它可以找到从源到一个目的节点的多条路由。它的主要特点是:当拓扑发生改变时,控制消息只在拓扑发生改变的局部范围传播,节点只需维护相邻节点的路由信息。最后,在上层采用标准TCP的传输协议(TCP模块)以及业务/服务层(application模块)的业务配置。AODV路由协议是一种按需改进的距离矢量路由协议,即网络中的每个节点在需要进行通信时才发送路由分组,而不会周期性地交互路由信息以得到所有其他主机的路由;同时具有距离矢量路由协议的一些特点,即各节点路由表只维护本节点到其他节点的路由,而无需掌握全网拓扑结构。

上述所建的战术互联网络节点,在OPNet所支持的各层参数和协议的基础上,通过改变相应的物理层参数,并对网络层/IP层以及应用层的网络业务及流量进行说明,符合实际移动网络节点特性,可以支持战术通信网络各层的通信仿真需求。

10.2.3 故障建模与故障判据

在战术互联网可靠性仿真试验中,需要将实际网络中的故障模型注入到仿真网络中。本节将对实际无线网络试验中高频率出现的构件功能故障、构件性能故障、拥塞故障及服务过程性故障等在OPNet仿真平台的实现方法中进行介绍。

1. 连通可靠性故障判据与仿真建模

1) 连通故障判据

网络构件的功能故障,会导致网络某些节点无法连通。在OPNet中,与网络构件层的连通可靠性模型相对应,对K端连通问题设置不同的故障判据。对于任意K端,在OPNet中设置其连通情形下的traffic received(B/s)参数Q_K为故障判据,一旦在所检测的K端的任意两端发现traffic received(B/s)参数低于正常连通情形下的Q_K,则认为此K端出现连通故障。

2) 构件功能故障在OPNet中的实现

在OPNet中开发了一个全局变量Failure Recovery模块,该模块不仅能支持设置网络中任意节点及链路的可靠度,并可以简单支持设置部件的维修恢复,如图10.3所示。

使用方法为:首先建立网络模型,并为此网络添加一个Failure Recovery模块,为全网的节点及链路添加故障模型。其中每个节点及链路可设置的故障模

第 10 章 网络系统可靠性仿真评估方法

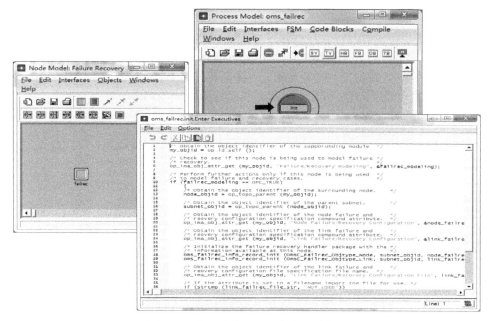

图 10.3 物理故障 OPNet 仿真设计模型

型包括指数模型、对数正态模型、威布尔模型、帕累托模型等。

Failure Recovery 模块的实现过程为:建立进程模型 oms_failrec,代码按OPNet 规则进行编写,此处的重点是把进程模块中、Interface 中、model attributes 中的,Time 修改为 string 类型,并加入指数分布等故障模型,而在 oms_failure_init_Enter Executives 和 oms_failure_init_Exit_Executives 中加入相应代码以保证故障模型得以实现。

2. 性能可靠性故障判据与仿真建模

1) 性能故障判据

网络性能故障模式主要包括延时、丢包、误码。在 OPNet 中,可以统计 delay(sec)、packet loss rate、bit error rate 等参数,针对所需的性能要求,设定对应的阈值,如 Q_D、Q_L、Q_R,为故障判据,超出对应的性能容忍阈值则认为系统出现性能故障。

2) 设备性能不足在 OPNet 中实现

设备性能不足引起的故障是相对于网络流量大小而言的。当流量作为输入条件固定在某一范围时,若设备的性能不足不能满足流量传输的要求时,即认为设备性能不足而引发故障。

设备性能参数主要有 3 种:设备的吞吐量、设备的数据转发能力、设备的内存大小。OPNet 直接支持以上 3 种参数的设置,如图 10.4 所示。其中,

Processing Scheme 有两种状态,状态"Central Processing"是指使用单一队列处理所有数据包的单服务器模式,状态"Slot Based Processing"是指使用多队列配置方式的多服务模式。Datagram Switching Rate 是对交换机的吞吐量进行设置,Datagram Forwarding Rate 是指交换机的数据转发速率(可设置为以数据包或比特为单位),Memory Size 则是对内存大小进行设置。

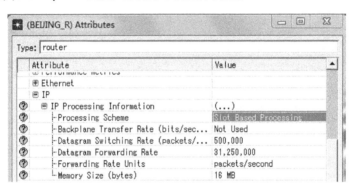

图 10.4 OPNet 中吞吐量、数据转发能力及内存的设定

交换设备的吞吐量、数据转发能力和内存大小 3 个参数可基本反映一个设备对数据的处理性能,当到达的数据流较大导致该设备无法对数据流进行及时处理时,即认为该设备的性能不满足要求。

3) 拥塞控制在 OPNet 中的实现

OPNet 已提供了传统拥塞控制算法,包括:流量整形中的漏桶及令牌桶算法;队列管理策略中典型的有 RED 及其衍生算法,AVQ 算法;分组调度中的基于静态优先级(FCFS)的算法,基于轮询(Round Robin, RR)的算法,基于 GPS 模型的算法等。同时,OPNet 中也支持根据需要配置或开发其他相应的控制及调度算法,例如自适应调度算法等。

调度及拥塞控制的算法应在网络 7 层协议中的传输层实现,如图 10.5 所示。

3. 业务可靠性故障判据与仿真建模

1) 业务故障判据

业务可靠度是网络在规定的某个业务剖面内满足规定功能的概率,能够反映网络对该业务的服务能力随时间的动态变化,是性能可靠度的加权综合。因此,针对业务的故障判据需要与具体业务中对各种功能调用的权值相协调。在实际操作中,以业务所要求的对应性能指标为故障判据。

2) 服务过程性故障在 OPNet 中的实现

TASK 模块用于自定义服务的多端业务模型,该模块定义了业务服务的整

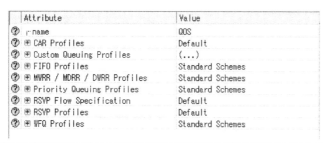

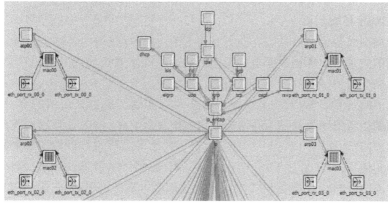

图 10.5　拥塞控制策略在 OPNet 中的实现方式

个流程,对业务的每一阶段可定义其开始时间(Start Phase After),业务通信的源端(Source)、目的端(Destination),每一段业务的上行和下行通信流量大小(Source↔Destination Traffic)。在业务的通信流量大小设置模块中,可以对业务流量行为进行详细设置,包括目的节点处理请求所需时间、请求包的大小、业务封包的大小、每次请求的时间间隔等,其具体使用方法如图 10.6 所示。

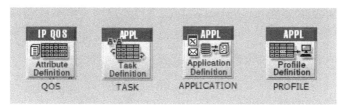

图 10.6　服务过程性故障在 OPNet 中的实现

QoS 模块则具体规定了网络中特定服务的质量需求,包括业务流量队列的拥塞控制机制、网络资源的预留方式等。

APPLICATION 模块用于定义在网络中使用的业务类型,并对业务服务的协议方式等进行配置,包括业务运行方式、使用协议、业务占用端口、业务的服务等级等。

PROFILE 模块则指定了网络的业务服务使用剖面,包括服务所涉及的所有业务种类,以及该服务应用的运行方式,运行的时长等。

10.2.4 确定仿真试验剖面

在9.2节网络可靠性试验剖面的相关研究中,明确了试验剖面由使用剖面和环境剖面分解而来,其中使用剖面主要包括通信网络典型的通信业务和节点移动两个方面。本节具体介绍网络可靠性仿真试验剖面的构建过程。

1. 确定环境剖面

环境剖面是指网络系统在执行任务过程中将会遇到的各种主要环境参数和时间的关系图。环境剖面主要侧重影响通信网络通信质量的环境因素,主要包括电磁应力、气候应力、地形地貌等。

在 OPNet 中,通过导入真实地形数据可以实现对地形环境的仿真,进而把地形的遮挡考虑到无线移动网络连通可靠性算法之中,同时还可以选择无线传播模型,并对地面电导率、空气湿度、地表折射率等参数进行设定。如果使用北美地区的地形,则不管是 USGS DEM 还是 DTED 格式的数据,都能很容易获得,因为 USGS 和 NGA 在因特网上提供了北美地区丰富的地形数据;若使用其他地区的地图(例如中国),则需要从特定的地方进行相应数据下载,本案例从下面的网站下载华北渤海区域的地图数据:http://srtm.csi.cgiar.org/SELECTION/inputCoord.asp。下载完后在 global_mapper12 中对下载的地图进行转换,转换成所需的文件格式 DTED 或 DEM,就得到了能够在 OPNet 中使用的地形数据。然后使用 OPNet 中自带地形建模块(Terrain Modeling Module,TMM),将得到的地形数据导入到网络场景中。打开 OPNet,打开 project 后,依次点击 topology→terrain→specify terrain data directory。在弹出的对话框中点击 browse,选择刚刚生成文件所存放的文件夹。Format 后面的下拉菜单为文件类型,选择 DTED,点击 ok。这样就可以在网络场景中看到地形等高线了,如图 10.7 所示。

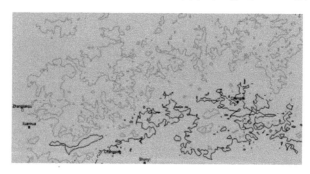

图 10.7 导入地形数据后的网络场景

在地形因素导入后,可以在剖面观测界面选择网络的传播模型,可选择的无线信号的传播模型有国际无线电咨询委员会(Consultative Committee of International Radio,CCIR)模型、自由空间(free space)模型、HATA 模型、Longley Rice 模型、Walfisch-Ikegami 模型以及 OPNet 为美国军方定制的 TIREM3 和 TIREM4 模型,如图 10.8 所示。

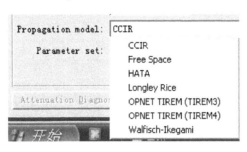

图 10.8　传播模型选择

选定某传播模型之后,传播模型的参数设置情况如图 10.9 所示。

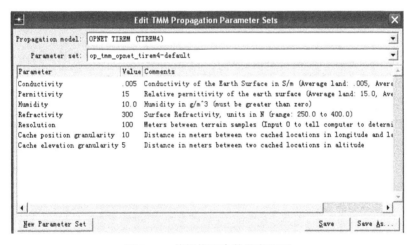

图 10.9　传播模型参数设定界面

这些参数如地面导电率、水蒸气、表面折射率、地球曲率等的设置修改在 OPNet 软件中内置的英文教程里面有相应的参考标准,为此,可综合使用自然地貌和环境因素作为输入参数,从而计算信号的衰减。

2. 确定业务剖面

网络可靠性试验必然涉及到网络的业务流量建模。本节将介绍在仿真环境中完成无线移动网络可靠性试验业务流量建模要求的方法,主要包括前景流量和背景流量建模两部分。

1) 前景流量建模

在OPNet中,前景流量是指定义在如无线城域网的基站(Station)、局域网节点等中的流量,它是包到包的数据传输,每个传递都作为一个离散事件,也称OPNet的精确业务建模,具体通过应用配置(Application Configuration)节点、业务规格配置(Profile Configuration)节点以及任务配置(Task Configuration)来配置网络的业务和流量特性,如表10.1所列。

表10.1 OPNet业务定义节点

名　　称	作　　用
Application Configure	存放应用参数
Profile Configure	存放业务简档参数
Task Configure	存放任务和阶段参数

(1) Application Configure对象配置。

Application Configure定义客户或客户组所有产生的应用业务及应用业务参数,参数包括所发数据包的大小、发包间隔概率等。其属性包含以下两项:

① Name:为应用业务名,表示客户要开展的应用业务类型和参数,一般以标注其特征的方式进行命名。

② Description:是复合属性,描述客户要进行的应用业务。用户可以在Description的下一级菜单(Description)Table中选择客户应用业务。这些应用业务来自标准应用业务,或是在任务Task中定义应用业务。

在Application Definitions编辑器中的每一栏代表一组应用业务属性相同的客户。不同的客户要进行不同的配置,即使它们应用业务相同。Application Configure能提供客户定义的Task和标准应用业务的两种应用业务。其主要参数如表10.2所列。

表10.2 OPNet支持的9种端到端业务

应 用 业 务	描　　述
FTP	文件传输
E-mail	邮件传输
Remote Login	远程登录
Video Conferencing	视频会议
Database	数据库查询和更新
HTTP Web	浏览器
Print	打印工作
Voice	音频传输模式
Custom	用户自定义应用业务模式

OPNet Modeler 根据网络协议的内容定义了关于各种标准应用业务的参数。在所建的网络上添加应用业务就是要对应用业务参数进行配置。

（2）Profile Configure 对象配置。

Application Configure 定义的应用业务是指客户或客户组所有可能开展的业务。但在某个时间段内客户具体所完成的应用业务还需要用应用业务规格配置（Profile Configure）来描述，在本案例中，即是将已经自定义了的业务进行相应的配置，如设定应用业务的开始时间、持续时间、重复次数以及运行模式等。即应用业务规格配置是指客户或客户组在一定时间段内所进行的具体应用业务。Profile Configure 是将具有相同应用业务和应用业务规格的客户归为一类，并在 Profile Configure Table 属性表中作为一行来表示。所谓具有相同应用业务和应用业务规格是指客户的业务类型相同，业务开展和持续时间也相同。Profile Configure 编辑器中参数设置如表 10.3 所列。

表 10.3　Profile Configure 的属性参数描述

属　　性	描　　述
Profile Name	表示应用业务规格名称，用于标识不同应用业务的客户或客户组的应用业务行为模式
Applications	定义客户完成的具体应用业务。 Start Time Offset 表示与客户应用业务开始时间相关的值； Duration 表示每种应用业务持续的时间； Repeatability 表示每种应用业务的重复次数
Operation Mode	定义客户应用业务的运行模式，有同时（Simultaneous）、顺序（Serial Ordered）和随机（Serial Random）3 种方式

（3）Task Configure 对象配置。

任务是根据应用业务的上下关系定义客户活动的基本单元。一个任务被分成很多"阶段"，每个阶段就表示具体行为，比如数据传输或数据处理。阶段又分为多个步骤，步骤是更为具体的行为，比如获取数据事件，包括发送请求到服务器，接受相应的请求，查询并返回结果等步骤。即业务是指网络中利用网络上的应用软件完成一系列功能的活动，包含有流程的概念，因此，这里的将任务按照流程进行分段就是利用了这个思想。

任务定义和任务分段是建立模型的关键，其取决于应用业务关系和执行过程。根据应用业务关系划分任务，在依据执行过程将其分为不同的阶段后，细分阶段为具体的步骤，最后采用与任务编辑器对应的图表表示，以备建模配置任务时使用。有些任务可以增加客户思考问题时间之类的外界因素。

在配置任务中，OPNet Modeler 采用两种方法进行分段。第一种是用手工分段,将任务输入到任务编辑器中,另一种是用 ACE 记录任务细节,然后在 (Task Specification) Table 中添加 ACE 文件名使两者关联在一起。具体参数如表 10.4 所列。

表 10.4 Task Specification 的属性参数描述

属 性	描 述
Start Phase After	描述从阶段源到阶段目的地节点业务的复合属性。属性包括阶段开始的初始化过程:如果是数据传输阶段,初始过程就表示第一次请求被发送的时间;如果是数据处理阶段,初始过程就表示总处理时间。即确定阶段开始于应用业务还是开始于前一阶段的结束
Source	阶段源节点的象征名
Destination	阶段目的地节点的象征名
Source->Dest Traffic	描述请求包的大小,包括发送包的数目和每个包的大小。在阶段源节点两次成功请求的分布时间,也表示产生一次请求所需要的时间
Dest->Source Traffic	描述从目的到源应答的复合属性。如果值设置为"No Response",则没有应答发送回请求设备
REQ/RESP Pattern	说明请求是否跟随应答或不等待应答便可以发送几个请求。有两种方式:REQ→RESP→REQ…方式表示源从收到应答后再发送下一个请求,请求是顺序发送的;REQ→REQ→…方式表示源能同时发送所有请求,通过请求的时间区分不同的源
End Phase When	指示阶段的结束。这个属性可能有 4 个值:最后请求离开源,最后请求到达目的地,最后应答离开目的地,最后应答到达源
Transport Connection	传输连接策略和阶段限制的说明。策略属性说明如何使用连接请求

2) 背景流量建模

在 OPNet 中,背景流量与前景流量相对应,是网络流量的两个组成部分。在 OPNet 中,背景流量不产生离散事件,但是会以延迟的形式来影响前景流量。背景业务建模也同时包含了应用层背景建模、网络层背景建模以及链路负载背景流模式等。

对于 IP 层背景流量设定和应用流量设置相同,设定相对复杂一些。主要参数如表 10.5 所列。

表 10.5 IP 层背景流量的参数描述

	Type of Service	服务质量
Traffic Characteristics	Packet Size PDF	数据包的大小
	Packet Interarrival Time PDF	数据包间间隔
	Tracer Packets Per Interval	在每段背景流间隔内发送的跟踪包的个数

(续)

Same As Global Setting	选择多个业务需求
Traffic (packets/cond)	背景流需要模拟封包的生成速率,可以在不同时间段设定不同的封包速率,最后一个设定的值将一直延续到仿真结束
Traffic(bits/cond)	设定与上述 Traffic(packets/cond)方法相同
Traffic(bits/cond)/Traffic(packets/cond)	背景流所模拟的平均封包大小
Traffic Scaling Factor	流量尺度因子,加大它流量会成倍增加,一般越小仿真越精确
Tracer Packet Redundancy	确保当传输有故障时重发跟踪包

移动自组织网络在网络层的背景流量还可以使用 Raw packet generation 来生成业务,如图 10.10 所示。

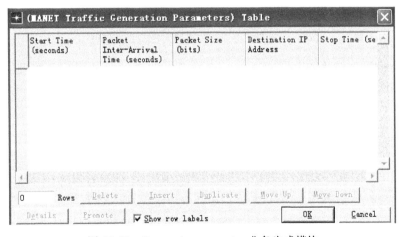

图 10.10 Raw packet generation 业务生成模块

此时,网络的业务作用于 IP 层,如图 10.11 所示。

在这里可以设置开始时间,结束时间,包间隔到达时间,包大小,以及目的 IP 地址。

此外,OPNet 也支持底层的背景流建模,但是很少用,同时它还支持链路背景业务建模。这种方法相对其他方法最简单,精确度也最差,只是通过改变当前链路的背景负载来模拟被背景业务占用的带宽。例如链路背景使用率(Background Utilization)为 50%,假设共有 1Mb/s 的带宽,则实际只有 500Kb/s 带宽可供使用。这种方法不能像背景流量建模那样模拟出网络层的表现和队列的性能。

333

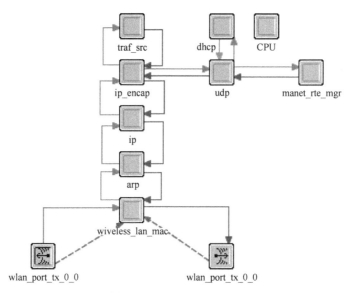

图 10.11 IP 层网络业务

3. 确定网络移动

OPNet 中的移动轨迹设定主要有 4 种不同的方法,分别为分段方法、向量轨迹方式、随机移动方式以及进程模型。本章采用随机移动和进程模型相结合的方式,对二维正态云模型产生的无线移动网络典型 5 种移动模式进行建模。

二维正态云模型作为战术移动模式的生成算法,能有效描述典型战术移动模式的模糊性及随机性,从而能更加准确地评估无线移动网络的可靠性。节点 i 时刻 t 位置$(x_i(t), y_i(t), \mu_i(t))$,通过二维正向正态云发生器的期望值、熵和超熵的不同设置,可得表征移动节点位置的 N 个云滴所组成的不同战术移动模式,具体如下[5-8]:

$$\mu_i(t) = \exp\left\{-\left[\frac{(x_i(t)-E_x(t))^2}{2E_{nx_i'}(t)} + \frac{(y_i(t)-E_y(t))^2}{2E_{ny_i'}(t)}\right]\right\}$$

式中:$(E_x(t), E_y(t))$ 为期望为 $(E_{nx}(t), E_{ny}(t))$、熵为 $(H_{ex^2}, H_{ey^2}(t))$ 的二维正态随机变量;$(x_i(t), y_i(t))$ 为期望为 $(E_x(t), E_y(t))$、熵为 $(E_{nx_i^2}(t), E_{ny_i^2}(t))$ 的二维正态随机变量;$\mu_i(t)$ 为 $(x_i(t), y_i(t))$ 属于某论域程度的量度。

根据参数 $(E_x, E_y, E_{nx}, E_{ny}, H_{ex}, H_{ey}, n)$ 选择值的不同,由云模型产生随机移动、冲锋队列、线型队列、抛物线队列、聚集队列 5 种移动模式[5,6,8],如表 10.6 所列。

表 10.6　二维正态云模型产生 5 种移动模型

参　数	数　值
随机移动	$V_{min}=5, V_{max}=25$
抛物线队列	$x=\text{rand}(4,7), E_x=E_y=0, E_{nx}=E_{ny}=200, H_{ex}=H_{ey}=0.1$
冲锋队列	$x=0, E_x=E_y=0, E_{nx}=E_{ny}=5, H_{ex}=H_{ey}=3$
聚集队列	$(0,0), E_x=E_y=0, E_{nx}=E_{ny}=0.1, H_{ex}=H_{ey}=0.1$
线型队列	$x=0, (0,0), E_x=E_y=0, E_{nx}=0.05, E_{ny}=0.3, H_{ex}=H_{ey}=0.05$

将对应的参数代入移动模型中即可得到每个移动模型的函数。下面以抛物线队列移动模型为例，给出云模型产生的移动模型在 OPNet 中的实现过程。首先，打开 OPNet 中自带的随机移动进程 open→std→wireless，并另存为自己的进程 move_point，然后打开 random_mobility_config，在其中通过 File→Declare Child Process Models 将刚刚另存为的子进程 move_point 添加进去。然后，通过 Interfaces→Model Attributes 中对"compound"复合属性的设置将 move_point 添加到可供随机移动模型调用的进程队列中，如图 10.12 所示。

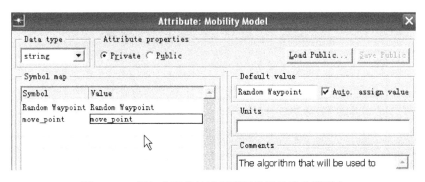

图 10.12　添加自定义的进程到可供随机移动模型中

接着点击 random_mobility_config 进程界面中的 FB 按钮，进入进程函数编写模块。先在变量定义的位置定义二维正态云模型所要用到的变量，然后在随机移动进程的代码中，找到移动方式的代码，并将其默认的移动模式代码替换成抛物线队列移动模型的代码。具体如图 10.13 所示。

接着，通过 OPNet 中自带的函数，得到当前节点位置 longitude 与 latitude，然后通过当前位置与最终目的地期望值，得到下一步所要移动到的目的地经纬度 longitude_target 和 latitude_target。得到下一步期望坐标后，使用 OPNet 自带随机数函数 op_dis_uniform 结合抛物线队列参数，得到下一步实际需要移动的坐标，存回 longitude_target 和 latitude_target 中。最后把 longitude_target 和 latitude_target 坐标值传递给 OPNet 移动函数，保存即完成移动函数的编写。

move_point.function block
File Edit Options

```
            x_max = xmax;
            y_min = ymin;
            y_max = ymax;

            }
        else
            {
            /* Get the coordinates specified by the user.          */
            x_min = mobile_node_ptr->movement_area_ptr->x_min;
            x_max = mobile_node_ptr->movement_area_ptr->x_max;
            y_min = mobile_node_ptr->movement_area_ptr->y_min;
            y_max = mobile_node_ptr->movement_area_ptr->y_max;
            }
    /*added by BEn  2013.3.28
      get the y coordinate through the Cloud.
    */
    He=0.1,Ex=500,En=200;
    Enn=(sqrt(-2*log(op_dist_uniform(1.0)))*cos(2*Pi*op_dist_uniform(1.0)))*He+En;
    cx=(sqrt(-2*log(op_dist_uniform(1.0)))*cos(2*Pi*op_dist_uniform(1.0)))*Enn+Ex;
    op_ima_obj_pos_get (mobile_node_ptr->mobile_entity_objid, &latitude, &longitude
//longitude_target = longitude+0.00001;
//latitude_target= -1777.77778*longitude_target*longitude_target+5.3333*longitude
    longitude_target=longitude+op_dist_uniform(x_min+0.03+0.804-longitude);
    latitude_target=y_min-cx/1000;

      /* Obtain the global positions of the node.              */
      op_ima_obj_pos_get (mobile_node_ptr->mobile_entity_objid, &latitude, &longitu

      /* Find out the distance from current position to the      */
      /* target position in meters.                              */
      dist_to_cover = prg_geo_great_circle_distance_get (latitude, longitude, lati

      /* Make sure that the distance is not zero if we are also  */
      /* recording our movement into a trajectory to prevent     */
      /* having zero travel times, which invalidates the         */
      /* trajectory data.                                        */
```

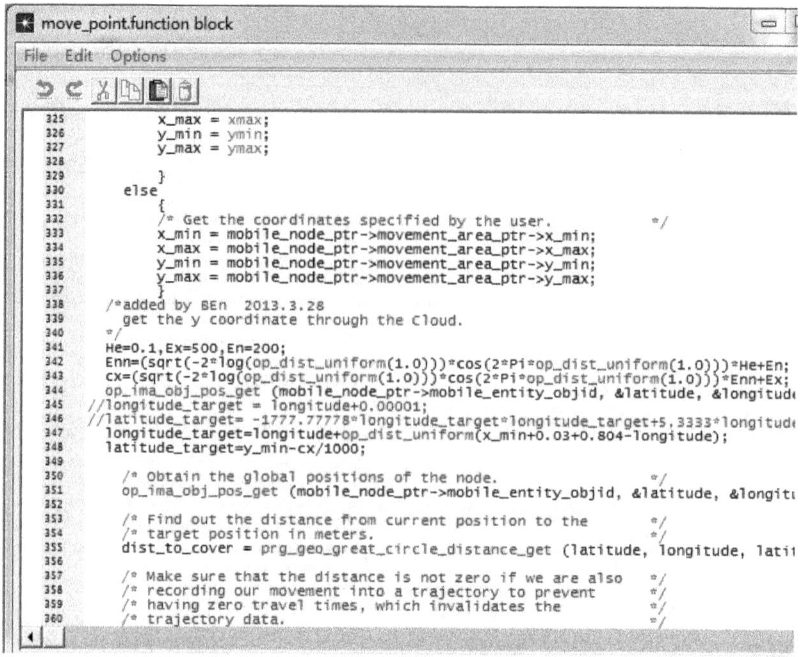

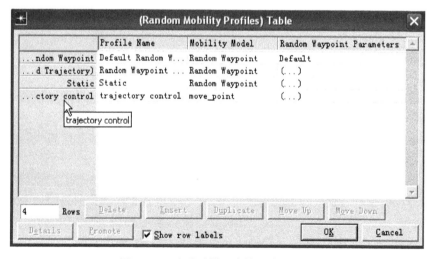

图 10.13　抛物线队列移动模型的代码截图

完成了移动函数编写之后,需要打开 random_mobility_config 进程界面中的 Interface 下面的节点接口,设定一种场景中可使用的移动模型,并让其使用上面所编写的移动进程,具体见图 10.14。

图 10.14　在移动模型中使用移动进程

到此就完成了抛物线移动模型在 OPNet 中的实现,最后在网络场景中选择 Topology→Random Mobility→Set Mobility Profile,选择我们刚建立的移动模型 trajectory control 就可以使用抛物线队列移动模型了。其他移动模型通过相似的步骤同样可以建立。

10.2.5 仿真试验设计与置信度分析

在仿真过程中,连通可靠性、性能可靠性和业务可靠性的仿真参数不一样,但是在选定了可靠性参数以及对应的故障之后,我们可以从仿真数据中得到故障数据。在传统的可靠性试验设计中,往往可以通过经验决定产品对象的故障分布,然后进一步设计试验方案。在网络可靠性仿真试验设计中,我们先使用比实际试验更苛刻的故障判据,通过较短时间、较少次数试验来确定网络对象的理论累积故障分布,然后根据定时可靠性试验设计方案中的思想设定针对网络的可靠性试验方案。

1. 理论累积故障分布的确定[9]

为了得到网络对象的理论累积故障分布形式,我们先进行一些仿真试验。这些仿真试验条件与我们所要设计的仿真试验方案条件一致。考虑到比如经济上的要求、时间上的要求,这些仿真试验的仿真时间要满足这些要求。

第一,选定试验结束依据。第二,选定试验次数。在此,我们进行定数结尾试验,当试验过程中故障个数大于 r (r 是非负整数,具体取哪个数可以根据具体情况取定。如果做每次试验的花费较多,r 可以取小一些;如果做每次试验的花费较少,r 就可以取得稍大一些。我们可以抽取总体费用的 10% 左右进行这部分试验)个时,试验结束,则试验时间就为第 r 个故障时间。进行 M 次试验。这里的故障判据就是仿真过程中出现 r 个错误,则网络故障。所以,可以通过拟合出的分布求理论累积故障分布。

经过 M 次试验,记录每次仿真试验时间并从小到大排序,记为 $\{T_1, T_2, \cdots, T_M\}$,则令

$$F(t \leq T_M) = 1$$
$$\vdots$$
$$F(t \leq T_i) = \frac{\text{小于等于 } T_i \text{ 的个数}}{M}$$
$$\vdots$$
$$F(t \leq T_1) = \frac{\text{等于 } T_1 \text{ 的个数}}{M}$$

经过计算,得到一个点集 $\{(T_i, F(t \leq T_i)), i=1,2,\cdots,M\}$,在直角坐标系

中,以时间 t 为横轴,以概率值 $F(t)$ 为纵轴,描出点集中各点,然后,用光滑曲线连接各个点。所得曲线就是预计总仿真时间的分布函数。最后,用常用分布,如指数分布、威布尔分布、正态分布、对数正态分布等的分布函数曲线与画出的曲线比较,最为接近的常用分布假设为拟合的分布。为了验证我们的假设是否正确,还需要进行拟合的分布的假设检验。

检验总体分布有多种方法,如 χ^2 检验法、直方图法、概率纸法等,直方图法和概率纸法比较简便、直观,但不那么精细。我们这里采用 χ^2 检验法。其具体过程如下。

(1) 建立原假设 H_0:总体分布函数为 $F(t)$。备择假设 H_1:总体分布函数不为 $F(t)$。

若分布函数 $F(t)$ 的参数未知,则可以用参数的估计值代替未知参数。如 $F(t)$ 服从正态分布时,其参数的估计值可为

$$\hat{\mu} = \frac{1}{n} \sum_{i=1}^{n} F(T_i)$$

$$\hat{\sigma}^2 = \frac{1}{n} \sum_{i=1}^{n} (F(T_i) - \hat{\mu})^2$$

其他分布函数也有类似的估计值公式。

(2) 把横轴 $(-\infty, +\infty)$ 分为 k 个不相交的区间 $(-\infty, a_1], (a_1, a_2], \cdots, (a_{k-1}, +\infty]$,用 f_i 表示 $T_1, \cdots, T_n$ 落入第 i 个区间中的个数 $(i=1,2,\cdots,M)$,称为实际频数。$\frac{f_i}{n}$ 为频率,根据之前假设计算出下面各式。

$$\begin{aligned} P_1 &= P(t \leq a_1) = F(a_1) \\ P_i &= P(a_{i-1} < t \leq a_i) = F(a_i) - F(a_{i-1}), \quad i=2,3,\cdots,k-1 \\ P_k &= P(t > a_{k-1}) = 1 - F(a_{k-1}) \end{aligned} \quad (10.1)$$

这里,$F(a_1)$ 是根据假设的分布计算出来的。

(3) 计算统计量 χ^2 观测值:

$$\chi^2 = \sum_{i=1}^{k} \frac{(f_i - np_i)^2}{np_i}$$

当 $n \geq 50$ 时 χ^2 近似服从自由度为 $k-r-1$ 的 χ^2 分布,其中 r 为总体分布中未知参数的个数。根据样本值 $\{T_1, T_2, \cdots, T_M\}$ 算出统计量 χ^2 的值。

(4) 作出判断。将统计量 χ^2 的值与 $\chi^2_{1-\alpha}(k-r-1)$ 进行比较。若 $\chi^2 > \chi^2_{1-\alpha}(k-r-1)$,则拒绝原假设 H_0:总体分布函数为 $F(t)$,否则就接受备择假设 H_1:总体分布函数不为 $F(t)$。

经过以上的拟合,假设检验可知,理论可靠性的分布函数 $R(t) = 1 - F(t)$。

2. 仿真试验时间的确定

根据以上得到仿真过程的可靠性的分布函数,设其分布函数的参数集为 X,则可知 $R(X,t)$,$F(X,t)=1-R(X,t)$。我们采用一次抽样方案,仿真时间 t,n 次仿真试验中出现故障的次数为 r 的概率为

$$\binom{n}{r} F(X,t)^r R(X,t)^{n-r}$$

则到仿真时间 t,出故障的次数 $r \leq A_c = C$ 的接收概率为

$$L(X) = \sum_{r=0}^{C} \binom{n}{r} F(X,t)^r R(X,t)^{n-r} \tag{10.2}$$

通过各种等价代换以及参数集 X 与 MTBF 之间的具体关系,将式(10.2)化解成下面形式:

$$L(\theta) = \Phi(T, \theta, C)$$

式中:T 为总试验时间;θ 为 MTBF;C 为故障上限数。

生产方可接受的质量水平为 θ_0,相应的生产方风险为 α,使用方要求的平均故障间隔时间为 θ_1,相应的使用方风险为 β。于是应有

$$\begin{aligned} L(\theta_0) &= \Phi(T, \theta_0, C) = 1 - \alpha \\ L(\theta_1) &= \Phi(T, \theta_1, C) = \beta \end{aligned} \tag{10.3}$$

在给定生产方风险和使用方风险时,我们可以根据式(10.3)迭代计算出总仿真时间 T,故障上限数 C,以及拒收下限数 $R_e = C+1$。

(1) $C=0$,$R_e=1$,给定的 β。

(2) 代入式(10.3),计算出 T 与 α 的值。

(3) 如果 α 的值大于给定值,则 $C=C+1$,$R_e=R_e+1$,转入(2);如果 α 的值不大于给定值,转入(4)。

(4) 停止迭代,输出 T, C, R_e。

通过上面的计算,我们就确定了总仿真试验时间,以及故障的接收上限和拒收下限。由于在做仿真试验时,都是整数个任务时间 t_0,所以我们可以根据实际需求,比如做试验的花费较小时,可以取 $T = \left(\left[\dfrac{T}{t_0}\right]+1\right)t_0$,花费较大时,可以取 $T = \left[\dfrac{T}{t_0}\right]t_0$。

3. 仿真置信度分析

根据给定的 MTBF 的置信度 γ(一般取 $1-\beta$ 或 $1-2\beta$),根据定时试验统计方案,计算出试验所得的 MTBF 的置信区间。

如果在试验过程中,时间达到 T 时,故障数 $r \leq A_c$,则置信区间按定时试验

计算。如果在试验过程中,时间未达到 T 时,故障数 $r=R_e$,则置信区间按定数试验计算。

1) 定时试验置信区间

MTBF 的观测值 $\hat{\theta}=\dfrac{T}{r}$,则 MTBF 的单侧置信下限为

$$\theta_L = \dfrac{2r}{\chi^2_{\gamma}(2r+2)}\hat{\theta}$$

MTBF 的双侧置信上下限为

$$\theta_L = \dfrac{2r}{\chi^2_{\frac{1+\gamma}{2}}(2r+2)}\hat{\theta}$$

$$\theta_U = \dfrac{2r}{\chi^2_{\frac{1-\gamma}{2}}(2r)}\hat{\theta}$$

2) 定数试验置信区间

MTBF 的观测值 $\hat{\theta}=\dfrac{T}{r}$,则 MTBF 的单侧置信下限为

$$\theta_L = \dfrac{2r}{\chi^2_{\gamma}(2r)}\hat{\theta}$$

MTBF 的双侧置信上下限为

$$\theta_L = \dfrac{2r}{\chi^2_{\frac{1+\gamma}{2}}(2r)}\hat{\theta}$$

$$\theta_U = \dfrac{2r}{\chi^2_{\frac{1-\gamma}{2}}(2r)}\hat{\theta}$$

10.2.6 仿真数据收集和处理

1. 连通可靠性[6]

连通可靠度参数的实现均可通过在 OPNet 中对 traffic received(B/s)参数进行收集来进一步完成相关计算。traffic received(B/s)参数是指:终端节点在仿真过程中的某一时间段内平均每秒收到的数据包大小。

K 端连通可靠度是指在规定的条件下,规定的时间内,无线移动网络中 k 个端点之间保持连通的概率。其主要包括两端可靠度、K 端可靠度和全端可靠度,计算方法相似。以两端可靠度为例,首先将网络场景中两节点保持连通的情况下 traffic received(B/s)的值 Q_K 选为故障判据。然后将 OPNet 中得到的节点对每一时刻的 traffic received(B/s)值与故障判据进行比较确定该时刻节点对

是否连通,从而得到一组实验中节点对保持连通的时间序列。最后,通过对 N 组实验中节点对的连通时间序列进行统计分析,就可以得到两端连通可靠度曲线。

同样地,在计算 K 端或全端可靠度时,只要把节点对保持连通的时间改为 K 个节点保持连通的时间带入算法,即可得到 K 端或全端可靠度的结果。

其计算过程为:设 t_0 为剖面时长,$N \times t_0$ 为仿真试验总时间,M 为试验组数,令

$$X_j(it_0) = \begin{cases} 1, & \text{k 个端点的 traffic received(B/s)} \geq Q_K \\ 0, & \text{其他} \end{cases}$$

式中:Q_K 为故障判据;it_0 为仿真时间点。

经过仿真试验得到 $X_j(it_0)$ 后,it_0 时刻的 K 端连通可靠度 $R_C(it_0)$ 为

$$R_C(it_0) = \frac{\sum_{j=1}^{M} X_j(it_0)}{M}, \quad i = 1, 2, \cdots, N$$

式中:M 为试验组数;N 为仿真试验经过几个 t_0。

这样,我们就得到一组试验点 $(it_0, R_C(it_0))$,进而得到 K 端连通可靠度曲线 $(t, R_C(t))$。

2. 性能可靠性[8]

性能可靠性参数包括及时、完整、正确可靠性三方面参数。仿真环境下的相关统计量分别为时延、丢包率、误码率。

及时可靠度 R_T 是网络在规定的条件下、规定的时间内,数据包的传输时间不大于给定传输时间阈值 Q_T 的概率。首先,在网络场景中节点对保持连通的情况下,选取合适的 delay(sec) 值作为故障判据。然后,在 OPNet 中收集源节点发送任务与目标节点收到任务的时间,进行 N 组实验,得到一个 delay(sec) 序列,再将时间序列中的元素与故障判据比较,确定节点对的及时传输的能力。最后,经过统计分析,得出及时可靠度曲线。

设 t_0 为剖面时长,$N \times t_0$ 为仿真试验总时间,M 为试验组数。令

$$X_j(it_0) = \begin{cases} 1, & \text{节点对间 delay(sec)} \leq Q_T \\ 0, & \text{其他} \end{cases}$$

式中:Q_T 为故障判据;it_0 为仿真时间点。

经过仿真试验得到 $X_j(it_0)$ 后,it_0 时刻的及时可靠度 $R_T(it_0)$ 为

$$R_T(it_0) = \frac{\sum_{j=1}^{M} X_j(it_0)}{M}, \quad i = 1, 2, \cdots, N$$

式中：M 为试验组数；N 为仿真试验经过几个 t_0。

这样，我们就得到一组试验点 $(it_0, R_T(it_0))$，进而得到及时可靠度曲线 $(t, R_T(t))$。

同理，当选取的性能指标参数为 packet loss rate 或 bit error rate 时，利用相似的方法即可以得到完整可靠度或正确可靠度。

3. 业务可靠性[8]

业务可靠度 R_A 是网络在规定的某个业务剖面内满足规定功能的概率，能够反映网络对该业务的服务能力随时间的动态变化。

每一个业务可以分成业务集 $A_i(i=1,2\cdots)$ 的综合。我们先介绍业务 A_i 的实现过程。业务可靠度是基于业务性能可靠度的加权综合。基于业务的性能可靠度实现过程与上一节性能可靠度的实现过程一样，只是这里以业务所需性能为主。可以先得到业务 A_i 的及时可靠度 R_{AT}^i、完整可靠度 R_{AI}^i、正确可靠度 R_{AJ}^i，再根据业务 A_i 的具体要求给及时可靠度 R_{AT}^i、完整可靠度 R_{AI}^i、正确可靠度 R_{AJ}^i 赋予权值，通过加权得到业务 A_i 的业务可靠度序列。

表 10.7 列举了及时可靠度 R_{AT}^i、完整可靠度 R_{AI}^i、正确可靠度 R_{AJ}^i 的重要度，也就是 3 种可靠度的权重。则业务 A_i 的可靠度 $R_A^i(it_0)$ 为

$$R_A^i(it_0) = \omega_{AT}^i \times R_{AT}^i(it_0) + \omega_{AI}^i \times R_{AI}^i(it_0) + \omega_{AJ}^i \times R_{AJ}^i(it_0), \quad i=1,2,\cdots,N_A$$

式中：it_0 为仿真时间点；N_A 为业务集元素的个数。

表 10.7　业务 A_i 的 3 类可靠度的重要度

业务 A_i 的可靠度类型	及时可靠度 $R_{AT}^i(it_0)$	完整可靠度 $R_{AI}^i(it_0)$	正确可靠度 $R_{AJ}^i(it_0)$
重要度	ω_{AT}^i	ω_{AI}^i	ω_{AJ}^i

当存在多个业务同时运行时，给各个业务分配权重，同理可以得到多业务可靠度。业务可靠度 $R_A(it_0)$ 可以写成：

$$R_A(it_0) = \sum_{i=1}^{N_A}(\omega_i \times R_A^i(it_0))$$

式中：ω_i 为业务 A_i 的权重。

这样，我们就得到了一组试验点 $(it_0, R_A(it_0))$，进而得到业务可靠度曲线 $(t, R_A(t))$。

10.3　通信网络可靠性仿真评估案例

本节介绍通信网络可靠性仿真评估方法，并按 3 层网络可靠性参数进行评估，得到完整的连通可靠度、性能可靠度和业务可靠度。

10.3.1 案例设计

1. 案例场景设计

本节针对战术互联网这一典型的无线移动通信网络进行具体仿真案例的构建。战术互联网由空中和地面两部分组成,这里研究的是地面战术互联网。战术互联网实际上包含 4 类设备:终端、电台、无线战术互联网控制器(InterNet Controller,INC)和战术多网网关(Tactical Multiple Gateway,TMG)。其中,终端可以是 PC 机或手持移动通信设备等,而电台与终端结合在一起,为终端提供传输链路;INC 用于连接终端和电台,实现路由控制和 IP 报文转发,而 TMG 是用来连接不同级别网络的设备。

根据网络层次结构可将地面战术网络分为 3 个层次:地面战术网络、地面战术子网和单兵 Ad Hoc 网络。单兵 Ad Hoc 网络是同一作战单元各单兵之间组成的平面 Ad Hoc 网络,这些节点构成地面战术网络的底层。单兵 Ad Hoc 网的上层则包含单兵 Ad Hoc 网络的簇头节点和其他普通节点,这些节点与单兵 Ad Hoc 网共同组成地面战术子网。地面战术子网的上层包含各地面战术子网 Ad Hoc 网络的簇头节点,这些节点将各个地面战术子网互联成为一个完整的地面战术网络,如图 10.15 所示。

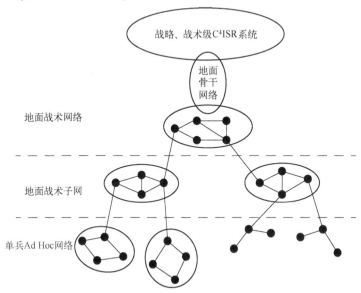

图 10.15 地面战术网络 Ad-Hoc 组网

单兵 Ad Hoc 网络是本节研究的重点,"动中通"是该网络的重要特点。图 10.16 描述的是图 10.15 中单兵 Ad Hoc 级别上被圈出的两个子网的一个案例,来源于航天国防企业泰雷兹集团(英国)的白皮书[10]。

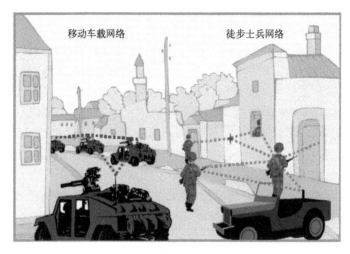

图 10.16　单兵 Ad Hoc 网络

图 10.16 中的两个子网不同之处在于终端的移动速度不同,簇首与其他节点的类型是否一致,另外,在单兵 Ad Hoc 中还会存在专门作为中继节点的固定节点。

本章将该子网和与该子网相关的上级节点抽离出来,得到图 10.17 所示的网络拓扑,作为下面案例设计的网络拓扑。

该网络对象共包括 3 级网络,86 个实体节点,其中节点 6 为地面战术网络的总指挥中心,节点 5 为地面战术子网的分指挥中心,节点 1,2,3,4 为单兵 Ad Hoc 网络中的联络员,也就是实际中的连长,每个连长带领 20 个士兵,也就是图中其他未标识数字的节点。节点 6 与节点 5 进行信息交换,单兵 Ad Hoc 网络只能通过 4 连队连长(节点 4)与上级指挥中心(节点 5)进行信息交换,4 连队连长将上级信息转发给其他连队连长(节点 1,2,3),再由各个连长指挥旗下单兵,旗下单兵通过身上设备与各自连长进行信息交换,执行任务。

由于节点 5,6 作为指挥中心,接收信号能力很强,其信号传递没有距离限制,在此认为指挥中心(节点 5,6)之间以及与 4 连队连长(节点 4)之间信息交换不受距离影响。连长作为一指挥员,接收信号能力比旗下士兵强,感知半径为 200m。旗下士兵只需与自己连长交换信息,接收能力较弱,感知半径为 50m。

2. 案例任务设计

在此,我们设计一个以反恐为作战任务的案例。其过程是总指挥中心收到反恐任务,立马指挥旗下一个营级指挥中心,营级指挥中心派遣 4 个连队包围

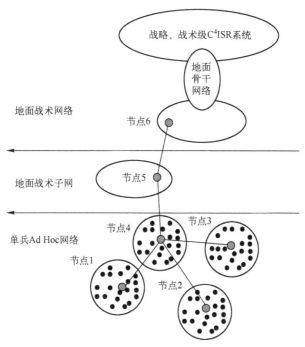

图 10.17 案例网络拓扑

目标建筑物,实施控制恐怖分子任务。

4个连队的任务要求:包围被恐怖分子控制的目标建筑物,然后控制目标建筑物区域直到后方支援部队到达后解散。

在任务的第一阶段,战术互联网中的节点 5 是营级指挥中心所在地,节点 5 通过各种先进设备,如雷达、无线通信链路,可以远程获得监视信息。这些信息通过安全链路发送到节点 6 处,节点 6 处执行官员确认任务目标。

在任务的第二阶段,单兵 Ad Hoc 网络中的节点 4 接收到上级命令,将命令传达给节点 1,2,3。节点 1,2,3,4 根据命令,指挥自己的部队向着目标行军。在行军过程中,可以采用抛物线队列、冲锋队列和线型队列的移动模式。离目标建筑物较近时,大家分散开,包围目标建筑物。包围目标建筑物后,采用聚集队列,缩小包围圈,控制目标建筑物区域。在执行任务过程中,单兵手中配有通信设备,可以获得广播信息,并及时反映自身的位置、状态和距离信息,也就是态势感知信息 SA。节点 4 也可以随时获得上级的指挥控制信息 C2,节点 4 将上级信息转发给节点 1,2,3。节点 1,2,3,4 与旗下单兵进行通信,单兵报告各自所在地情况,节点 1,2,3,4 根据具体情况传达指挥控制信息 C2。为了时刻报告现场情况,旗下单兵也可通过实时话音方式与节点 1,2,3,4 交流,节点 1,2,3,4 之间为了配合作战需求,进行实时话音联络。为了报告现场状况,节点 4 与上级节点5,6之间进行实时语音。上级为了更加快速布置作战方式,通过实时语音传达给节点4,节点4再以同样形式将信息传达下去。

在最后一个任务阶段,节点4收到上级的解散命令,将命令传达给节点1,2,3。节点1,2,3,4指挥单兵执行解散任务,并时刻听取上级指挥控制信息和实时话音信息。

3个任务阶段共持续1.5h,每个阶段持续时间分别为15min、1h、15min,填写任务信息,如表10.8所列。

表10.8 业务信息流程

阶段ID	业务信息		
ID_1	业务ID	源节点	目的节点
	传感信号业务11	节点5	节点6
	业务ID	涉及到的节点	
	C2业务(下行)12	节点6->节点5->节点1,2,3,4->单兵节点	
	C2业务(上行)13	单兵节点->节点1,2,3,4->节点5->节点6	
ID_2	业务ID	涉及到的节点	
	SA业务(上行)21	节点6->节点5->节点1,2,3,4->单兵节点	
	SA业务(下行)22	单兵节点->节点1,2,3,4->节点5->节点6	
	业务ID	源节点	目的节点
	传感信号业务23	节点5	节点6
	业务ID	涉及到的节点	
	C2业务(下行)24	节点6->节点5->节点1,2,3,4->单兵节点	
	C2业务(上行)25	单兵节点->节点1,2,3,4->节点5->节点6	
	实时话音业务(下行)26	节点6->节点5->节点1,2,3,4->单兵节点	
	实时话音业务(上行)27	单兵节点->节点1,2,3,4->节点5->节点6	
ID_3	业务ID	涉及到的节点	
	C2业务(下行)31	节点6->节点5->节点1,2,3,4->单兵节点	
	C2业务(上行)32	单兵节点->节点1,2,3,4->节点5->节点6	
	实时话音业务(下行)33	节点6->节点5->节点1,2,3,4->单兵节点	
	实时话音业务(上行)34	单兵节点->节点1,2,3,4->节点5->节点6	

在本案例中,我们研究上述任务阶段中的第二阶段,也就是任务时间为1h。在这个任务阶段中,主要存在的业务有态势感知业务(SA业务)、实时话音业务和指挥控制业务(C2业务)。这些业务具有"纵向性",均分为上行业务和下行业务。

10.3.2 确定仿真试验对象

我们采用 10.2.2 节所述节点模型作为本案例节点对象。在 OPNet 网络场景中放入 86 个节点对应上述案例设计中的网络。对场景中 86 个节点进行参数设定,将这 86 个无线节点分别仿真到合适的网络域位置。

10.3.3 确定仿真试验剖面

1. 确定环境剖面

完成网络对象的构建之后,按照 10.2.4 节第一部分中的环境剖面确定方法搭建仿真环境剖面。由于案例设计的是一个以中国华北渤海区为背景、反恐为作战任务的案例,所以需要将中国华北地区的地形数据导入到 OPNet 中,然后将之前所建立的子网放到指定地区。图 10.18 为导入地形数据后的网络外部环境剖面截图。

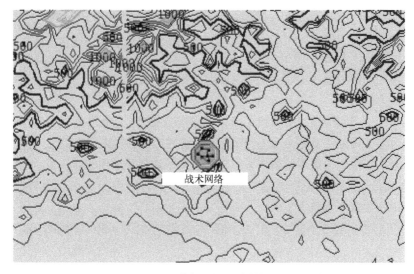

图 10.18 导入地形数据后的网络外部环境剖面截图

2. 确定业务剖面

在本案例中,主要有态势感知业务、实时话音业务和指挥控制业务,下面具体介绍各个业务的流量设定。在本案例中,节点的移动速度为 10m/s,那么相对于 100m 的打击精度,按照周期更新的规则,每 10s 发送一次上传信息。

1) 态势感知业务

(1) 上行业务。

在态势感知业务中,根据上述节点移动速度和打击精度,可以知道,单兵节点每隔 10s 发送一次上传信息,定义单兵节点每次 70B/10s。

根据案例任务(见表 10.8),可知态势感知上传信息仅在第二阶段产生,因此共传输了 1h 的时间,因此总字节数为

$$70 \times 1h/10s(B) \times 84(单兵 Ad Hoc 网络节点个数)$$
$$= 70 \times 360(B) \times 84 = 2116800(B)$$

(2) 下行业务。

而实际上战术互联网中,首先,并不是每次有上传的态势信息就会立即更新作战共用图,这样不仅消费巨大,而且也并不准确;其次,共用作战图的大小是由战场信息的细致程度与战场的规模决定的。在本案例中,假设该作战共用图的大小为 11.67M,更新周期为 5min。根据业务信息表 10.8,可知态势感知分发信息也仅在第二个阶段产生,共传输了 1h 的时间,因此总字节数为

$$11.67M \times 1h/5min(B) = 11.67M \times 12(B) = 140M(B)$$

综合上两个步骤所得字节数可知,针对单兵节点的态势感知业务流量,在该作战任务过程中,总的传输字节数为 2067.18754MB + 140MB = 2207.1875MB。

2) 实时话音业务

(1) 上行业务。

在实时话音业务中,指挥中心为了得到实时的现场情况,要求单兵节点每隔 30s 发送一次语音信息,节点 1,2,3 总结收到的旗下单兵的实时话音,每隔 30s 给节点 4 发送一次语音信息,节点 4 总结内容,每隔 30min 发送一次语音信息,节点 5 也将消息传送给节点 6。这里定义平均每次 60B/30s。

根据具体案例任务第二阶段的任务时间,实时话音上传信息共传输了 1h 的时间,因此总字节数为

$$60 \times 1h/30s(B) \times 84(单兵 Ad Hoc 网络节点个数) = 60 \times 120(B) \times 84$$
$$= 604800(B)$$

(2) 下行业务。

在本案例中,根据实际情况,每当有上行的实时语音业务的时候,每次节点 6 会给节点 5 回复语音信息,节点 5 也将回复节点 4,节点 4 将上级语音信息发送给节点 1,2,3,最后节点 1,2,3,4 将命令传达给旗下单兵,根据上行的传送时间,确定下行也是每隔 30s 发送一次,定义平均每次 240B,即 240B/30s。

在第二阶段,下行实时话音业务传输了 1h 的时间,因此总字节数为

$$240 \times 1h/30s(B) = 240 \times 120(B) = 28800(B)$$

综合以上两个步骤所得字节数可知,针对节点 1 的实时语音业务流量,在该作战任务过程中,总的传输字节数为 604800B + 28800B = 633600B =

618.75MB。

3) 指挥控制业务

根据实际情况,指挥控制业务先是由上级传达给下级,下级才会有相应的回复给上级。所以,下面我们先介绍下行业务,再介绍相应的上行业务。

(1) 下行业务。

在指挥控制业务中,指挥中心根据收集的信息,需要发布一些消息指挥下级进一步的战术。节点 6 每隔 60s 将指挥控制信息发送给节点 5,节点 5 每隔 60s 将上级指令发送给节点 4。下一步,节点 4 根据上级指挥控制信息每隔 60s 分别发送给节点 1,2,3,最后节点 1,2,3,4 将各自的命令传达给旗下单兵。根据上述可知,指挥控制信息每隔 60s 发送一次,这里定义平均每次 240B,即 240B/60s。

在第二阶段中,指挥控制信息分发过程传输了 1h 的时间,因此总字节数为

$$240\times 1h/60s(B) = 240\times 60(B) = 14400(B)$$

(2) 上行业务。

根据指挥控制业务下行的情况,每次上级传达命令下来时,下级就会对上级的命令进行回复,回复指挥控制信息的执行情况。也就是单兵节点每隔 60s 发送一次指挥控制信息的回复,节点 1,2,3 总结收到的旗下单兵的回复信息,每隔 60s 给节点 4 发送一次上传回复信息,节点 4 总结内容,每隔 60s 发送一次回复信息,节点 5 也将消息传送给节点 6。也就是指挥控制回复信息每隔 60s 发送一次,这里假定平均每次 60B/60s。

$$60\times 1h/60s(B)\times 84(单兵\ Ad\ Hoc\ 网络节点个数) = 60\times 60(B)\times 84$$
$$= 302400(B)$$

综合以上两个步骤所得字节数可知,针对节点 1 的指挥控制业务流量,在该作战任务过程中,总的传输字节数为 302400B + 14400B = 316800B = 309.375MB。

4) 业务剖面设定

完成网络对象的构建之后,按照上面所分析的业务剖面在仿真环境中通过 Task、Application 和 Profile 模块进行流量设置。下面以态势感知业务为例给出业务设置结果,如图 10.19 和图 10.20 所示。

3. 确定网络移动

根据 10.3.1 节中案例任务的设计,节点需要在行军过程中采用抛物线队列、冲锋队列和线型队列的移动模式。离目标建筑物较近时,节点群分散开,然后包围目标建筑物。而包围目标建筑物后,采用聚集队列,缩小包围圈,控制目标建筑物区域。根据 10.2.4 节中介绍的仿真环境移动模式建模方法,通过二

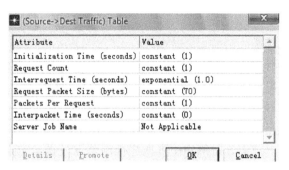

图 10.19　态势感知业务上行流量设置

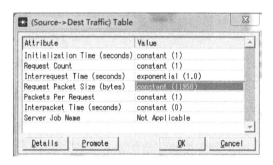

图 10.20　态势感知业务下行流量设置

次开发可以得到适合该任务的移动模型。该模型包括了冲锋，判断是否接近目标节点以及进行聚合包围的过程，图 10.21 为该移动模式的部分主要代码。

```
// latitude_target = -1777.77778*(longitude_target-117.48998)*(longitude_target-117.48998)+5.3333*(
He=0.05,Ex=500,En=0.05;
Enn=(sqrt(-2*log(op_dist_uniform(1.0)))*cos(2*Pi*op_dist_uniform(1.0)))*He+En;
cx=(sqrt(-2*log(op_dist_uniform(1.0)))*cos(2*Pi*op_dist_uniform(1.0)))*Ex;
En=0.03,He=0.04;
Enn=(sqrt(-2*log(op_dist_uniform(1.0)))*cos(2*Pi*op_dist_uniform(1.0)))*He+En;
cx1=(sqrt(-2*log(op_dist_uniform(1.0)))*cos(2*Pi*op_dist_uniform(1.0)))*Enn+Ex;
testran=op_dist_uniform(0.001)-0.0005;
op_ima_obj_pos_get (mobile_node_ptr->mobile_entity_objid, &latitude, &longitude, &altitude, &x_pos,
&z_pos);
//longitude_target = longitude+0.00001;
//latitude_target= -1777.77778*longitude_target*longitude_target+5.3333*longitude_target;
// longitude_target=x_min+op_dist_uniform(0.5/1000)-0.25/1000+longitude;
  if(longitude!=latitude)
    {
        longitude_target = longitude+testran;
        latitude_target=y_min-cx1/100000;
    }
  else
    {
        longitude_target=longitude+op_dist_uniform(0.001)-0.0005;
        latitude_target=latitude;
    }
```

图 10.21　案例任务移动模式的部分主要代码

完成移动模式的建模之后，可以通过在场景中放入 Mobility Config 模块来对其进行调用。

图 10.22 是加载了网络移动之后的网络仿真场景。

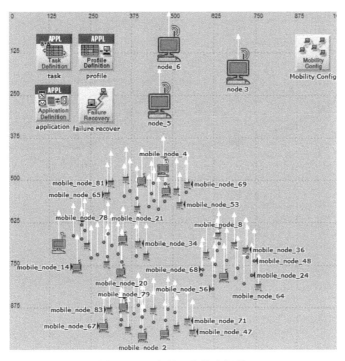

图 10.22 案例网络仿真场景

10.3.4 仿真数据收集和处理

1. 连通可靠性分析

连通可靠性的分析,除了上文所述的案例搭建过程外,还在 Failure Recovery 模块中对网络中的连长节点 4 进行了节点功能故障注入。故障服从指数分布,具体见图 10.23。

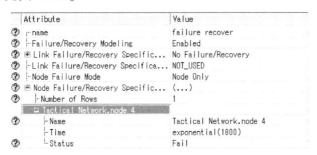

图 10.23 节点 4 功能故障设定

完成以上设定后运行仿真,根据相应的仿真数据,可以得到两端连通可靠度、K 端连通可靠度以及全端连通可靠度曲线,如图 10.24 所示。

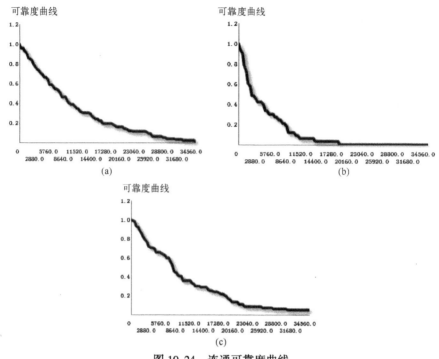

图 10.24　连通可靠度曲线

(a) 两端连通可靠度曲线；(b) K 端连通可靠度曲线；(c) 全端连通可靠度曲线。

其中，两端连通可靠度使用的是移动节点 33 与节点 6 之间的数据，k 端连通可靠度选择了网络中的 4 个连长节点进行分析，而全端可靠度是通过网络中的节点是否都能够跟节点 6 完成通信来判断网络是否达到全端可靠。

2. 性能可靠性分析

在分析性能可靠性时，取消了节点中的功能故障模块。在排除功能故障的前提下研究网络的性能，其案例性能可靠度计算结果如图 10.25 所示。

3. 业务可靠性分析

业务可靠性分析中需要收集针对某一业务的网络性能数据。因为 OPNet 中无法直接提供在多业务加载的情况下某单一业务的丢包率、误码率或者时延，所以用把其他业务作为背景流量加载的方式来解决这一难题。加载背景流量后的网络场景如图 10.26 所示。

1) 单业务可靠性分析

下面以态势感知业务为例，给出其单业务可靠性分析。其背景流量的设定如图 10.27 所示。

该网络案例中前景流量的值约为 2207.1875MB，在节点 5,6 的总数据量应为 2207.1875MB+618.75MB+309.375MB=3135.3125MB，即节点 5,6 的背景流

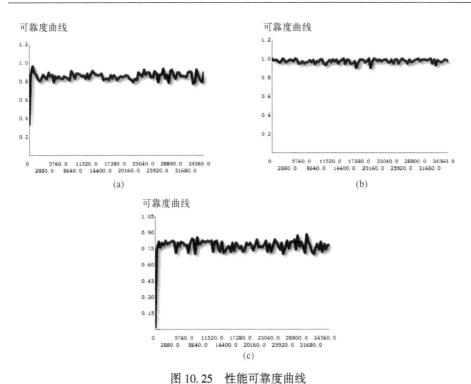

图 10.25 性能可靠度曲线

（a）完整可靠度曲线；（b）正确可靠度曲线；（c）及时可靠度曲线。

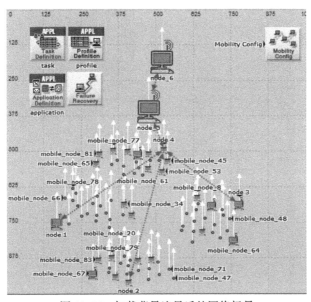

图 10.26 加载背景流量后的网络场景

量应为 3135.3125MB-2207.1875MB = 928.128MB。我们利用背景流量参数设置每小时数据产生的指数分布来表示 ON/OFF 数据源的生成。OPNet 的背景流量参数设置的数据包的大小为 256B 时，可以通过成比例地改变每小时所传输数据包的速率来修正背景流量的值，业务存在时间为 1h。因此，每小时应产生 928.128MB 的流量，因为指数分布的数学期望为其参数值，所以每小时应产生的数据包为 950400B。图 10.28 为态势感知业务的完整可靠度、及时可靠度以及正确可靠度曲线。

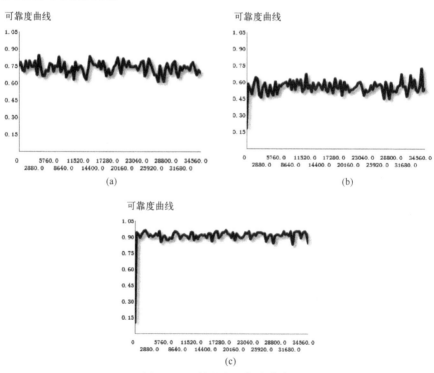

图 10.28　单业务可靠度曲线

（a）单业务完整可靠度曲线；（b）单业务及时可靠度曲线；（c）单业务正确可靠度曲线。

2) 多业务可靠性分析

针对场景中每个业务的重要程度赋予不同的权重,然后对其单业务可靠度结果进行加权平均,可以得到多业务可靠度结果。本部分对案例网络中的态势感知业务、实时话音业务和指挥控制业务分别赋予 0.5,0.2 和 0.3 的权值,得到以下 3 个多业务可靠度曲线,如图 10.29 所示。

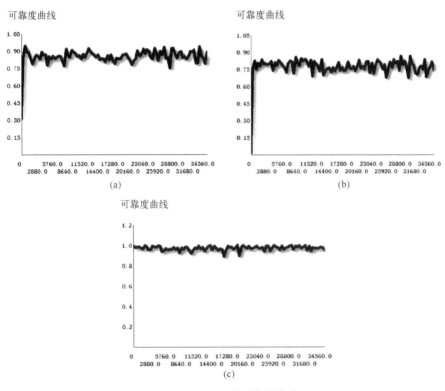

图 10.29　多业务可靠度曲线

(a) 多业务完整可靠度曲线；(b) 多业务及时可靠度曲线；(c) 多业务正确可靠度曲线。

参考文献

[1] ATAMNA Y. OPNET-Based Modeling and simulation of C4 Systems [C]. Proceeding of the Advanced Simulation Technologies conference 1999. 1999:109-116.

[2] GREENFIELD B, HOANG T. Battlefield Network Simulation [C]. 1998. MITRE SWEE conference,1988.

[3] ATAMNAY,THOMSON D. Netwars Modeling and simulation Interoperability standards [C]. Proceeding of the OPNET-WORK,1998,98.

[4] 张铭,窦赫蕾,常春藤. OPNET Modeler 与网络仿真 [M]. 北京:人民邮电出版

社,2007.

[5] 王学望,康锐,黄宁,等.战术互联网的覆盖可靠度计算模型及算法[J].系统工程与电子技术,2013,35(7):1571-1575.

[6] 孙晓磊,黄宁,张朔,等.基于多因素的Ad Hoc网络连通可靠性仿真方法[J].通信技术,2015,48(10):1139-1146.

[7] SUN X, HUANG N, ZHOU J, et al. A novel multi-factor simulation algorithm about tactical network connectivity reliability[J]. Computer Modelling and New Technologies, 2014, 18(9):203-206.

[8] ZHANG S, HUANG N, SUN X. Application Reliability Evaluation for Tactical Internet Based on OPNET[C]. 2015 IEEE 12th Intl Conf on Ubiquitous Intelligence and Computing and 2015 IEEE 12th Intl Conf on Autonomic and Trusted Computing and 2015 IEEE 15th Intl Conf on Scalable Computing and Communications and Its Associated Workshops (UIC-ATC-ScalCom), IEEE, 2015:705-709.

[9] ZHENG X, HUANG N, SUN X, et al. How to Design a Reliability Simulation Test Based on OPNet[C]. 2014 Prognostics and System Health Management Conference, IEEE, 2014:488-492.

[10] BAUG T, Ad hoc Networking in Military Scenarios[R/OL].[2015-7-1]. https://www.mendel military sanarios/ad-hoc networking_ey. com/cacalognet.

内 容 简 介

本书阐明了网络可靠性概念及内涵,提出了网络可靠性 3 层模型,指出网络可靠性应从连通、性能和业务 3 个层面进行研究。其中,连通可靠性基于传统可靠性理论与方法,性能可靠性落脚于网络系统当今备受关注的网络性能,业务可靠性则表明网络系统深受业务影响有必要从业务角度开展研究。以此 3 层模型为基础,本书阐述了网络可靠性的参数体系,分析了 3 个层面的故障特征和相关模型,系统而全面地综述了各层面的评估模型和算法,并探讨了研究的发展趋势,提供了网络可靠性研究的基础和方向。最后两章的试验和仿真评估则介绍了可实际操作的网络可靠性评估方法,可提供工程实践参考。

本书可供从事网络可靠性工作的工程技术人员或研究者参考,亦可作为普通高等院校本科生和研究生的教学参考书。

We introduce some of our research in this book, include: the concept and connotation of network reliability, and a three-layer model of network reliability which contents three aspects of connectivity, performance and applications for network systems. According to our three-layer model, connective reliability is based on graph theory and traditional reliability technology, performance reliability focus on the performance of network systems, and application reliability take cares of applications. Based on the three-layer model, parameter architecture of network reliability is introduced, some models and algorithms suitable for network reliability evaluation for each layer are well explained with their theory and cases study. Theories and methods introduced in this book can provide some basis for the research of network reliability. Reliability testing method and simulation method introduced in the last two chapters can also be used as references for engineering practice.

This book is suitable for engineers and technicians working on network reliability as a reference, and also be suitable for senior undergraduate or graduate studying as a textbook or a reference for network reliability.